北大社·“十三五”普通高等教育本科规划教材
高等院校测控技术与仪器专业“互联网+”创新规划教材

工程光学

(第2版)

主　编　王红敏
副主编　张发玉　吴清收　郑国兴

内 容 简 介

本书第2版仍遵循注重基础、强化能力、突出重点和学以致用的原则，既注重基础知识，又结合工程实际，列举了大量应用实例，力求实用性、知识性和通俗性相统一。

本书系统地介绍了几何光学和物理光学的理论及应用，全书共分12章，第1~9章为几何光学篇，主要介绍几何光学的基本定律，高斯光学理论及基本光学元件的成像特性，光学系统的光束限制及应用，像差的基本概念、成因及校正，典型光学系统的工作原理，激光、光纤和红外等现代光学系统；第10~12章为物理光学篇，介绍光的干涉、衍射和偏振等特性及应用。本教材注重实用性与先进性，力求深入浅出，通俗易懂，既阐述必要的基础知识，又力求理论联系实际，关键环节都选编了相关例题，每章都附有习题，以满足读者自学的需要。同时本书还加强了互联网思维，使学习形式多样化。

本书可作为高等院校仪器仪表类、光学工程、测控及电子信息等专业基础课教材，也可供其他相关专业学生和从事光电技术、仪器仪表技术、精密计量及检测技术等专业的工程技术人员及科技工作者参考，或作为自学用书。

图书在版编目(CIP)数据

工程光学/王红敏主编．—2版．—北京：北京大学出版社，2018.1
(高等院校测控技术与仪器专业“互联网+”创新规划教材)
ISBN 978-7-301-28978-5

Ⅰ．①工…　Ⅱ．①王…　Ⅲ．①工程光学—高等学校—教材　Ⅳ．①TB133

中国版本图书馆CIP数据核字(2017)第302487号

书　　名　工程光学（第2版）
GONGCHENG GUANGXUE
著作责任者　王红敏　主编
责 任 编 辑　刘晓东　童君鑫
标 准 书 号　ISBN 978-7-301-28978-5
出 版 发 行　北京大学出版社
地　　址　北京市海淀区成府路205号　100871
网　　址　http://www.pup.cn　新浪微博：@北京大学出版社
电 子 信 箱　pup_6@163.com
电　　话　邮购部 62752015　发行部 62750672　编辑部 62750667
印 刷 者　北京虎彩文化传播有限公司
经 销 者　新华书店
787毫米×1092毫米　16开本　17.25印张　400千字
2009年9月第1版
2018年1月第2版　2022年8月第4次印刷
定　　价　49.00元

前　　言

“工程光学”课程是测控技术与仪器、测试计量和光电类等专业本科生的专业基础课。本教材是根据全国本科院校仪器仪表类专业的教学内容和课程体系改革要求，为适应科学技术发展和培养创新型应用人才需要而编写的。

本书蕴含了编者多年的教学经验、研究成果和科研实践，是一线教师多年教学和工程实践的总结。全书共分 12 章，内容涉及几何光学和物理光学两部分内容，第 1～9 章为几何光学篇，主要介绍几何光学的基本定律，高斯光学理论及基本光学元件的成像持性，光学系统的光束限制及应用，像差的基本概念、成因及校正，典型光学系统的工作原理，激光、光纤和红外等现代光学系统；第 10～12 章为物理光学篇，介绍光的干涉、衍射和偏振等特性及应用。本教材第 2 版编写过程中，依旧坚持注重基础、强化能力、突出重点、学以致用的原则，既注重阐述必要的基础知识，又力求理论联系实际，紧密结合工程实际，列举大量应用实例，力求实用性、知识性和通俗性，更加有利于读者较全面地掌握光学的基本理论和实际应用。

本书第 2 版在保留第 1 版特色的基础上，做了许多优化、改进和创新，其具体改进和特点包括：

（1）根据教学实践并参考最近出版的相关教材的精华，对案例、习题进行了更新和补充，比如针对几何光学篇第 2～5 章、第 7 章等练习量较大的章节，补充增加了更多相关例题及详解，从不同角度以不同方法分析解答相关习题，最后进行总结。课后练习题也相应补充了作图及相关计算，加强了对作图和计算的练习，同时为体现知识的完整性和系统性，对部分章节的内容和顺序作了适当调整。

（2）可读性、易读性进一步提高。语句反复推敲，字斟句酌，为了方便阅读和理解，尽可能使用较短的句子；同时邀请优秀的本科生参与试读教材，并充分听取他们的意见，力争使第 2 版的内容更加生动、深入浅出和言简意赅。

（3）进行了立体化教材建设。除了本教材之外，我们还编著出版了《工程光学学习辅导与习题详解》，此书是根据工程光学课程特点而撰写的学习辅导用书，书中对教材中的重点、难点内容作条理性归纳和总结，并通过大量典型例题和课后习题选解与分析，加强对考核知识点的理解，书末附有 11 套仿真模拟试卷及参考答案，旨在给该课程的学习者以指导和参考，也力求为准备报考同类专业研究生的学习者答疑解惑，后期根据读者反馈，《工程光学学习辅导与习题详解》也将很快修订更新。

（4）为了使学习形式多样化，方便读者在线学习，本书将一些有助于理解课程内容的图片、动画和视频添加到云端，读者可以通过移动端随时查看。

本书可作为高等院校仪器仪表类、光学工程、测控及电子信息等专业基础课教材，也可供其他相关专业学生和从事光电技术、仪器仪表技术、精密计量及检测技术等专业的工程技术人员及科技工作者参考，或作为自学用书。

本书由山东理工大学王红敏担任主编，河南科技大学张发玉、山东科技大学吴清收、武汉大学郑国兴担任副主编。编写分工如下：王红敏编写第1、2、5、6、7、8章及全书各章章首案例，吴清收编写第3、4章，王红敏做部分补充，郑国兴编写第9章，张发玉编写第10、11、12章。全书由王红敏统稿和定稿。

本书在编写过程中，参考了大量国内外有关文献及各相关专业网站，在此对这些文献的作者一并表示感谢。在《工程光学（第2版）》即将出版之际，还要感谢所有第1版的读者，谢谢你们对本书的厚爱；当然还要特别感谢北京大学出版社对作者的信任，以及出版社编辑为出版本教材提供的所有帮助；最后还要真诚感谢那些最可爱的学生们，尤其是山东理工大学测控15级的荆建蒙、张帅、张鲁进、李伟同学，感谢你们提供的修改建议。希望本教材能为教“工程光学”的老师提供足够的便利和参考，为学“工程光学”的同学提供有效的帮助和指导，敬请各位老师、同学及其他读者，把此版“工程光学”的优点告诉大家，缺点告诉作者。

鉴于编者水平所限，书中错误和不妥之处在所难免，殷切希望同行、专家和相关读者批评指正。

编　者

2017.11

目　录

第1章 几何光学的基本定律和物像概念

知识要点	掌握程度	相关知识
几何光学的基本定律	掌握几何光学的基本定律及应用，利用费马原理证明光的反射和折射定律	光的本质，光学研究的内容，光的传播规律和传播现象
成像的基本概念与完善成像条件	理解成像的基本概念、完善成像条件、物像的虚实及相对性	光学系统的成像规律

导入案例

我们生活在光现象中，光的应用无处不在，仅激光产品就数不胜数，激光应用的领域主要有工业、商业、医疗、科研、信息和军事等。工业应用主要有材料加工和测量控制；商业应用主要有印刷、制版、条码判读、激光唱盘、视盘读写、激光全息和娱乐等；医疗应用主要用于治疗和诊断；科研应用主要有光谱学应用和基础应用(如激光核聚变研究)；信息应用主要有计算机光盘读写和光纤通信等；军事应用主要有遥感、模拟、制导、测距、瞄准、激光致盲和激光武器等。例如激光动漫是新型激光显示技术的一种表现形式，将激光与动漫艺术完美结合，通过激光介质演绎动漫，带给我们高科技的艺术享受，如图1.0所示。激光动漫包括：激光漫画、激光动画广告、激光动漫艺术创意、激光舞台动漫艺术、激光水幕与喷泉动漫、激光夜景动漫、激光迷宫等，广泛应用于游乐、娱乐和信息广告业(科教与天文馆；博物馆和展览馆；剧场和电影院；城市主题公园和游乐园；庆典晚会与产品形象宣传；城市广场和高层建筑；歌厅与酒吧等)。

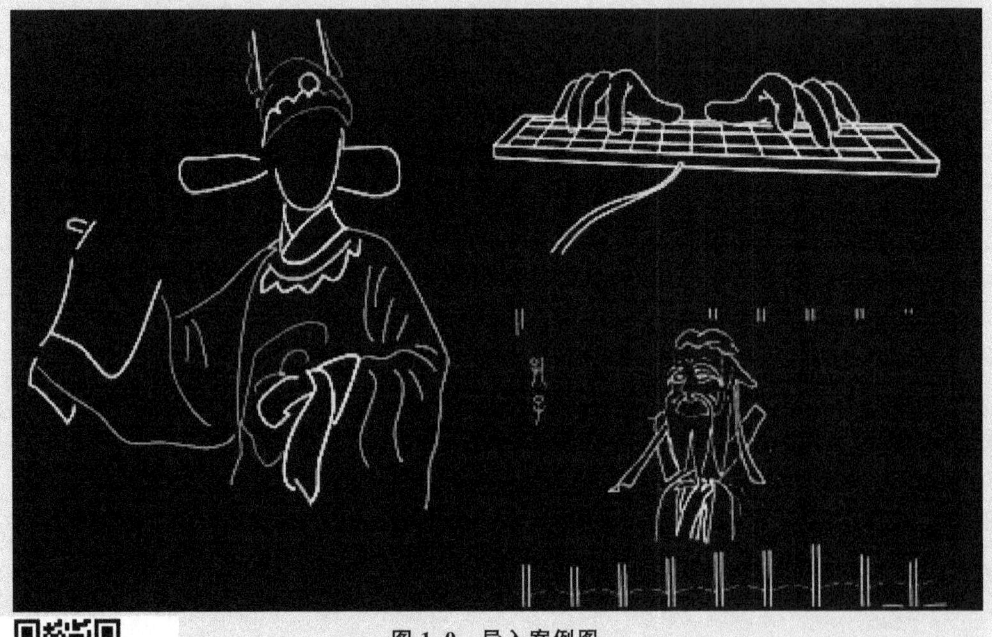

图1.0　导入案例图

【光学大家-王大珩】

1.1　概　　述

人们对光的研究可以分为两方面：一方面是物理光学，研究光的本性，并根据光的本性来研究各种光学现象；另一方面是几何光学，也称为应用光学，研究光的传播规律和传播现象，并用这些规律去研究光学仪器的原理。

光的本质是电磁波，其波谱范围通常从远红外到真空紫外，而可见光通常是指波长范围为380nm～760nm的电磁波，超出这个范围人眼则感觉不到，如图1.1所示。在可见光波段内，不同波长的光产生不同的颜色感觉，具有单一颜色的光称为单色光，将几种单色光混合得到的光称为复色光，白光由红、橙、黄、绿、青、蓝、紫七色光组成，如太阳光。不同颜色的光对应不同的波长，但它们在真空中具有完全相同的速度 c($c \approx 3\times10^8$ m/s)。因光传播速度和材料的折射率有关，所以光传播速度在空气中可近似认为等于光速，而在水、玻璃等透明介质中，要比在真空中慢，且速度随波长而变。

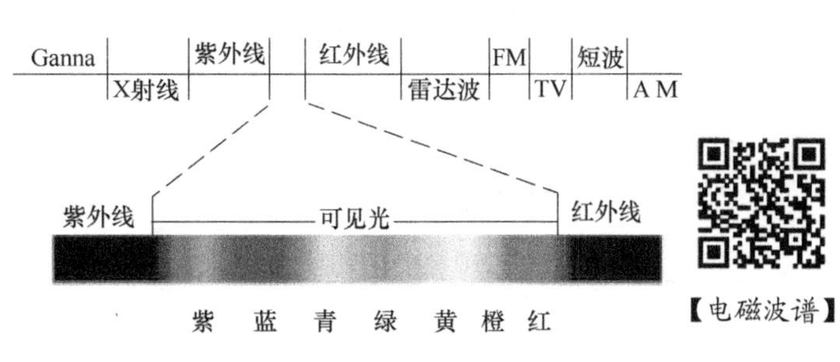

图 1.1 电磁波谱

几何光学是人们在观察和解释光的传播、成像以及制造光学仪器过程中所积累的经验和智慧的结晶，完全不考虑光的波动特性，仅以光的直线传播性质为基础，所以几何光学是波动光学在一定条件下的近似。采用几何学的方法，研究光在透明介质中的传播和成像规律，是研究光的传播现象及其应用的有效方法之一。

几何光学要求它所研究的对象的几何尺寸必须远大于光的波长，一般光学仪器都能符合这一条件，光学仪器中的绝大多数光学问题，用几何光学都可以得到合理、正确的结果。而且几何光学在描述和处理光的传播和成像时，可以用几何作图和公式计算来设计光学系统，这种方法简洁明了，数据合理可靠，所以几何光学的理论得到广泛应用和不断发展。

几何光学的几个基本概念介绍如下。

1. 发光体与发光点

凡能辐射光能的物体统称为发光体或光源，一切自身发光或受到光照射而发光的物体均可视为发光体。当发光体的大小与辐射光能的作用距离相比可以忽略时，则此发光体可视为发光点或点光源，在几何光学中，认为发光点是一个既无大小又无体积的几何点，任何被成像的物体（包括自身发光和受到光照射而发光的物体）都被认为是发光体，均由无数个发光点组成。

2. 波面

发光体向四周辐射光波，某一时刻光振动位相相同的点所构成的面称为波振面，简称波面，波面可以是平面波、球面波或任意曲面波，光的传播即光波波面的传播。

3. 光线

由物理光学可知，在各向同性的均匀介质中，辐射能量是沿波面的法线方向传播的，因此，物理光学中的波面法线即相当于几何光学中的光线，即光线垂直于波面。几何光学把光线看作是无直径、无体积，携带光能只有位置和方向的几何线，代表光的传播方向。

4. 光束

无限多条光线的集合称为光束，常见的光束有同心光束、平行光束、像散光束，如图 1.2所示。

同心光束是指相交于同一点或由同一点发出的一束光线，分为会聚光束和发散光束，其对应的波面形状为球面；平行光束是指没有聚交点而互相平行的光线束，对应的波面形状为平面；像散光束是指不聚交于同一点或不是由同一点发出的光束，对应的波面形状为非球面，即由于像差的存在，同心光束经光学系统后不再是同心光束，对应的波面为非球面波。

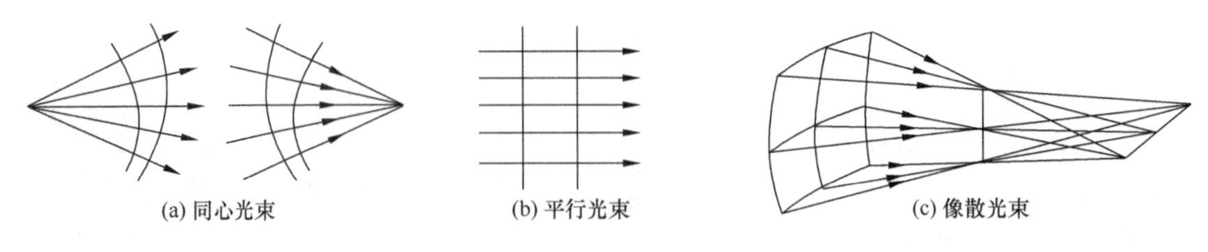
(a) 同心光束　　(b) 平行光束　　(c) 像散光束

图 1.2　光束与波面

几何光学研究光的传播也就是研究光线的传播，光线是一些具有方向的几何线，几何光学使光传播问题大为简化，因此以光线作为基本概念的几何光学理论具有很重要的实用价值，至今仍是重要的成像理论。

1.2　几何光学的基本定律

几何光学的基本定律是研究光的传播现象和规律，以及光线经过光学系统成像特性的基础。

1.2.1　基本定律概述

1. 光的直线传播定律　【小孔成像】

在各向同性的均匀介质中，光是沿直线传播的，这就是光的直线传播定律。影子的形成、日食、月食等现象都很好地印证了该定律，小孔成像正是利用了光的直线传播定律。但应注意，光的直线传播定律是在不考虑光的波动性质的情况下才成立的，当光经过尺寸与波长接近或更小的小孔或狭缝时，将会发生衍射现象，光将不再沿直线传播。另外，当光在非均匀介质中传播时，光线传播的路径为曲线，而不是直线，如海市蜃楼现象。

2. 光的独立传播定律

从不同发光体发出的多束光线在空间相遇时，彼此互不影响，各光线独立传播，称为光的独立传播定律。按照这一定律，光束相交处光强是简单的叠加。光的独立传播定律仅对不同发光体发出的光是非相干光才是准确的，如果两束光由同一光源发出，经不同的路径传播后在空间某点交会时，交会点的光强将不再是简单的叠加，而是根据两光束所走过的光程不同，可能加强，也可能减弱，即可能成为相干光而发生干涉现象。

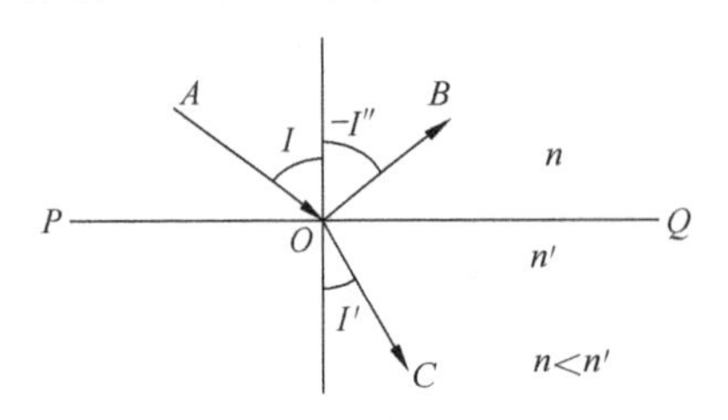

图 1.3　光的反射与折射

3. 光的反射和折射定律

光的直线传播定律和光的独立传播定律是光在同一均匀介质中的传播规律，而光的反射定律和折射定律则是研究光传播到两种均匀介质分界面上时的现象与规律。

如图 1.3 所示，当一束光 AO 投射到两种透明介质的分界面上时，将有一部分光被反射，另一部分光被折射，两者分别遵守反射定律和折射定律。图中分

界面 PQ 处，I、I'、I''分别为入射角、折射角和反射角，它们均以锐角度量，其符号规定为：由光线转向法线，顺时针为正，逆时针为负。

1）反射定律

反射定律可归结如下：

(1) 反射光线位于入射光线和法线所决定的平面。

(2) 反射光线和入射光线位于法线两侧，且绝对值相等，符号相反，即

$$I'' = -I \tag{1-1}$$

式中，负号表示二者的旋转方向相反。

2）折射定律

折射定律可归结如下：

(1) 折射光线位于入射光线和法线所决定的平面内。

(2) 折射角的正弦与入射角的正弦之比与入射角的大小无关，仅取决于两种介质的性质。用公式表示为

$$n'\sin I' = n\sin I \tag{1-2}$$

式中，n、n'为介质的绝对折射率，$n=c/v$，$n'=c/v'$，真空中 $n=1$。若令 $n'=-n$，则可由折射定律转化为反射定律，因此反射定律可以看作折射定律的一个特例。

3）光的全反射

按照光的反射和折射定律，当光线入射到两种介质的分界面时，一般都会发生反射和折射。但当光线从光密介质射向光疏介质，即 $n>n'$时，折射角将大于入射角。当入射角逐渐增大，到达某一角度 I_m 时，光线的折射角达到 90°，光线沿界面掠射而出，继续增大入射角，则折射光线消失，所有光线全都发生反射，回到原光密介质，这种现象称为全反射。I_m 称为全反射的临界角，如图 1.4 所示。

由此可见，光线发生全反射的条件为：①光线从光密介质射向光疏介质；②入射角大于临界角。

全反射具有很重要的应用，如全反射棱镜、光导纤维、分划板照明、360°平面光束仪等。图 1.5 和图 1.6 分别为全反射在直角棱镜和光导纤维中的应用。

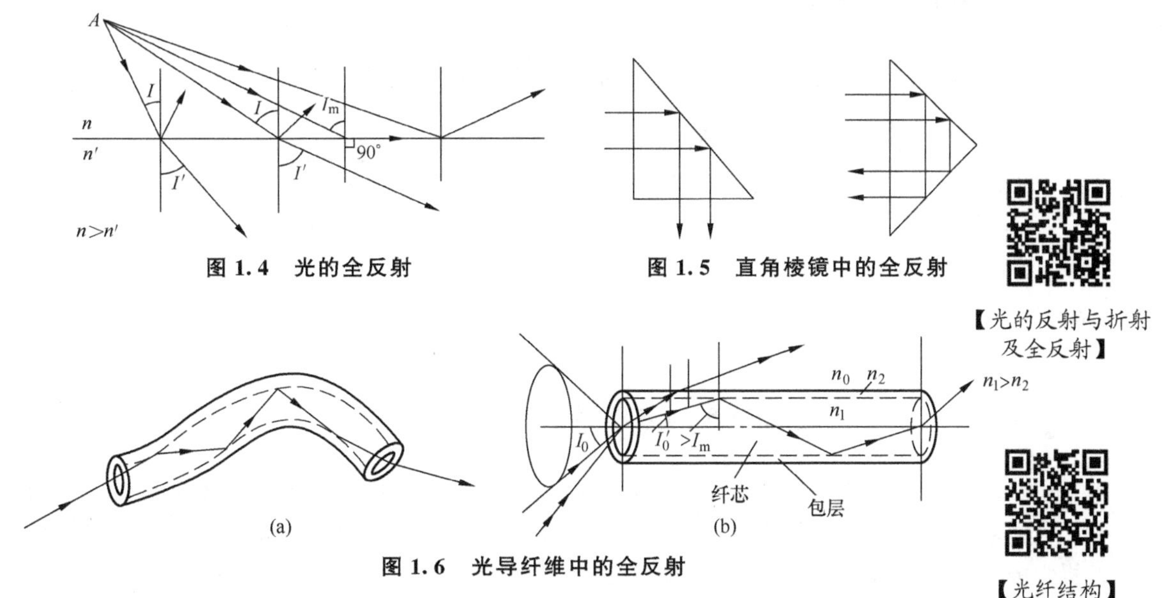

图 1.4　光的全反射

图 1.5　直角棱镜中的全反射

图 1.6　光导纤维中的全反射

1.2.2　光路的可逆性

如图 1.3 所示，如果光线沿 BO 入射，则按照光的直线传播定律和反射定律，光线将沿 OA 出射；同样，如果光线沿 CO 入射，则按照光的直线传播定律和折射定律，光线也沿 OA 出射。由此可见，光线的传播是可逆的，且无论是在均匀介质中光线直线传播，还是在两种均匀介质界面上发生反射和折射时，光路的可逆性现象都同样存在。

光路可逆现象具有重要意义，根据这一特性，不但可以确定物体经光学系统后所成像的位置，而且也可以反过来由像来确定物体的位置，在光学系统的设计计算中，经常利用光路的可逆性，给解决实际问题带来极大方便。

1.2.3　费马原理

费马原理指出，光从一点传播到另一点，期间无论经过多少次反射或折射，其光程为极值(极大、极小或常量)。或者说，光是沿着光程为极值的路径传播的。

光程 s 是指光在介质中传播的几何路程 l 与该介质折射率 n 的乘积，即

$$s=nl \tag{1-3}$$

利用 $n=c/v$ 和 $l=vt$，有

$$s=ct \tag{1-4}$$

可见，光在某种介质中的光程等于同一时间光在真空中所走过的几何路程。

光在均匀介质中是沿直线传播的，但在非均匀介质中，因折射率 n 是空间位置的函数，故光线将不再沿直线传播，其轨迹是一空间曲线，如图 1.7 所示，光从 A 点传播到 B 点，其光程由曲线积分来确定，即

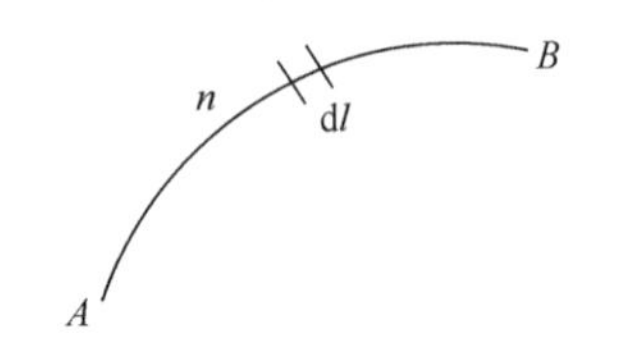

图 1.7　光在非均匀介质中的传播

$$s=\int_A^B n\,\mathrm{d}l \tag{1-5}$$

根据费马原理，此光程为极值，所以式(1-5)可表示为

$$\delta s=\delta\int_A^B n\,\mathrm{d}l=0 \tag{1-6}$$

图 1.8 所示为非均匀介质中光程为稳定值和极大值的情况。

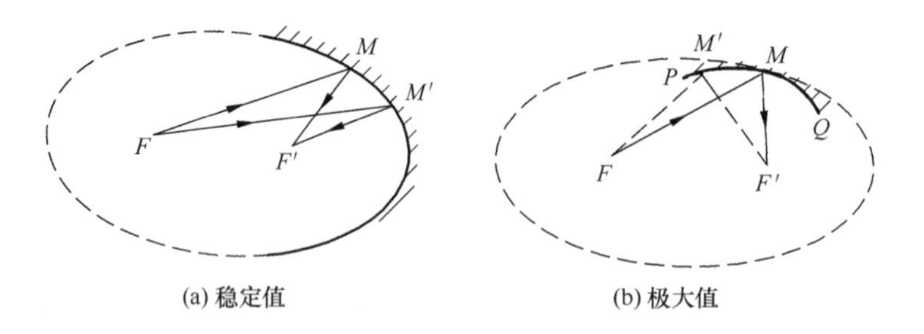

图 1.8　光在非均匀介质中的传播实例

由费马原理可以证明几何光学的基本定律，如光的直线传播定律：在均匀介质中，折射率为常数，所以要求光程为极值即要求几何路程为极值，因两点之间直线最短，对应的光程为极小值，所以均匀介质中光线沿直线传播。

例 1.1 用费马原理证明光的反射定律。

证明 如图 1.9(a)所示，设点 A、B 均位于 xOz 面上，$A(x_1, o, z_1)$为点光源，$B(x_2, o, z_2)$为接收器，点 $P(x, y, o)$为光线在界面 xOy 面上的入射点，则光线 APB 的光程为

$$s = n\sqrt{(x-x_1)^2+y^2+z_1^2}+n\sqrt{(x_2-x)^2+y^2+z_2^2}$$

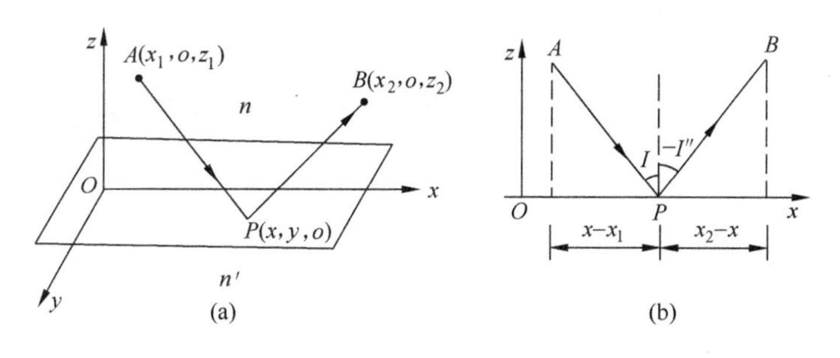

图 1.9 费马原理证明反射定律

由费马原理，光程极值条件为

$$\frac{\mathrm{d}s}{\mathrm{d}x}=0,\quad \frac{\mathrm{d}s}{\mathrm{d}y}=0$$

由$\dfrac{\mathrm{d}s}{\mathrm{d}y}=n\left(\dfrac{y}{\sqrt{(x-x_1)^2+y^2+z_1^2}}+\dfrac{y}{\sqrt{(x_2-x)^2+y^2+z_2^2}}\right)=0$，得 $y=0$，P 点位于 Ox 轴上，即入射光线、法线及反射光线在垂直反射面的平面内，满足反射光线、入射光线和法线共面。

由$\dfrac{\mathrm{d}s}{\mathrm{d}x}=n\left(\dfrac{x-x_1}{\sqrt{(x-x_1)^2+y^2+z_1^2}}+\dfrac{-(x_2-x)}{\sqrt{(x_2-x)^2+y^2+z_2^2}}\right)=0$ 及图 1.9(b)按符号规定标注标示的入射角 I、反射角 I''，可知

$$\frac{x-x_1}{\sqrt{(x-x_1)^2+y^2+z_1^2}}=\sin I$$

$$\frac{x_2-x}{\sqrt{(x_2-x)^2+y^2+z_2^2}}=\sin(-I'')$$

所以，得 $\sin I=-\sin I'$，即 $I=-I'$。

即满足反射光线和入射光线位于法线两侧，且绝对值相等，符号相反。

同样，利用费马原理可以证明光线的折射定律。

费马原理的意义在于它从光程的概念出发概括了光传播的规律，是几何光学的理论基础。利用费马原理不仅可以直接推导几何光学的基本定律，而且能用来研究近轴光学系统的成像规律、光学系统的像差等。光学系统的成像光线等光程是完善成像的物理条件。

1.2.4 马吕斯定律

马吕斯定律是指在各向同性的均匀介质中，与某一曲面垂直的一束光线，经过任意次折射、反射后，必定与另一曲面垂直，而且位于这两个曲面之间的所有光线的光程相等。

马吕斯定律是表述光线传播规律的另一种形式，该定律描述了光束与波面，光线与光程的关系。

马吕斯定律强调，光线束在各向同性的均匀介质中传播时，始终保持着与波面的正交性，并且入射波面和出射波面对应点之间的光程均为定值。

几何光学的基本定律、费马原理和马吕斯定律，都能说明光线传播的基本规律，都可以作为几何光学的基础，只要三者中任意一个已知，都可导出其余的两个。

1.3 成像的基本概念与完善成像条件

1.3.1 光学系统与物像概念

光学系统通常由若干个光学元件按一定方式组合而成。图 1.10 为一光学瞄准镜的光学系统图。它由两组透镜(物镜和目镜)、一组棱镜、一个平面反射镜和一个分划板组成。

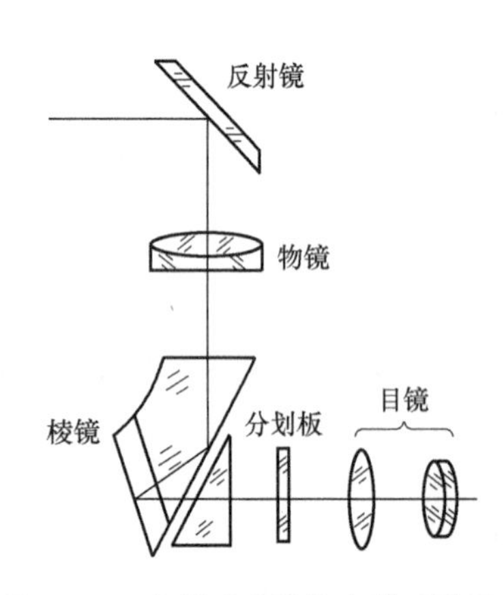

图 1.10 光学瞄准镜的光学系统图

所有的光学元件都是由一定折射率的介质构成，这些介质的表面可以是平面、球面，也可以是非球面。如果组成光学系统的各个光学元件的表面曲率中心都在一条直线上，则该光学系统称为共轴光学系统，该直线称为光轴。

光学系统的主要作用之一是对物体成像。无论是发光的物体，还是被照明的物体，都可以看做是由无数多个发光点(物点)组成的，每个物点发射球面波，与之相对应的是一束以物点为中心的同心光束。如果该球面波经过光学系统之后仍为球面波，则对应的光束也为同心光束，那么称该同心光束的中心是物点经光学系统所成的完善像点，物体上每个点经光学系统后所成完善像点的集合就是该物体经光学系统后的完善像。通常，把物体所在的空间称为物空间，把像所在的空间称为像空间。物像空间的范围为$(-\infty,+\infty)$。

根据光的可逆性，如果将像点看做物，使光线沿反方向射入光学系统，则它一定将成像在原来的物点上。这样一对相应的点称为共轭点。同理，具有上述对应关系的一一对应的光线称为共轭光线，一一对应的平面称为共轭面，物空间和像空间一一对应。

1.3.2 完善成像条件

如图 1.11 所示，一共轴光学系统由顶点分别为 O_1、O_2、…、O_k 的 k 个光学面组成，轴上物点 A_1 发出一球面波 W，与之对应的是以 A_1 为中心的同心光束，经过光学系统后为另一球面波 W'，对应的是以 A'_k 为中心的同心光束，A'_k 即为物点 A_1 的完善像点。

光学系统成完善像应满足的条件为：入射波面为球面波时，出射波面也为球面波。由于球面波对应同心光束，所以完善成像条件也可以表述为入射光为：同心光束时，出射光也为同心光束。完善成像条件也可以用光程的概念表述为：物点 A_1 和像点 A'_k 之间任意两条光路的光程相等，简写为$(A_1A'_k)$＝常数。

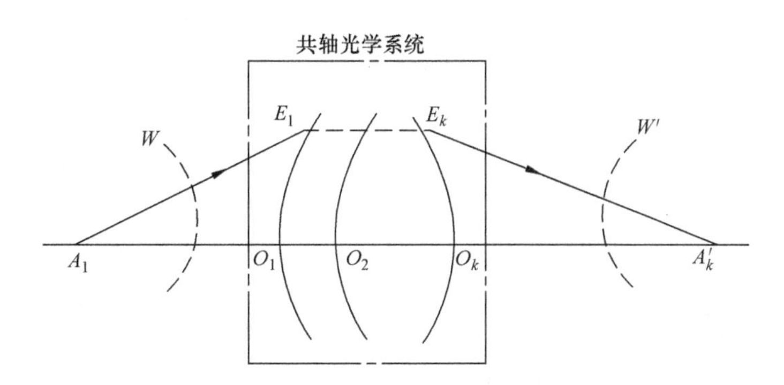

图 1.11 共轴光学系统及其完善成像

1.3.3 物像的虚实

在几何光学中，物像有虚实之分，由实际光线相交所形成的点为实物点或实像点，由这样的点构成的物称为实物或实像，而由光线的延长线相交所成的点为虚物点或虚像点，由这样的点构成的物称为虚物或虚像，如图 1.12 所示，分别表示了物体成像的四种不同情况。

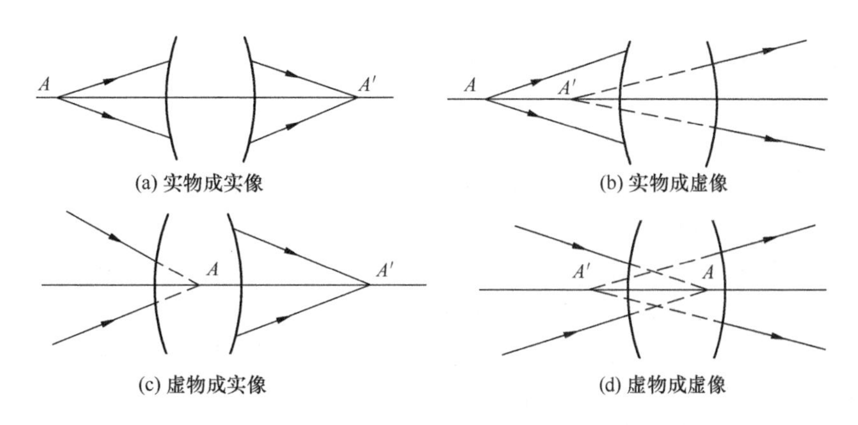

图 1.12 光学系统的几种物像关系

实物可以是自身发光的物体，如灯、蜡烛等，也可以是本身不能发光而由其他光源照明后使光线发生漫反射的物体，如月亮、人体和景物等。此外，实物可以是一个真实物体，也可以是前一光组所成的像。虚物不能人为设定，一般是前一光学系统的像被当前系统所截而成。

实像是实际出射光线相交而成，因此实像可由各种各样的光能接收器(照相底片、屏幕、光电探测器等)所接收，如电影放映机将胶片上的人和物成像在银幕上，工具显微镜把工件成实像在分划板上等。虚像是出射光线的延长线相交而成，因此它不能显示在屏幕上，如平面反射镜所成的像，因此虚像能被眼睛观察，而不能被屏幕、照相底片等接收，

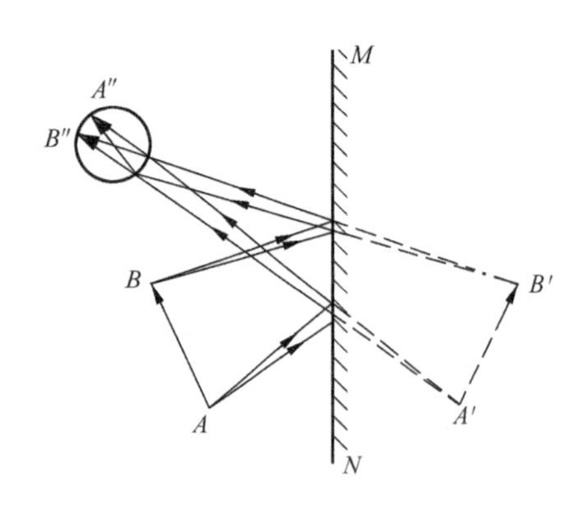

图 1.13　物像的相对性

但可通过另一光学系统使虚像转换为实像，再被接收器所接收。

1.3.4　物像的相对性

如图 1.13 所示，物体 AB 被一平面镜 MN 成一虚像 $A'B'$，$A'B'$ 被人眼成一实像 $A''B''$。对人眼而言，$A'B'$ 是虚物，$A''B''$ 是虚物 $A'B'$ 经人眼所成的实像。由此可见，物像具有相对性，也就是说，$A'B'$ 相对镜子成像来说它是像，相对人眼成像来说它又是物，而对整个光组(包括镜子和人眼)成像来说，$A'B'$ 为中间像。所以，人眼从镜子里看物体，实际上经过了两次成像。这就说明，物和像都是相对某一系统而言的，几个光学系统组合在一起时，前一系统的像则是后一系统的物。

习　题

1-1　举例说明符合光传播基本定律的现象和应用。

1-2　证明光线通过置于空气中的平行玻璃板时，出射光线和入射光线永远平行。

1-3　潜水员在水下向上仰望，能否感觉到整个水面都是明亮的?

1-4　观察清澈的河底鹅卵石，感觉约在水下半米深处，问实际河水比半米深还是比半米浅?

1-5　弯曲的光学纤维可以将光线由一端传至另一端，这是否和光在均匀介质中直线传播定律相违背?

1-6　试由费马原理导出折射定律。

1-7　某物通过一透镜成像在该透镜内部，透镜材料为玻璃，透镜两侧为空气，试问该物所处的像空间介质是玻璃还是空气?

1-8　有一个玻璃球，其折射率为$\sqrt{3}$，处于空气中，今有一光线射到球的前表面，若入射角为 60°，试分析光线经过玻璃球的传播情况。

1-9　一个等边三角棱镜，若入射光线和出射光线对棱镜对称，出射光线对入射光线的偏转角为 40°，求该棱镜材料的折射率。

1-10　图 1.6 中的光学纤维，其纤芯的折射率为 n_1，包层的折射率为 n_2，光纤所在介质的折射率为 n_0，求该光纤的数值孔径 $n_0 \sin I_0$(I_0 为光在光纤内能以全反射方式传播时在入射端面的最大入射角)。

1-11　为了从坦克内部观察外界目标，需要在坦克壁上开一个孔，假定坦克壁厚 200mm，孔大小为 120mm，在孔内装一块折射率 $n=1.5163$ 的玻璃，厚度与装甲厚度相同，问在允许观察者眼睛左右移动的情况下能看到外界多大的角度范围?

第2章 共轴球面光学系统

知识要点	掌握程度	相关知识
共轴球面光学系统的基本概念与符号规则	掌握光学系统成像的基本概念，符号规则及意义	物像的大小、虚实和正倒，光路中光传播方向对光路计算的影响
单折射球面、单反射球面成像	球面成像的物像关系、光路计算、成像放大率和传递不变量	物像的位置、球面的凸凹以及球心的位置、球面成像规律
共轴球面光学系统成像	共轴球面光学系统成像的过渡公式、成像放大率	共轴球面光学系统的成像规律

导入案例

共轴球面系统应用于各种光学仪器的镜头中，如照相摄像系统、望远镜、显微镜等。单就球面镜而言，包含凹面镜和凸面镜，凹面镜能使平行光会聚在焦点，且使焦点发出的光线平行射出，如太阳灶、内窥镜、探照灯、汽车头灯等；凸面镜能使平行光线发散，因此凸面镜可以扩大视野，如汽车上的后视镜，以及急转弯路口竖立的球面镜，如图 2.0 所示。对于场景监控等应用领域，还可以使用球面镜搭建低成本的全向视觉系统，如移动机器人、战车导航、场景监控、视频会议等领域已广泛投入应用。低照度的条件下，还可以选择非球面镜头，如 24 小时连续工作的电视监控系统中。

图 2.0　导入案例图

所有的光学系统，都是由一些光学元件按照一定方式组合而成，而光学元件都是由不同介质(光学玻璃或塑料、晶体等)的一些折射和反射面构成。这些面形可以是平面、球面，也可以是非球面。由于球面和平面便于大量生产，因而目前绝大多数光学系统中的光学元件面形均为球面和平面。但随着工艺水平的提高，非球面也正被更多地采用。

凡由球面透镜(平面可视为半径无限大的球面)和球面反射镜组成的系统称为球面系统。所有球面球心的连线为光学系统的光轴。光轴为一条直线的光学系统称为共轴球面系统，共轴球面系统的光轴也就是整个系统的对称轴线。本书中所讨论的球面光学系统均属共轴球面系统。

因共轴球面系统是由一些球心位在同一条直线上的球面组成的，其前一面的折射光线就是后一面的入射光线。所以，为了由入射光线位置找到通过光学系统后的出射光线位置，只要依次找出各面的折射光线即可。由入射光线计算出射光线的过程称为光路计算或光路追迹。

共轴球面系统的求像问题，也就是在已知光学系统结构参数及物平面位置和大小的条件下，求像的位置和大小的问题。为了找到某一物点的像，只要根据几何光学基本定律，找出物点发出的一系列光线通过光学系统以后的出射光线位置。这些出射光线的交点就是该物点的像点，本章将对此做详细介绍。

2.1 基本概念与符号规则

光学系统成像过程中，为了说明物像的虚实、正倒，并能清楚地确定光路中光线的方向、物像的位置、球面的凸凹以及球心的位置等，几何光学规定了系统中的各参量，并建立了相应的符号规则。

1. 常用符号

图 2.1 为物体经单个折射球面成像的光路图，其中 C 为球面的球心，通过球心的直线称为光轴，光轴与折射球面的交点称为顶点(图中 O 点)，图中垂直于光轴的物体 AB 经单个折射球面所成的像为 $A'B'$。图中符号含义如下：

n、n'为物、像方介质的折射率；

r 为球面的曲率半径；

y 为物体的大小；

y'为像的大小；

I 为光线的入射角；

I'为光线的折射角；

L 为物体到折射面或反射面顶点的距离(物方截距)；

L'为折射面或反射面顶点到像的距离(像方截距)；

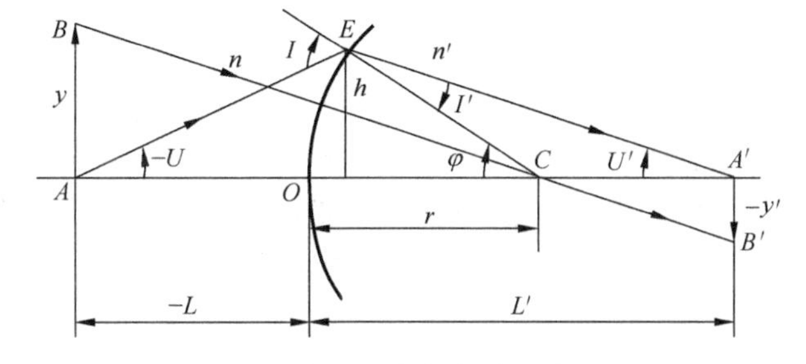

图 2.1 物体经单个折射球面的成像

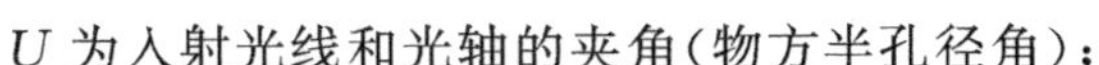

U 为入射光线和光轴的夹角(物方半孔径角)；

U'为折射光线和光轴的夹角(像方半孔径角)；

φ 为光轴与球面法线的夹角；

h 为光线在折射面上的入射高度。

2. 符号规则

(1) 光路方向：规定光路传播的正方向为自左向右，反之为逆向光路。

几何光学计算时，通常规定：光路从左向右传播为正向光路，反之为负。即光学成像时，一般是将物体放在光学系统的左面，使物体从左往右经系统成像。但工程实践中，当遇到逆向光路，例如像位于系统左侧，物在系统右侧时，则可以根据光路可逆原则，把像当物，物当像，依然按正向光路计算；或者将系统翻转 180°，仍利用光线从左往右传播的习惯规则，此时光学系统的最后一面变为第一面，第一面则变为最后一面，从左往右计算，最后将计算结果再翻转 180°，从而得到最终的成像结果。

(2) 沿轴线段。

① 通常以球面顶点 O 为原点，与光路传播正方向相同者为正，反之为负。

② 两折 (反) 射面之间的间隔 (常用 d 表示)：以前一面的顶点为原点，到后一面顶点之间的距离，顺光路传播正方向为正，逆光路传播正方向为负。折射系统中 d 恒为正。

(3) 垂轴线段：以光轴为界，在光轴之上为正，在光轴之下为负。

(4) 角度符号(一律以锐角来衡量)：

① 光线与光轴的夹角：光轴转向光线，顺时针为正，逆时针为负。

② 光线与法线的夹角：光线转向法线，顺时针为正，逆时针为负。

③ 光轴与法线的夹角：光轴转向法线，顺时针为正，逆时针为负。

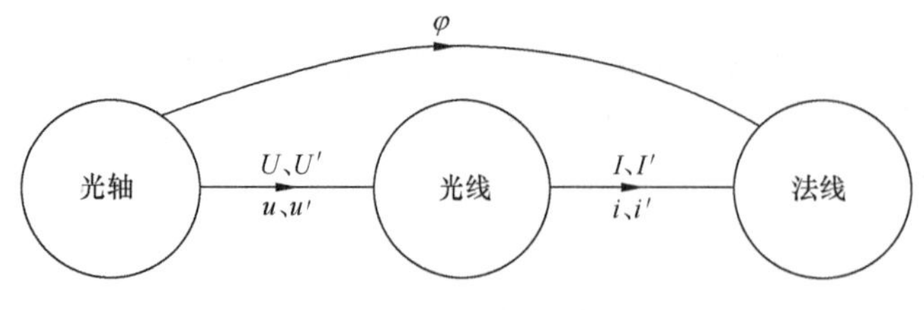

图 2.2　角度符号的判别

角度符号的判别可参照图 2.2 所示。

在光路图中，规定几何图形上所有参量一律标注其几何量。例如，对图 2.1 中实物点 A，物距 L 为负值，图中则标注为 $-L$，即当其代数量为负值时，需在其前面增加一个负号，以确保图中标注的几何量取正值。计算时，要区分其正负号。

3. 符号规则的意义

对单个系统而言，通过符号规则可清楚地描述物像的虚实和正倒：

（1）物的虚实：物在左，负物距，对应的是实物；物在右，正物距，对应的是虚物。

（2）像的虚实：像在右，正像距，对应的是实像；像在左，负像距，对应的是虚像。

（3）成像方向：物高 y、像高 y' 代数值符号相反，表示成倒像；y、y' 代数值符号相同，表示成正像。

2.2　单个折射球面成像

光学系统成像是光学经过折(反)射面逐次成像的结果，单个折射球面成像是其中基本的成像过程，本节主要讨论单个球面折射的成像问题。

2.2.1　单折射球面成像的光路计算

因几何光学定义：包含光轴和主光线的截面为子午面（将在第五章详述），故在图 2.1 所示的子午面内，在△AEC 中，应用正弦定律，有

$$\frac{\sin I}{-L+r}=\frac{\sin(-U)}{r}$$

于是，得

$$\sin I=(L-r)\frac{\sin U}{r} \qquad (2-1a)$$

当轴上点无限远时，即可认为 $L=-\infty$，$U=0$，如图 2.3 所示。此时光线与球面相交的位置由光线的入射高度 h 决定，所以上式变为

$$\sin I=\frac{h}{r} \qquad (2-1b)$$

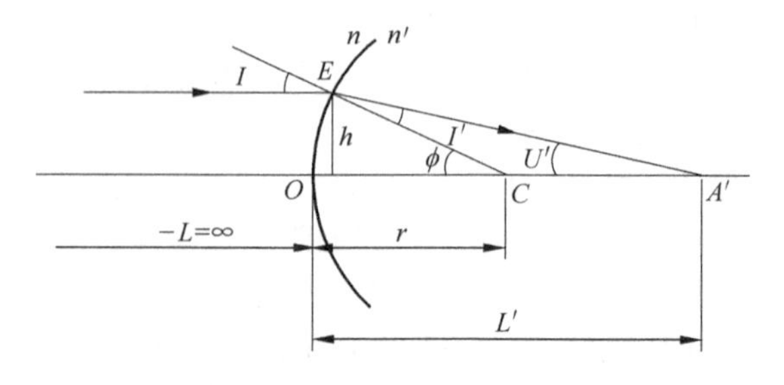

图 2.3　物体无限远时光线经过单个折射球面的折射

在 E 点应用折射定律，有

$$\sin I' = \frac{n}{n'}\sin I \tag{2-2}$$

由图 2.1 可知，$\varphi=U+I=U'+I'$，由此可得像方孔径角 U'

$$U'=U+I-I' \tag{2-3}$$

在$\triangle A'EC$ 中，应用正弦定律，有

$$\frac{\sin I'}{L'-r} = \frac{\sin U'}{r}$$

于是，得像方截距为

$$L' = r\left(1+\frac{\sin I'}{\sin U'}\right) \tag{2-4}$$

式(2-1)～式(2-4)即为子午面内物点经单个折射球面成像时实际光线的光路计算公式。由公式可以看出，给出一组物方参量 L 和 U，就可以计算出一组相应的像方参量 L' 和 U'。由共轴球面系统的对称性可知，以 A 为顶点、$2U$ 为顶角的圆锥面上所有光线经折射后均应该会聚于 A'点。但由上述公式组可知，当物距 L 一定时，以不同孔径角 U 入射的光线，将得到不同的像方截距 L'，如图 2.4 所示，即同心光束经单折射面后，出射光束不再是同心光束，这表明，单个折射球面对轴上点成像是不完善的，这种现象称为球差，将在第 6 章介绍。

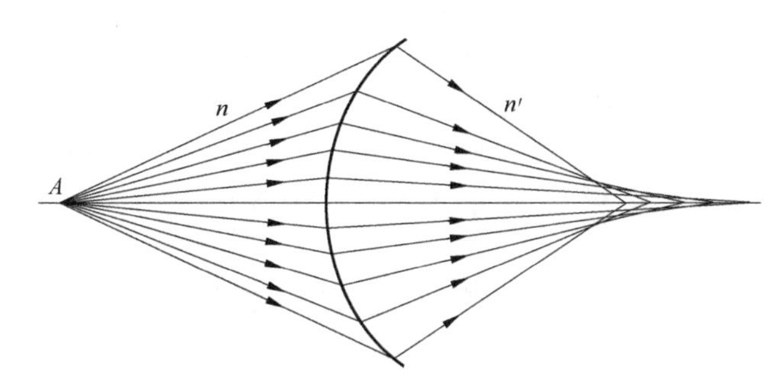

图 2.4　单折射球面对轴上点成像的不完善性

当把入射光线的孔径角(或入射高度)限制在一个很小的范围内，使得与光线有关的所有角度近似满足 $\sin\alpha\approx\alpha$，符合此条件的区域称为光学系统的近轴区，近轴区内的光线称作近轴光线。因此将式(2-1)～式(2-4)中的所有角度的正弦值用其相应的弧度值来代替，并用相应的小写字母表示，则有

$$\left.\begin{aligned}
&i=\frac{l-r}{r}u\\
&i'=\frac{n}{n'}i=\frac{l'-r}{r}u'\\
&u'=u+i-i'\\
&l'=r\left(1+\frac{i'}{u'}\right)=r\left[1+\frac{n(l-r)}{n'l-n(l-r)}\right]
\end{aligned}\right\} \tag{2-5}$$

同样，当轴上点无限远时，可得

$$i=\frac{h}{r} \tag{2-6}$$

近轴区内，有

$$l'u' = lu = h \tag{2-7}$$

式(2－5)公式组称为近轴光线的光路计算，可见，在近轴区内，光学系统具有较为简单的物像关系。

可以看出，对一个确定位置的物体，无论 u 为何值，l' 均为定值，即近轴光路计算能够获得唯一的像，表明：近轴区内以细光束成像是完善的，该像称为高斯像。通过高斯像点且垂直于光轴的平面称为高斯像面，其位置由 l' 决定。这样一对构成物像关系的点称为共轭点。

虽然用近轴光路计算讨论光学系统的物像关系具有唯一性，但近轴光路计算毕竟只是一种近似计算，要想精确反映光学系统实际的成像情况，还需采用的式(2－1)～式(2－4)实际光路计算。

2.2.2 近轴区成像的物像关系

由近轴区的光路计算式(2－5)公式组，还可以导出以下计算式：

$$n'\left(\frac{1}{r}-\frac{1}{l'}\right)=n\left(\frac{1}{r}-\frac{1}{l}\right)=Q \tag{2-8}$$

$$n'u'-nu=(n'-n)\frac{h}{r} \tag{2-9}$$

$$\frac{n'}{l'}-\frac{n}{l}=\frac{n'-n}{r} \tag{2-10}$$

式(2－8)～式(2－10)是近轴区物像计算的三种不同表达形式，其中式(2－8)表示物像方参数计算的一种不变式，用 Q 表示，称为阿贝不变量；式(2－9)表示物像方孔径角之间的关系；式(2－10)表示物像位置之间的关系。它们都是很重要的公式，在折射面已知的情况下，可以直接由给定的物方(像方)参数计算出像方(物方)参数，即由物求像或由像求物。

几何光学将式(2－10)等号右边的表达式定义为单折射球面的光焦度，用 φ 表示，即

$$\varphi=\frac{n'-n}{r} \tag{2-11}$$

光焦度表示了折射面的折光能力。式(2－11)说明折射球面的曲率半径越小，或界面两侧的折射率差值越大，折光能力就越强。

在式(2－10)中分别令物距和像距为∞，则可得到无限远轴上物点($l=-\infty$)所对应的像距即折射面的像方焦距(用 f' 表示)，及无限远轴上像点($l'=\infty$)所对应的物距即折射面的物方焦距(用 f 表示)。于是，有

$$\varphi=\frac{n'}{f'}=-\frac{n}{f} \tag{2-12}$$

单个折射面可以看做一个最简单的成像系统，式(2－12)说明：单个折射球面的物方焦距与像方焦距之比和物方介质折射率与像方介质折射率之比，大小相等，符号相反。

2.2.3 近轴区成像的放大率和传递不变量

当讨论对有限大小的物体成像时，除了物像位置关系外，还涉及到成像的大小、虚实和正倒等特性，因此还需分析光学系统的放大率，此处我们均以近轴区予以讨论。

几何光学中所用的放大率有三种：一种是垂轴放大率，它定义为垂轴小物体成像时，

像的大小与物的大小之比；另一种是轴向放大率，它表征像点与对应的物点沿轴移动量之比；还有一种称为角放大率，它是一对共轭光线与光轴夹角 u' 与 u 之间的比值。这三种放大率依次记为 β、α 和 γ。

1. 垂轴放大率 β

它定义为垂轴小物体成像时，像的大小与物的大小之比，即

$$\beta=\frac{y'}{y} \tag{2-13}$$

由图 2.5 中相似△ABC 和△$A'B'C'$，得

$$\frac{-y'}{y}=\frac{l'-r}{r-l}$$

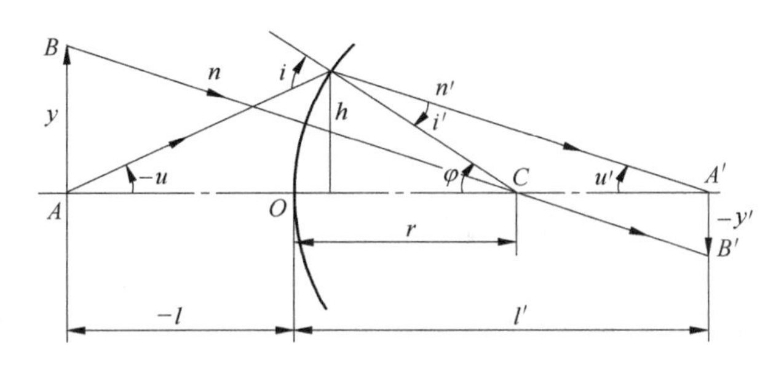

图 2.5 近轴区物体经单个折射球面成像

利用阿贝不变量 Q 式，得

$$\beta=\frac{y'}{y}=\frac{nl'}{n'l} \tag{2-14}$$

由式(2-14)可知，β 仅取决于共轭面的位置，与物体的大小无关。在一对共轭面上，β 为常数，所以像与物相似。

2. 轴向放大率 α

轴向放大率表征像点与对应的物点沿轴移动量之比，它定义为物点沿光轴作微小移动 $\mathrm{d}l$ 时，所引起的像点移动量 $\mathrm{d}l'$ 与物点移动量 $\mathrm{d}l$ 之比，用 α 来表示，即

$$\alpha=\frac{\mathrm{d}l'}{\mathrm{d}l} \tag{2-15}$$

将式(2-10)两边微分，得

$$-\frac{n'\mathrm{d}l'}{l'^2}+\frac{n\mathrm{d}l}{l^2}=0$$

于是，得轴向放大率

$$\alpha=\frac{\mathrm{d}l'}{\mathrm{d}l}=\frac{nl'^2}{n'l^2} \tag{2-16}$$

轴向放大率与垂轴放大率之间的关系为

$$\alpha=\frac{n'}{n}\beta^2 \tag{2-17}$$

3. 角放大率 γ

近轴区内，角放大率定义为一对共轭光线与光轴夹角 u' 与 u 之间的比值，用 γ 来表

示，γ 表示折射球面将光束变宽或变细的能力，即

$$\gamma = \frac{u'}{u} \tag{2-18}$$

利用式(2-7)，得

$$\gamma = \frac{l}{l'} \tag{2-19}$$

上式表明：γ 只与共轭点的位置有关，与光线的孔径角无关。

角放大率与垂轴放大率之间的关系可表达为

$$\gamma = \frac{n}{n'} \cdot \frac{1}{\beta} \tag{2-20}$$

显然，垂轴放大率、轴向放大率和角放大率之间满足：

$$\alpha\gamma = \beta \tag{2-21}$$

由 $\beta = \frac{y'}{y} = \frac{nl'}{n'l} = \frac{nu}{n'u'}$，得

$$nuy = n'u'y' = J \tag{2-22}$$

式(2-22)称为拉赫公式或拉赫不变量，是光学系统在近轴区成像时物方和像方参数乘积的一个不变式。拉赫不变量是表征光学系统性能的一个重要参量，即在拉赫不变量的限制范围内，像高 y' 的增大，必然伴随着像方孔径角 u' 的减小；也即表明在光学系统中，增大视场 y 将以牺牲孔径角 u 为代价。

4. 三种放大率与物体成像的关系

对单折射面，近轴区三种放大率反映了物体的成像关系。

(1) β 是有符号数，具体表现为：

① 成像正倒：当 $\beta>0$ 时，表明 y'、y 同号，成正像；否则，成倒像。

② 成像大小：当 $|\beta|=1$ 时，表明 $|y'|=|y|$，像、物大小一致；$|\beta|>1$ 时，表明 $|y'|>|y|$，成放大的像；反之，成缩小的像。

③ 成像虚实：当 $\beta>0$ 时，表明 l'、l 同号，物像同侧，虚实相反；否则，物像异侧，虚实相同。

④ 当物体位于不同的位置时，β 不同。

(2) 因 α 恒为正，故当物点沿轴向移动时，其像点沿光轴同向移动；且因 $\alpha \neq \beta$，故空间物体成像时要变形，例如一正方体成像后将不再是正方体。

(3) γ 只与共轭点的位置有关，而与光线的孔径角无关。物体总有一定大小，因此在上述轴上点成像的基础上，我们还将讨论轴外点和物平面以细光束成像的情况。

如图 2.6 所示，球心 C 处放置的具有小孔的屏(称光阑)限制了物方各点以细光束成像，它使物空间以 C 为中心，CA 为半径所作的球面 A_1AA_2 上的每一点均成像于同心球面 V'(即球面 $A'_1A'A'_2$)上。此时，物方垂直于光轴的平面 BA 的像是否也是过 A' 点并垂直于光轴的平面呢？情况并非如此。因为物平面上的点 B 可看做是由球面上的点 A_1 沿辅助光轴 CA_1 移动 dl 得到的。由式(2-16)可知，对于折射球面，当物点沿光轴移动时，像点一定沿同方向移动。因此，B 点的像 B' 必位于 A'_1 和 C 之间，即物平面 BA 的像是一相切于 A' 点，并比球面 V' 曲率更大的曲面 V''。由此可见，平面物体即使以细光束经折射球面成像也不可能得到完善的平面像，这也是成像的像差之一，称作像面弯曲，将在第 6 章介绍。

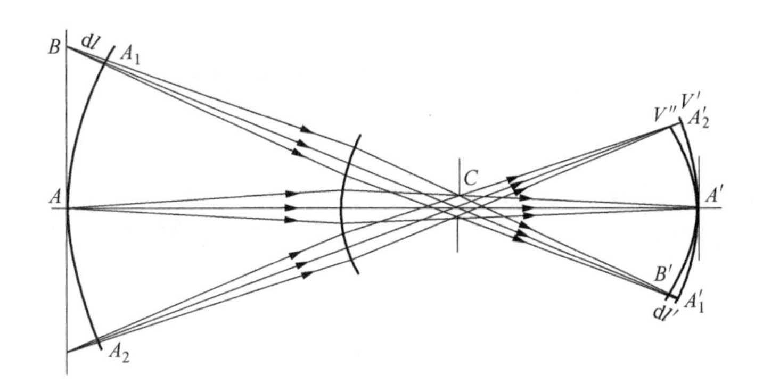

图 2.6 垂直光轴的物平面以细光束经折射球面成像

例 2.1 如图 2.7 所示，半径为 $r=20$mm 的一折射球面，两边的折射率分别为 $n=1$，$n'=1.5163$，当物体位于距球面顶点 60mm 时，求：

(1) 轴上物点 A 的成像位置；

(2) 垂轴物面上距轴 10mm 处物点 B 的成像位置。

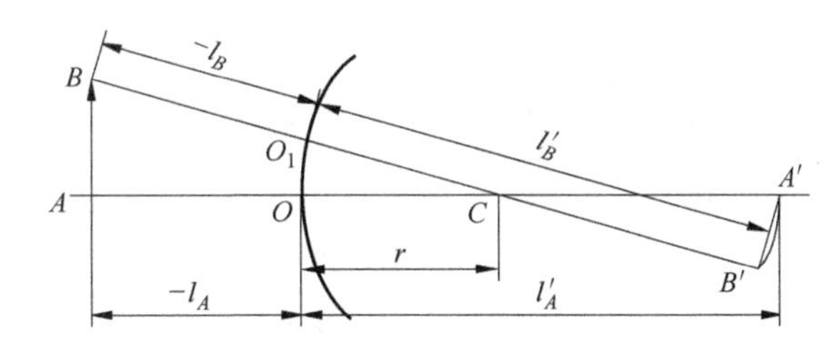

图 2.7 例 2.1 图(单折射球面对垂轴物体的成像)

解 (1)对轴上点 A，将给定条件 $r=20$mm，$n=1$，$n'=1.5163$，$l_A=-60$mm 代入物像位置式(2-10)得

$$\frac{1.5163}{l'_A}-\frac{1}{-60}=\frac{1.5163-1}{20}$$

解得 $l'_A=165.75$mm，即轴上点 A 的像 A' 点位于光轴上距顶点 165.75mm 处，A' 点距球心的位置为 145.75mm。

(2) 过轴外物点 B 做连接球心 C 的直线，该直线可以看做一条辅助光轴，点 B 可以看做辅助光轴 O_1C 上的一点。在辅助光轴上，其物距为

$$l_B=-\left(\sqrt{(60+20)^2+10^2}-20\right)\text{mm}=-60.62\text{mm}$$

同样，代入物像位置式(2-10)得，在辅助光轴上，$l'_B=162.71$mm，即轴外点 B 的像 B' 点位于主光轴 OC 以外距球心的位置为 142.71mm。

很显然，AB 的像 $A'B'$ 并非平面，此题印证了图 2.6 中垂直光轴的物平面以细光束经折射球面成像后并非平面，垂轴物面上物点离光轴越远，像距越小，对应的像面越弯向球心。在无限接近光轴的附近区域，物平面是靠近光轴很小的垂轴平面，弯曲的像面近似垂直于光轴，可认为是成完善像，此完善像面称为高斯像面。因此，通常所说的近轴概念包含两种情况：①物体以很细的光束成像；②成像的物体很靠近光轴。在以上两种情况确定的近轴区内，可认为球面光学系统成完善像。

2.3 单个反射球面成像

我们知道，由折射定律得出的结论，只要令 $n'=-n$，就可得到满足反射定律的结论，也表明了可以把反射看成是 $n'=-n$ 时的折射。球面镜的成像特性介绍如下。

1. 物像位置关系

在式(2－10)中，令 $n'=-n$，可得球面镜的物像位置公式为

$$\frac{1}{l'}+\frac{1}{l}=\frac{2}{r} \tag{2-23}$$

球面反射镜分：凹面镜和凸面镜，其物像关系如图 2.8 所示，图中 C 为球面中心。

【凹-凸面镜成像原理】

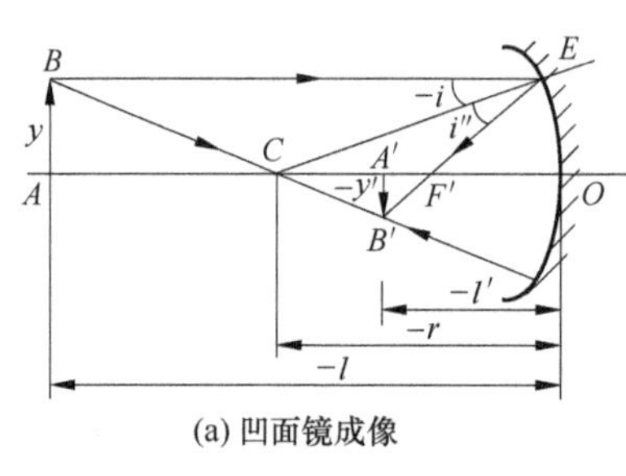

(a) 凹面镜成像

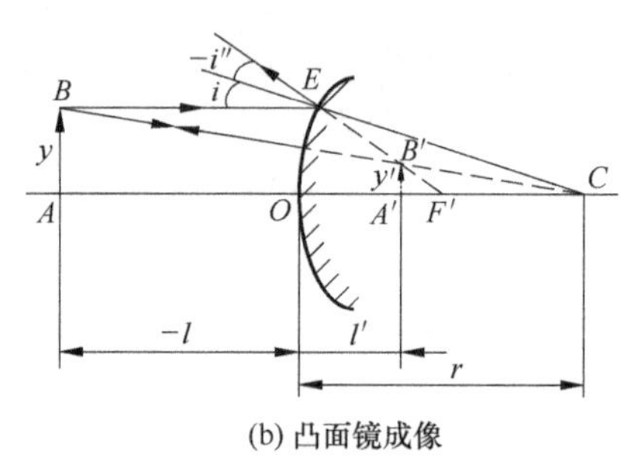

(b) 凸面镜成像

图 2.8 球面镜成像

由式(2－23)及焦距的定义，可得反射球面的焦距为

$$f'=f=\frac{r}{2} \tag{2-24}$$

因此，无限远轴上物点的成像关系如图 2.9 所示。

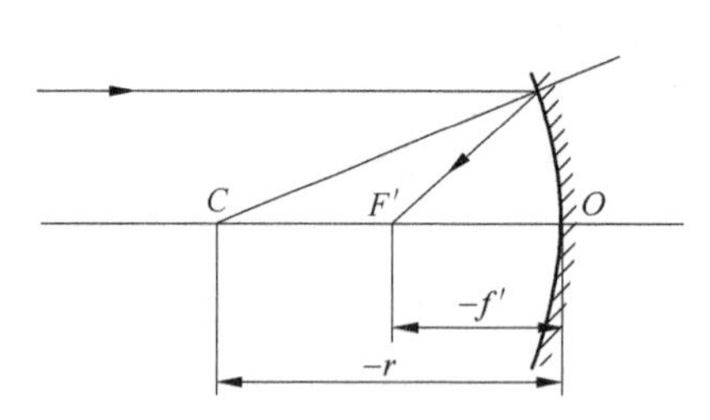

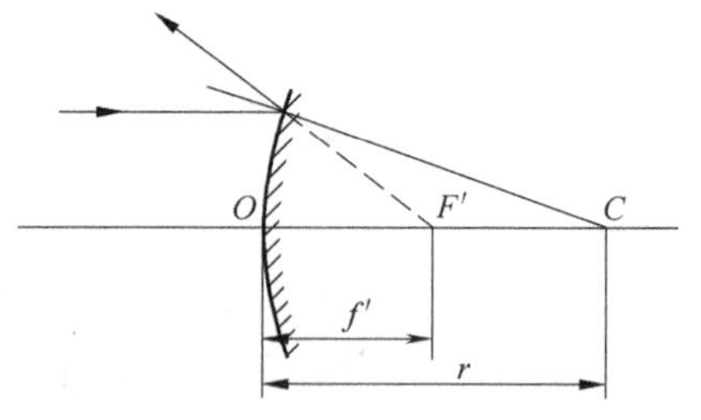

图 2.9 无限远轴上物点经球面镜成像

2. 成像放大率

将 $n'=-n$ 代入单折射面的放大率公式，可得球面镜的放大率公式

$$\left.\begin{aligned}\beta&=\frac{y'}{y}=-\frac{l'}{l}\\ \alpha&=\frac{\mathrm{d}l'}{\mathrm{d}l}=-\frac{l'^2}{l^2}=-\beta^2\\ \gamma&=\frac{u'}{u}=\frac{l}{l'}=-\frac{1}{\beta}\end{aligned}\right\} \tag{2-25}$$

球面镜的三种放大率仍然满足 $\alpha\gamma=\beta$。

当物点位于球心($l'=l=r$)时，球面镜的放大率公式简化为

$$\left.\begin{aligned}\beta&=-1\\ \alpha&=-1\\ \gamma&=1\end{aligned}\right\}\tag{2-26}$$

3. 球面镜的拉赫不变量

$$J=uy=-u'y'\tag{2-27}$$

4. 球面反射镜成像特点

(1) 当 $\beta>0$ 时，表明 l' 和 l 异号，物像异侧，虚实相反，y 和 y' 同号，成正像；否则，物像同侧，虚实相同，成倒像。

(2) 因 α 恒为负，故物体沿光轴移动时，像总是以相反方向移动。

(3) 因球心处 $\gamma=1$，即反射、入射光线孔径角相等，所以，通过球心的光线沿原光路反射，仍会聚于球心。

2.4 共轴球面光学系统成像

实际的光学系统，多是共轴球面系统，通常由多个透镜、透镜组及反射镜组成，主要由球面透镜组成，也常应用一些如平面镜、棱镜和平行平板之类的光学元件，不过这些平面光学元件在系统中并不对高斯成像特性产生影响，只是为了达到某些其他目的而设置的。

前面讨论了单个折、反射球面的光路计算及成像特性，它们对构成光学系统的每个球面都适用。因此，只要找到相邻两个球面之间的光路关系，就可以解决整个光学系统的光路计算问题，分析其成像特性。

由 k 个折射面组成的一个共轴球面光学系统的结构，由下列结构参数所唯一确定：

(1) 各球面的曲率半径 r_1，r_2，…，r_k。

(2) 各表面顶点之间的间隔 d_1，d_2，…，d_{k-1}，(k 个面之间共有 $k-1$ 个间隔)。

(3) 各表面间介质的折射率 n_1，n_2，…，n_{k+1}(有 k 个面共隔开 $k+1$ 种介质)。

其余参数符号意义同前。

1. 过渡公式

参照图 2.10 可得以下过渡公式：

$$\left.\begin{aligned}&n_2=n'_1,\ n_3=n'_2,\ \cdots,\ n_k=n'_{k-1}\\ &u_2=u'_1,\ u_3=u'_2,\ \cdots,\ u_k=u'_{k-1}\\ &y_2=y'_1,\ y_3=y'_2,\ \cdots,\ y_k=y'_{k-1}\\ &l_2=l'_1-d_1,\ l_3=l'_2-d_2,\ \cdots,\ l_k=l'_{k-1}=d_{k-1}\\ &h_2=h_1-d_1u'_1,\ h_3=h_2-d_2u'_2,\ \cdots,\ h_k=h_{k-1}-d_{k-1}u'_{k-1}\\ &n_1u_1y_1=n_2u_2y_2=\cdots=n_ku_ky_k=n'_ku'_ky'_k=J\end{aligned}\right\}\tag{2-28}$$

式(2-28)为共轴球面系统近轴光路计算的过渡公式，对于宽光束的实际光线也同样适用，只需将相应的小写字母改为大写字母即可。

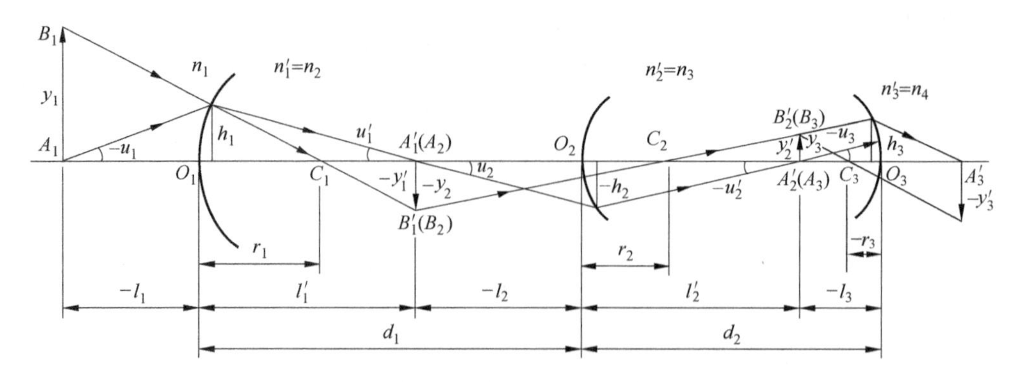

图 2.10　共轴球面系统成像

我们已经讲了单个折射面的拉赫不变量 J，由上述分析可见，它不仅对单个折射面 J 是个定值，对于整个系统而言，它也是个不变的量。

2. 成像放大率

利用过渡公式，很容易证明系统的放大率为各面放大率之乘积，即

$$\left.\begin{aligned}\beta&=\frac{y'_k}{y_1}=\frac{y'_1}{y_1}\frac{y'_2}{y_2}\cdots\frac{y'_k}{y_k}=\beta_1\beta_2\cdots\beta_k\\ \alpha&=\frac{\mathrm{d}l'_k}{\mathrm{d}l_1}=\frac{\mathrm{d}l'_1}{\mathrm{d}l_1}\frac{\mathrm{d}l'_2}{\mathrm{d}l_2}\cdots\frac{\mathrm{d}l'_k}{\mathrm{d}l_k}=\alpha_1\alpha_2\cdots\alpha_k\\ \gamma&=\frac{u'_k}{u_1}=\frac{u'_1}{u_1}\frac{u'_2}{u_2}\cdots\frac{u'_k}{u_k}=\gamma_1\gamma_2\cdots\gamma_k\end{aligned}\right\}\tag{2-29}$$

三种放大率之间的关系 $\alpha\gamma=\beta$ 依然满足。因此，整个系统各放大率公式及其相互之间的关系与单个折射面完全相同，这表明，单个折射面的成像特性具有普遍意义。

例 2.2　已知 $r_1=50\text{cm}$，$r_2=-50\text{cm}$ 的双凸透镜，置于空气中。物点 A 位于第一球面前 100cm 处，第二面镀反射膜。该透镜所成实像 B 位于第一球面前 12.5cm 处，如图 2.11 所示，按薄透镜处理，求该透镜的折射率 n。

图 2.11　例 2.2 图

解　该题共有三个成像过程：

(1) 凸面折射。已知：$n_1=1$，$n'_1=n$，$l_1=-100\text{cm}$，$r_1=50\text{cm}$，求 l'_1。代入式(2-10)得

$$\frac{n}{l'_1}-\frac{1}{-100}=\frac{n-1}{50}\qquad ①$$

(2) 凹面反射。因按薄透镜，故 $l_2=l'_1-d_1=l'_1$，$r_2=-50\text{cm}$，求 l'_2。代入式(2-23)，得

$$\frac{1}{l'_2}+\frac{1}{l'_1}=\frac{2}{-50}\qquad ②$$

(3) 再经第一面折射成像 B 处。

$n_3=n$，$n'_3=1$，$l_3=l'_2-d_2=l'_2$，$l'_3=-12.5\text{cm}$，$r_3=50\text{cm}$，代入式(2-10)，得

$$\frac{1}{-12.5}-\frac{n}{l'_2}=\frac{1-n}{50} \quad ③$$

联立①、②、③，得 $n=1.625$

或按反光路计算，B 当物，则

$n_3=1$，$n'_3=n$，$l_3=-12.5\text{cm}$，$r_3=50\text{cm}$，$l'_3=l'_2-d_2=l'_2$，代入式(2-10)，得

$$\frac{n}{l'_2}-\frac{1}{-12.5}=\frac{n-1}{50} \quad ④$$

联立①、②、④，得 $n=1.625$

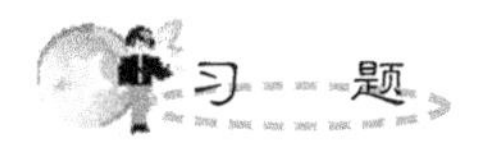

2-1　对于近轴光，当物距 l 一定时，物方孔径角 u 不同时经过折射球面折射后这些光线与光轴交点的坐标值 l' 是否相等？

2-2　在团体照中为什么感觉前排的人像比后排的大一些？

2-3　汽车后视镜和马路拐角处反光镜为什么都做成凸面而非平面？

2-4　人眼的角膜可认为是一曲率半径 $r=7.8\text{mm}$ 的折射球面，其后是 $n=4/3$ 的液体。如果看起来瞳孔在角膜后 3.6mm 处，且直径为 4mm，求瞳孔的实际位置和直径。

2-5　一个玻璃球半径 r，折射率为 n，若以平行光入射，当玻璃的折射率为何值时，会聚点恰好落在球的后表面上？

2-6　一个玻璃球直径为 600mm，玻璃球折射率为 1.5，一束平行光射在玻璃球上。试求：

(1) 其会聚点的位置；

(2) 两个面的阿贝不变量；

(3) 如果在其后半球镀反射膜，则其像点在什么地方？

2-7　有一平凸透镜，$r_1=100\text{m}$，$r_2=\infty$，$d=300\text{mm}$，$n=1.5$，当物体位于 $-\infty$ 时，求高斯像的位置 l'；如果在第二面上刻一十字线，其共轭像在何处？当入射高度 $h=10\text{mm}$ 时，实际光线的像方截距为多少？交在高斯像面上的高度是多少？该值说明什么问题？

2-8　一个实物放在曲率半径为 r 的凹面反射镜前的什么地方，才能得到：

(1) 垂轴放大率为 4 倍的实像；

(2) 垂轴放大率为 4 倍的虚像。

2-9　在汽车驾驶人侧面有一凸面反射镜，有一人身高 1.75m，在凸球面镜前 1.75m 处，此人经凸面镜所成像在镜后 0.1m 处。求此人的像高和凸面镜的曲率半径。

2-10　一个玻璃球直径为 400mm，玻璃折射率为 1.5，球中有两个小气泡，一个正在球心，一个在 1/2 半径处。沿两气泡连线方向，在球的两边观察这两个气泡，它们之间距离分别为多少？如在水中观察(水的折射率 $n=1.3$)时，它们之间的距离分别为多少？

第3章 理想光学系统

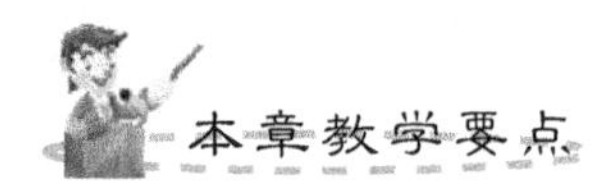

知识要点	掌握程度	相关知识
共线成像理论	熟悉理想光学系统的共线成像理论； 重点掌握共轴光学系统的成像特点	理想光学系统的概念； 共轭的含义； 由已知共轭点和共轭面确定已知物点的像点
理想光学系统的基点和基面	掌握理想光学系统的基点和基面	物像方焦点、主点、焦面和主面； 实际光学系统在近轴区基点位置和焦距的计算
图解法和解析法求像	掌握图解法求像用到的典型光线； 重点掌握牛顿公式和高斯公式	轴上点和轴外点的图解法求像； 物方焦距与像方焦距之间的关系
理想光学系统的组合	熟悉多光组组合的计算方法； 重点掌握两个光组组合的计算	多光组组合的图解法求像； 多光组组合的解析法求像中的过渡公式
垂轴放大率、轴向放大率、角放大率	了解三个放大率的概念； 掌握如何根据垂轴放大率判断成像特性	三个放大率之间的关系； 多光组光学系统放大率与各个光组放大率之间的关系
透镜	熟悉单个折射面主点位置的确定； 掌握透镜焦距的计算方法	透镜的分类； 正透镜和负透镜的焦距特点

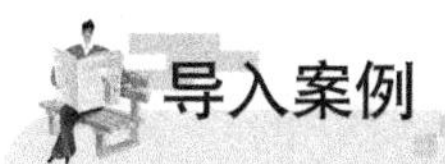

导入案例

实际光学系统除平面反射镜外，不存在真正的理想光学系统，共轴球面系统严格地说不是理想光学系统，但在近轴条件下可近似地满足理想光学系统的要求。实际的光学系统往往是由透镜、反射镜、棱镜及光阑等多种光学元件按一定次序组合成的整体。

望远式光学瞄准镜至少有三个光学透镜组（图 3.0）：物镜组、校正镜管组和目镜组，物镜组负责集光，所以当物镜越大，瞄准镜中的景物就应该更明亮，目镜组负责将这些光线改换回平行光线，让眼睛可以聚焦，造就最大的视野；而校正镜管组则是将物镜的影像由上下颠倒、左右相反而修正成正确方向，并且负责调整倍率。瞄准线所在位置可以在校正镜组前的第一聚焦平面，或是其后的第二聚焦平面，而风偏调整钮、高低调整钮以及放大倍率环都是用来控制校正镜管组的左右、高低、前后位置。望远式瞄准镜具有放大作用，能看清和识别远处的目标，适用于远距离精确射击，由于常常用作狙击用途，因此又常常被称为狙击镜。

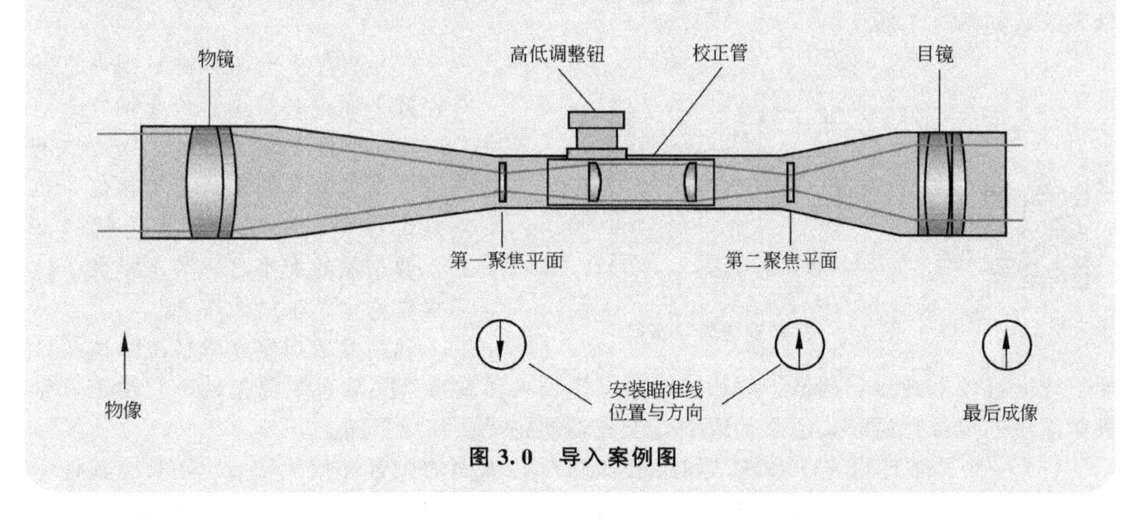

图 3.0　导入案例图

把光学系统在近轴区成完善像的理论推广到任意大的空间，以任意宽的光束都成完善像的光学系统称理想光学系统。本章主要介绍理想光学系统的主要光学参数、成像关系和放大率、理想光学系统的光组组合和透镜。

3.1　理想光学系统理论

几何光学的主要内容是研究光学系统的成像问题。为了系统地讨论物像关系，挖掘出光学系统的基本参量，将物、像与系统间的内在关系揭示出来，可暂时抛开光学系统的具体结构(r，d，n)，将一般仅在光学系统的近轴区存在的完善成像拓展成在任意大的空间中以任意宽的光束都成完善像的理想模型，这个理想模型就是理想光学系统。

3.1.1　理想光学系统理论的内容

理想光学系统理论是在 1841 年由高斯提出来的，所以理想光学系统理论又被称为

“高斯光学理论”。其内容如下：

（1）在理想光学系统中，任何一个物点发出的光线在系统的作用下所有的出射光线仍然相交于一点，也就是说每一个物点对应于唯一的一个像点。这种物像对应关系称做“共轭”。

（2）如果光学系统的物空间和像空间都是均匀透明介质，则入射光线和出射光线均为直线，根据光的直线传播定律，由物点对应唯一像点可推出直线成像为直线、平面成像为平面。这种点对应点、直线对应直线、平面对应平面的理论称为共线成像理论。

3.1.2　共轴理想光学系统理论

对于共轴理想光学系统，由于其轴对称性，所成的像还有如下的性质：

（1）位于光轴上的物点对应的共轭像点也必然位于光轴上。

（2）位于过光轴的某一个截面内的物点对应的共轭像点必位于其共轭像面内；由于过光轴的任意截面的成像性质都是相同的，可以用一个过光轴的截面来代表一个共轴理想光学系统，如图 3.1 所示。

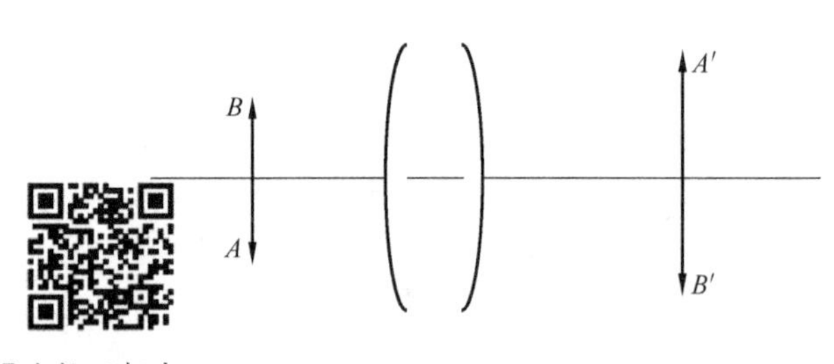

【共轴理想光学理论】

图 3.1　共轴理想光学系统

（3）垂直于光轴的物平面，它的共轭像平面也必然垂直于光轴。

（4）垂直于光轴的平面物所成的共轭平面像的几何形状与物相似，也就是说在整个物平面上无论哪一部分，像与物的大小之比等于常数。这一常数称为垂轴放大率 β。

利用共轴理想光学系统的这一性质，当通过仪器观察到的像了解物时，总是使物平面垂直于共轴系统的光轴，在讨论共轴光学系统的成像性质时，也总是取垂直于光轴的物平面和像平面。

（5）一个共轴理想光学系统，如果已知两对共轭面的位置和放大率 β，可求出其他一切物点的像点。图 3.2 所示，M 为理想光学系统，像平面 O_1' 与物平面 O_1 共轭，其对应的放大率 β_1 已知；像平面 O_2' 与物平面 O_2 共轭，其对应的放大率 β_2 也已知，现要求物空间中的任一点 O 的像点位置，为此过 O 点作两光线分别过 O_1 和 O_2 点，光线 OO_1 穿过第二个物平面上的 A 点，由于 β_2 是已知的，所以 A 的共轭像点 A' 也就可以确定；又由于 O_1' 与 O_1 共轭，所以与 OO_1 共轭的光线必穿过 $O_1'A'$。同理可以确定与 OO_2 共轭的出射光线。这样就可以确定 O 的共轭像点 O'。

（6）一个共轴理想光学系统，如果已知一对共轭面的位置和放大率以及轴上的两对共轭点的位置，则其他一切物点的像点也可以由已知的共轭面和共轭点求出。如图 3.3 所

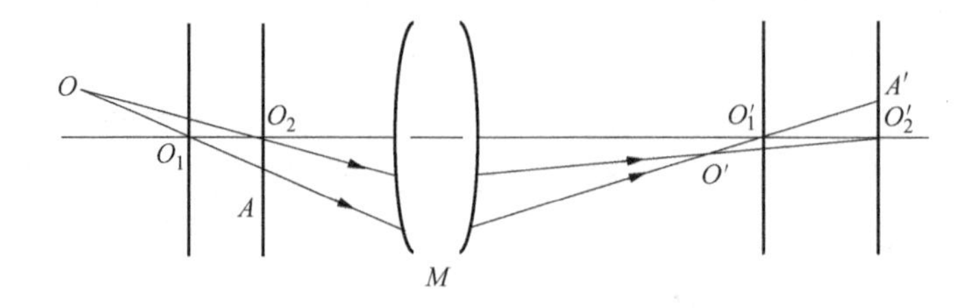

图 3.2　系统已知两对共轭面和放大率 β 的成像

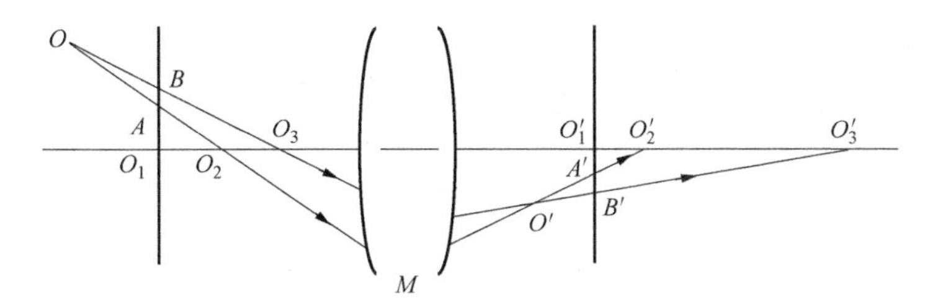

图 3.3 系统已知两对共轭点和一对共轭面及放大率 β 的成像

示，M 为理想光学系统，已知的一对共轭面为 O_1、O'_1，及两对光轴上的共轭点分别是 O_2、O'_2 和 O_3、O'_3，为确定物空间中任意一点 O 的像点位置 O'，与前述方法雷同，过物点 O 作两条光线 OO_2 和 OO_3，分别交物平面 O_1 的 A 点和 B 点，由于共轭面 O_1 和 O'_1 的放大率是已知的，所以可以确定 A 的共轭点 A' 及 B 的共轭点 B'。连接 $A'O'_2$ 和 $B'O'_3$ 即分别为入射光线 OO_2 和 OO_3 的共轭光线，由此可确定 O 的共轭像点 O'。

通常将这些已知的共轭面和共轭点分别称为共轴理想光学系统的"基面"和"基点"，只是这些已知的共轭面和共轭点是任选的。为了应用方便，一般采用一些特殊的共轭面和共轭点作为共轴理想光学系统的基面和基点。究竟采用哪些特殊的共轭面和共轭点做基面和基点，以及如何根据它们求其它物点的像将在后面介绍。

3.2 理想光学系统的基点和基面

由 3.1 节学习我们知道，如果已知共轴理想光学系统的基点和基面，其它一切物点的像点都可以求出，本节介绍能够代表一个共轴理想光学系统的特殊的基点和基面。

3.2.1 无限远轴上物点和其对应的像点 F'

1. 无限远轴上物点发出的光线

如图 3.4 所示，h 是有限远轴上物点 A 发出的一条入射光线的投射高度，由三角函数关系近似有

$$\tan U=\frac{h}{L}$$

式中，U 是物方孔径角；L 是物方截距。

当 $L\to\infty$，物点 A 即趋近无限远处，此时 $U\to 0$，即无限远轴上物点发出的光线与光轴平行。

2. 无限远轴外物点发出的光线

无限远轴外物点发出的、能进入理想光学系统的光线总是相互平行，且与光轴有一定的夹角，用 ω 表示，如图 3.5 所示，ω 的大小反映了轴外物点离开光轴的角距离，当 $\omega\to 0$ 时，轴外物点就重合于轴上物点。由共轴理想光学系统成像性质知道，这一束相互平行的光线经过理想光学系统以后，一定相交于像方焦平面上的某一点，这一点就是无限远轴外物点的共轭像点。

图 3.4　有限远轴上物点发出光线　　　　图 3.5　无限远轴外物点发出的光线

3. 像方基点和基面

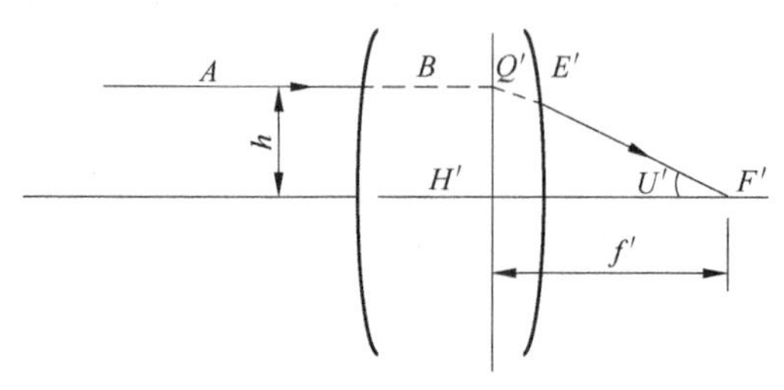

图 3.6　像方焦点、像方主点和像方焦距

如图 3.6 所示，AB 是一条平行于光轴的入射光线，它通过理想光学系统后，出射光线 $E'F'$ 交光轴于 F'。由理想光学系统的成像理论可知，F' 就是无限远轴上物点的像点，称为像方焦点。过 F' 作垂直于光轴的平面，称为像方焦平面，这个焦平面就是与无限远处垂直于光轴的物平面共轭的像平面。

将入射光线 AB 与出射光线 $E'F'$ 反向延长，则两条光线必相交于一点 Q'，过 Q' 作垂直于光轴的平面交光轴于 H' 点，则 H' 称为像方主点，$Q'H'$ 平面称为像方主平面，从主点 H' 到焦点 F' 之间距离称为像方焦距，通常用 f' 表示，其符号遵从符号规则，像方焦距 f' 的起算原点是像方主点 H'。设入射光线 AB 的投射高度为 h，出射光线 $E'F'$ 的孔径角为 U'，由图可知：

$$f' = \frac{h}{\tan U'} \tag{3-1}$$

3.2.2　无限远轴上像点对应的物点 F

如果轴上某一物点 F，其共轭像点位于轴上无限远，如图 3.7 所示，则 F 称为物方焦点。通过 F 且垂直于光轴的平面称为物方焦平面，它和无限远垂直于光轴的像平面共轭。设由焦点 F 发出的入射光线的延长线与相应的平行于光轴的出射光线的延长线相交与 Q 点，过 Q 点作垂直于光轴的平面交光轴于 H 点，H 点称为理想光学系统的物方主点，QH 平面称为物方主平面。由物方主点 H 起算到物方焦点 F 间的距离称为理想光学系统的物方焦距，用 f 表示，其正负由符号规则确定。如果由 F 发出的入射光线的孔径角为 U。其相应的出射光线在物方主平面上的投射高度为 h，由图 3.7 的三角几何关系有

$$f = \frac{h}{\tan U} \tag{3-2}$$

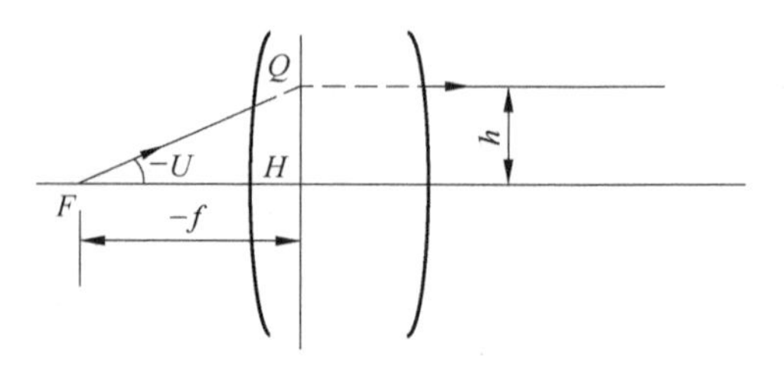

图 3.7　物方焦点、物方主点及物方焦距

另外，物方焦平面上任何一点发出的光线，通过理想光学系统后也是一组与光轴有一定夹角的平行光线，夹角的大小反映了轴外点离开光轴的距离。

3.2.3 物方主平面与像方主平面

在图 3.8 中，作出一投射高度为 h 且平行于光轴的光线入射到理想光学系统，相应的出射光线必通过像方焦点 F'；过物方焦点 F 作一条入射光线，并且调整这条入射光线的孔径角，使得相应出射光线的投射高度也是 h。这样，两条入射光线都经过 Q 点，相应的两条出射光线都经过 Q'，所以 Q 与 Q'就是一对共轭点，可见物方主平面 QH 与像方主平面 $Q'H'$是一对共轭面，而且 QH 与 $Q'H'$相等并在光轴的同一侧，所以，一对主平面的垂轴放大率为+1，即一对共轭光线在相应主面上的投射高度相等。这一性质在用作图法追迹光线时是非常有用的。

一对主平面以及像方焦点 F'和物方焦点 F 称为共轴理想光学系统的基点。它们构成了一个理想光学系统的基本模型，不同的理想光学系统，其基点的相对位置不同，焦距不等。如果已知一个共轴理想光学系统的一对主平面和两个焦点位置，它的成像性质就完全确定，所以，通常总是用一对主平面和两个焦点位置来代表一个理想光学系统，如图 3.9 所示。

图 3.8 物方主平面与像方之间的关系

图 3.9 理想光学系统

3.3 理想光学系统的物像关系

本节讨论的内容就是已知物体位置、大小、方向，求其像的位置及分析像的大小、正倒、虚实等成像性质，有图解法求像和解析法求像两种方法。

3.3.1 图解法求像

已知一个理想光学系统(简称系统)的主点(主面)和焦点的位置，利用光线通过它们后的性质，对物空间给定的点、线和面，通过追踪典型光线求出像的方法称为图解法求像。可供利用的典型光线及性质主要有：①平行于光轴入射的光线，它经过系统后过像方焦点；②过物方焦点的光线，它经过系统后平行于光轴；③倾斜于光轴入射的平行光束经过系统后会交于像方焦平面上的一点；④自物方焦平面上一点发出的光束经系统后成倾斜于光轴的平行光束；⑤共轭光线在主面上的投射高度相等。

由理想光学系统理论，从一点发出的一束光线经光学系统作用后仍然交于一点。因此要确定像点位置，只需求出由物点发出的两条特定光线在像方空间的共轭光线，它们的交点就是该物点的像点。

1. 轴外点的图解法求像

如图 3.10 所示，有一垂轴物体 AB 被光学系统成像。可选取由轴外点 B 发出的两条典型光线：一条是由 B 发出通过物方焦点 F，它经系统后的共轭光线平行于光轴；另一条是由 B 点发出平行于光轴的光线，它经系统后共轭光线过像方焦点 F'。在像空间这两条光线的交点 B' 即是 B 的像点。由共轴理想光学系统的性质，有过 B' 点作光轴的垂线 $A'B'$ 即为物 AB 的像。

2. 轴上点的图解法求像

图 3.11 所示为由轴上点 A 发出任一条光线 AM 通过理想光学系统后的共轭光线为 $M'A'$，其和光轴的交点 A' 即为 A 的像，有两种作法：

(1) 一种方法如图 3.11 所示，认为光线 AM 是由物方焦平面上 B 点发出的。为此，可以由该光线与物方焦平面的交点 B 上引出一条与光轴平行的辅助光线 BN，其由理想光学系统射出后通过像方焦点 F'，即光线 $N'F'$，由于自物方焦平面上一点发出的光束经系统后成倾斜于光轴的平行光束，所以，光线 AM 的共轭光线 $M'A'$ 应与光线 $N'F'$ 平行。其与光轴的交点 A' 即轴上点 A 的像。

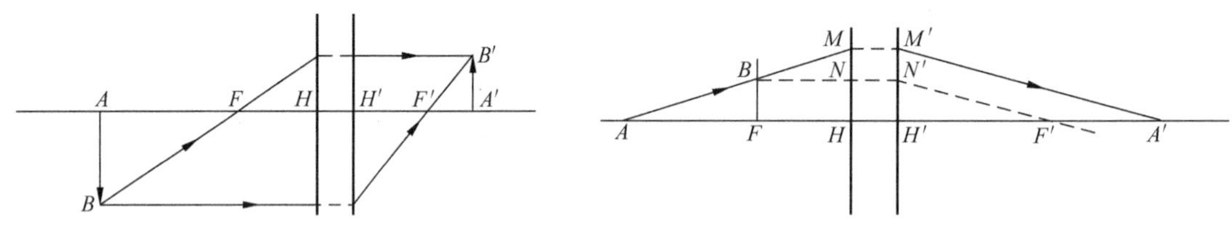

图 3.10 轴外点求像

图 3.11 轴上点求像方法一

(2) 另一种方法如图 3.12 所示，认为由点 A 发出的任一光线是由无限远轴外点发出的倾斜平行光束中的一条。通过物方焦点作一条辅助光线 FN 与该光线平行，这两条光线构成倾斜平行光束，它们应该会聚于像方焦平面上一点。这一点的位置可由辅助光线来决定，因辅助光线通过物方焦点，其共轭光线由系统射出后平行于光轴，它与像方焦平面之交点即是该倾斜平行光束通过理想光学系统后的会聚点 B'。入射光线 AM 与物方主平面的交点为 M，其共轭点是像方主平面上的 M'，且 M 和 M' 处于等高的位置。由 M' 和 B' 的连线 $M'B'$ 即得入射光线 AM 的共轭光线。$M'B'$ 和光轴的交点 A' 是轴上点 A 的轴上点求方法二。

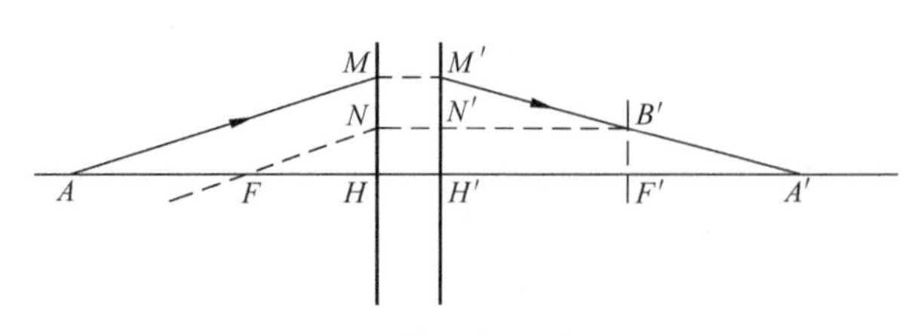

图 3.12 轴上点求像方法二

3.3.2 解析法求像

图解法求像直观但不精确，只能帮助理解理想光学系统的成像特性，而解析法可精确地求解像的位置及大小。解析法的依据就是一对主面、物方焦点 F、像方焦点 F' 及物方焦距 f、像方焦距 f'。

按照物(像)位置表示中坐标原点选取的不同，解析法求像的公式有两种：第一种是牛顿公式，它是以相应焦点为坐标原点的；第二种是高斯公式，它是以相应主点为坐标原点的。如图 3.13 所示，有一垂轴物体 AB，其高度为 $-y$，它被一已知的理想光学系统成像 $A'B'$，其高度为 y'。

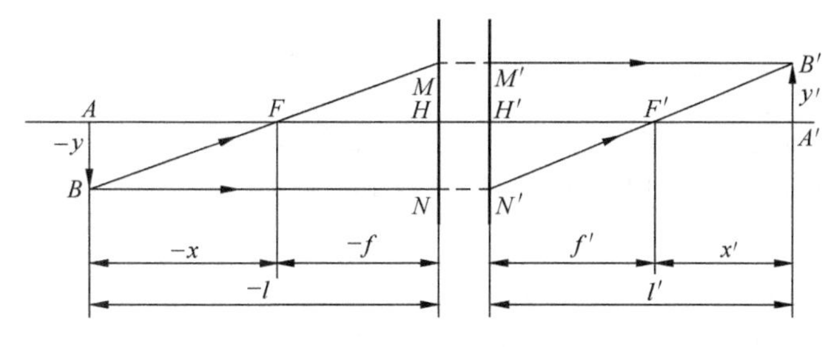

图 3.13　解析法求像

1. 牛顿公式

物和像的位置相对于理想光学系统的焦点来确定，即以物点 A 到物方焦点的距离 AF 为物距，以符号 x 表示；以像点 A' 到像方焦距 F' 的距离 $A'F'$ 作为像距，用 x' 表示。物距 x 和像距 x' 的正负号是以相应焦点为原点来确定，如果由 F 到 A 或由 F' 到 A' 的方向与光路传播方向一致，则为正，反之为负。此处 $x<0$，$x'>0$。

由 $\triangle BAF \backsim \triangle MHF$ 可得 $-\dfrac{y'}{y}=\dfrac{-f}{-x}$，由 $\triangle H'N'F' \backsim \triangle A'B'F'$ 可得 $-\dfrac{y'}{y}=\dfrac{x'}{f'}$

由两式可得

$$xx' = ff' \tag{3-3}$$

这个以焦点为原点的物像位置公式，称为牛顿公式。在前二式中 $\dfrac{y'}{y}$ 为像高与物高之比，即垂轴放大率 β。因此，牛顿公式的垂轴放大率公式为

$$\beta = \frac{y'}{y} = -\frac{f}{x} = -\frac{x'}{f'} \tag{3-4}$$

2. 高斯公式

物与像的位置相对于理想光学系统的主点来确定，以 l 表示物点 A 到物方主点 H 的距离，以 l' 表示像点 A' 到像方主点 H' 的距离。l 和 l' 的正负以相应的主点为坐标原点来确定，如果由 H 到 A 或由 H' 到 A' 的方向与光路传播方向一致，则为正值，反之为负值。此处 $l<0$，$l'>0$。由图 3.13 可得 l、l' 与 x、x' 间的关系为

$$x = l - f$$
$$x' = l' - f'$$

代入牛顿公式得

$$\frac{f'}{l'} + \frac{f}{l} = 1 \tag{3-5}$$

这就是以主点为原点的物像公式的一般形式，称为高斯公式。其相应的垂轴放大率公式可以从牛顿公式转化得

$$\beta = \frac{y'}{y} = -\frac{f}{f'}\frac{l'}{l} \tag{3-6}$$

当光学系统的物空间和像空间的介质相同时，物方焦距和像方焦距有简单的关系 $f'=-f$，则式(3-5)和式(3-6)可写为

$$\frac{1}{l'}-\frac{1}{l}=\frac{1}{f'} \tag{3-7}$$

$$\beta=\frac{l'}{l} \tag{3-8}$$

3.3.3 理想光学系统两焦距之间的关系

图 3.14 所示是轴上点 A 经理想光学系统成像于 A' 的光路，因为一对共轭光线在相应主面上的投射高度相等，所以有 $l\tan U=h=l'\tan U'$，将 $l=x+f$，$l'=x'+f'$ 代入并结合式(3-4)得

$$fy\tan U=-f'y'\tan U' \tag{3-9}$$

上式在近轴区也是成立的，正切值可用角度的弧度值来代替有

$$fyu=-f'y'u' \tag{3-10}$$

由近轴区拉赫公式 $nyu=n'y'u'$ 得物方焦距和像方焦距之间的关系式

$$\frac{f'}{f}=-\frac{n'}{n} \tag{3-11}$$

此式表明，光学系统两焦距之比和其相应空间介质折射率之比大小相等，符号相反。除了少数理想光学系统物、像方空间介质不同外，绝大多数理想光学系统都在同一介质(一般是空气)中使用，即 $n'=n$，故两焦距是绝对值相同，符号相反，即 $f'=-f$。

根据式(3-9)，式(3-11)可以得出

$$ny\tan U=n'y'\tan U' \tag{3-12}$$

这就是理想光学系统的拉赫不变量公式。

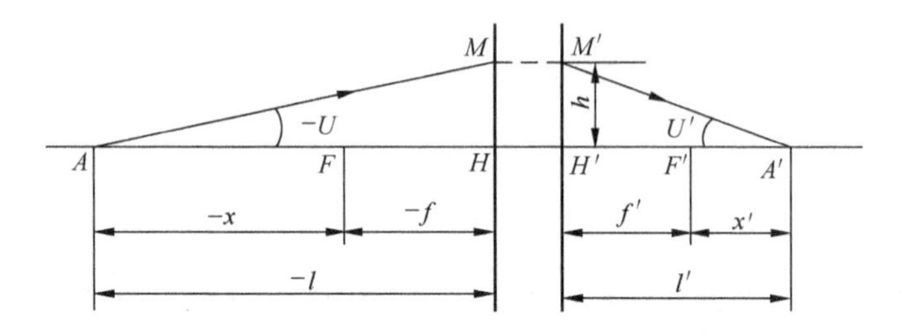

图 3.14 理想光学系统两焦距之间的关系

3.3.4 举例

例 3.1 离水面 1m 深处有一条鱼，现用 $f'=75$mm 的照相物镜拍摄该鱼，照相物镜的物方焦点离水面 1m。试求：(1)照相物镜垂轴放大率为多少？(2)照相底片应离照相物镜像方焦点 F' 多远？

解 根据题意，鱼先经水面成像，水的折射率为 1.33，由单个折射面的物像位置关系式有

$$\frac{1}{l'_1}-\frac{1.33}{-1000}=0$$

解得

$$l'_1=-751.88\text{mm}$$

鱼经水面成像后距离物镜物方焦点的距离为

$$x=-751.88+(-1000)=-1751.88(\text{mm})$$

故照相物镜的垂轴放大率为

$$\beta=-\frac{f}{x}=-\frac{-75}{-1751.88}=-0.0428^{\times}$$

所以 $x'=-\beta f'=0.0428\times 75=3.21(\mathrm{mm})$

即照相底片在照相物镜像方焦面外 3.21mm 处。

3.4 理想光学系统的放大率

3.4.1 垂轴放大率

理想光学系统，垂轴放大率上节已提及，另外还有两种放大率，即轴向放大率和角放大率。

3.4.2 轴向放大率

对于确定的理想光学系统，像平面的位置是物平面位置的函数，具体的函数关系式由高斯公式和牛顿公式决定。

当物平面沿光轴移动微小距离 $\mathrm{d}x$ 或 $\mathrm{d}l$ 时，其像平面移动的距离 $\mathrm{d}x'$ 或 $\mathrm{d}l'$ 与 $\mathrm{d}x$ 或 $\mathrm{d}l$ 之比称为轴向放大率，用 α 表示，即

$$\alpha=\frac{\mathrm{d}x'}{\mathrm{d}x}=\frac{\mathrm{d}l'}{\mathrm{d}l} \tag{3-13}$$

将牛顿公式或高斯公式微分来导出轴向放大率，微分牛顿公式(3-3)可得

$$\alpha=-\frac{x'}{x}$$

将牛顿公式形式的垂轴放大率公式 $\beta=-f/x=-x'/f'$ 代入得

$$\alpha=-\beta^2\frac{f'}{f}=\frac{n'}{n}\beta^2 \tag{3-14}$$

如果理想光学系统的物方空间与像方空间介质相同，则式(3-14)简化为

$$\alpha=\beta^2 \tag{3-15}$$

3.4.3 角放大率

过光轴上一对共轭点，任取一对共轭光线 AM 和 $M'A'$，如图 3.15 所示，其与光轴的夹角分别为 U 和 U'，这两个角度正切之比定义为这一对共轭点的角放大率，以 γ 表示为

$$\gamma=\frac{\tan U'}{\tan U} \tag{3-16}$$

由理想光学系统的拉赫公式 $ny\tan U=n'y'\tan U'$，可得

$$\gamma=\frac{n}{n'}\frac{1}{\beta} \tag{3-17}$$

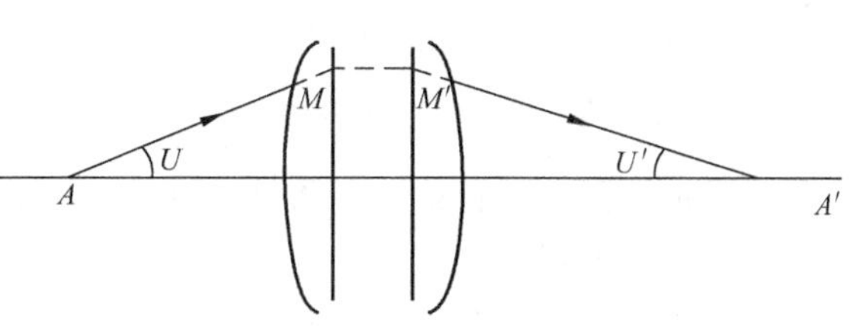

图 3.15 角放大率

在确定的理想光学系统中，因为垂轴放大率只随物体位置而变化，所以角放大率仅随物像位置而异，在同一对共轭点上，任一对共轭光线与光轴夹角 U' 和 U 的正切之比恒为常数。

式(3－14)与式(3－17)的左右两端分别相乘可得

$$\alpha\gamma=\beta \tag{3-18}$$

式(3－18)就是理想光学系统的三种放大率之间的关系式。

理想光学系统与单个球面近轴相关参量之对比，见表 3－1 所示。

表 3－1　理想光学系统与单个球面近轴相关参量比较表

系统名称 / 参量名称	折射球面	反射球面	理想光学系统	
			物像方处于不同介质	物像方处于相同介质
垂轴放大率 β	$\beta=\frac{nl'}{n'l}$	$\beta=-\frac{l'}{l}$	$\beta=-\frac{fl'}{f'l}=-\frac{f}{x}=-\frac{x'}{f'}$	$\beta=\frac{l'}{l}=-\frac{f}{x}=-\frac{x'}{f'}$
轴向放大率 α	$\alpha=\frac{nl'^2}{n'l^2}=\frac{n'}{n}\beta^2$	$\alpha=-\frac{l'^2}{l^2}=-\beta^2$	$\alpha=-\frac{x'}{x}=-\frac{l'^2f}{l^2f'}=-\frac{f'}{f}\beta^2$	$\alpha=\frac{l'^2}{l^2}=\beta^2$
角放大率 γ	$\gamma=\frac{l}{l'}=\frac{n}{n'}\frac{1}{\beta}$	$\gamma=\frac{l}{l'}=-\frac{1}{\beta}$	$\gamma=\frac{l}{l'}=\frac{x}{f'}=\frac{f}{x'}=-\frac{f}{f'}\frac{1}{\beta}$	$\gamma=\frac{l}{l'}=\frac{1}{\beta}$
物像位置关系	$\frac{n'}{l'}-\frac{n}{l}=\frac{n'-n}{r}$	$\frac{1}{l'}+\frac{1}{l}=\frac{2}{r}$	$\frac{f'}{l'}+\frac{f}{l}=1$ $xx'=ff'$	$\frac{1}{l'}-\frac{1}{l}=\frac{1}{f'}$ $xx'=-f'^2$
拉触不变量 J	$nuy=n'u'y'$	$uy=-u'y'$	$fy\tan U=-f'y'\tan U'$ $(ny\tan U=n'y'\tan U')$	$y\tan U=y'\tan U'$

3.4.4　光学系统的节点

光学系统中角放大率等于＋1 的一对共轭点称为节点。

1. 光学系统物、像空间介质相同

光学系统物空间与像空间的介质相同时，则式(3－17)可简化为

$$\gamma=\frac{1}{\beta}$$

此时，当 $\gamma=1$ 时，$\beta=1$，由于一对主平面的垂轴放大率为 1，主点即为节点。根据节点的定义，则过主点的入射光线经过系统后出射方向不变，如图 3.16所示。

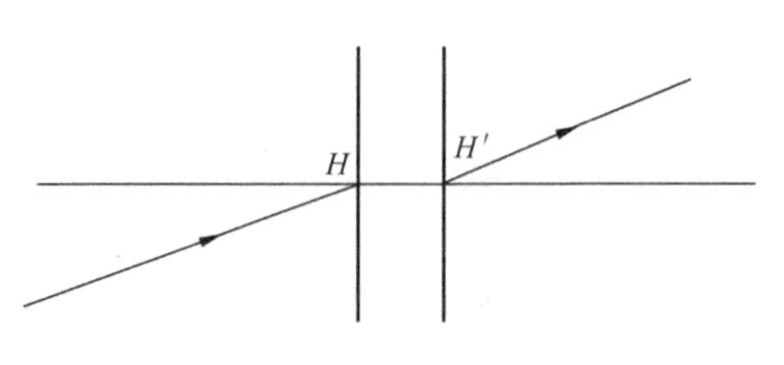

图 3.16　过节点的光线平行(同一介质)

2. 光学系统物、像空间介质不同

光学系统物方空间折射率与像方空间折射率不相同时，角放大率 $\gamma=1$ 的物像共轭点(即节点)不再与主点重合。

由于
$$\gamma=\frac{n}{n'}\frac{1}{\beta}=\frac{n}{n'}\left(-\frac{x}{f}\right)=\frac{n}{n'}\left(-\frac{f'}{x'}\right)$$

又由于
$$\frac{f'}{f}=-\frac{n'}{n}$$

则
$$\gamma=\frac{n}{n'}\left(-\frac{x}{-\frac{n}{n'}f'}\right)=\frac{x}{f'}\quad \gamma=\frac{n}{n'}\left(-\frac{-\frac{n'}{n}f}{x'}\right)=\frac{f}{x'}$$

根据节点的角放大率为1，有
$$x=x_J=f',\ x'=x'_J=f \tag{3-19}$$

在决定节点位置时应以相应的焦点为原点，同时要考虑物方焦距 f 和像方焦距 f' 的符号，若 $f'>0$，则 $x_J=f'>0$。所以物方节点 J 位于物方焦点之右相距 $|f'|$ 之处；又因 $x'_J=f<0$，所以像方节点 J' 位于像方焦点之左相距 $|f|$ 之处，如图3.17所示。过节点的共轭光线是彼此平行的。

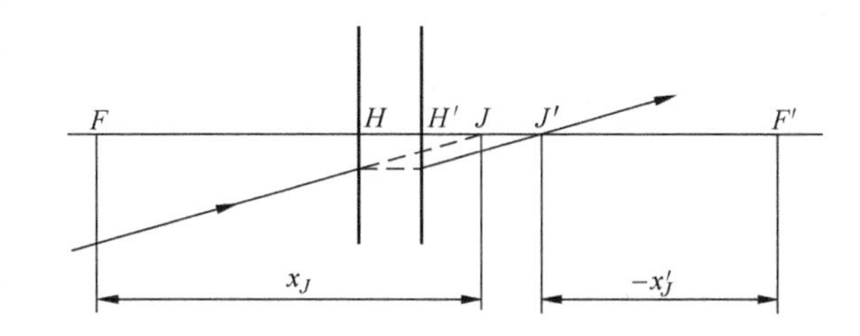

图3.17 过节点的光线平行(不同介质)

如前所述，光线通过节点方向不变的性质可方便地用于图解法求像。一对节点加上前面已述的一对主点和一对焦点，统称光学系统的基点。

3. 节点特性的应用

1）测定光学系统的基点位置

如图3.18所示，将一束平行光束入射于光学系统并使光学系统绕通过像方节点 J' 的轴线左右摆动。由于入射光线的方向不变，而且彼此平行，根据节点的性质，通过像方节点 J' 的出射光线一定平行于入射光线。同时，由于转轴通过 J'，所以出射光线 $J'P'$ 的方向和位置都不会因为光学系统的摆动而发生变化。与入射平行光束相对应的像点一定位于 $J'P'$ 上，因此，像点也不会因为光学系统的摆动而产生上下移动。如果转轴不通过 J'，则光学系统摆动时，J' 和 $J'P'$ 光线的位置也发生摆动，导致像点位置发生上下移动。

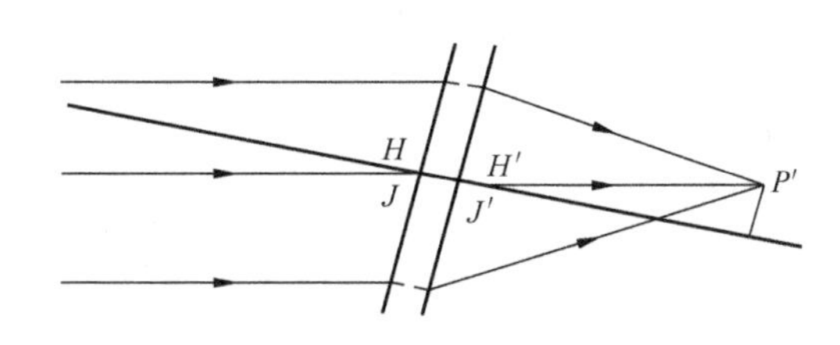

图3.18 光学系统基点的测定

利用这种性质，一边摆动光学系统，同时连续改变像点位置，并观察像点，当像点不动时，转轴的位置即是像方节点的位置。颠倒光学系统，重复上面的操作，便可得到物方节点的位置。

2）周视照相机

图3.19所示的用于拍摄大型团体照片使用的周视摄像机也是利用节点的性质构成的。拍摄的对象排列在一个圆弧 AB 上，照相物镜并不能使全部物体同时成像，而只能使小范围的物体 A_1B_1 成像于 $A'_1B'_1$

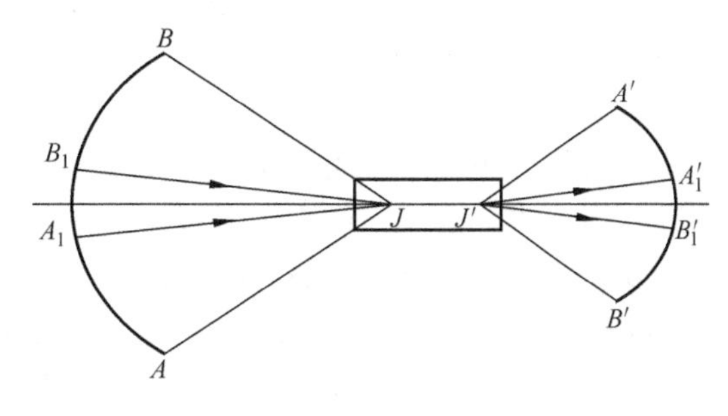

图3.19 周视照相机节点

上。当照相物镜绕像方节点 J' 转动时，就可把整个拍摄对象 AB 成像在底片 $A'B'$ 上。如果物镜的转轴和像方节点不重合，当物镜转动时，A_1 点的像 A_1' 将在底片上移动，使照片模糊不清。而当物镜的转轴通过像方节点 J'，根据节点的性质，当物镜转动时，A_1 点的像点 A_1' 就不会移动，整幅照片 $A'B'$ 上就可以获得整个物体 AB 的清晰像。

3.4.5 用平行光管测定焦距的依据

如图 3.20 所示，一束与光轴成 ω 角入射的平行光束经光学系统以后，会聚于焦平面上的 B' 点，这就是无限远轴外物点 B 的像。B' 点的高度，即像高 y' 是由这束平行光束中过节点的光线决定的。如果被测系统放在空气中，则主点与节点重合，因此由图可得

$$y' = -f'\tan\omega \tag{3-20}$$

式(3-20)表明，只要给被测系统提供一束与光轴倾斜成给定角度 ω 的平行光束，测出其在焦平面上会聚点的高度 y'，就可算出焦距。

给定倾角的平行光束可由平行光管提供，图 3.21 所示。在平行光管物镜的焦平面上设置一刻有几对已知间隔线条的分划板，用以产生平行光束，平行光管物镜的焦距 f_1 为已知，y 可由分划板读出，所以角 ω 满足 $\tan\omega = -y/f_1$ 是已知的。据此，被测物镜的焦距 f_2' 为

$$f_2' = \frac{f_1}{y}y' \tag{3-21}$$

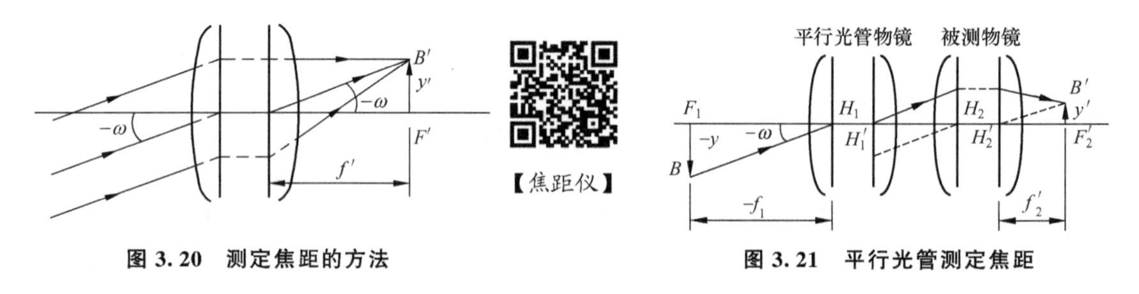

图 3.20 测定焦距的方法

图 3.21 平行光管测定焦距

3.4.6 举例

例 3.2 如图 3.22 所示，已知透镜的主点、节点及焦点，物体 AB 在透镜焦距以外，用作图法求其像的位置。

解 第一步，过 A 点作光线 AP 平行于光轴，出射光线 $P'A'$ 通过像方焦点 F'；第二步，过物方节点 J 作光线 AN，与之共轭的出射光线 $A'N'$ 必与 AN 平行并过像方节点 J'；第三步，光线 $P'A'$ 与 $A'N'$ 的交点就是 A 点的像点 A'，过 A' 点作光轴的垂线，垂足为 B'，则 $A'B'$ 就是 AB 的像。

例 3.3 图 3.23 所示，S 与 S' 为共轴光学系统的一对共轭点，F 与 F' 为物方焦点和像方焦点，试用作图法找出该成像系统的主点和节点。

解 第一步，过 S、F 点作直线 SF，过 S 点作光轴平行线 SP'；第二步，过 F'、S' 点作直线 $F'S'$ 交 SP' 于 Q' 点；第三步，过 S' 作光轴平行线交 SF 于 Q 点；第四步，分别过 Q、Q' 作光轴垂线，垂足为 H、H'，即为相应主点；第五步，在 F 点右侧沿光轴截取 $FJ = F'H'$，则 J 点为物方节点；在 F' 点左侧沿光轴截取 $F'J' = FH$，则 J' 点为像方节点。

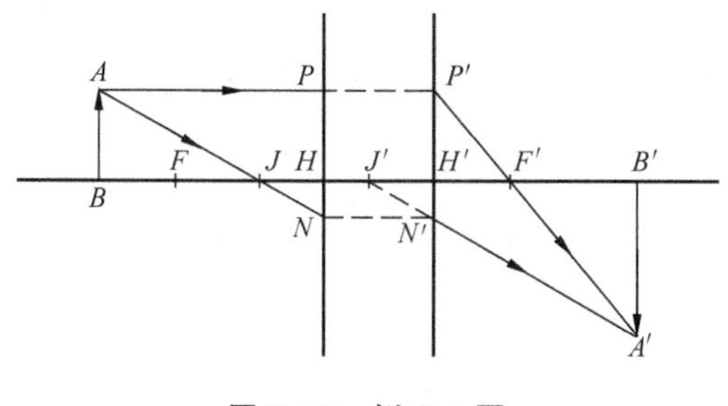

图 3.22 例 3.3 图

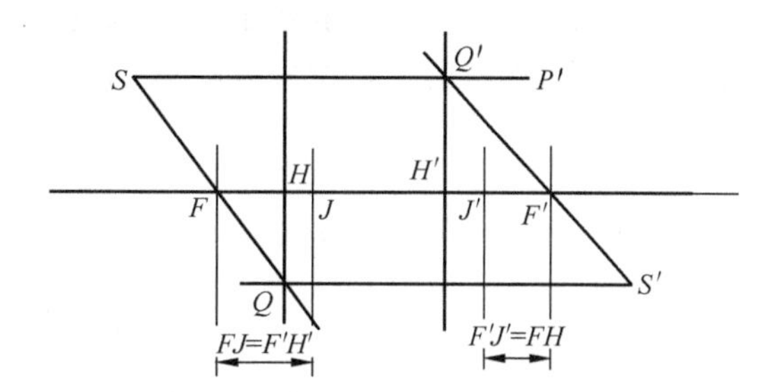

图 3.23 例 3.4 图

3.5 理想光学系统的组合

一个光学系统可由一个或几个部件组成，每个部件可以由一个或几个透镜组成，这些部件被称为光组。光组可以单独看做一个理想光学系统，在光学系统的应用中，有时将两个或两个以上的光组组合在一起使用。本节讨论两个光组或多个光组组成的理想光学系统的求像。

3.5.1 图解法求像

对于多个光组的图解法求像，其求解过程与单个光组相似，需要注意的是，前一光组的像就是后一光组的物。按照这一思路，利用追踪典型光线的方法逐个光组图解法求像，最后得到的像就是多个光组所成的像。如图 3.24 所示为轴上点 A 经两个光组图解法求像 A_2' 的示例。

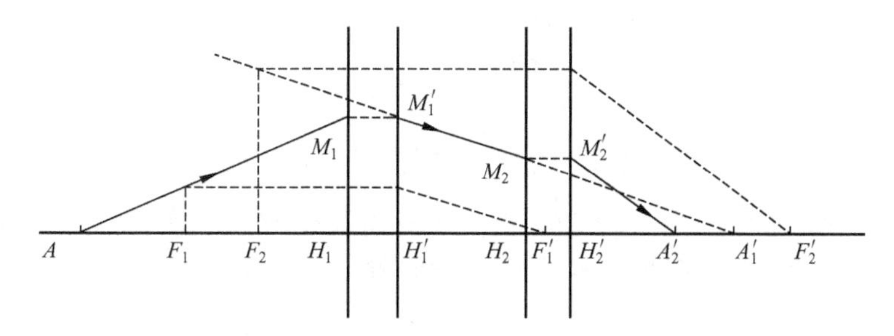

图 3.24 轴上点经两个光组的图解法求像

3.5.2 解析法求像

第一种方法是逐个光组计算法，最后求出像的位置及成像性质；第二种方法是等效光学系统法；第三种方法就是正切计算法。

1. 逐个光组计算法

该方法就是从第一个光组开始对每个光组利用牛顿公式或高斯公式，前一光组所成的像就是后一光组的物，所以，该方法需要确定出相邻两光组之间的过渡公式。每个光组的焦距和焦点、主点位置以及光组间的相互位置均为已知。

图 3.25 所示为两个光组的情况，物点 A_1 被第一光组成像于 A'_1，它就是第二个光组的物 A_2。两光组的相互位置以距离 H'_1H_2 用 d_1 来表示。由图可见有如下的过渡关系：

$$l_2 = l'_1 - d_1$$
$$x_2 = x'_1 - \Delta_1$$

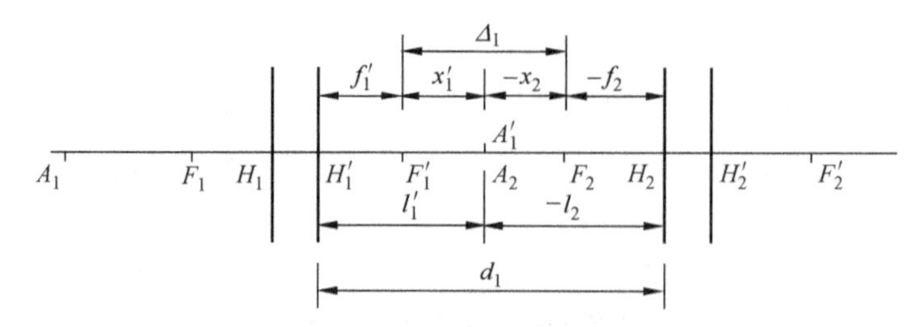

图 3.25　相邻两光组之间的关系

上式中，Δ_1 为第一光组的像方焦点 F'_1 到第二光组物方焦点 F_2 的距离，即 $\Delta_1 = F'_1F_2$，称为光学间隔，它以前一个光组的像方焦点为原点来决定其正负，若它到下一个光组物方焦点的方向与光路传播正方向一致，则为正；反之，则为负。由图可知光学间隔与主面间隔之间的关系为

$$\Delta_1 = d_1 - f'_1 + f_2$$

若光学系统由若干个光组组成，则推广到一般的过渡公式和两个间隔间的关系为

$$l_k = l'_{k-1} - d_{k-1} \tag{3-22}$$
$$x_k = x'_{k-1} - \Delta_{k-1} \tag{3-23}$$
$$\Delta_k = d_k - f'_k + f_{k+1} \tag{3-24}$$

这里 k 是光组序号。

由于前一个光组的像是下一个光组的物，若光学系统由 k 个光组组成，则有 $y_2 = y'_1$，$y_3 = y'_2$，…，$y_k = y'_{k-1}$，所以整个系统的放大率 β 等于各光组放大率的乘积：

$$\beta = \frac{y'_k}{y_1} = \frac{y'_1}{y_1}\frac{y'_2}{y_2}\cdots\frac{y'_k}{y_k} = \beta_1\beta_2\cdots\beta_k \tag{3-25}$$

例 3.4　图 3.26 所示，凸薄透镜 L_1 和凹薄透镜 L_2 的焦距分别为 20cm 和 40cm，L_2 在 L_1 右方 40cm 处，近轴小物体置于 L_1 左方 30cm 处，求光学系统最后成像的位置和成像性质。

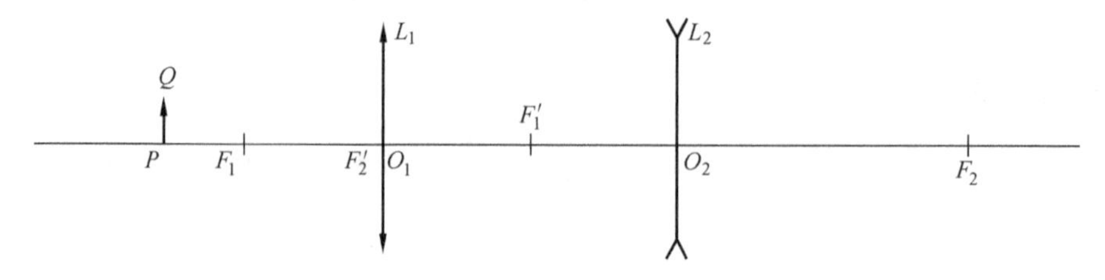

图 3.26　例 3.4 图

解　第一次凸透镜成像，计算起点为 O_1，$l_1 = -30$cm，$f'_1 = 20$cm，由高斯公式：

$$\frac{1}{l'_1} - \frac{1}{l_1} = \frac{1}{f'_1}$$

所以 $$\frac{1}{l'_1}-\frac{1}{-30}=\frac{1}{20}$$

解得 $$l'_1=60\text{cm}$$

垂轴放大率 $$\beta_1=\frac{l'_1}{l_1}=\frac{60}{-30}=-2^{\times}$$

第二次凹透镜成像，计算起点为 O_2，$l_2=(60-40)\text{cm}=20\text{cm}$，$f'_2=-40\text{cm}$，由高斯公式：

$$\frac{1}{l'_1}-\frac{1}{l_1}=\frac{1}{f'_1}$$

所以 $$\frac{1}{l'_2}-\frac{1}{20}=\frac{1}{-40}$$

解得 $$l'_2=40\text{cm}$$

垂轴放大率 $$\beta_2=\frac{l'_2}{l_2}=\frac{40}{20}=2^{\times}$$

总的垂轴放大率 $$\beta=\beta_1\beta_2=-2\times 2=-4^{\times}$$

所以，最终成像于凹透镜右方 40cm 处，成倒立、放大 4 倍的实像。

2. 等效光学系统法

该方法是将两个光组等效成一个光组，求出等效光学系统的焦距，确定出等效光学系统的焦点位置和主点位置，然后再利用高斯公式或牛顿公式求像。主要适用于两个光组的组合，如果是多个光组，需要多次等效，直至最后等效成一个光组。所以，多个光组的计算用该方法比较麻烦，需要用到第三种正切计算法。

假定两个已知光学系统的焦距分别为 f_1、f'_1 和 f_2、f'_2，如图 3.27 所示。两个光学系统间的相对位置用第一个系统的像方焦点 F'_1 距第二个系统的物方焦点 F_2 的距离 Δ 表示，称为光学间隔，Δ 的符号规则是以 F'_1 为起算原点，计算到 F_2，顺光路方向为正。分别用 f、f' 表示组合系统的物方焦距和像方焦距，用 F、F' 表示组合系统的物方焦点和像方焦点。

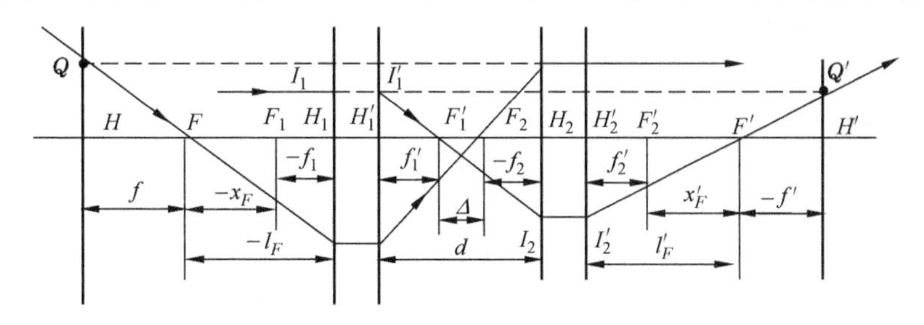

图 3.27 两个光组的等效

首先求像方焦点 F' 的位置，根据焦点的性质，平行于光轴入射的光线，通过第一个系统后，一定通过 F'_1，然后再通过第二个光学系统，其出射光线与光轴的交点就是组合系统像方焦点 F'。对第二个系统，F'_1 和 F' 是一对共轭点。应用牛顿公式有

$$x'_F=-\frac{f_2 f'_2}{\Delta} \tag{3-26}$$

这里 x'_F 的起算原点是 F'_2。由该式可求得系统像方焦点 F' 的位置。

至于物方焦点 F 的位置，据定义经过 F 点的光线通过整个系统后一定平行于光轴，

所以它通过第一个系统后一定经过 F_2 点，对第一个系统，F_2 和 F 是一对共轭点，利用牛顿公式有

$$x_F = \frac{f_1 f'_1}{\Delta} \tag{3-27}$$

这里 x_F 的起算原点是 F_1。利用此式可求得系统的物方焦点 F 的位置。

焦点位置确定后，只要求出焦距，主平面位置随之也就确定了。由前述的定义知，平行于光轴的入射光线和出射光线的延长线的交点 M'，一定位于像方主平面上。由图 3.27 所示可知 $\triangle Q'H'F' \backsim \triangle I'_2 H'_2 F'$，$\triangle I_2 H_2 F'_1 \backsim \triangle I'_1 H'_1 F'_1$，得

$$\frac{H'F'}{F'H'_2} = \frac{H'_1 F'_1}{F'_1 H_2}$$

对应图中的标注得 $\frac{-f'}{f'_2 + x'_F} = \frac{f'_1}{\Delta - f_2}$，将 $x'_F = -\frac{f_2 f'_2}{\Delta}$ 代入上式，简化后，得

$$f' = -\frac{f'_1 f'_2}{\Delta} \tag{3-28}$$

再根据物方焦距和像方焦距间的关系可得

$$f = \frac{f_1 f_2}{\Delta} \tag{3-29}$$

光学间隔 Δ 可由两主平面之间的距离 d 表示。d 的符号规则是以第一系统的像方主点 H'_1 为起算原点，计算到第二个系统的物方主点 H_2，顺光路为正。由图 3.27 所示得

$$\Delta = d - f'_1 + f_2 \tag{3-30}$$

下面推导由高斯物距和像距表示的焦点和主点的位置。

由图 3.27 所示可得

$$l'_F = f'_2 + x'_F$$

$$l_F = f_1 + x_F$$

将式(3-26)中的 x'_F 代入上述前一个公式，可得

$$l'_F = f'_2 - \frac{f'_2 f_2}{\Delta} = \frac{f'_2 \Delta - f_2 f'_2}{\Delta}$$

又由 $\Delta = d - f'_1 - f'_2$ 得

$$l'_F = f'\left(1 - \frac{d}{f'_1}\right) \tag{3-31}$$

同理可得

$$l_F = f\left(1 + \frac{d}{f_2}\right) \tag{3-32}$$

由图 3.27 所示，并利用上述二式可得主平面位置

$$l'_H = l'_F - f' = -f' \frac{d}{f'_1} \tag{3-33}$$

$$l_H = l_F - f = f \frac{d}{f_2} \tag{3-34}$$

知道了焦点及主点位置后就可确定物距和像距，然后利用高斯公式或牛顿公式求像。

3. 正切计算法

当多于两个的光组组合成一个系统时，再沿用前述两个光组的合成方法，则过程繁杂，且容易出错，所得公式将很复杂。这里介绍一个基于计算来求组合系统的方法。

为求出组合系统的焦距，可以追迹一条投射高度为 h_1 的平行于光轴的光线。只要计算出最后的出射光线与光轴的夹角(称为孔径角)U'_k，则

$$f' = \frac{h_1}{\tan U'_k} \tag{3-35}$$

这里下角标 k 表示该系统中的光组数目；投射高度 h_1 是入射光线在第一个光组主面上的投射高度，如图 3.28 所示。

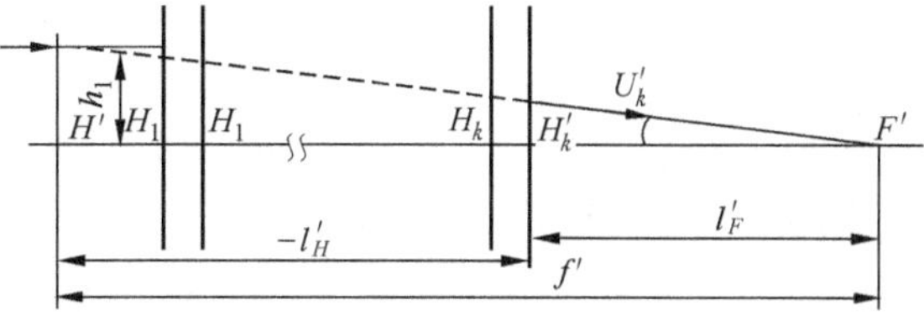

图 3.28 多光组计算

对任意一个单独的光组来说，将高斯公式(3-7)两边同乘以共轭点的光线在其上的投射高度 h 有

$$\frac{h}{l'} - \frac{h}{l} = \frac{h}{f'}$$

因有 $\frac{h}{l'}=\tan U'$，$\frac{h}{l}=\tan U$，所以，对任一光组有

$$\tan U'_k = \tan U_k + \frac{h_k}{f'_k} \tag{3-36}$$

利用 $l_k=l'_{k-1}-d_{k-1}$ 和 $\tan U'_{k-1}=\tan U_k$，容易得到同一条计算光线在相邻两个光组上的投射高度之间的关系为

$$h_k = h_{k-1} - d_{k-1}\tan U'_{k-1} \tag{3-37}$$

已知 h_1，且 $U_1=0$，然后利用式(3-36)和式(3-37)逐个光组计算，最后求得 $\tan U'_k$，进而求得多光组系统的焦距 f'。

假设有三个光组的组合系统，任取 h_1，并令 $\tan U_1=0$，则有

$$\left.\begin{aligned}
&\tan U'_1 = \tan U_2 = \frac{h_1}{f'_1}\\
&h_2 = h_1 - d_1\tan U'_1\\
&\tan U'_2 = \tan U_3 = \tan U_2 + \frac{h_2}{f'_2}\\
&h_3 = h_2 - d_2\tan U'_2\\
&\tan U'_3 = \tan U_3 + \frac{h_3}{f'_3}
\end{aligned}\right\} \tag{3-38}$$

像方焦距 $f'=\frac{h_1}{\tan U'_k}$，像方焦点的位置 $l'_F=\frac{h_k}{\tan U'_k}$，像方主点的位置 $l'_H=l'_F-f'$。若求物方焦点及物方主点的位置，只要做逆光路计算，将求得的结果反号就是物方参数。

3.5.3 理想光学系统的光焦度

像方焦距的倒数称为光学系统的光焦度，用 Φ 表示。因为

$$f' = -\frac{f'_1 f'_2}{\Delta}$$

所以

$$\Phi = \frac{1}{f'} = -\frac{\Delta}{f'_1 f'_2} = \frac{1}{f'_2} - \frac{f_2}{f'_1 f'_2} - \frac{d}{f'_1 f'_2}$$

当两个系统位于同一种介质(如空气)中时，$f'_2=-f_2$，故有

$$\frac{1}{f'}=\frac{1}{f'_1}+\frac{1}{f'_2}-\frac{d}{f'_1f'_2} \tag{3-39}$$

即

$$\Phi=\Phi_1+\Phi_2-d\Phi_1\Phi_2 \tag{3-40}$$

当两个光学系统主平面间的距离 d 为零，即在密接薄镜组的情况下，有

$$\Phi=\Phi_1+\Phi_2 \tag{3-41}$$

密接薄透镜组总光焦度是两个薄透镜光焦度之和。

3.5.4 举例

例 3.5 薄透镜 L_1 对物体成放大率为 $\beta_1=-1^{\times}$ 的实像，现将另一个薄透镜 L_2 紧贴在 L_1 后面时，看见物体的像向薄透镜移近了 20cm，放大率变为原来的 3/4，求两个薄透镜的焦距。

解 在没有 L_2 时，有 $\beta_1=\frac{l'_1}{l_1}=-1$；加上 L_2 时，有 $\beta_2=\frac{l'_1-20}{l_1}=-\frac{3}{4}$，由以上两式解得 $l_1=-80\text{cm}$，$l'_1=80\text{cm}$。

对透镜 L_1，由高斯公式，有$\frac{1}{80}-\frac{1}{-80}=\frac{1}{f'_1}$，解得 $f'_1=40\text{cm}$。

对组合系统，$\frac{1}{60}-\frac{1}{-80}=\frac{1}{f'}$,解得组合系统的焦距 $f'=\frac{240}{7}\text{cm}$ 。

由组合系统的焦距公式，有 $f'=-\frac{f'_1f'_2}{\Delta}=-\frac{40f'_2}{0-40-f'_2}=\frac{240}{7}\text{cm}$ 。

解得 $$f'_2=240\text{cm}。$$

例 3.6 由焦距为 10cm 的薄凸透镜 L_1 和焦距为-17.5cm 的薄凹透镜 L_2 构成的复合光学系统，两透镜之间的距离 $d=5\text{cm}$，求：(1)该光学系统的主点位置；(2)若物点置于透镜 L_1 左方 32cm 处，试求成像位置。

解 由已知条件 $f_1=-10\text{cm},f'_1=10\text{cm},f_2=17.5\text{cm},f'_2=-17.5\text{cm},d=5\text{cm}$ 可得光学间隔

$$\Delta=d-f'_1+f_2=5-10+17.5=12.5(\text{cm})$$

(1) 组合光学系统的焦距：

$$f'=-\frac{f'_1f'_2}{\Delta}=-\frac{-175}{12.5}=14(\text{cm})$$

$$f=\frac{f_1f_2}{\Delta}=\frac{-175}{12.5}=-14(\text{cm})$$

主点位置为

$$l'_H=-f'\frac{d}{f'_1}=-14\times\frac{5}{10}=-7(\text{cm})$$

$$l_H=f\frac{d}{f_2}=-14\times\frac{5}{17.5}=-4(\text{cm})$$

(2) 由上述计算可知，对复合系统而言，$l=-l_1-l_H=-32+4=-28(\text{cm})$，代入高斯公式 $\frac{1}{l'}-\frac{1}{l}=\frac{1}{f'}$，有$\frac{1}{l'}-\frac{1}{-28}=\frac{1}{14}$。

解得 $$l' = 28\text{cm}$$

$$l'_2 = l' + l'_H = 28 - 7 = 21(\text{cm})$$

所以，成像在 L_2 的右侧 21cm 处。

例 3.7 图 3.29 所示，L_1 为凸透镜，L_2 为凹透镜，焦距都为 10cm，L_2 在 L_1 右方 35cm 处，L_1 左方 20cm 处放一物，求组合系统主面位置及像。(L_1，L_2 均为薄透镜)

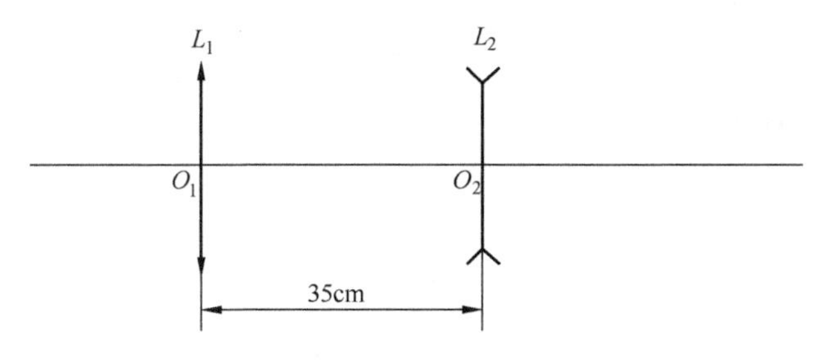

图 3.29 例 3.5 图

解 对 L_1，有 $f_1 = -10\text{cm}$，$f'_1 = 10\text{cm}$；

对 L_2，有 $f_2 = 10\text{cm}$，$f'_2 = -10\text{cm}$。

因为 $$d = 35\text{cm}$$

$$\Delta = d - f'_1 - f'_2 = 35 - 10 + 10 = 35\text{mm}$$

所以，组合系统焦距

$$f' = -\frac{f'_1 f'_2}{\Delta} = -\frac{10 \times (-10)}{35} = \frac{100}{35}(\text{cm})$$

$$f = \frac{f_1 f_2}{\Delta} = \frac{(-10) \times 10}{35} = -\frac{100}{35}(\text{cm})$$

主面位置 $$l_{\text{H}}' = -f' \times \frac{d}{f'_1} = -\frac{100}{35} \times \frac{35}{10} = -10(\text{cm})$$

$$l_{\text{H}} = f \times \frac{d}{f_2} = -\frac{100}{35} \times \frac{35}{10} = -10(\text{cm})$$

由高斯公式 $$\frac{f'}{l'} + \frac{f}{l} = 1$$

代入数值得 $$\frac{100/35}{l'} + \frac{-100/35}{-10} = 1$$

解得 $$l' = 4\text{cm}$$

$$l'_2 = l' + l'_H = 4 - 10 = -6(\text{cm})$$

所以，像位于 L_2 左侧 6cm 处。

总的垂轴放大率为

$$\beta = \frac{y'}{y} = \frac{n}{n'} \times \frac{l'}{l} = -\frac{f}{f'} \times \frac{l'}{l} = -\frac{-\frac{100}{35}}{\frac{100}{35}} \times \frac{4}{-10} = -0.4$$

所以，成倒立缩小像。

例 3.8 一光组由两个薄光组组合而成，如图 3.30 所示。第一个薄光组的焦距 $f'_1 = 500\text{mm}$，第二个薄光组的焦距 $f'_2 = -400\text{mm}$。两光组的间隔 $d = 300\text{mm}$。求组合光组的焦距 f'，组合光组的像方主面位置 H' 及像方焦点的位置 l'_F。

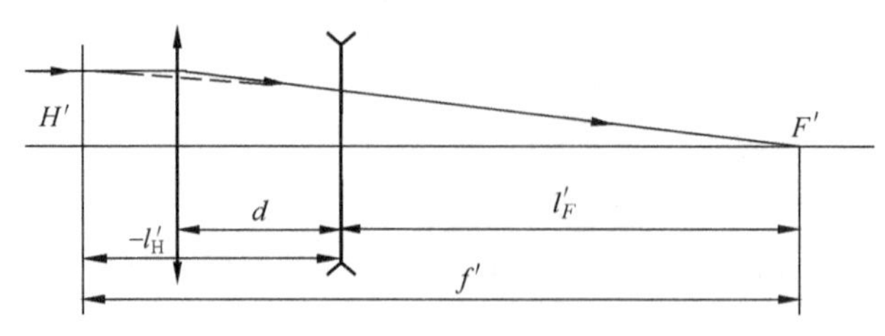

图 3.30　例 3.8 图

解　利用正切计算法，设 $h_1=100\text{mm}$，有

$$\tan U'_1=\frac{h_1}{f'_1}=0.2$$

$$h_2=h_1-d_1\tan U'_1=40\text{mm}$$

$$\tan U'_2=\tan U_2+\frac{h_2}{f'_2}=\tan U'_1+\frac{h_2}{f'_2}=0.1$$

所以

$$f'=h_1/\tan U'_2=1000\text{mm}$$

$$l'_F=h_2/\tan U'_2=400\text{mm}$$

$$l'_H=l'_F-f'=-600\text{mm}$$

像方主面位置 H' 在第一个光组左方 300mm 的地方。

例 3.9　如图 3.31 所示，一个光学系统由三个光组构成，$f'_1=-f_1=100\text{mm}$，$f'_2=-f_2=-50\text{mm}$，$f'_3=-f_3=50\text{mm}$，$d_1=10\text{mm}$，$d_2=20\text{mm}$，一个大小为 15mm 的实物位于距第一光组 120mm 处，求像的位置和大小。

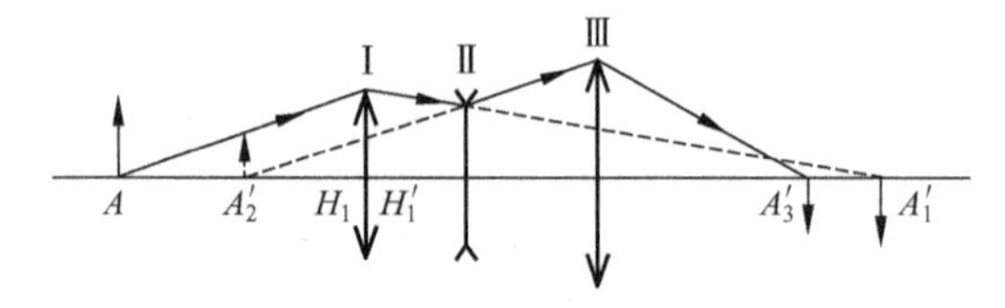

图 3.31　例 3.9 图 1

解　本题可以从第一光组开始逐个光组计算，最后求得像的位置和大小，也可根据多光组等效系统求解，下面分别用这两种方法求解。

方法一：逐个光组计算求解

第一个光组成像，$l_1=-120\text{mm}$，为实物，由高斯公式，有

$$\frac{1}{l'_1}-\frac{1}{-120}=\frac{1}{100},$$

解得 $l'_1=600\text{mm}$，为实像。

第二个光组成像，由过渡公式，$l_2=l'_1-d_1=600-10=590\text{mm}$，为虚物，有 $\frac{1}{l'_2}-\frac{1}{590}=\frac{1}{-50}$，解得 $l'_2=-54.63\text{mm}$，为虚像。

第三个光组成像，$l_3=l'_2-d_2=-54.63-20=-74.63\text{mm}$，为实物，有 $\frac{1}{l'_3}-\frac{1}{-74.63}=\frac{1}{50}$，解得 $l'_3=151.50\text{mm}$，为实像。

整个系统的垂轴放大率为

$$\beta=\beta_1\beta_2\beta_3=\frac{l'_1}{l_1}\frac{l'_2}{l_2}\frac{l'_3}{l_3}=\frac{600}{-120}\times\frac{-54.63}{590}\times\frac{151.5}{-74.63}=-0.94$$

像高为

$$y'=\beta y=-0.94\times15=-14.1(\text{mm})$$

成倒立实像。

方法二：正切计算法

该方法需要先求出等效单光组的焦点、主点位置及焦距

(1) 等效光组像方焦点、主点位置及焦距的确定。

追迹一条平行于光轴入射的光线，设 $h_1=100\text{mm}$，$u_1=0$，则

$$\tan u'_1=\frac{h_1}{f'_1}=\frac{100}{100}=1=\tan u_2$$

$$h_2=h_1-d_1\tan u'_1=100-10\times1=90(\text{mm})$$

$$\tan u'_2=\tan u_2+\frac{h_2}{f'_2}=1+\frac{90}{-50}=-0.8=\tan u_3$$

$$h_3=h_2-d_2\tan u'_2=90-20\times(-0.8)=106(\text{mm})$$

$$\tan u'_3=\tan u_3+\frac{h_3}{f'_3}=-0.8+\frac{106}{50}=1.32$$

所以，像方焦距

$$f'=\frac{h_1}{\tan u'_3}=\frac{100}{1.32}=75.76(\text{mm})$$

像方焦点位置

$$l'_F=\frac{h_3}{\tan u'_3}=\frac{106}{1.32}=80.3(\text{mm})$$

像方主点位置

$$l'_H=l'_F-f'=80.3-75.76=4.54(\text{mm})$$

(2) 物方焦点、主点位置及物方焦距的计算。

采用光路反转法，将整个光组转 180°，第三个光组成为第一个光组，有 $f'_1=-f_1=50\text{mm}$，$f'_2=-f_2=-50\text{mm}$，$f'_3=-f_3=100\text{mm}$，$d_1=20\text{mm}$，$d_2=10\text{mm}$。

设 $h_1=50\text{mm}$，$u_1=0$，则

$$\tan u'_1=\frac{h_1}{f'_1}=\frac{50}{50}=1=\tan u_2$$

$$h_2=h_1-d_1\tan u'_1=50-20\times1=30(\text{mm})$$

$$\tan u'_2=\tan u_2+\frac{h_2}{f'_2}=1+\frac{30}{-50}=0.4=\tan u_3$$

$$h_3=h_2-d_2\tan u'_2=30-10\times0.4=26(\text{mm})$$

$$\tan u'_3=\tan u_3+\frac{h_3}{f'_3}=0.4+\frac{26}{100}=0.66$$

光路反转后的像方焦距及焦点、主点位置为

$$f'=\frac{h_1}{\tan u'_3}=\frac{50}{0.66}=75.76(\text{mm})$$

$$l'_F=\frac{h_3}{\tan u'_3}=\frac{26}{0.66}=39.39(\text{mm})$$

$$l'_H=l'_F-f'=39.39-75.76=-36.37(\text{mm})$$

为得到物方参数，需要改变符号，即

$$f=-f'=-75.76\text{mm}，\ l_F=-l'_F=-39.39\text{mm}，\ l_H=-l'_H=36.37\text{mm}$$

（3）用等效后的单光组对物体求像。

等效光组如图 3.32 所示。

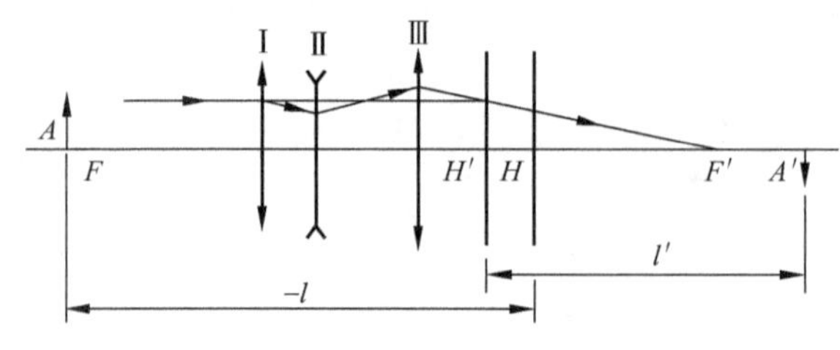

图 3.32 例 3.9 图 2

物距 $l=l_1-l_H=-120-36.37=-156.37(\text{mm})$

由高斯公式得

$$\frac{1}{l'}-\frac{1}{-156.37}=\frac{1}{75.76}$$

解得像距 $l'=146.96\text{mm}$。

像到第三个光组的距离，即像的位置

$$l'_3=l'+l'_H=146.96+4.54=151.50(\text{mm})$$

垂轴放大率为

$$\beta=\frac{l'}{l}=\frac{146.96}{-156.37}=-0.94$$

像高为

$$y'=\beta y=-0.94\times 15=-14.1(\text{mm})$$

可以看出，两种方法计算结果吻合。

3.6 透　　镜

3.6.1 透镜的分类

透镜是构成系统的最基本单元，它是由两个球面或一个球面和一个平面所构成。透镜按形式来分，可分为两大类、六种形状。第一类透镜中央比边缘厚，称为凸透镜或正透镜，它的光焦度为正值，可分为双凸、平凸和月凸三种形状，如图 3.33(a)、(b)、(c)所示。这类透镜通常对光束起会聚作用，又称会聚透镜。第二类透镜中央比边缘薄，称为凹透镜或负透镜，它的光焦度为负值，有双凹、平凹、月凹三种形状，如图 3.33(d)、(e)、(f)所示。这类透镜通常对光束起发散作用，又称发散透镜。

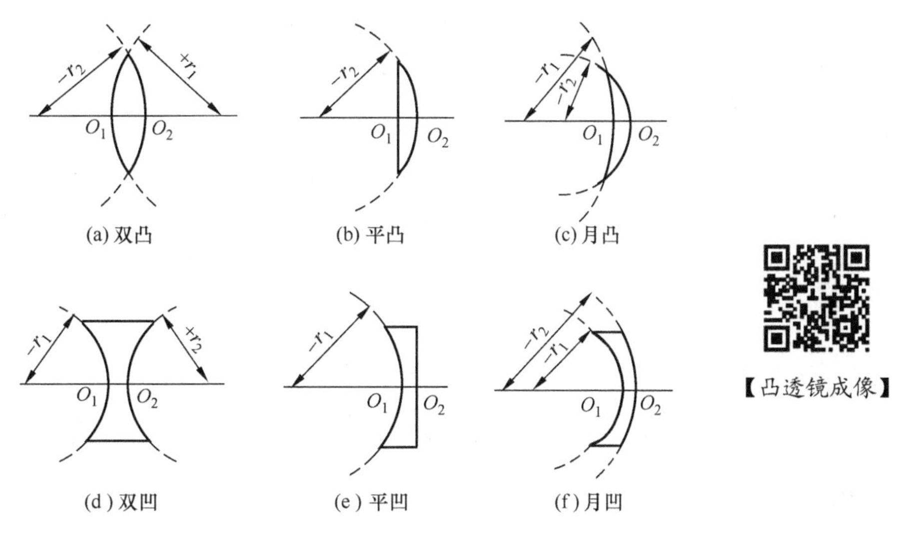

图 3.33　透镜的类型

3.6.2　透镜的焦距和基点位置

把透镜的两个折射球面看做是两个单独的光组，只要分别求出它们的焦距和基点位置，再应用前述的光组组合公式就可以求得透镜的焦距和基点位置。

1. 单个折射球面的主点

在近轴区内，单个折射球面完善成像，它也具有基点和基面。

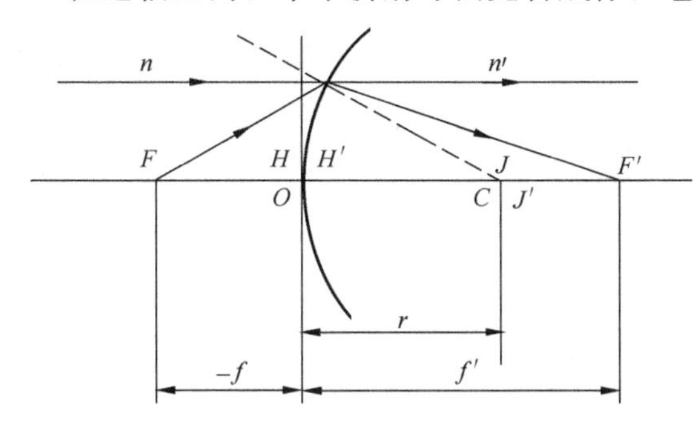

图 3.34　单个折射球面的主点位置

如图 3.34 所示，对于主平面而言，其轴向放大率为+1，故有

$$\beta=\frac{nl'_H}{n'l_H}=1$$

即

$$nl'_H=n'l_H$$

将单个折射球面的物像位置关系式两边同乘以$l_Hl'_H$，得

$$n'l_H-nl'_H=\frac{n'-n}{r}l_Hl'_H$$

因为 $nl'_H=n'l_H$，上式左边为 0，故有

$$\frac{n'-n}{r}l_Hl'_H=0$$

由于$\frac{n'-n}{r}\neq0$，只有 $l_H=l'_H=0$ 时，上式才成立。所以，对单个折射球面而言，物方主点 H、像方主点 H'和球面顶点 O 相重合，而且物方和像方主平面切于球面顶点 O。

2. 透镜的焦距和基点位置

对每个折射面，利用单个折射球面的成像公式：

$$\frac{n'}{l'}-\frac{n}{l}=\frac{n'-n}{r}$$

只要令 $l=-\infty$，此时求得的 l' 就是单个折射面的像方焦距 f'；令 $l'=+\infty$，此时求得的 l 就是物方焦距 f。假定透镜放在空气中，即 $n_1=n'_2=1$；透镜材料折射率为 n，即 $n'_1=n_2=n$，则有

$$f_1=-\frac{r_1}{n-1},\quad f'_1=\frac{nr_1}{n-1}$$

$$f_2=\frac{nr_2}{n-1},\quad f'_2=-\frac{r_2}{n-1}$$

透镜的光学间隔：

$$\Delta=d-f'_1+f_2$$

由两个光组的组合公式可求得透镜的焦距：

$$f'=-f=-\frac{f'_1f'_2}{\Delta}=\frac{nr_1r_2}{(n-1)[n(r_2-r_1)+(n-1)d]} \tag{3-42}$$

透镜的焦点位置为

$$l'_F=f'\left(1-\frac{d}{f'_1}\right)=f'\left[1-\frac{d(n-1)}{nr_1}\right] \tag{3-43}$$

$$l_F=f\left(1+\frac{d}{f_2}\right)=-f'\left[1+\frac{d(n-1)}{nr_2}\right] \tag{3-44}$$

透镜的主点位置为

$$l'_H=-f'\frac{d}{f'_1}=\frac{-dr_2}{n(r_2-r_1)+(n-1)d} \tag{3-45}$$

$$l_H=f\frac{d}{f_2}=\frac{-dr_1}{n(r_2-r_1)+(n-1)d} \tag{3-46}$$

实际的光学系统通常由多个透镜或透镜组组合而成，在进行多透镜组合时，需要进行高斯光学计算，一方面两透镜间要满足高斯间距的要求，另一方面在保证高斯间距的同时，还需要考虑透镜之间的实际间距，过小的高斯间距可能会造成透镜的实际间距不足而无法安装，详见例 3.12。

3.6.3 举例

例 3.10 双凸厚透镜两个表面的曲率半径分别为 100mm 和 200mm，厚度为 10mm，玻璃的折射率为 1.5，试求其焦点、主点和节点的位置。

解 两个折射球面的焦距为

$$f_1=-\frac{r_1}{n-1}=-\frac{100}{1.5-1}=-200(\text{mm})$$

$$f'_1=\frac{nr_1}{n-1}=\frac{1.5\times100}{1.5-1}=300(\text{mm})$$

$$f_2=-\frac{nr_2}{1-n}=-\frac{1.5\times(-200)}{1-1.5}=-600(\text{mm})$$

$$f'_2=\frac{r_2}{1-n}=\frac{-200}{1-1.5}=400(\text{mm})$$

光学间隔 $\quad\Delta=d-f'_1+f_2=110-300-600=-890(\text{mm})$

透镜的焦距 $\quad f'=-\frac{f'_1f'_2}{\Delta}=-\frac{300\times400}{-890}=134.8(\text{mm})$

$$f = -134.8\text{mm}$$

焦点位置 $l'_F = f'\left(1 - \dfrac{d}{f'_1}\right) = 134.8 \times \left(1 - \dfrac{10}{300}\right) = 130.337(\text{mm})$

$$l_F = f\left(1 + \frac{d}{f_2}\right) = -134.8 \times \left(1 + \frac{10}{-600}\right) = -132.55(\text{mm})$$

主点位置 $l'_H = -f'\dfrac{d}{f'_1} = -134.8 \times \dfrac{10}{300} = -4.49(\text{mm})$

$$l_H = f\frac{d}{f_2} = -134.8 \times \frac{10}{-600} = 2.246(\text{mm})$$

节点位置 $x'_J = f = -134.8\text{mm}$

$$x_J = f' = 134.8\text{mm}$$

例 3.11 如图 3.35 所示，有一双凹透镜，放于空气中，$r_1 = -8\text{cm}$，$r_2 = 7\text{cm}$，C_1，C_2 分别为两折射面曲率中心，O_1，O_2 分别为两折射面顶点，$d = O_1O_2 = 2\text{cm}$，透镜折射率 $n = 1.5$，求：

（1）系统的焦点 F，F'的位置及主点 H，H'的位置；

（2）在 O_1 前方 8cm 处放一物，求像的位置。

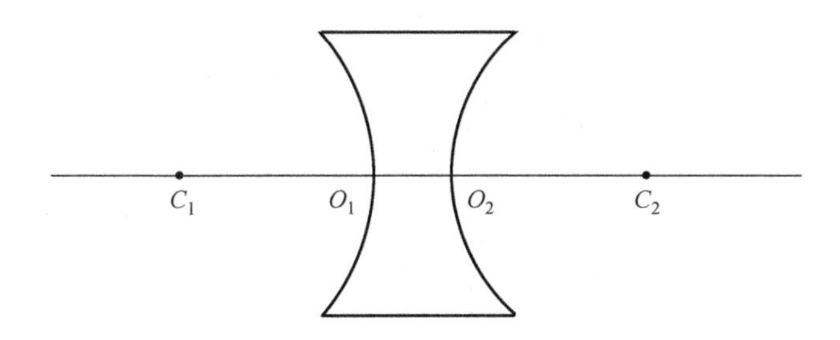

图 3.35 例 3.15 图

解 （1）求焦点位置和主点位置：

$$f'_1 = \frac{nr_1}{n-1} = \frac{1.5 \times (-8)}{1.5 - 1} = -24(\text{cm})；f_1 = -\frac{r_1}{n-1} = -\frac{-8}{1.5-1} = 16(\text{cm})$$

$$f_2 = \frac{nr_2}{n-1} = \frac{1.5 \times 7}{1.5 - 1} = 21(\text{cm})；\quad f'_2 = \frac{-r_2}{n-1} = \frac{-7}{1.5-1} = -14(\text{cm})$$

由组合焦距公式求透镜的焦距为

$$f' = -\frac{f'_1 \cdot f'_2}{\Delta} = -\frac{f'_1 \cdot f'_2}{d - f'_1 + f_2} = -\frac{(-24) \times (-14)}{2 - (-24) + 21} = -7.149(\text{cm})$$

$$f = \frac{f_1 \cdot f_2}{\Delta} = \frac{f_1 \cdot f_2}{d - f'_1 + f_2} = \frac{16 \times 21}{2 - (-24) + 21} = 7.149(\text{cm})$$

焦点位置为

$$l'_F = f'\left(1 - \frac{d}{f'_1}\right) = -7.149 \times \left(1 - \frac{2}{-24}\right) = -7.745(\text{cm})$$

$$l_F = f\left(1 + \frac{d}{f_2}\right) = 7.149 \times \left(1 - \frac{2}{21}\right) = 7.8298(\text{cm})$$

主点位置为

$$l'_H = -f' \cdot \frac{d}{f'_1} = 7.149 \times \frac{2}{-24} = -0.5957(\text{cm})$$

$$l_H = f \cdot \frac{d}{f_2} = 7.149 \times \frac{2}{21} = 0.68085(\text{cm})$$

（2）求像的位置。

由高斯公式 $$\frac{f'}{l'} + \frac{f}{l} = 1$$

所以$\frac{-7.149}{l'} + \frac{7.149}{-8-0.6808} = 1$，解得

$$l' = -3.92\text{cm}$$

例 3.12 如图 3.36 所示，有两个相同的平凸透镜，凸面的半径为 25mm，厚度为 3mm，折射率为 1.5，要求用这两个透镜组成一个焦距为 100mm 的透镜组，问两透镜之间的实际间距为多少？

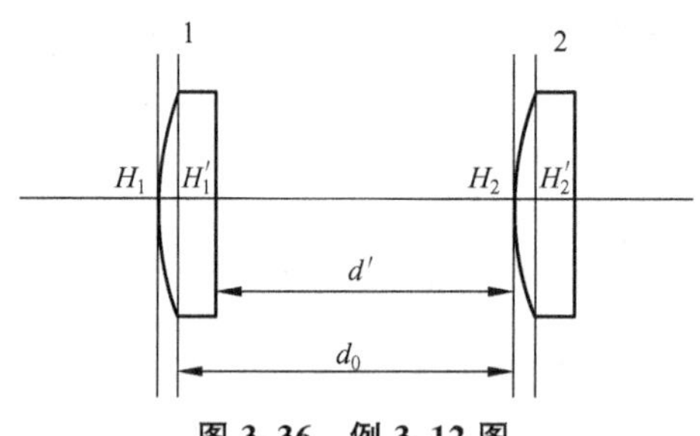

图 3.36 例 3.12 图

解 假设组合时以凸面朝前的方式放置透镜。

对单个透镜，将 $r_1=25\text{mm}$，$r_2=\infty$，$n=1.5$，$d=3\text{mm}$ 代入透镜的焦距公式，有

$$f' = -f = \frac{nr_1r_2}{(n-1)[n(r_2-r_1)+(n-1)d]} = \frac{r_1}{n-1} = \frac{25}{0.5} = 50(\text{mm})$$

物方主面和像方主面的位置为

$$l'_H = \frac{-dr_2}{n(r_2-r_1)+(n-1)d} = -\frac{d}{n} = -\frac{3}{1.5} = -2(\text{mm})$$

$$l_H = \frac{-dr_1}{n(r_2-r_1)+(n-1)d} = 0$$

即，透镜 1，$l_{H_1}=0$，$l'_{H_1}=-2\text{mm}$

透镜 2，$l_{H_2}=0$，$l'_{H_2}=-2\text{mm}$

根据组合光组的光焦度公式，则高斯间距 $d = \frac{\varphi_1+\varphi_2-\varphi}{\varphi_1\varphi_2} = \frac{\frac{1}{50}+\frac{1}{50}-\frac{1}{100}}{\frac{1}{50}\times\frac{1}{50}} = 75(\text{mm})$

两透镜间的实际表面间距

$$d' = d_0 + l'_{H_1} - l_{H_2} = 75-2-0 = 73(\text{mm})$$

可见，光学系统的组合计算必须满足高斯间距，透镜之间的实际间距由高斯间距决定，实际间距可直接测量，但它不等于高斯间距。

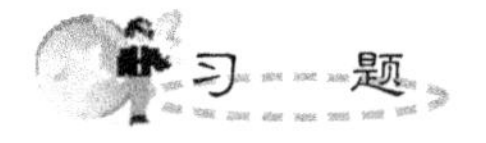

3－1　如图 3.37 所示，用作图法求：(1) 图中光线 g 的共轭光线；(2) 光组的节点。

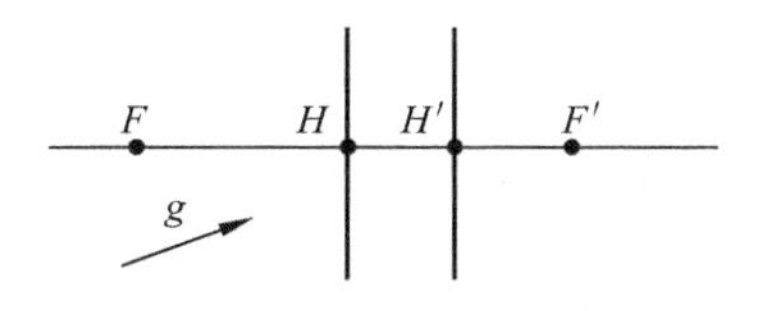

图 3.37　习题 3－1 图

3－2　如图 3.38 所示，用作图法确定下列组合光组的物方焦点、像方焦点、物方主面和像方主面。

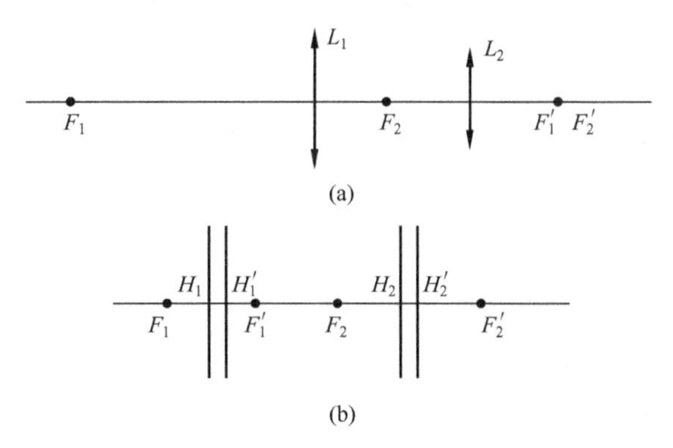

图 3.38　习题 3－2 图

3－3　在图 3.39 中，已知一对共轭点 A 和 A'，用作图法求物点 B 的共轭像点 B'。

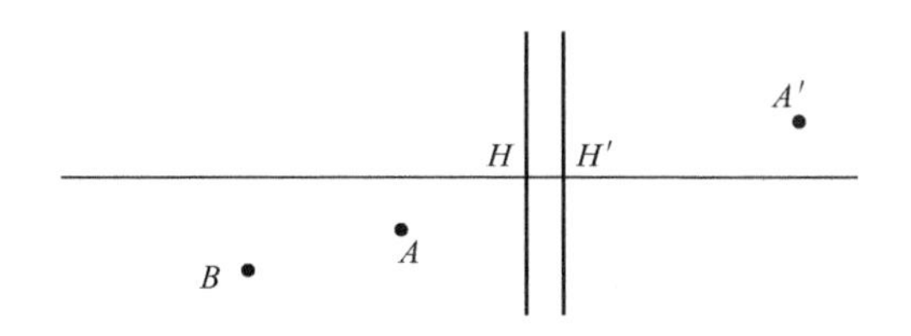

图 3.39　习题 3－3 图

3－4　已知照相物镜的焦距 $f'=75\text{mm}$，被摄景物位于(以 F 点为坐标原点) $x=-10\text{m}$，-8m，-6m，-4m，-2m 处，试求照相底片应分别放在离物镜的像方焦面多远的地方。

3－5　如图 3.40 所示，光学系统由焦距为 5.0cm 的会聚薄透镜 L_1 和焦距为 10.0cm 的发散薄透镜 L_2 组成，L_2 在 L_1 右方 5.0cm 处，在 L_1 左方 10.0cm 处的光轴上放置高度为 5mm 的小物体，求此光学系统最后成像的位置和高度以及像的正倒、虚实、放缩情况。

3－6　设一系统位于空气中，垂轴放大率 $\beta=-10^{\times}$，由物面到像面的距离(共轭距离)为 7200mm，物镜两焦点间距离为 1140mm。求该物镜焦距，并绘出基点位置图。

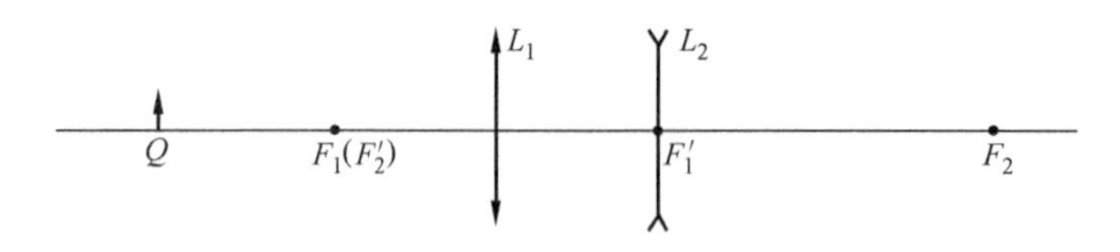

图 3.40　习题 3-5 图

3-7　三个焦距均为 20cm 的双凸薄透镜组成理想光学系统，两相邻透镜间的距离都是 30cm，高度为 1cm 的物体放置在第一个透镜左方 60cm 处的光轴上，求最后成像的位置和高度以及像的正倒、放缩和虚实情况。

3-8　有一正薄透镜对某一物体成倒立的实像，像高为物高的一半，今将物面向透镜移近 100mm，则所得像与物同大小，求该正透镜的焦距。

3-9　希望得到一个对无限远成像的长焦距物镜，焦距 $f'=1200\text{mm}$，由物镜顶点到像面的距离(筒长)$L=700\text{mm}$，由系统最后一面到像平面距离(工作距)为 $l'_k=400\text{mm}$，按最简单结构的薄透镜系统考虑，求系统结构，并画出光路图。

3-10　已知一透镜 $r_1=-200\text{mm}$，$r_2=-300\text{mm}$，$d=50\text{mm}$，$n=1.5$，求其焦距、光焦度、基点位置。

3-11　长 60mm，折射率为 1.5 的玻璃棒，在其两端磨成曲率半径为 10mm 的凸球面，试求其焦距及基点位置。

3-12　一束平行光垂直入射到平凸透镜上，会聚于透镜后 480mm 处，如在此透镜凸面上镀银，则平行光会聚于透镜前 80mm 处，求透镜折射率和凸面曲率半径。

3-13　试以两个薄透镜组按下列要求组成光学系统：

(1) 两透镜组间间隔不变，物距任意而倍率不变。

(2) 物距不变，两透镜组间间隔任意改变，而倍率不变。

求：该两透镜组焦距间的关系，并求组合焦距的表达式。

第4章 平面与平面系统

知识要点	掌握程度	相关知识
平面镜成像	掌握平面镜成像的特点、平面镜旋转时的成像特点以及双平面镜成像的特点	利用平面镜旋转时的特点测量微小角度和微小位移
平行平板成像及其等效光学系统	掌握平行平板的成像特点	平行平板成非完善像； 物体经平行平板后所成像的计算
反射棱镜的分类及特点	熟悉各种反射棱镜的应用场合； 掌握反射棱镜的成像方向判断方法	反射棱镜的作用； 屋脊棱镜与一般反射棱镜的区别
折射棱镜与光楔	熟悉折射棱镜的偏向角公式； 掌握最小偏向角公式及光楔的偏向角	折射棱镜的折射面和折射棱； 双光楔测量微小角度和微小位移
光学材料	了解平均折射率、阿贝常数、部分色散和相对色散的定义； 熟悉透射材料和反射材料的特点	透射材料的种类及特点； 反射材料的特点

导入案例

反射式瞄准镜的工作原理和狙击上的带放大倍数的望远式光学瞄准镜不同，其光学系统比较简单，通常没有放大系统和倒像系统。因为这种瞄准镜的瞄准标记通常是一个红色或鲜橙色的光点(也可以是十字线、光环等其他形状)，故反射式瞄准镜又叫红点瞄准镜。反射式红点瞄准镜的物镜实际上是由两个同心球面构成的析光镜，如图 4.0(a)所示，其内表面镀半透半反膜，在析光镜同心球面内侧放置一光源，其发出的光线通过分划板后被析光镜反射，然后以平行光进入人眼，同时人眼透过析光镜看到目标，当瞄准标记与目标重叠时，即完成瞄准。

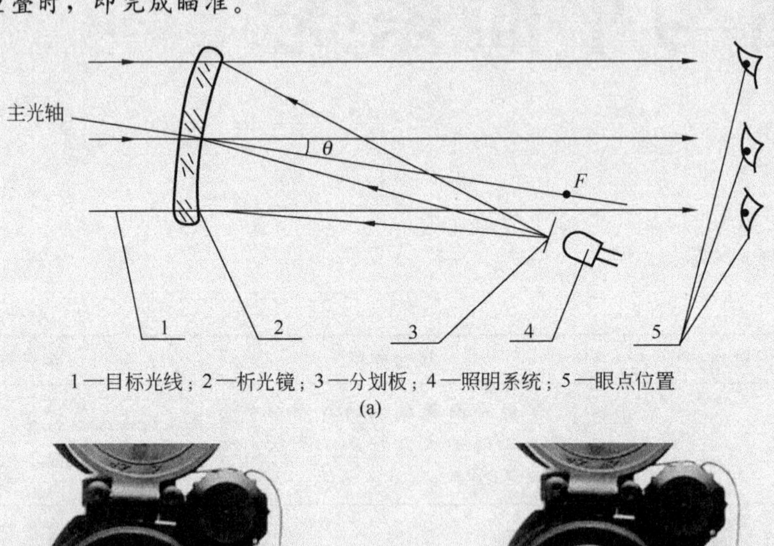

1—目标光线；2—析光镜；3—分划板；4—照明系统；5—眼点位置

(a)

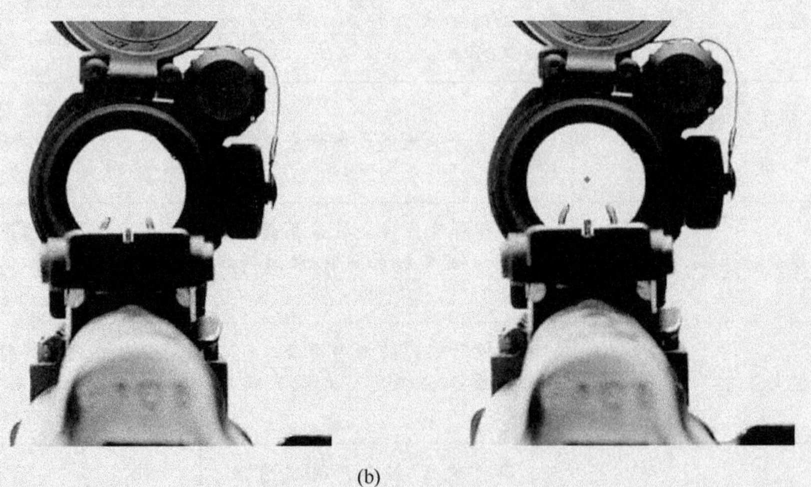

(b)

图 4.0　导入案例图

反射式瞄准镜瞄准时双眼可以同时观察，不影响瞄准时对外界情况的观察，并且反射式红点瞄准镜只要看到红点就可以瞄准，而与红点在镜内的位置无关，可以做到快速瞄准的效果，但其缺点是对中远距离目标或者细小目标的精度不高。从图 4.0(b)左右两张图中的准星与照门相对位置更好地说明了反射式瞄准镜的特点，在瞄准镜归零后，即使从不同的角度都可以进行瞄准，因此特别适合近战中的快速瞄准。

光学系统除利用球面光学元件(如透镜和球面镜)实现对物体的成像特性外，还常用到各种平面光学元件，如平面反射镜、平行平板、反射棱镜、折射棱镜和光楔等。这些平面光学元件主要用于改变光路方向、倒像及色散。本章主要讨论这些平面光学元件的成像特性。

4.1 平面镜成像

平面反射镜又称平面镜，是光学系统中唯一能成完善像的光学元件，在日常生活中并不少见，如穿衣镜、化妆镜等。

4.1.1 单平面镜

如图4.1所示，物体上任一点 A 发出的同心光束被平面镜反射，光线 AP 沿 PA 方向原光路返回，光线 AQ 以入射角 I 入射，经反射后沿 QR 方向出射，延长 AP 和 RQ 交于 A'。由反射定律及几何关系容易证明 $\triangle PAQ \cong \triangle PA'Q$，从而可得 $AP=A'P$，$AQ=A'Q$。同样可证明由 A 点发出的另一条光线 AO 经反射后，其反射光线的延长线必交于 A' 点。这表明，由 A 点发出的同心光束经平面镜反射后，变换为以 A' 为中心的同心光束。因此，A' 为物点 A 的完善像点。同样可以证明 B' 点为 B 点的完善像点。由于物体上每点都成完善像，所以整个物体也成完善像。

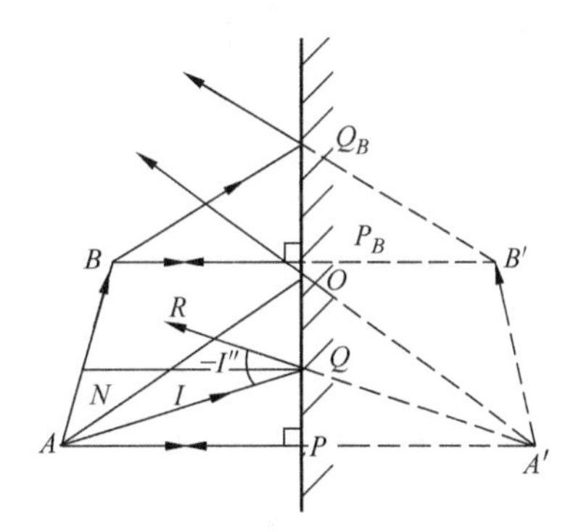

图4.1 平面镜成像

1. 平面镜成像特点

(1) 像与物相对平面镜对称，物像虚实相反。

由球面镜的物像位置公式 $\frac{1}{l'}+\frac{1}{l}=\frac{2}{r}$，令 $r=\infty$ 可得 $l'=-l$，所以，物与像相对于平面镜对称。

由球面镜的放大率公式 $\beta=\frac{y'}{y}=-\frac{l'}{l}=1$ 可知，平面镜成等大的正像，物像对称于平面镜，实物成虚像，虚物成实像。

同时还有 $\alpha=-\beta^2=-1$，因 $\alpha<0$，故物体沿光轴移动时，像总是以相反方向移动。且 $\gamma=-\frac{1}{\beta}=-1$，说明反射和入射光线孔径角大小相等、符号相反，两光线关于法线对称。

(2) 平面镜成镜像。

由于平面镜成像的对称性，使一个右手坐标系的物体，变换成左手坐标系的像。就像照镜子一样，你的右手只能与镜中的“你”的左手重合，这种像称为镜像。如图4.2所示，一个右手坐标系 $O-xyz$，经平面镜 M 后，其像为一个左手坐标系 $O'-x'y'z'$。当正对着物体即沿 zO 方向观察物时，y 轴在左边；而当正对着像即沿 $z'O'$ 方向观察像时，y' 在右边。

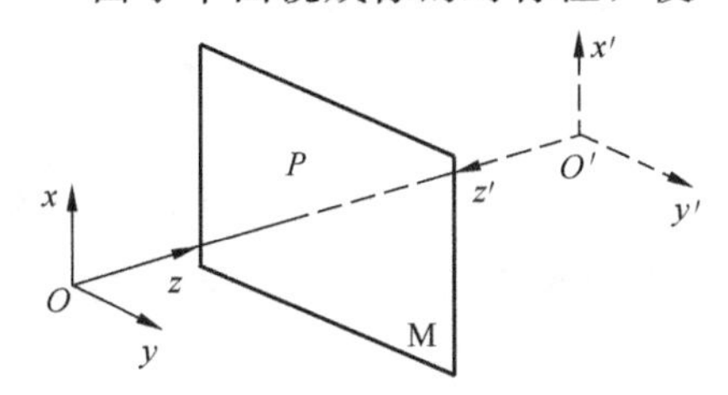

图4.2 平面镜成镜像图

(3) 平面镜奇数次反射成镜像，偶数次反射成与物一致的像。

由图 4.2 可知，一次反射像 $O'-x'y'z'$ 若再经过一次反射成像，将恢复成与物相同的右手坐标系。

(4) 当物体旋转时，其像沿反方向旋转相同的角度。

正对着 zO 方向观察时，y 顺时针方向转 90°至 x，而 y' 则是逆时针方向转 90°至 x'（沿 $z'O'$ 方向观察）。同样，沿 xO 方向观察，z 转向 y 是顺时针方向，而 z' 转向 y' 则是逆时针方向（沿 $x'O'$ 方向观察）。沿 yO 方向观察的情况相同。

2. 平面镜的旋转特点

当入射光线方向不变而转动平面镜时，反射光线的方向将发生改变，如图 4.3 所示，设平面镜转动 α 角时，反射光线转动 θ 角，根据反射定律有

$$\theta = -I_1'' + \alpha - (-I'') = I_1 + \alpha - I = (I + \alpha) + \alpha - I = 2\alpha \tag{4-1}$$

因此，反射光线的方向改变了 2α 角。

利用平面镜转动的这一性质，可以测量微小角度或位移。如图 4.4 所示，刻有标尺的分划板位于准直物镜 L 的物方焦平面上，标尺零位点与物方焦点 F 重合，发出的光束经物镜 L 后平行于光轴。若平面镜 M 与光轴垂直，则平行光经平面镜 M 反射后原光路返回，重新会聚于 F 点。若平面镜 M 转动 α 角，则平行光束经平面镜后与光轴成 2α 角，经物镜 L 后成像于 B 点，设 $BF=y$，物镜焦距为 f'，则

$$y = f'\tan 2\alpha \approx 2f'\alpha \tag{4-2}$$

式中，y 可由分划板标尺读出，物镜焦距 f' 已知，可求出平面镜转动的微小角度 α。

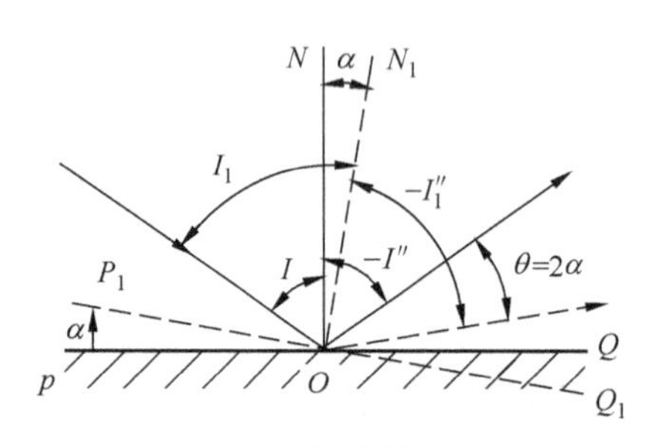

图 4.3　平面镜旋转时的成像

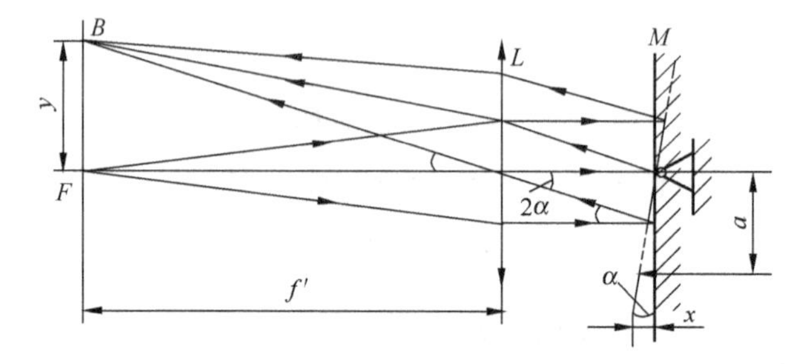

图 4.4　测定微小角度和位移

若平面镜的转动是由一顶杆移动引起的，设顶杆到支点距离为 a，顶杆微小移动量为 x，则 $\tan\alpha \approx \alpha = x/a$，代入上式，得

$$y = (2f'/a)x = Kx \tag{4-3}$$

式中，$K = 2f'/a$ 为光学杠杆的放大倍数。利用此式可测量顶杆的微小位移。

4.1.2　双平面镜成像

如图 4.5 所示，设两个平面镜的夹角为 α，光线 AO_1 入射到双平面镜上，经两个平面镜 PQ 和 PR 依次反射，沿 O_2B 方向出射，出射光线与入射光线的延长线相交于 M 点，夹角为 β。

下面看经双平面镜两次反射后的出射光线与入射光线间的关系。

由$\triangle O_1O_2M$，有

$$(-I_1+I''_1)=(I_2-I''_2)+\beta$$

根据反射定律，有 $\beta=2(I''_1-I_2)$

在$\triangle O_1O_2N$中，有 $I''_1=\alpha+I_2$， 即 $\alpha=I''_1-I_2$

所以有

$$\beta=2\alpha \tag{4-4}$$

可见，出射光线和入射光线的夹角与入射角的大小无关，只取决于双平面镜的夹角α。由此可以推得，如果双面镜的夹角不变，当入射光线方向一定时，双面镜绕其棱边旋转时，出射光线方向始终不变。利用这一性质，光学系统中用双面镜折转光路时，对其安装调整特别方便。

如图4.6所示，一右手坐标系的物体xyz，经双面镜QPR的两个反射镜PQ、PR依次成像为$x'y'z'$和$x''y''z''$。经PQ第一次反射的像$x'y'z'$为左手坐标系，经PR第二次反射后成的像(称为连续一次像)$x''y''z''$还原为右手坐标系。

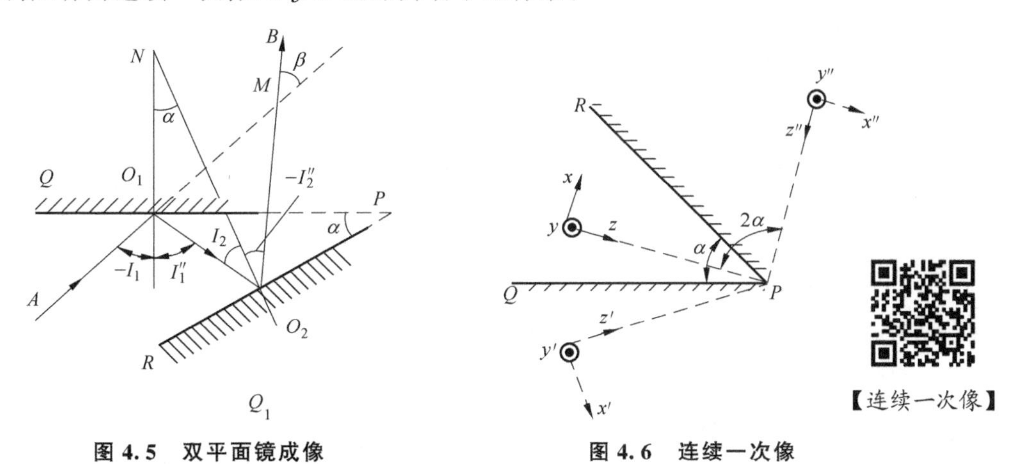

图4.5 双平面镜成像　　图4.6 连续一次像

由图中几何关系得出：连续一次像可认为是由物体绕棱边旋转2α角形成的，旋转方向由第一反射镜转向第二反射镜。只要双面镜夹角α不变，双面镜转动时，连续一次像不动。

总之，双平面镜的成像特性可归结为以下两点：

(1) 二次反射像的坐标系与原物坐标系相同，成一致像。

(2) 连续一次像可认为是由物体绕棱边旋转2α角形成的，其转向与光线在反射面的反射次序所形成的转向一致。

4.2 平行平板

由两个相互平行的折射平面构成的光学元件称为平行平板。平行平板是光学仪器中应用较多的一类光学元件，如刻有标尺的分划板、盖玻片、滤波片等都属于这一类光学元件。反射棱镜也可看做是等价的平行平板。

4.2.1 平行平板的成像特性

如图4.7所示，轴上点A_1发出一孔径角为U_1的光线A_1D，经平行平板两面折射后，其出射光线的延长线与光轴相交于A'_2，出射光线的孔径角为U'_2。设平行平板位于空气

中，平板玻璃的折射率为 n，光线在两折射面上的入射角和折射角分别为 I_1、I'_1 和 I_2、I'_2。因为二折射面平行，则有 $I_2=I'_1$，由折射定律，得

$$\sin I_1 = n\sin I'_1 = n\sin I_2 = \sin I'_2$$

所以

$$I_1 = I'_2,\quad U'_2 = U_1$$

这时

$$\gamma = \frac{\tan U'_2}{\tan U_1} = 1,\quad \beta = 1/\gamma = 1,\quad \alpha = \beta^2 = 1$$

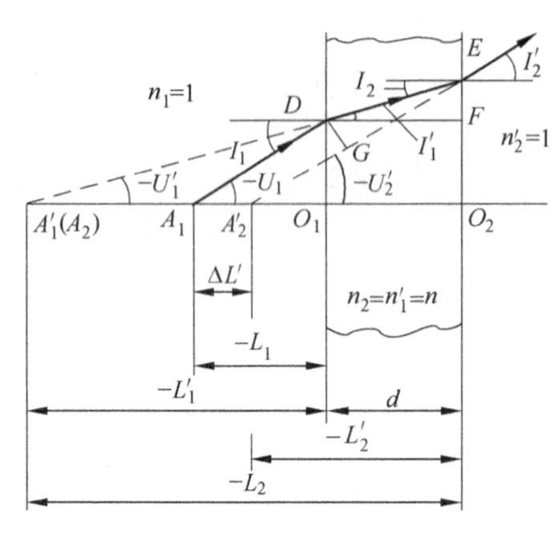

图 4.7　平行平板的成像

由此可知，出射光线平行于入射光线，光线经平行平板后方向不变；平行平板成像不会使物体放大或缩小；物沿光轴移动时像沿光轴同方向移动。

下面通过物点与像点之间产生的轴向位移 $\Delta L'=A_1A'_2$ 讨论平行平板的成像是否完善。

如图 4.7 所示，设出射光线与入射光线之间的侧向位移 ΔT（$\Delta T=DG$），在 $\triangle DGE$ 和 $\triangle EFD$ 中，有

$$\Delta T = DG = DE\sin(I'_2 - I_2) = \frac{d}{\cos I'_1}\sin(I_1 - I'_1)$$

将 $\sin(I_1-I'_1)$用三角公式展开，并利用 $\sin I_1 = n\sin I'_1$，得轴向位移：

$$\Delta L' = d\left(1-\frac{\tan I'_1}{\tan I_1}\right) = d\left(1-\frac{\cos I_1}{n\cos I'_1}\right) \tag{4-5}$$

该式表明，轴向位移 $\Delta L'$随入射角 I_1（即孔径角 U_1）的不同而不同，即轴上点发出的不同孔径的同心光束变成了非同心光束，因此，平行平板不能成完善像。

4.2.2　近轴区平行平板的成像

当入射光线在近轴区以细光束通过平行平板成像时，因为 I_1 很小，式(4-5)变为

$$\Delta l' = d\left(1-\frac{1}{n}\right) \tag{4-6}$$

式中，$\Delta l'$代替 $\Delta L'$。该式表明，近轴光线的轴向位移只与平行平板厚度 d 及折射率 n 有关，而与入射角 I_1（即孔径角 U_1）无关。因此，物点以近轴光经平行平板成像是完善的。这时，不管物体位置如何，其像可认为是由物体移动一个轴向位移 $\Delta l'$得到的。

4.2.3　举例

例 4.1　图 4.8 所示为一块平行平板，其厚度 d 为 15mm，玻璃折射率 $n=1.5$，经过平行平板折射后，其细光束像点 A'在第二面上。求平板的物点 A 距离第一面的位置。

解　由平行平板近轴区成像的轴向位移公式可得

$$\Delta l' = d\left(1-\frac{1}{n}\right) = 15\times\left(1-\frac{1}{1.5}\right) = 5(\text{mm})$$

$$d-\Delta l' = 15-5 = 10(\text{mm})$$

所以物点离开第一面的距离为 10mm。

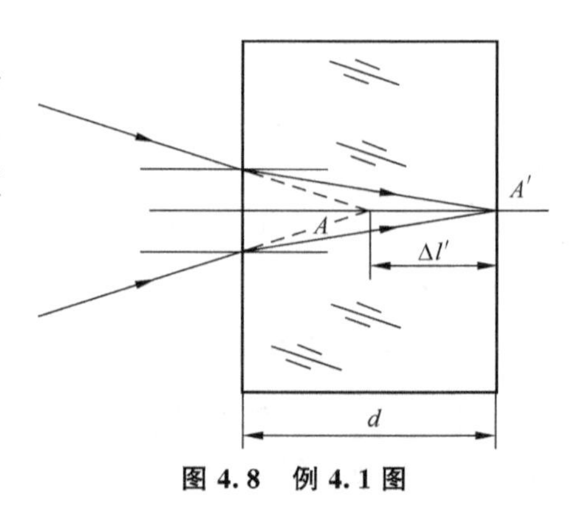

图 4.8　例 4.1 图

例 4.2 一架显微镜已对一个目标物调整好物距进行观察，现将一块厚 7.5mm，折射率为 1.5 的平板玻璃压在目标物上，问此时通过显微镜能否清楚地观察到目标物？若不能，该如何重新调整？

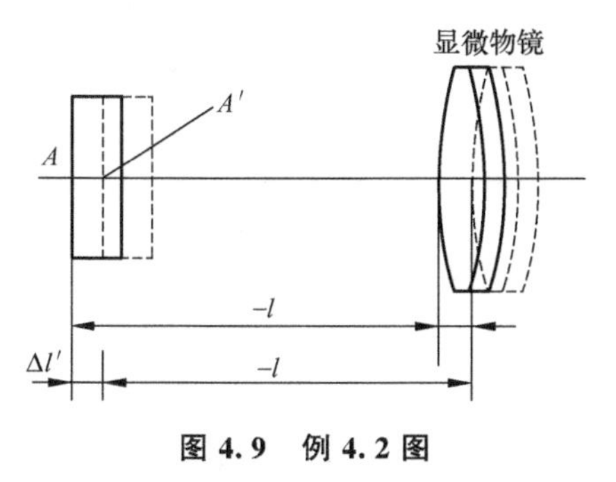

图 4.9 例 4.2 图

解 目标物经平板玻璃成像后将产生轴向位移，如图 4.9 所示。显微镜此时是对移位后的目标物进行成像，由于目标物已偏离了原有的物距，所以显微镜必须重新调整才能清楚地观察到目标物。

根据平行平板的成像特点，若要保持显微镜原来的物距不变，显微镜必须右移 $\Delta l'$

$$\Delta l'=d\left(1-\frac{1}{n}\right)=7.5\times\left(1-\frac{1}{1.5}\right)=2.5(\text{mm})$$

由此可见，当光学系统中加入平板玻璃或反射棱镜（反射棱镜展开后相当于平行平板）后，由于平板玻璃使像点产生 $\Delta l'$ 的移动量，其后面的成像元件必须要随之作出相应的调整，以确保原有的物像关系。

4.3 反射棱镜

将一个或多个反射面磨制在同一块玻璃上的光学元件称为反射棱镜，在光学系统中主要用于折转光路、转像、倒像和扫描等。在反射面上，若所有入射光线不能全部发生全反射，则必须在该反射面上镀以金属反射膜，如银、铝等，以减少反射面的光能损失。

4.3.1 反射棱镜的概念及分类

光学系统的光轴在棱镜中的部分称为棱镜的光轴，如图 4.10 所示，图中的 AO_1、O_1O_2 和 O_2B，每经过一次反射，光轴就折转一次。反射棱镜的工作面为两个折射面和若干个反射面，光线从一个折射面入射，从另一个折射面出射，因此，两个折射面分别称为入射面和出射面，大部分反射棱镜的入射面和出射面都与光轴垂直。工作面之间的交线称为棱镜的棱，垂直于棱的平面称为主截面，一般取主截面与光学系统的光轴重合，因此又称光轴截面。

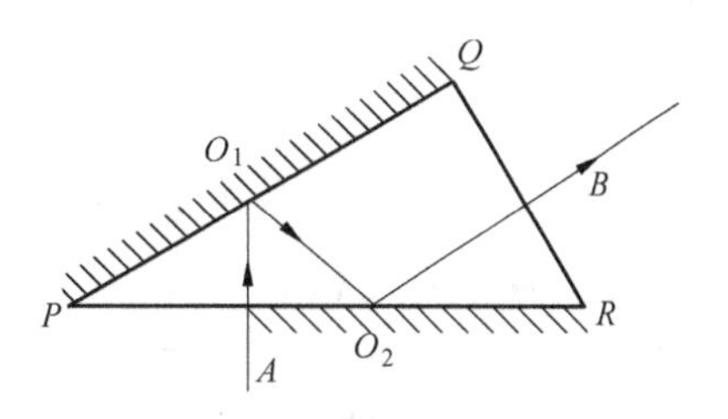

图 4.10 反射棱镜的主截面

反射棱镜种类繁多，形状各异，大体上可分为简单棱镜、屋脊棱镜、立方角锥棱镜，下面分别予以介绍。

1. 简单棱镜

简单棱镜只有一个主截面，它所有的工作面都与主截面垂直。根据反射面数的不同，又分为一次反射棱镜、二次反射棱镜和三次反射棱镜。

1）一次反射棱镜

一次反射棱镜使物体成镜像，最常用的一次反射棱镜有等腰直角棱镜，如图 4.11(a) 所示，它使光轴折转 90°；等腰棱镜，如图 4.11(b)所示，它使光轴折转任意角度。这两种棱镜的入射面和出射面都与光轴垂直，在反射面上发生全反射；道威棱镜，如图 4.11(c)所示，它是由直角棱镜去掉多余的直角形成的，其入射面和出射面与光轴不垂直，出射光轴与入射光轴方向不变。

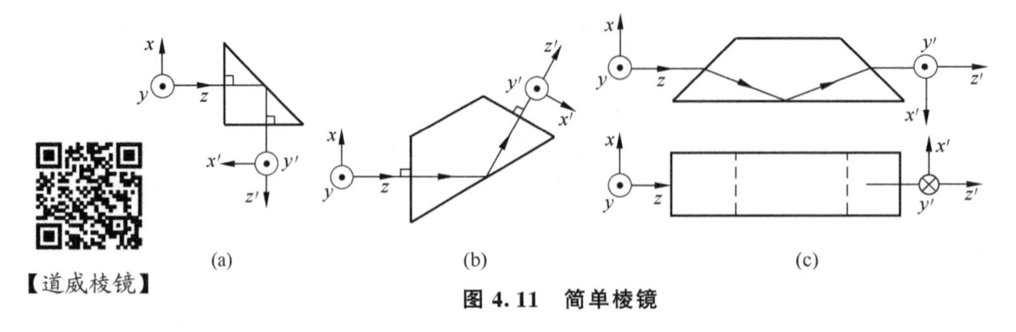

图 4.11　简单棱镜

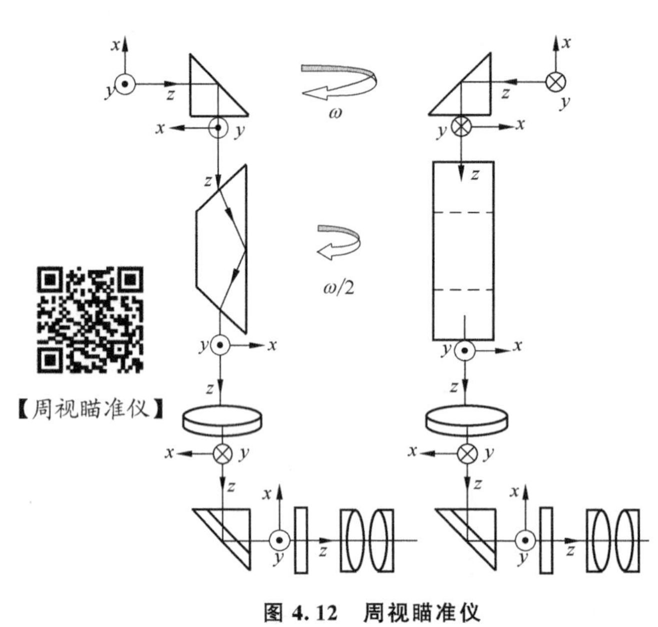

图 4.12　周视瞄准仪

道威棱镜的重要特性是，当其绕光轴旋转 α 角时，反射像同方向旋转 2α 角。从图 4.11(c)可以看出，下图相对于上图，道威棱镜旋转了 90°，其像相对于旋转前的像转了 180°。道威棱镜的这一特性可应用在周视瞄准仪中，如图 4.12 所示。当直角棱镜 P_1 在水平面内以角速度 ω 旋转时，道威棱镜绕其光轴以 $\omega/2$ 的角速度同向转动，可使在目镜中观察到的像的坐标方向不变。这样，观察者可以不改变位置，就能周视全景。由于道威棱镜的入射面和出射面与光轴不垂直，所以道威棱镜只能用于平行光路中。

从上面的讨论可知，对于简单棱镜，在主截面内的坐标改变方向，垂直于主截面的坐标不改变方向，而 $O'z'$ 始终沿出射光轴方向。

2）二次反射棱镜

二次反射棱镜连续经过两个反射面的反射，所以像与物的坐标系相一致。常用的二次反射棱镜如图 4.13 所示，从图 4.13(a)～图 4.13(e)分别为半五角棱镜、30°直角棱镜、五角棱镜、直角棱镜和斜方棱镜，两反射面的夹角分别为 22.5°、30°、45°、90°和 180°。半五角棱镜和 30°直角棱镜多用于显微镜系统，使垂直向上的光轴折转为便于观察的方向；五角棱镜使光轴折转 90°，安装调试方便；直角棱镜多用于转像系统中，如开普勒望远镜中将倒像转为正像便于观察；斜方棱镜可使光轴平移，多用于双目仪器中，以调整目距。

3）三次反射棱镜

常用的三次反射棱镜为斯密特棱镜，如图 4.14 所示。出射光线与入射光线的夹角为 45°，奇数次反射成镜像。其最大特点是，因为光线在棱镜中的光路很长，可以折叠光路，使仪器结构紧凑。

【半五角棱镜】

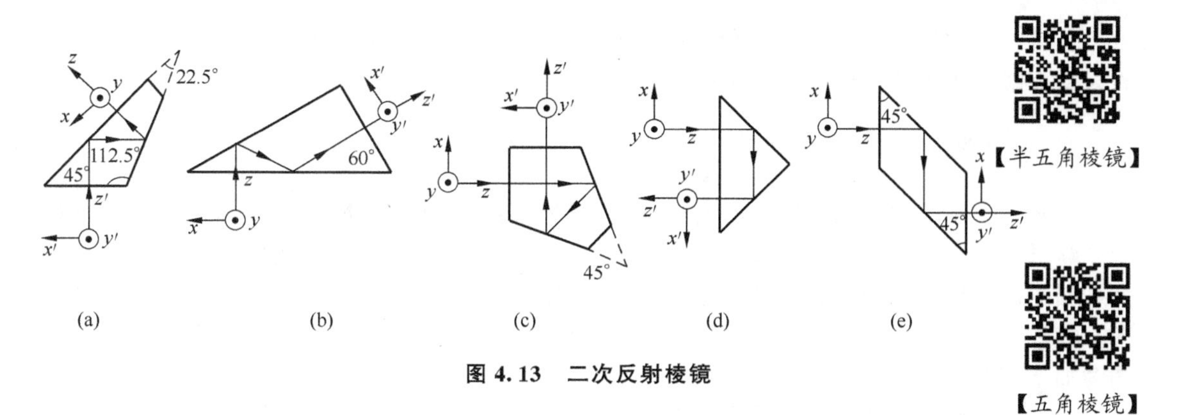

图 4.13 二次反射棱镜

【五角棱镜】

2. 屋脊棱镜

我们知道，奇数次反射使得物体成镜像。如果需得到与物体一致的像，而又不宜增加反射棱镜时，可用交线位于棱镜光轴面内的两个相互垂直的反射面取代其中一个反射面，使垂直于主截面的坐标被这两个相互垂直的反射面依次反射而改变方向，从而得到物体的一致像，如图 4.15 所示。这两个相互垂直的反射面称为屋脊面，带有屋脊面的棱镜称为屋脊棱镜。常用的屋脊棱镜有直角屋脊棱镜、半五角屋脊棱镜、五角屋脊棱镜、斯密特屋脊棱镜等。

【等腰直角屋脊棱镜】

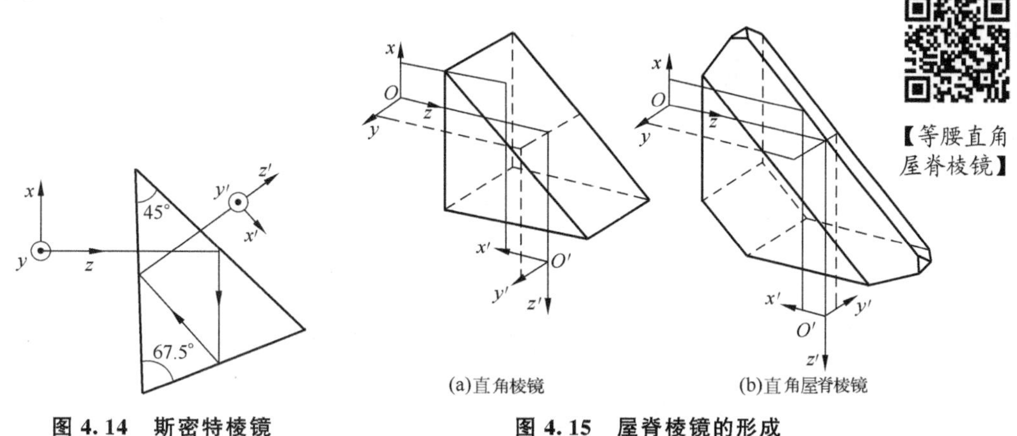

图 4.14 斯密特棱镜

图 4.15 屋脊棱镜的形成

3. 立方角锥棱镜

这种棱镜是由立方体切下一个角而形成的，如图 4.16 所示。其三个反射工作面相互垂直，底面是一等边三角形，为棱镜的入射面和出射面。立方角锥棱镜的重要特性在于光线以任意方向从底面入射，经过三个直角面依次反射后，出射光线始终平行于入射光线。当立方角锥棱镜绕其顶点旋转时，出射光线方向不变，仅产生一个位移。

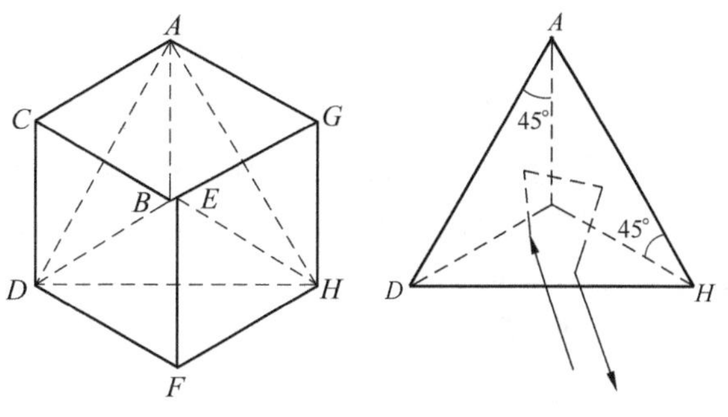

图 4.16 立方角锥棱镜

立方角锥棱镜用途之一是和激光测距仪配合使用。激光测距仪发出一束准直激光束，经位于测站上的立方角锥棱镜反射，原方向返回，由激光测距仪的接收器接收，从而解算出测距仪到测站的距离。

4.3.2 棱镜系统的成像方向判断

实际光学系统中使用的棱镜系统有时是比较复杂的，正确判断棱镜系统的成像方向对于光学系统设计至关重要。如果判断不正确，使整个光学系统成镜像或倒像，会给观察者带来错觉。为便于分析，物体的三个坐标方向分别取：①沿光轴方向；②垂直主截面方向；③位于主截面内方向。然后利用几何方法判断出棱镜系统对各坐标轴的变换，这里归纳为如下判断原则：

（1）沿光轴方向的坐标轴始终顺光轴方向，并指向光传播方向。

（2）垂直主截面的坐标轴仍垂直于主截面，方向视屋脊面个数而定：没有屋脊面或偶数个屋脊面，像坐标轴方向不变；奇数个屋脊面，则像坐标轴方向与物坐标轴方向相反。

（3）主截面内坐标轴方向视反射次数（每遇一个屋脊面增加一次反射）而定：偶数次反射，保持左右手系不变；奇数次反射，左右手系改变，以此判断主截面内像坐标轴的方向。

上述判断原则对各个光轴截面均适用，例如对两个以上棱镜组合起来的复合棱镜，可以根据复合棱镜中各个主截面方向是否相同，决定是否将复合棱镜分解成单个棱镜，按上述判断原则逐个分析，如图 4.17 所示。

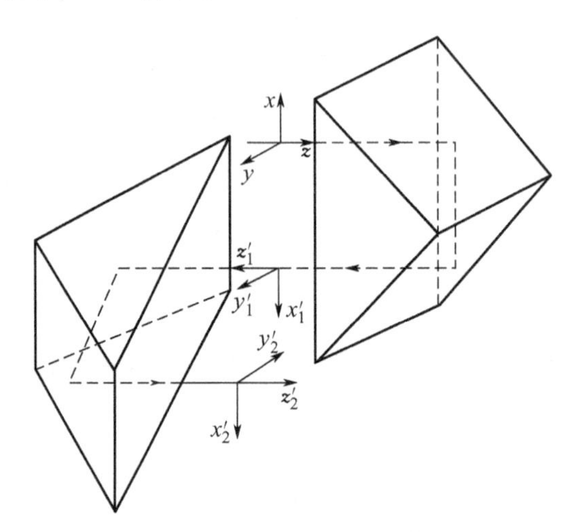

图 4.17 复合棱镜坐标变换

同时，分析整个光学系统的坐标变换时，还必须考虑系统中透镜的作用，透镜系统不改变坐标系的旋向，即无论成像虚实正倒，坐标的左右手系始终保持不变。由此得出，当系统中有透镜且透镜对物体成倒像时，维持沿光轴方向的坐标轴方向不变，而另两个垂直光轴的坐标轴同时反向，参考图 4.12 中坐标经过透镜时的方向变换。

读者还可按照上述判断原则，对图 4.11、4.12、4.13、4.14 中的坐标进行判断验证。

4.3.3 反射棱镜的等效作用与展开

反射棱镜在光学系统中等价于一块平行平板，按照反射面的反射顺序依次作出整个棱镜被其所成的像，即可将棱镜展开为平行平板。图 4.18 就是对一次反射等腰直角棱镜、道威棱镜和斯密特棱镜所展成的平行平板。由图 4.18 可见，本来在棱镜内部几经转折的光轴，展开后连成了直线。其中的道威棱镜，由于入射面、出射面不与光轴垂直，其对应的平板是倾斜于光轴的。

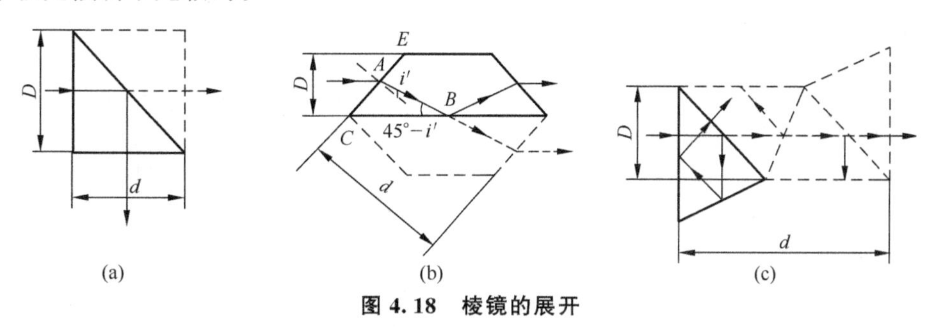

图 4.18 棱镜的展开

通常用反射棱镜的结构常数 K 来表示棱镜的通光口径 D（入射面上或出射面上的最大光斑直径）和棱镜中的光轴长度 d 之间的关系，即

$$K=\frac{d}{D}$$

一般情况下，d 是等效平板的厚度，但道威棱镜例外。根据棱镜的通光口径和结构常数，即可求出棱镜的结构尺寸。

由于反射棱镜等效于平行平板，将其应用于光学系统的非平行光束中时，必须考虑到平行平板既会产生像的轴向位移，同时因平行平板不是理想光学元件，会产生像差，所以还需考虑像差平衡方案。

4.3.4 举例

例 4.3 图 4.19 为单反相机镜头取景器光路，判断物体经该光学系统后的坐标方向。

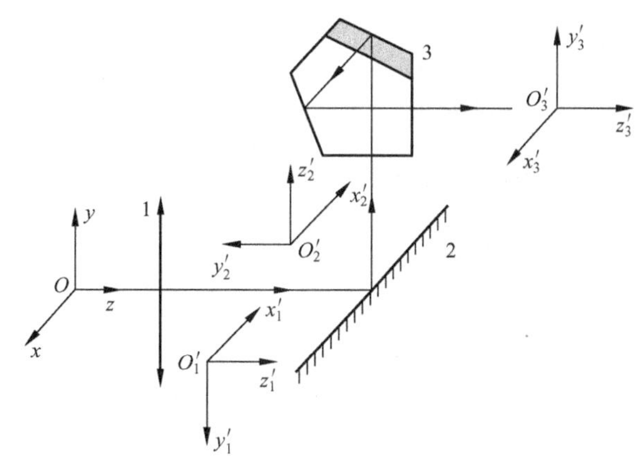

图 4.19 例 4.3 图

解 首先确定经透镜成像后的坐标。透镜对物体成实像，表明透镜对物体成倒像，因此，经透镜成像后，z 坐标轴方向沿光轴不变，x、y 坐标均反向。

其次，经过主截面方向一致的平面镜—棱镜系统，共反射四次（其中一个屋脊面反射两次）。z 坐标始终沿光轴方向；垂直于主截面的 x 坐标因遇到一个屋脊面而反向；主截面内的 y 坐标因经偶数次反射成与物一致的像，左右手系保持不变，据此确定其坐标方向，如图 4.19 所示。

4.4 折射棱镜与光楔

折射棱镜是通过两个折射表面对光线的折射进行工作的，两折射面的交线称为折射棱，两折射面间的夹角 α 称为折射棱镜的顶角。同样，垂直于折射棱的平面称为折射棱镜的主截面。

4.4.1 折射棱镜的偏转

如图 4.20 所示，光线 AB 入射到折射棱镜上，经两折射面的折射，出射光线 DE 与入射光线 AB 的夹角 δ 称为偏向角，其正负规定为：由入射光线以锐角转向出射光线，顺时针为正，逆时针为负。设棱镜折射率为 n，光线在入射面和折射面的入射角和折射角分别为 I_1、I'_1 和 I_2、I'_2。且由图中几何关系，得

$$\alpha+\delta=I_1-I'_2$$

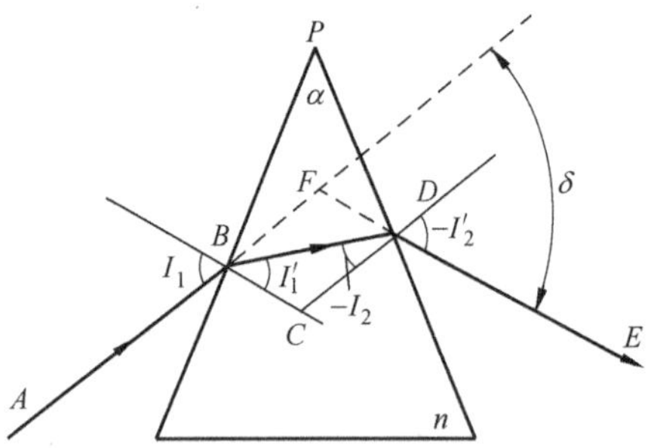

图 4.20 折射棱镜

在两个折射面上分别用折射定律，有

$$\sin I_1=n\sin I'_1,\quad \sin I'_2=n\sin I_2$$

将两式相减，并利用三角学中的和差化积公式，有

$$\sin\frac{\alpha+\delta}{2}=n\sin\frac{\alpha}{2}\frac{\cos\frac{1}{2}(I'_1+I_2)}{\cos\frac{1}{2}(I_1+I'_2)}$$

由此可见，光线经过折射棱镜折射后，产生的偏向角 δ 与 I_1 有关。所以，偏向角随光线的入射角 I_1 而变化。可以证明，δ 随 I_1 变化的过程中有一极小值 δ_m，这个极小值称为折射棱镜的最小偏向角，即

$$\sin\frac{\alpha+\delta_m}{2}=n\sin\frac{\alpha}{2} \tag{4-7}$$

4.4.2 光楔及其应用

折射角很小的棱镜称为光楔。由于折射角 α 很小，其偏向角公式可以大大简化。

当 I_1 为有限大小时，因 α 很小，可近似地看做平行平板，即 $I'_1\approx I_2$，$I_1\approx I'_2$，用 α、δ 的弧度代替相应正弦值，有

$$\delta=\alpha\left(n\frac{\cos I'_1}{\cos I_1}-1\right) \tag{4-8}$$

当 I_1 很小时，I'_1 也很小，则式(4-8)中的余弦用 1 代替，则

$$\delta=\alpha(n-1) \tag{4-9}$$

这表明，当光线垂直入射或接近垂直入射时，所产生的偏向角仅由光楔的顶角和折射率决定。

光楔在小角度测量中有着重要作用。如图 4.21 所示，双光楔折射角均为 α，相隔一微小间隙，两光楔相邻工作面平行并可绕光轴转动，当两光楔转到如图 4.21(a)、(c)所示时，所产生的偏向角最大，为两光楔偏向角之和 $\delta=2\alpha(n-1)$；当转到如图 4.21(b)所示时，所产生

的偏向角为零；当两光楔转到有一夹角 φ 时，两光楔产生的总偏向角随 φ 角而变，即

$$\delta = 2\alpha(n-1)\cos\frac{\varphi}{2} \tag{4-10}$$

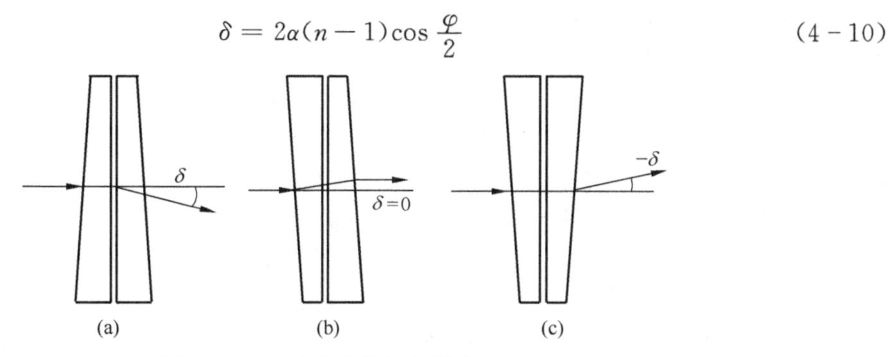

图 4.21 双光楔旋转测量微小角度

【棱镜色散】

这样，就可将光线经双光楔所产生的最小偏向角 δ 转换为两光楔间的夹角 φ 进行测微。

4.4.3 棱镜的色散

白光由许多不同波长的单色光组成，同一透明介质对于不同波长的单色光具有不同的折射率。根据偏向角的公式可知，以同一角度入射到折射棱镜上的不同波长的单色光，将有不同的偏向角。因此，白光经过棱镜后将被分解为各种色光，在棱镜后面将会看到各种颜色的光，这种现象称为色散。通常，波长长的红光折射率低，波长短的紫光折射率高，因此，红光偏向角小，紫光偏向角大，如图4.22所示。狭缝发出的白光经透镜 L_1 准直为平行光，平行光经过棱镜 P 分解为各种色光，在透镜 L_2 的焦面上从上到下地排列着红、橙、黄、绿、青、蓝、紫各色光的狭缝像。这种按波长长短顺序的排列称为白光光谱，光学上常用夫琅和费谱线作为特征谱线，表4-1给出了夫琅和费谱线的特征。

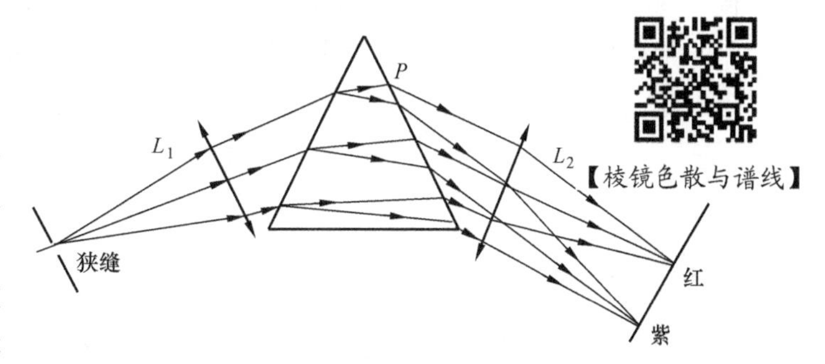

图 4.22 折射棱镜的色散

表 4-1 夫琅和费谱线的颜色、符号及波长

符号	红外	A'	b	C	C'	D	d	e	F	g	G'	h	紫外
颜色		红			橙	黄		绿	青		蓝	紫	
波长/nm	>770.0	766.5	709.5	656.3	643.9	589.3	587.6	546.1	486.1	435.8	434.1	404.7	<400.0

4.4.4 光学材料

光学成像要通过光学元件的折射和反射来实现。一种材料能否用来制造光学元件，主要取决于透射时它对成像的光波波段是否透明，或者在反射的情况下是否具有足够高的反射率。

透射光学元件的材料绝大部分采用光学玻璃。一般的光学玻璃能够透过的光波波段范围是0.35～2.5μm，在0.4μm以下则表现出对光的强烈吸收。光学玻璃可分为冕牌和火

石两大类，一般情况下，冕牌玻璃的特征是低折射率低色散，火石玻璃是高折射率高色散。但随着光学玻璃工业的发展，高折射率低色散和低折射率高色散的玻璃也相继出现，促进了光学工业的发展。

透射材料的特性除透过率外，还有它对各种特征谱线的折射率。以夫琅和费特征谱线中 D 或 d 光的折射率 n_D 或 n_d 以及 F 光和 C 光的折射率差 (n_F-n_C) 为其主要的光学性能参数。这是因为 F 光和 C 光接近人眼光谱灵敏极限的两端，而 D 或 d 光在其中间，接近人眼最灵敏的谱线。n_D 称为平均折射率，(n_F-n_C) 称为平均色散。$\upsilon_D=(n_D-1)/(n_F-n_C)$ 称为阿贝常数或平均色散系数，将任意一对谱线的折射率差，如 (n_g-n_F) 称为部分色散，部分色散与平均色散的比值称为部分色散系数或相对色散。

对于反射光学元件，一般都是在正确形状的抛光玻璃表面镀以高反射率材料的薄膜而成。反射膜一般都用金属材料镀制，不同金属的反射面，其适用波段是不同的。如银在350～750nm 的可见波段具有高达 95%的反射率，但镀银面的反射率会随时间的延长而降低。铝的反射率虽然比银低，但铝反射面能在空气中形成致密氧化层，使反射率保持稳定，经久耐用。

4.4.5 举例

例 4.4 已知折射棱镜顶角为 50°，测得最小偏向角为 30°，求折射棱镜的折射率。

解 根据折射棱镜的最小偏向角公式可知棱镜的折射率为

$$n=\frac{\sin\dfrac{\alpha+\delta_m}{2}}{\sin\dfrac{\alpha}{2}}=\frac{\sin\dfrac{50^\circ+30^\circ}{2}}{\sin\dfrac{50^\circ}{2}}=1.52$$

4-1 有一双面镜系统，光线平行于其中一个平面镜入射，经两次反射后，出射光线与另一平面镜平行，问两平面镜的夹角为多少？

4-2 夹角为 35°的双平面反射镜系统，当光线以多大的入射角入射于一平面时，其反射光线再经另一平面镜反射后，将沿原光路反射射出？

4-3 在图 4.4 中，设平行光管物镜 L 的焦距 $f'=1000\text{mm}$，顶杆离光轴的距离 $a=10\text{mm}$。如果推动顶杆使平面镜倾斜，物镜焦点 F 的自准直像相对于 F 产生了 $y=2\text{mm}$ 的位移，问平面镜的倾角为多少？顶杆的移动量为多少？

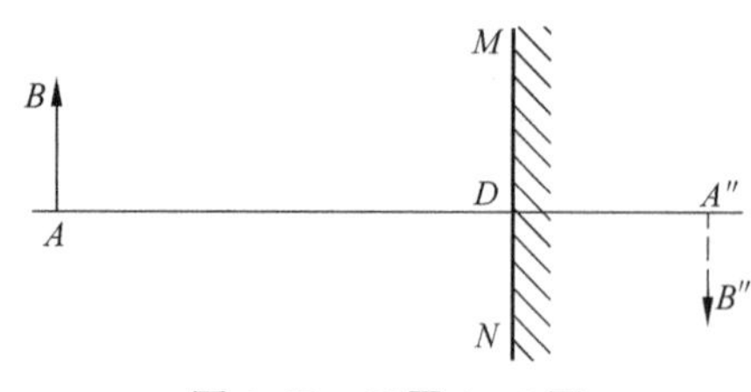

图 4.23 习题 4-4 图

4-4 一光学系统由一透镜和平面镜组成，如图 4.23 所示。平面镜 MN 与透镜光轴垂直交于 D 点，透镜前方离平面镜 600mm 有一物体 AB，经透镜和平面镜后，所成虚像 $A''B''$ 至平面镜的距离为 150mm，且像高为物高的 1/2，试分析透镜焦距的正负，确定透镜的位置和焦距，并画出光路图。

4-5 用焦距 $f'=450\text{mm}$ 的翻拍物镜拍摄文件，文件上压一块折射率 $n=1.5$，厚度 $d=15\text{mm}$ 的玻璃平板，若拍摄倍率 $\beta=-1$，试求物镜后主面到平板玻璃的第一面的距离。

4－6　在图4.24所示棱镜中，若入射光为右手坐标系，试分别判断出射光的坐标系。

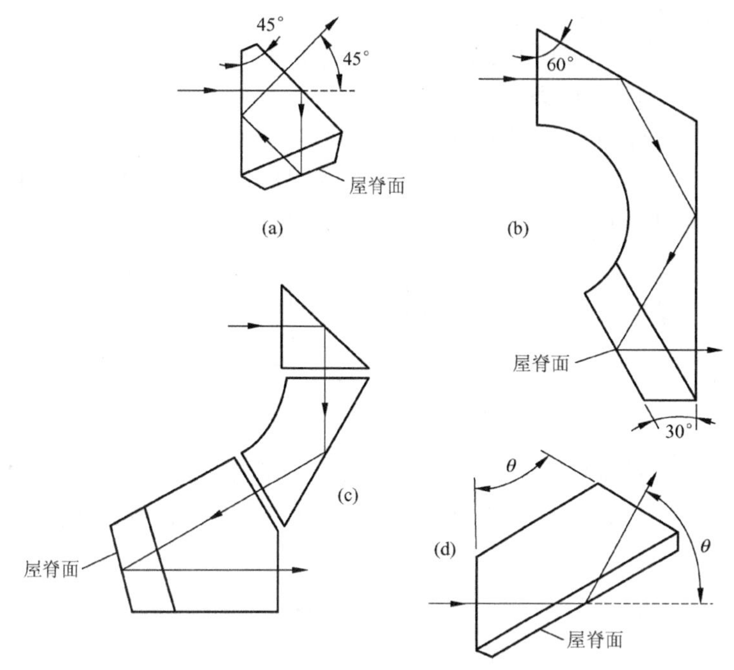

图4.24　习题4－6图

4－7　判断如图4.25中光学系统最后的成像的方向。

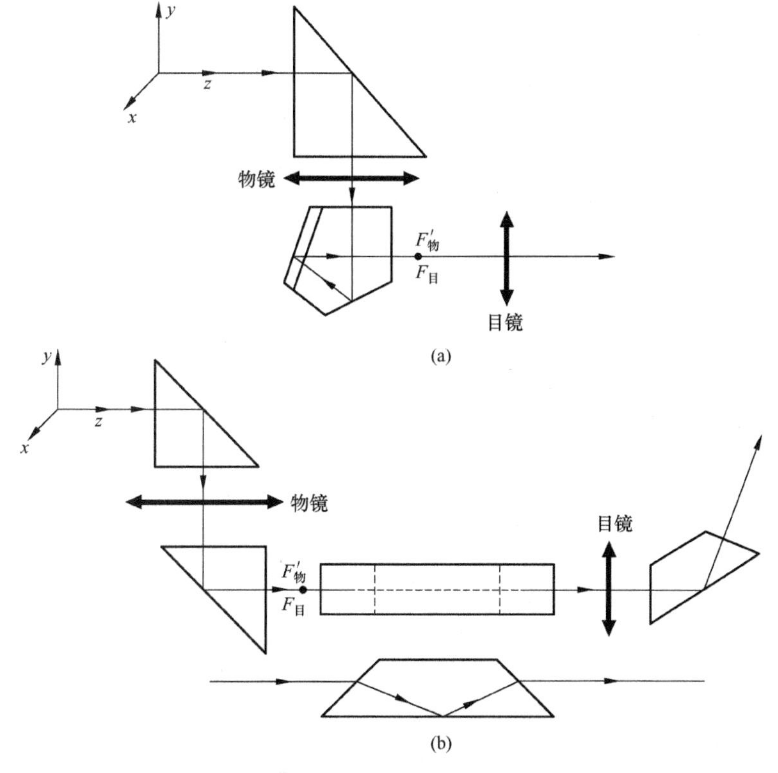

图4.25　习题4－7图

4-8　棱镜折射角 $\alpha=60°7'40''$，C 光的最小偏向角 $\delta=45°28'18''$，试求棱镜光学材料的折射率。

4-9　白光经过顶角 $\alpha=60°$的色散棱镜，$n=1.51$ 的色光处于最小偏向角。试求其最小偏向角值及 $n=1.52$ 的色光相对于 $n=1.51$ 的色光间的夹角。

4-10　图 4.26(a)所示为一个单光楔在物镜前移动；图 4.26(b)为一个双光楔在物镜前相对转动；图 4.26(c)为一块平行平板在物镜前转动。问无限远物点通过物镜后所成像点在位置上有什么变化？

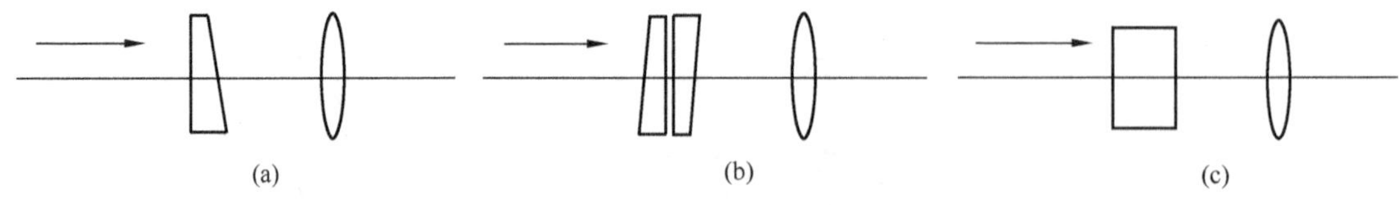

图 4.26　习题 4-10 图

4-11　图 4.27 所示为光线以 45°入射到平面镜上反射后通过折射率 $n=1.5163$，顶角为 4°的光楔。若使入射光线与最后的出射光线成 90°，试确定平面镜所应转动的方向和角度值。

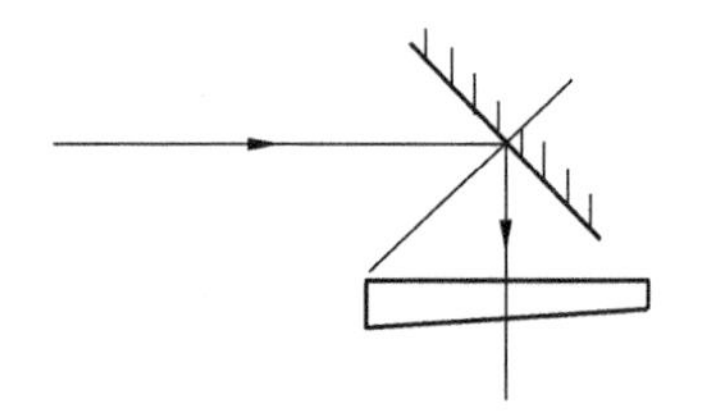

图 4.27　习题 4-11 图

第5章 光学系统的光束限制

知识要点	掌握程度	相关知识
孔径光阑、入瞳和出瞳	孔径光阑、入瞳和出瞳的概念及其共轭关系；孔径光阑、入瞳和出瞳的判定方法、光阑的设置原则	光阑位置、大小对成像的影响、光学系统物像关系及成像规律
视场光阑、入窗和出窗	视场光阑、入窗和出窗的概念及其共轭关系；视场光阑、入窗和出窗的判定方法、光阑的设置原则	
渐晕光阑及场镜的应用	渐晕的概念、光束限制与分析，场镜的应用，各光阑位置判断及视场计算	
光学系统的景深与焦深	光学系统景深、焦深的概念及景深计算	空间点的平面像的获取；影响景深与焦深的因素
远心光路	远心光路的概念、分类及应用	光阑设置对光学系统的影响及远心光路在典型仪器中的应用

导入案例

普通摄影者常常习惯于使用标准镜头，开到中级光圈，拍摄3～5m距离的人或景物。这样的照片景深适中，比较接近人眼平时的观察习惯，但照片较为普遍而缺少个性，经验丰富的摄影师更喜欢从两个极端(大景深和小景深)中去寻求画面的独特魅力。

如果在拍摄时有意识地收小光圈，并选用广角镜头，那么，从近处一直到无限远的物体，都会相当清晰地展现在人们面前，使主体与周围的环境形成有机的联系，这在风光摄影、建筑摄影中用得比较广泛。大景深可以展现田园的开阔、山河的气势以及建筑物的每一处细节，而且还特别适合于旅游纪念照的拍摄，使人物和身后的景物都非常清晰，真正起到了留影的作用。

获得小景深的主要方法是开大光圈，并向你所要突出的主体仔细对焦，让其他无关紧要或是杂乱的物体变得模糊而不可辨认，只作为一种抽象的形式空间来陪衬主体；也可以将焦点对在前景的主体上，让模糊的远景在画面上产生空间透视感，并最大限度地降低对主体的干扰作用；还可以将焦点对在中景的主体上，让前景和背景同时模糊，形成对主体的一种明确的视线引导；或是让前景虚化，使人产生一种身临其境的感觉。通过模糊、朦胧、虚幻的前景来烘托或反衬清晰的主体，不仅会使画面显得简洁、明快、干净，而且小景深中局部的虚，还可以给观赏者以丰富的想象余地，使画面更加含蓄，魅力无穷。图5.0(a)和图5.0(b)分别是利用大景深和小景深拍摄的照片。

(a)

(b)

图5.0　导入案例图

实际光学系统与理想光学系统不同，参与成像的光束宽度和成像范围都是有限的，其限制来自光学元件的通光孔径。从光学设计的角度看，如何合理地选择成像光束，是光学系统必须解决的问题。光学系统不同，对参与成像的光束位置和宽度要求也不同。

在光学系统中，对光束起限制作用的光学元件称为光阑，它们可能出自光学系统中某一透镜的边框，也可能是专门设计的某种形状的光孔元件——带有内孔的金属薄片。光阑一般垂直于光轴放置，并与整个系统同轴，光阑多为圆形、正方形、长方形。有些光阑的尺寸大小是可以调节的(即可变光阑)，例如人眼瞳孔就是光阑，瞳孔的大小随着外界明亮程度的不同而变化，白天最小，瞳孔直径$D=2$mm，晚上最大，可达$D=8$mm。

5.1 孔径光阑、入瞳和出瞳

5.1.1 孔径光阑

光学系统中用于限制成像光束大小的光阑，或者指限制进入系统的成像光束口径的光阑称为孔径光阑，这种光阑在任何光学系统中都存在。

1. 孔径光阑对轴上点光束的限制

对轴上点，孔径光阑是指限制轴上物点成像光束立体角(锥角)的光阑，它决定了轴上点孔径角 U 及 U' 的大小，也就是起决定能通过光学系统的光能(即像平面照度)的作用。对轴上一定位置的物点，孔径角的大小受孔径光阑大小和位置的影响，即孔径角由孔径光阑决定。孔径光阑可以在透镜前面，也可以在透镜的后面，还可以透镜上与透镜的边框重合，如图5.1所示。且光阑的大小和位置不同，其光束口径也不同。

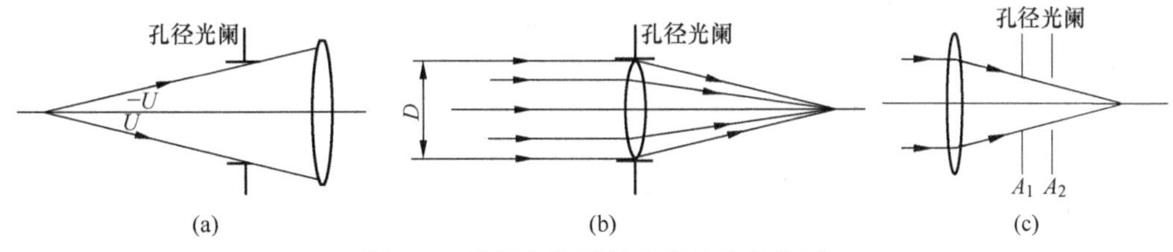

图5.1 孔径光阑对轴上点光束的限制

光束的孔径角是表征实际光学系统性能的重要参数之一，它不但决定了像面的照度，而且还决定了光学系统的分辨能力，一定程度上还决定着成像的质量。对于不同类型的光学系统，有不同的表示方法来表征这种孔径角相应的性能参数。

(1) 显微系统和投影系统的物镜常用数值孔径NA表示，即

$$\mathrm{NA} = n\sin U \tag{5-1}$$

式中，n 为物方折射率；U 为物方孔径角。

可见，同一介质中，物方孔径角 U 越大，其数值孔径也越大，进入系统的光能越多，理论分辨本领越高。

(2) 望远系统和摄影系统的物镜常用相对孔径 A 来表示，即

$$A = \frac{D}{f'} \tag{5-2}$$

式中，D 为入瞳直径(入瞳：孔径光阑经其前面光组在光学系统物空间所成的像)；f' 为物镜焦距。

摄影系统还常用光圈指数 F 来表示，它是相对孔径的倒数，即

$$F = \frac{f'}{D} = \frac{1}{A} \tag{5-3}$$

可见，相对孔径越大，光圈指数值越小。

2. 孔径光阑对轴外点光束的限制

同样，对轴外点，孔径光阑大小和位置不同，则参与成像的轴外光束不同，轴外光束

通过透镜的部位也不同，需要透过全部成像光的透镜口径大小也不一样，如图5.2和图5.3所示。

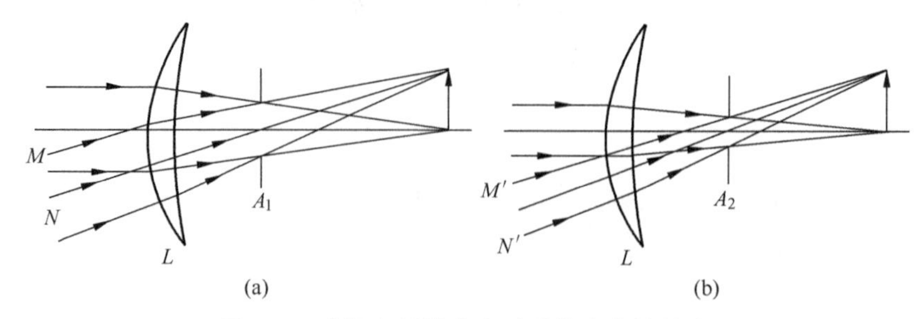

图5.2　孔径光阑的大小对成像光束的影响

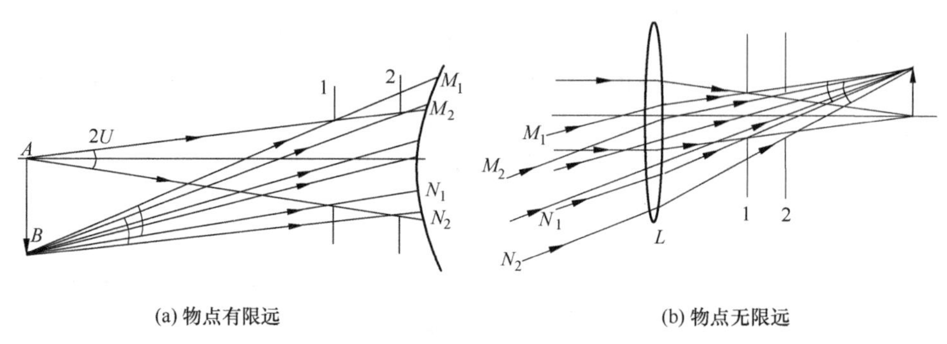

图5.3　孔径光阑对轴外点的光束限制

如图5.3(a)所示，对有限远轴外点B发出的宽光束而言，在保证和轴上点孔径角$2U$相同的情况下，光阑处于不同位置时，将选择不同部分的光束参与成像。光阑在位置1时，轴外物点B以光束BM_1N_1成像；而当光阑在位置2时，则B点以光束BM_2N_2成像，同时为保证孔径角$2U$的光束全部成像，在位置1和2处，所需光阑的大小也不同。故合理选择光阑的位置有助于改善轴外点的成像质量，可阻拦偏离于理想成像要求较远的光束。图5.3(b)为物在无限远时的情况，光阑虽大小相同，但因位置不同，故参与成像的光束显然不同。

因此通过改变光阑的位置，选择成像质量较好的部分光束参与成像，可提高或改善成像质量；同时在保证成像质量的前提下，合理选取光阑的位置，可使整个系统的横向尺寸减小，结构轻巧合理。

例如，照相物镜的孔径光阑是一个大小可变的圆，可调节光能量以适应外界不同的照明条件。因为照相物镜通常由多片透镜组成，可根据轴外光束的像质选择孔径光阑的位置。孔径光阑通常位于照相物镜的某个空气间隔中，如图5.4所示。但光路图中简化画法，一般将照相物镜简化成单透镜，孔径光阑画在物镜上。

5.1.2　入瞳和出瞳

孔径光阑经其前面的透镜或透镜组在光学系统物空间所成的像称为入射光瞳，简称入瞳。入瞳决定了物方最大孔径角的大小，是所有入射光束的入口。

孔径光阑经其后面的透镜或透镜组在光学系统像空间所成的像称为出射光瞳，简称出瞳。出瞳决定了像方孔径角的大小，且是所有出射光束的出口。

根据共轭原理，如图 5.5 所示，由轴上 A 点发出的光束首先被入射光瞳限制，然后经过光学系统前组充满整个孔径光阑，最后经过光学系统后组，从出瞳边缘射出会聚到像点 A'。

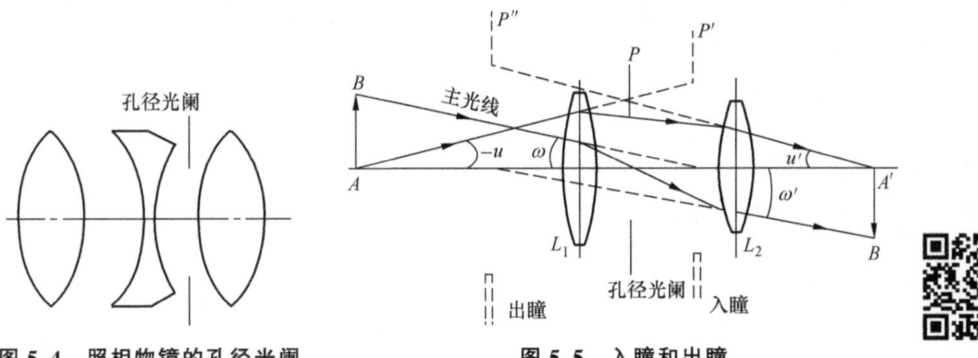

图 5.4 照相物镜的孔径光阑

图 5.5 入瞳和出瞳

【相机中的光圈】

由轴外一物点发出并通过入瞳中心的光线称为主光线，由物像共轭关系可知，主光线不仅通过入瞳中心也通过孔径光阑中心及出瞳中心，同时，过入瞳边缘的光线也必经过孔径光阑边缘和出瞳边缘。主光线和光轴间的夹角 ω 表示光学系统的视场角，如图 5.5 所示。

孔径光阑、入瞳、出瞳三者之间是互为共轭关系，如图 5.6 所示。它们对光束的限制是等价的，可以将出瞳看做是入瞳经光学系统所成的像。

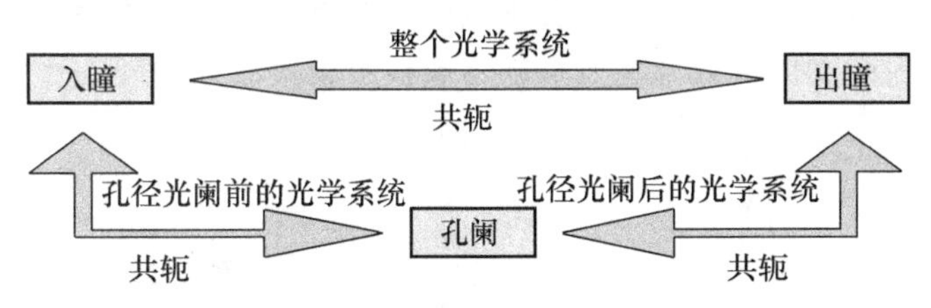

图 5.6 孔径光阑、入瞳和出瞳之间的共轭关系

5.1.3 孔径光阑、入瞳和出瞳的判定方法

判断原则：将光学系统中所有的通光元件的通光口径分别对其前(后)面的光学系统成像到系统的物(像)空间去，并根据所得各像的位置及大小求出它们对轴上物(像)点的张角，其中张角最小者为入瞳(出瞳)，和入瞳(出瞳)相共轭的物件即为孔径光阑，如图 5.7 所示。具体步骤如下：

(1) 将系统中所有通光元件 L_1、P_1P_2、L_2 的光孔，分别通过前面的光组成像到整个系统的物空间，用计算或作图的方法确定其位置和大小，这里它们的像分别为 L'_1、$P'_1P'_2$、L'_2。

(2) 由物面中心 A 点，对各个像的边缘引直线，计算各直线与光轴夹角的大小。入射光瞳必然是其中对物面中心张角最小的一个，该张角即为物方孔径角 U。图中可见，$P'_1P'_2$ 为入射光瞳，因此和入瞳 $P'_1P'_2$ 相共轭的物件 P_1P_2 即为孔径光阑。

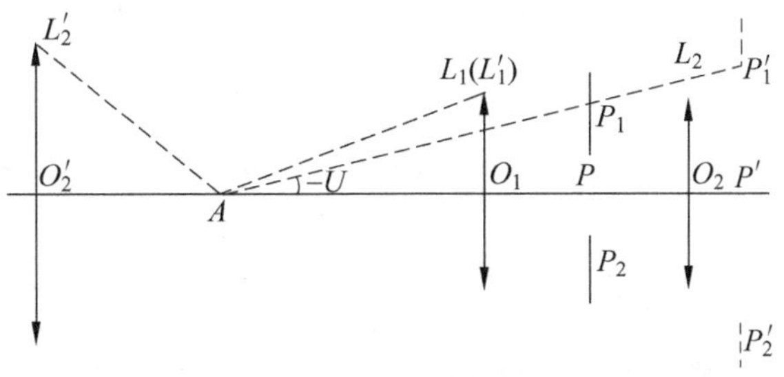

图 5.7 孔径光阑的确定

确定孔径光阑的方法，也可以先确定出瞳，即所有光学元件的通光孔径经后面的光组成像到像空间，则出瞳对像面中心的张角为最小，和出瞳相共轭的物件即孔径光阑。

若物体位于无限远，此时仅比较各个像本身的大小，其口径最小者即为入瞳。如图 5.7 所示，当物体在 A 点时，P_1P_2 为孔径光阑；当物点无限远时，透镜 L_1 的像 L_1'（即 L_1 本身）将成为入瞳，也即孔径光阑，它被透镜 L_2 成的像为出瞳。

图 5.7 中，当 P_1P_2 为孔径光阑时，如果透镜 L_1 和 L_2 完全相同，并对称于光阑 P_1P_2 放置，显然其入射光瞳和出射光瞳的大小和正倒都一样，即入瞳和出瞳的倍率为$+1^{\times}$，因而是结构对称于光阑的对称式系统，其入瞳面和出瞳面分别与光学系统的物方主平面和像方主平面重合。

可见，光学系统的孔径光阑只是对一定位置的物体而言的，如果物体位置发生变化，原来限制光束的孔径光阑将会失去限光作用，光束会被其他光孔所限制。如图 5.8 所示，当物体位于 A_1 位置时，小孔起限光作用；物体位于 A_2 位置时，透镜起限光作用。

孔径光阑的大小是由光学系统对成像光能量的要求和对物体细节的分辨能力的要求而决定的，孔径光阑的位置则直接影响光学系统成像的清晰度和光学系统中各元件的尺寸。孔径光阑的位置随系统而异，有些系统对其位置有特定的要求，如目视光学系统和远心光学系统等。因此，需对孔径光阑进行科学设置，孔径光阑的设置原则如下：

（1）对与眼睛配合使用的目视仪器，人眼瞳孔起着限制光束的作用。因此，光学系统的出瞳和人眼瞳孔在位置上必须重合，大小也应匹配合适。如果系统出瞳和人眼的瞳孔不重合，则从系统出射的光束将部分甚至全部不能被眼睛接收，如图 5.9 所示。

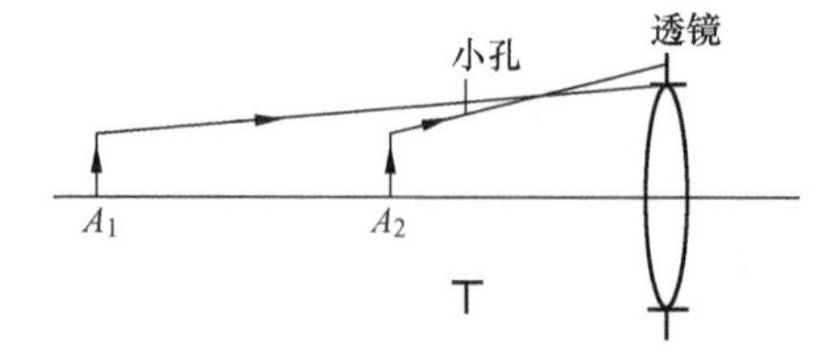

图 5.8 孔径光阑和物体位置的关系

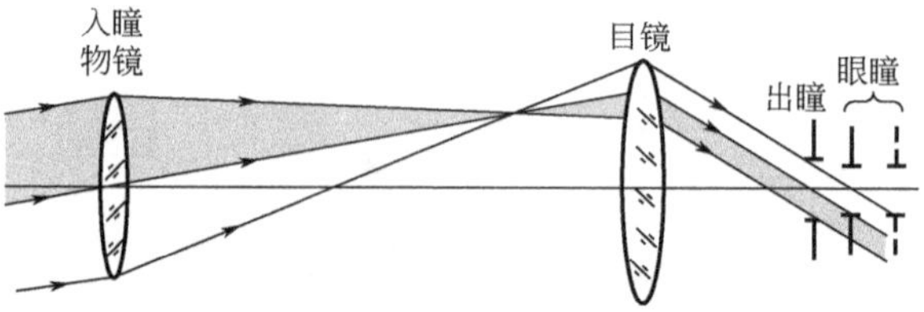

图 5.9 光学系统出瞳和人眼的瞳孔不重合引起的光束限制

（2）入瞳和光学元件重合时，元件口径最小。

（3）为提高测量精度，在测量物体大小的显微镜中，需要把孔径光阑置于光学系统的像方焦平面上，以消除由于物平面位置不准确所引起的测量误差。

（4）在某些用于测量物体距离的大地测量仪器中，常需要把孔径光阑置于光学系统的物方焦平面上，以消除由于调焦不准（像平面和标尺分划刻线面不重合）而造成的测量误差。

上述（3）和（4）形成的光路称为远心光路，5.5 节将详细介绍。

5.2 视场光阑、入窗和出窗

5.2.1 视场光阑

限制物平面或物空间能被光学系统成像的最大范围的光阑称为视场光阑，它决定了光学系统的视场。光学系统的成像范围是有限的，如照相系统中的感光元件框，限制了被成像范围的大小；显微、望远光学系统中的分划板框，决定成像物体的大小。视场光阑的形状多为正方形、长方形及圆形。

视场度量的方式有两种：

(1) 线视场。当物体在有限远处时，习惯用物高 $2y$(或像高 $2y'$)表示视场，称线视场。线视场度量时，若视场光阑为圆形，用直径度量；若为矩形，应用对角线长度来表示。

(2) 视场角。当物体在无限远处时，习惯用视场角 2ω(或 $2\omega'$)来表示视场，视场角遵循符号规则。物面上不同的点其视场角不同。

5.2.2 入窗和出窗

视场光阑经其前面的光组在物空间所成的像称为入射窗，简称入窗；视场光阑经后面的光组在像空间所成的像称为出射窗，简称出窗。

同孔径光阑、入瞳、出瞳三者之间的共轭关系，视场光阑、入窗、出窗三者之间也互为共轭关系，它们对光束的限制是等价的，也可以将出窗看做是入窗经光学系统所成的像。

5.2.3 视场光阑、入窗和出窗的判定方法

判断原则：将光学系统中所有通光元件的通光口径分别对其前(后)面的光学系统成像到系统的物(像)空间去，并根据所得各像的位置及大小求出它们对入(出)瞳中心的张角，其中张角最小者为入窗(出窗)，入窗(出窗)对应的物件即为视场光阑，如图 5.10 所示。具体步骤如下：

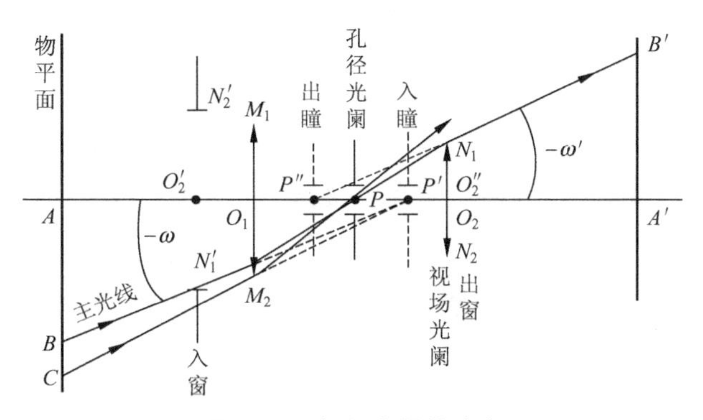

图 5.10 视场光阑的确定

(1) 根据前述步骤把所有光孔经前面的光学系统成像到物空间，确定入瞳中心位置 P'；

(2) 判断除孔径光阑以外的上述所有像的边缘对入瞳中心的张角大小，张角最小者即为入窗，它最能限制物面范围。图中透镜 N_1N_2 的像 $N_1'N_2'$ 对入瞳中心 P' 的张角最小，所以 $N_1'N_2'$ 即为入窗。入窗边缘对入瞳中心的张角为物方视场角 2ω，同时也决定了视场边缘点 B 点。

入窗对应的光学元件或光孔即为视场光阑，图中为透镜 N_1N_2。视场光阑经后面光学元件所成的像即为出窗，出窗边缘对出瞳中心的张角即为像方视场角 $2\omega'$。

由上述定义可知，孔径光阑和视场光阑是光学系统中起重要作用的两种光阑，但二者

所起作用不同，前者主要限制成像光束的孔径，即决定像的照度；后者决定视场，即物体被成像的范围。

视场光阑是对一定位置的孔径光阑而言的，当孔径光阑位置改变时，原来的视场光阑将可能被另外的光孔所代替。

在光学系统中，不论是限制成像光束口径还是限制成像范围的孔或框，统称为光阑。光学系统中视场光阑的位置是固定的，其设置原则是尽量使入窗与物面重合，或像平面与出窗重合，它是不产生渐晕的必要条件。视场光阑总是设置在系统的实像平面或中间实像平面或物面上，如显微镜、望远镜、照相机等都是安置在像面上，投影仪、放映机则位于物面上，视场光阑的大小分别为像面大小或是物面大小，个别仪器除外(如放大镜和伽利略望远镜)。典型光学系统的视场光阑设置如图 5.11 所示。

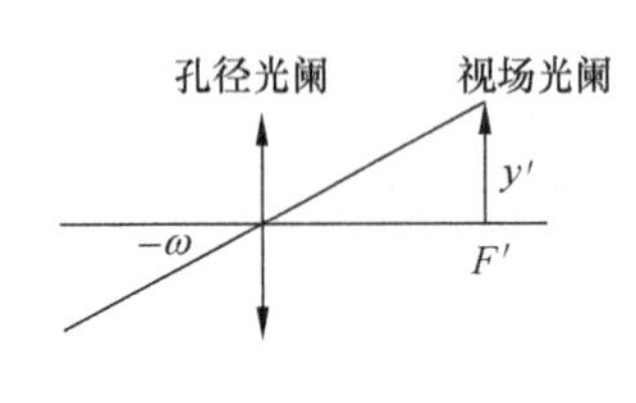

(a) 照相机：视场光阑设在像面(孔径光阑设在物镜的某个空气间隙中)

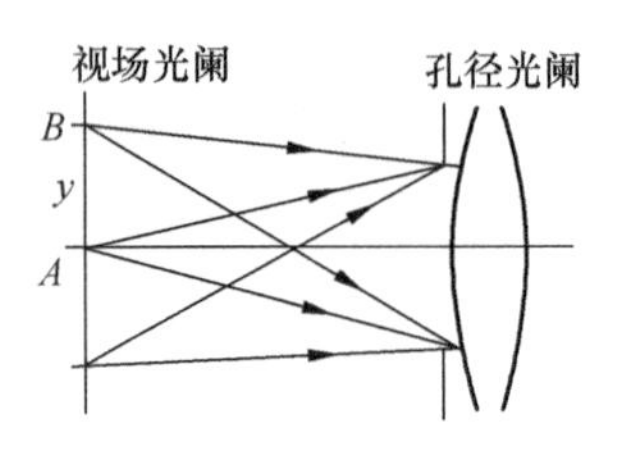

(b) 投影仪：视场光阑设在物面

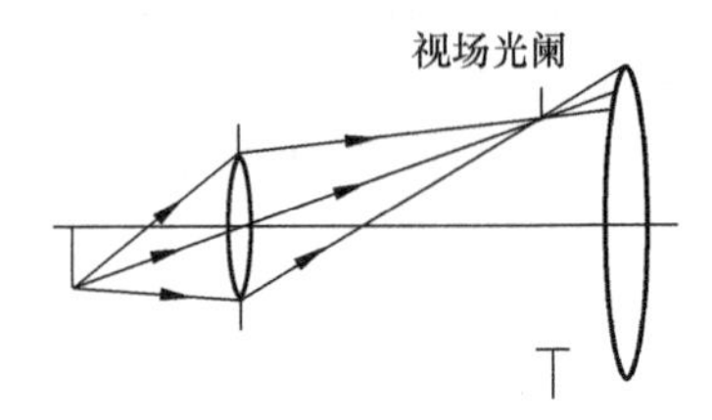

(c)显微镜、(望远镜)：视场光阑设在中间像面

图 5.11　典型光学系统的视场光阑设置

例 5.1　一照相物镜焦距 $f'=50\text{mm}$，底片尺寸 24mm×36mm，求该照相机的最大视场角，视场光阑位于何处？

解　照相物镜的照相范围受底片框的限制，底片框就是视场光阑，位于物镜的像方焦平面上，如图 5.11(a)所示。根据视场角 ω 和理想像高 y'的关系：$y'=-f'\tan\omega$，得该照相机的最大视场角 $2\omega=46.8°$。其中，像高 y'为底片对角线的 1/2。

5.3　渐晕光阑及场镜的应用

5.3.1　渐晕及渐晕光阑

由图 5.12 可以看出，轴外物点 B 发出充满入瞳的光束不一定能全部通过光学系统，还可能受到远离孔径光阑的光孔的阻拦，这就是拦光。轴外点 B 发出的充满入瞳的光中，下部由于透镜 L_1 边框的拦截，边缘部分光不能参与成像；上部由于透镜 L_2 边框的拦截，边缘部分光也不能参与成像，即当视场逐渐增大时，轴外点发出的充满入瞳的光束被前后两个透镜所遮拦。这种轴外点发出的充满入瞳的光被光学系统的通光口径所拦截的现象称为渐晕，引起渐晕的光阑称渐晕光阑。因此轴外点成像光束孔径较轴上点成像光束孔径要小，导致像面边缘部分比像面中心暗，光孔离孔径光阑越远越易引起渐晕。渐晕光阑不是光学系统必需的，可以人为设置，系统中可以没有渐晕光阑，也可以有多个，一般一个系统可以有 0～2 个渐晕光阑。

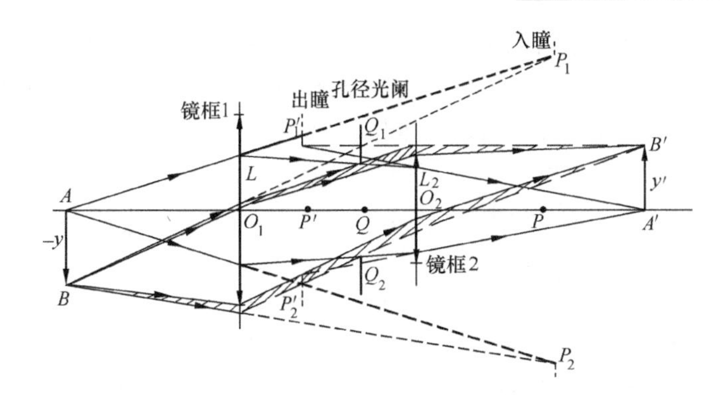

图 5.12 轴外光束的渐晕

如图 5.13 所示，当物面与入窗不重合时，轴上点 A 及轴外点 B_1 发出的充满入瞳的成像光束未被拦截，如图 5.13(a)、图 5.13(b)所示；B_2 点的成像光束主光线以下被入窗拦截，如图 5.13(c)所示；B_3 点发出的光线只有一条通过，如图 5.13(d)所示；B_3 点以外不能成像。对应于物面上，以 AB_1 为半径的区域无渐晕，以 B_1B_2 绕光轴一周的环形区域有渐晕，以 B_2B_3 绕光轴一周的环形区域渐晕更严重，B_3 点以外不能成像。因此，渐晕光阑的存在使得像面照度下降，视场没有清晰的边界。

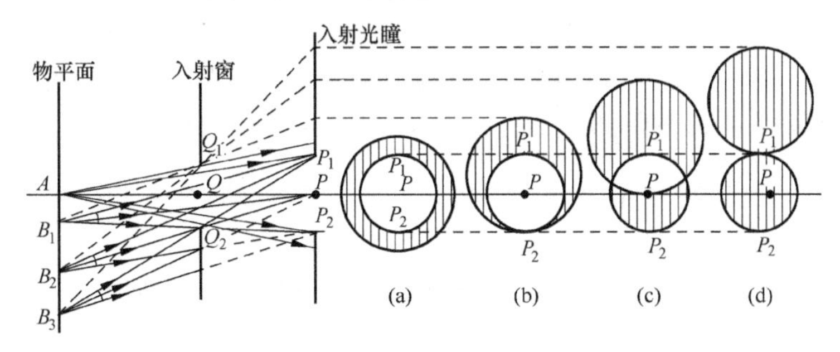

图 5.13 入窗和物平面不重合产生的渐晕

通常用渐晕系数表示渐晕严重的程度：

线渐晕系数 K_D，指轴外物点通过光学系统的光束直径 D_ω 与轴上物点通过系统的光束直径 D_0 之比，即

$$K_D = D_\omega / D_0 \tag{5-4}$$

面渐晕系数 K_S，指轴外物点通过系统的光束面积 S_ω 与轴上物点通过系统的光束面积 S_0 之比，即

$$K_S = S_\omega / S_0 \tag{5-5}$$

在入瞳面上度量时，D_0、S_0 分别是入瞳直径 D 和入瞳面积 S。

实际上，渐晕现象是普遍存在的，用不着片面地消除渐晕。当视场边缘的物点以充满入瞳的光束成像时，光束边缘部分的光线总偏离理想光路较远，像差难以校正。因此常常有意识地减小离孔径光阑最远的透镜的直径，拦截这些危害像质的光线。一般系统允许有50%的渐晕(拦一半)，甚至30%(拦一多半)的渐晕也是有的。只要入窗(决定了物方视场的大小)与物平面重合或出窗与像平面重合就可消除渐晕。

渐晕光阑和视场光阑都是限制成像范围的，但应注意区别二者的不同：

(1) 实像面上限制成像范围的光孔才是视场光阑，其他起拦光作用的是渐晕光阑。

(2) 有视场光阑时视场光阑限制成像范围，视场有清晰的边界，没有视场光阑的系统必有渐晕光阑，它限制成像范围，但没有清晰的边界。

(3) 渐晕光阑不是光学系统必需，可以人为设置，系统中可以没有，也可以有多个；渐晕光阑使边缘视场一部分光被拦，照度下降。

例 5.2 一放大镜(薄透镜)，焦距 $f'=40\text{mm}$，口径 $D_1=30\text{mm}$，眼瞳放在透镜像方焦点 F'_1 上，眼瞳直径 $D_2=4\text{mm}$，物面放在透镜物方焦点 F_1 上，试求：

(1) 孔径光阑、视场光阑和入窗的位置；

(2) 入瞳的位置、物方孔径角的大小；

(3) 视场边缘有无渐晕？线视场 $2y$ 等于多少(如果有渐晕，分别按 $K_D=1$、$K_D=0.5$ 和 $K_D=0$ 进行计算)？

解 (1) 图 5.14(a)中，因物面放在透镜物方焦点 F_1上，故像在像方无限远，因此此题按从左往右成像判断瞳窗的位置更简单：1 和 2 的像分别是其本身，此时可以直接按其口径大小判断孔径光阑，很容易就判断出眼框 2 是出瞳同时也是孔径光阑。系统中的光学元件除孔径光阑以外，就只有放大镜，所以放大镜框 1 是视场光阑同时也是入窗。

如果按从右往左成像判断瞳窗的位置则相对复杂：放大镜 1 和眼瞳 2 经前面光学系统成像，1 的像为其本身，像边缘对轴上物点 F_1的张角为$-U_1$；因眼瞳 2 放在透镜像方焦点 F'_1上，故其像 $2'$位于物方无穷远，因像 $2'$边缘和眼瞳 2 边缘（即像方焦平面上一点）相共轭，所以像 $2'$边缘对 F_1的张角即斜平行光束与光轴的夹角，即图 5.14(a)中的$-U_2$，所以

$$U_1=-\arctan\frac{15}{40}=-20.56^\circ \qquad U_2=-\arctan\frac{2}{40}=-2.86^\circ$$

因 $|U_2|<|U_1|$，由此可以判断，像 $2'$是入瞳，所以，和 $2'$对应的物即眼瞳 2 是孔径光阑，放大镜框 1 为视场光阑同时也是入窗，结论与上述一致。

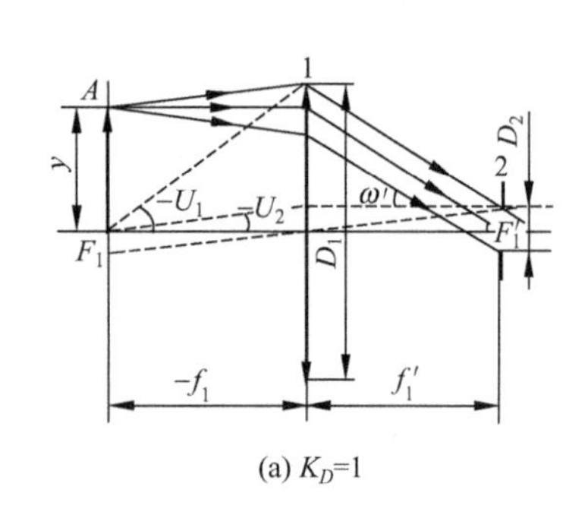

(a) $K_D=1$

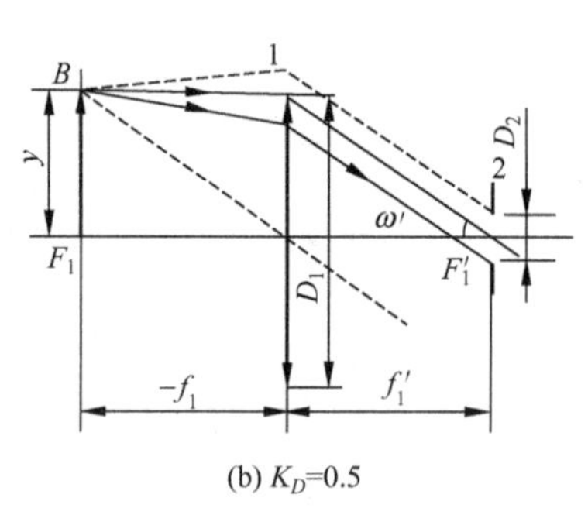

(b) $K_D=0.5$

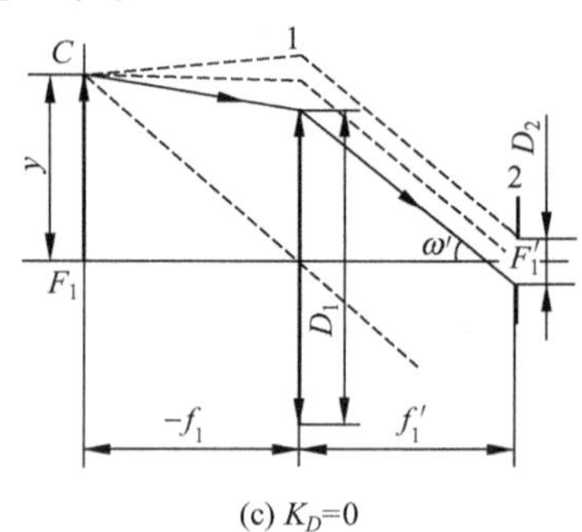

(c) $K_D=0$

图 5.14 例 5.2 图

(2) 因孔径光阑 2 经放大镜所成像位于无限远，所以入瞳在物方无限远，物方孔径角为

$$2U=2U_2=5.72^\circ$$

(3) 因入窗与物面不重合，所以视场边缘有渐晕，$K_D=1$、$K_D=0.5$ 和 $K_D=0$ 时的视场如图 5.14(a)、图 5.14(b)、图 5.14(c)所示，线视场计算如下：

$$K_D=1: \qquad 2y=2\times(15-2)=26(\text{mm})$$
$$K_D=0.5: \qquad 2y=2\times15=30(\text{mm})$$
$$K_D=0: \qquad 2y=2\times(15+2)=34(\text{mm})$$

例 5.3 一个望远镜光学系统由两个薄正透镜组成，已知物镜的焦距 $f'_1=1000\text{mm}$，其通光口径 $D_1=50\text{mm}$，物镜与目镜相隔 1200mm（目镜焦距 $f'_2=200\text{mm}$），目镜的通光口径 $D_2=20\text{mm}$，望远镜光学间隔 $\Delta=0$。今在 $F'_1(F_2)$处放置一直径为 16mm 的圆孔光阑，求此光学系统的瞳、窗和物方视场角。

解 根据题意，如图 5.15 所示，计算步骤如下：

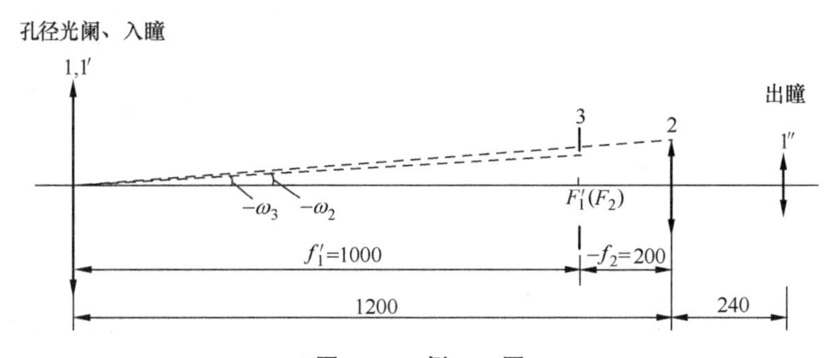

图 5.15 例 5.3 图

1—物镜；2—目镜；3—圆孔光阑

(1) 确定孔径光阑、入瞳和出瞳。将各光阑分别经其前面透镜成像，透镜 1 的像 1′为其本身，光孔 3 的像 3′位于物方无限远，利用高斯公式，求出透镜 2 的像 2′的位置为

$$l=\frac{l'f'_1}{f'_1-l'}=\frac{1200\times1000}{1000-1200}=-6000(\text{mm})\quad（光路可逆,把 2 当像,相当于求物。）$$

所以 $l'_2=l=-6000\text{mm}$，即位于透镜 1 物方 6000mm 处(图中未画出)。

透镜 2 的像 2′的大小为

$$D'_2=D_2\frac{l'_2}{l_2}=20\times\frac{-6000}{1200}=-100(\text{mm})$$

式中，负号表示成倒像。

由此可见，对无限远物点，1 为孔径光阑和入瞳，其出瞳 1″的位置及大小为

$$l_z'=\frac{l_zf'_2}{f'_1+l_z}=\frac{-1200\times200}{200-1200}=240(\text{mm})$$

$$D''_1=D_1\frac{l'_z}{l_z}=50\times\frac{240}{-1200}=-10(\text{mm})$$

式中，负号表示成倒像。

(2) 确定视场光阑、入窗和出窗。由入瞳中心分别向圆孔 3 和透镜 2 在物方空间像的边缘连线，因为过入瞳中心的光线方向不变，所以可转换到像方计算，其张角计算如下：

$$\omega_3=-\arctan\frac{16/2}{1000}=-0.458°$$

$$\omega_2=-\arctan\frac{20/2}{1200}=-0.477°\quad 或\quad \omega_2=-\arctan\frac{100/2}{6000}=-0.477°$$

很显然，3 为视场光阑，入窗在物方无限远，与物面重合，出窗在像方无限远，其物方视场角为 $2\omega_3=0.916°$。

5.3.2 场镜的应用

有些光学系统既不希望透镜有过大的口径，也不允许有渐晕，通常采用场镜来完成这

一特定要求。场镜就是在系统的中间像面或其附近加入的正透镜，场镜能够改变成像光束的位置，而不影响系统的光学特性。

在一些复杂的光学系统中，系统各个部件的外形尺寸可能对成像光束的位置或者说对入瞳、出瞳的位置提出一定的要求。例如，在双目望远镜中，假定物镜和目镜的焦距按照系统的光学特性已经被确定，成像光束在系统中的光路也就确定了，如图 5.16(a)所示。如果希望系统光学特性不变，即在物镜和目镜焦距不变的条件下，把出射光束在目镜上的投射高度降低一些，使目镜组的口径减小，由图 5.16(b)可以看到，在像平面上加一个正透镜就可以达到此目的，而不会影响系统的光学特性。这是因为场镜和物镜所成的像重合，即物镜所成的像正好位于场镜的主平面上，通过它以后所成的像和原来像的大小相等，所以场镜的加入不会影响系统的成像特性，但场镜可以降低轴外物点光线射向目镜的高度。把这样一种和像平面重合，或者和像平面很靠近的透镜称为场镜。

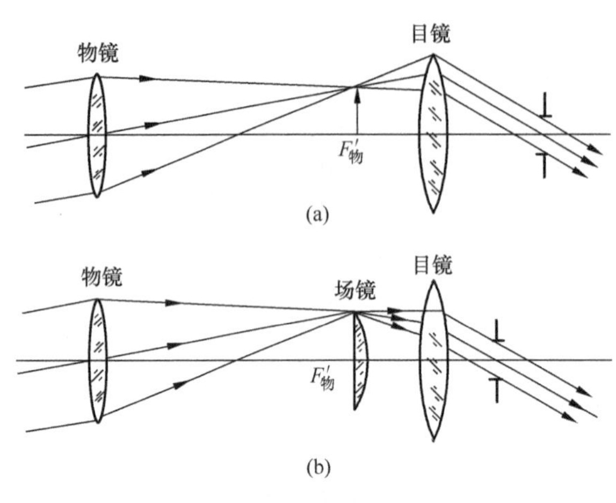

图 5.16　场镜的应用

例 5.4　有一红外望远物镜，物镜框上设置孔径光阑，物镜通光孔径 $D=25\text{mm}$，焦距 $f'_{o}=100\text{mm}$，视场 $2\omega=6°$，问：

(1) 若不加场镜，应选多大尺寸的探测器？

(2) 若探测器的光敏面为 $\phi3$，需要在物镜像方焦平面上放置一场境，问该场镜的焦距和口径各为多少？此时探测器应放在何处，光线才能照满光敏面？

解　根据题意，作图 5.17 所示，计算步骤如下：

(1) 不加场镜时，探测器光敏面尺寸按无限远物体理想像高计算公式：

$$2y'=-2f'\tan\omega=10.48\text{mm}$$

(2) 若选用光敏面尺寸为 $\phi3$ 的探测器，则场镜位于物镜像方焦平面上，其口径应和像高一样大，即 $D_{场}=10.48\text{mm}$。场镜的作用是将通过物镜的光束全部成像到探测器光敏面上，此时，对场镜而言，物镜和探测器相共轭。因物镜框上设置孔径光阑，故光敏探测器为系统的出瞳。针对场镜，根据 $\beta=y'/y=l'/l$，即 $-3/25=l'/(-100)$，得 $l'=12\text{mm}$，即探测器应位于场镜后 12m 处。再根据高斯公式

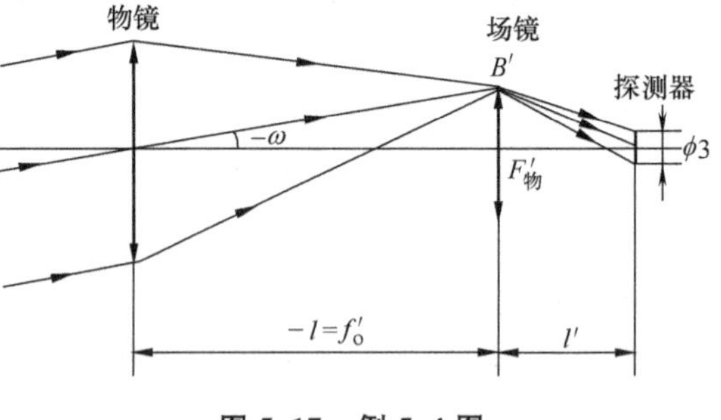

图 5.17　例 5.4 图

$$\frac{1}{l'}-\frac{1}{l}=\frac{1}{f'}$$

得场镜焦距 $f'=10.714\text{mm}$。

除了上述讨论的光阑外，光学系统中通常还设有消杂光光阑。光学系统中由于折射面和镜筒内壁的反射而生的杂光，会降低像的对比度，因此在一些要求较高的大型光学仪器，尤其是天文仪器中的望远镜系统和折反射系统以及长焦距照相物镜中，必须专门设置消杂光光阑，即限制进入光学系统杂光的光阑。这种光阑不限制通过光学系统中的成像光束，只限制那些从非成像物体射来的光、光学系统各折射面反射的光和仪器内壁反射的光等，起改善像质的作用。普通的光学仪器通常只将镜筒内壁车成螺纹，并涂以黑色无光漆或发黑来减少杂散光的影响。

综上所述，按照光阑的种类，可以将光阑在光学系统中的作用简要总结如下：

(1) 孔径光阑：决定像面的照度。

(2) 视场光阑：决定系统的视场。

(3) 渐晕光阑：限制光束中偏离理想位置的一些光线，用以改善系统的成像质量。

(4) 消杂光光阑：拦截系统中有害的杂散光。

5.4 光学系统的景深和焦深

5.4.1 光学系统的空间像

理论上，立体空间内物体经光学系统成像时，只有与像平面共轭的那个平面上的物点能真正成像于该像平面上，其他非共轭平面上的物点在这个像平面上只能得到相应光束的截面，即弥散斑。如图5.18所示，共轭点 A 和 A' 所在的物像平面为一对共轭面，空间点 B_1 和 B_2 位于 A 所在的物平面以外，其像 B'_1 和 B'_2 也在 A' 所在的像平面之外，在像平面上得到的是这两点的成像光束的截面 z'_1 和 z'_2，它们分别与物空间中的相应光束在物平面上的截面 z_1 和 z_2 共轭。如果弥散斑足够小，例如它们对眼睛的张角小于眼睛的最小分辨角(约 $1'$)，则眼睛感觉成点像，此时，弥散斑 z'_1 和 z'_2 可认为是空间点在平面上的点像，它们的位置由空间点的主光线和像平面的交点决定。故此，可在景像平面上得到对准平面以外空间点的清晰像。

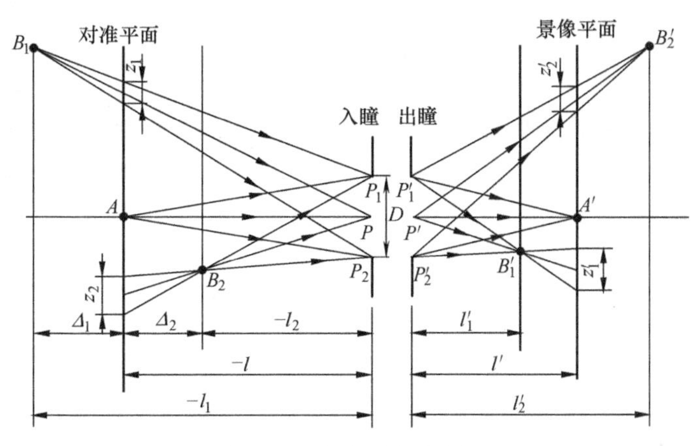

图 5.18 光学系统的景深

5.4.2 光学系统的景深

任何光能接收器(如眼睛、感光乳剂)等都是不完善的，实际应用中，并不要求像平面上的像点为一几何点，可根据接收器的特性，规定一允许的分辨率值。

图5.18中共轭点 A 和 A' 所在的物像平面分别称为对准平面和景像平面。假定在 B_1 和 B_2 点之间的空间各点均能在像平面上成清晰像，而它们之外的空间成像均不清晰，当入瞳直径为定值时，能在景像平面上成清晰像的物空间深度称为景深 Δ，能成清晰像的最远平面(即 B_1 点所在平面)为远景平面，能成清晰像的最近平面(即 B_2 点所在平面)为近景平面，远景和近景平面离对准平面的距离分别称为远景深度 Δ_1 和近景深度 Δ_2，景深是远景深度和近景深度之和，即 $\Delta=\Delta_1+\Delta_2$。

图5.18中，对准平面、远景平面和近景平面到入瞳的距离分别为 l，l_1 和 l_2，相应的共轭面到出瞳的距离分别为 l'，l'_1 和 l'_2，且遵守符号规则。z_1 为远景平面上的点在对准平面上形成的弥散斑大小；z_2 为近景平面上的点在对准平面上形成的弥散斑大小，则景像屏幕上对应的光斑直径 $z'_1=-\beta z_1$，$z'_2=-\beta z_2$(式中负号表示成倒像)。现设入瞳的直径为 D，则根据三角形相似关系可得

$$\left.\begin{aligned} z_1 &= D\frac{l_1-l}{l_1} \\ z_2 &= D\frac{l-l_2}{l_2} \end{aligned}\right\} \tag{5-6}$$

$$\left.\begin{aligned} z'_1 &= D\beta\frac{l-l_1}{l_1} \\ z'_2 &= D\beta\frac{l_2-l}{l_2} \end{aligned}\right\} \tag{5-7}$$

可见，弥散斑的大小与入瞳直径和空间点至入瞳的距离有关。对于确定的系统，当距离一定时，入瞳越小，弥散斑也越小，当入瞳小到一定程度时，两个弥散斑均可看做点。由式(5-6)、式(5-7)可得远景和近景为

$$\left.\begin{aligned} l_1 &= \frac{Dl}{D-z_1}=\frac{Dl}{D+z'_1/\beta} \\ l_2 &= \frac{Dl}{D+z_2}=\frac{Dl}{D-z'_2/\beta} \end{aligned}\right\} \tag{5-8}$$

由于景深的存在，除了对准平面上的点以外，所有的空间点在对准平面上都将形成一个弥散斑，从而它们的像在景像平面上也相应地对应一个弥散斑。设景像平面上能成清晰像时允许的光斑直径为 z'，则 $z'_1=z'_2\leqslant z'$，当 $z'_1=z'_2=z'$ 时，有

$$\left.\begin{aligned} \Delta_1 &= l-l_1=\frac{z'l}{D\beta+z'} \\ \Delta_2 &= l_2-l=\frac{z'l}{D\beta-z'} \end{aligned}\right\} \tag{5-9}$$

所以，景深为

$$\Delta=\Delta_1+\Delta_2=\frac{2Dz'l\beta}{(D\beta)^2-z'^2} \tag{5-10}$$

对照相物镜，因 $l \gg f$，故 $\beta = -\frac{f}{x} \approx \frac{f'}{l}$，所以上述公式变为

$$\left.\begin{aligned} l_1 &= \frac{Dlf'}{Df' + z'l} \\ l_2 &= \frac{Dlf'}{Df' - z'l} \end{aligned}\right\} \tag{5-11}$$

$$\left.\begin{aligned} \Delta_1 &= l - l_1 = \frac{z'l^2}{Df' + z'l} \\ \Delta_2 &= l_2 - l = \frac{z'l^2}{Df' - z'l} \\ \Delta &= \frac{2Dz'l^2 f'}{(Df')^2 - (z'l)^2} \end{aligned}\right\} \tag{5-12}$$

可见，当弥散斑大小 z' 一定时，对照相物镜，景深不仅与入瞳直径 D、对准平面到入瞳的距离 l 有关，还与系统的焦距 f' 有关，其关系如下：

（1）入瞳直径越大，景深越小。

（2）系统焦距越大，景深越小。

（3）对准平面到入瞳的距离越远，景深越大。

5.4.3 照相机景深举例

1. 对准平面后整个空间都在景像平面上成清晰像

要想从对准平面往后直至无限远的的整个空间全部都能成清晰像，即 $\Delta_1 = -\infty$，也就是 $Df' + lz' = 0$，所以 $l = -\frac{Df'}{z'}$。

因景深包含远景深和近景深，近景深内也能成清晰像，所以本题可理解为近景平面后整个空间都能在景像平面上成清晰像，此时，由式(5-11)，得

$$l_2 = \frac{l}{2} = -\frac{Df'}{2z'}$$

即当对准平面后整个空间都在景像平面上成清晰像时，则入瞳前 $\frac{Df'}{2z'} \sim \infty$ 空间内均能成清晰像。

此时，如果照相物镜入瞳直径 $D = 10\text{mm}$，$f' = 50\text{mm}$，且规定 $z' = 0.05\text{mm}$，则有 $l = -10\text{m}$，$l_2 = -5\text{m}$，即当该照相物镜调焦于 10m 并使其后整个空间能在景像平面上成清晰像时，景深范围是 5m～∞。

2. 物镜调焦于无限远

若将照相物镜调焦于无限远，即对准平面位于无限远处，同时远景平面也位于无限远，即 $l = -\infty$，$l_1 = -\infty$。则此时近景的位置为

$$l_2 = \frac{Dlf'}{Df' - z'l} = -\frac{Df'}{z'}$$

即照相物镜调焦于 $-\infty$ 时，入瞳前 $\frac{Df'}{z'} \sim \infty$ 空间内成清晰像。

可见将照相物镜调焦于无限远时，与上例相比景深变小。

同上例，当照相物镜调焦于无限远时，则有 $l_2 = -10\text{m}$，即景深范围是 10m～∞。与

第一种情况相比，近景距离 l_2 比第一种情况的 l_2 大，故景深变小。

3. 物镜调焦于有限远并在有限景深内成清晰像

同上例，若调焦物镜使对准平面位于 $l=-5\text{m}$ 处，并使其在有限景深内成清晰像，可得近景和远景深度及位置分别为 $\Delta_2=1.667\text{m}$，$l_2=-3.333\text{m}$；$\Delta_1=5\text{m}$，$l_1=-10\text{m}$；景深 $\Delta=6.667\text{m}$，即自物镜前 3.333m 至 10m 都能成清晰像。

5.4.4 光学系统的焦深

与几何景深相对应的一个概念是焦深。与景深不同的是，焦深是指对准平面（即物平面）位置固定的情况下，为了保持像点在规定的弥散斑直径范围内，允许像平面偏离理想调焦位置的最大沿轴范围 $\Delta l'$，即一个物平面能够获得清晰像的像方空间深度，是系统的几何焦深。如图 5.19 所示，其计算参考几何景深计算方法。

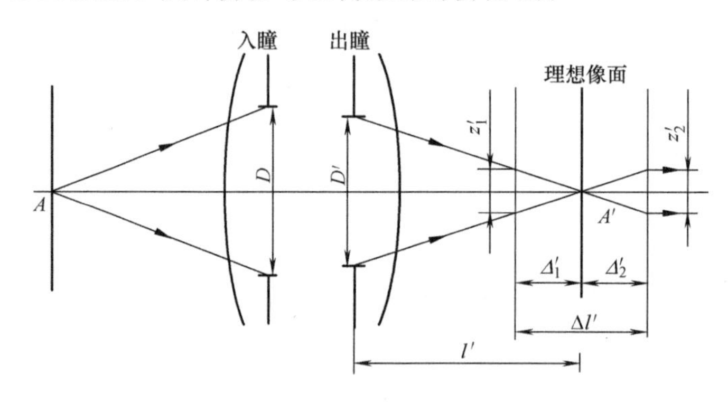

图 5.19 光学系统的焦深

焦深的存在使得光学系统在调焦时很难将接收器的位置准确定位在理想像面上，因此将不可避免产生调焦误差，这也是测量光学系统中重要的误差源之一。

很显然，景深和焦深是两个不同的概念，景深描述的是平面像所对应的物空间深度，焦深描述的是平面物所对应的像空间深度。它们的存在是由于孔径光阑对光束的限制和接收器分辨能力有限所致。

5.5 远心光路

由于景深常使物体不能置于所要求的正确位置，焦深会导致像面调焦不准确，所以在测量用光学系统中往往会引起测量误差。因此引入远心光路，将孔径光阑设在特定的位置，以减小或消除这类误差。

远心光路是比较重要也是在实际应用中使用比较多的一类光路类型，主要用于计量仪器之中。常用的计量仪器分为两种：一种是测量长度的，如工具显微镜、测量投影仪等；另一种是测量距离的，如水准仪、经纬仪等。

5.5.1 物方远心光路

如图 5.20 所示，当孔径光阑设在物镜上时，如果物体 B_1C_1 调焦到正确位置 A_1，则可以测得物体的精确像 $B_1'C_1'$；而当调焦不准，例如物体位于 A_1 右侧的 A_2 时，其像应在分划板之后而不能与之重合，此时，像点 B_2'、C_2' 的成像光束在分划板上将截得对应的弥散斑，实际读得的长度是像点 $B_2'C_2'$ 的主光线与刻尺面的交点间距离 N_1N_2，显然它比 $B_1'C_1'$ 略长。反之，当调焦于正确位置 A_1 左侧时，所测长度偏短。像面与分划刻线面不重合的现象称为视差，视差越大，测量误差也越大。

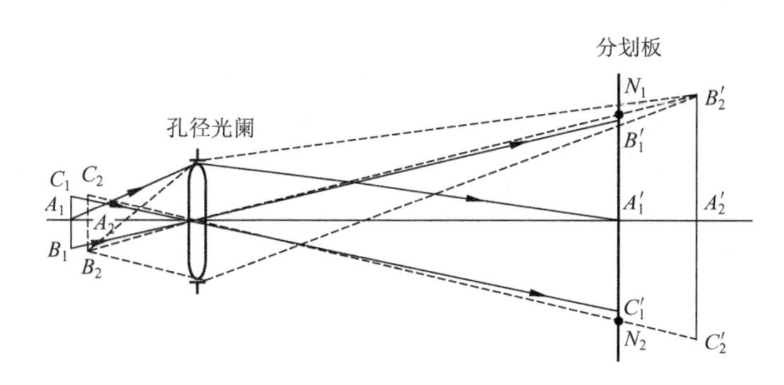

图 5.20　非物方远心光路

为了减少这种因调焦不准引起的误差，只要把孔径光阑设置在物镜的像方焦面上即可，同时它也是物镜的出瞳。如图 5.21 所示，物方主光线均平行于光轴，物面上各点的成像光束经物镜后，其主光线都通过像方焦点 F'。如果调焦准确，物体位于正确位置 A_1 时，在分划板上可获得精确长度 $B_1'C_1'$；如果由于调焦不准，物体不在位置 A_1 而在位置 A_2，它的像 $B_2'C_2'$ 将远离分划板，B_2 和 C_2 的像在分划板平面上得到的是一弥散斑，但由于物体上同一物点的成像光束的主光线并不随物体位置而变，过弥散斑中心的主光线仍然通过 B_1' 和 C_1'，在分划板上读出的长度仍为 $B_1'C_1'$，所以调焦存在一定误差并不影响测量结果。这种光学系统，因为物方主光线平行于光轴，相当于其会聚中心(入瞳中心)在物方无限远，故称为物方远心光路。

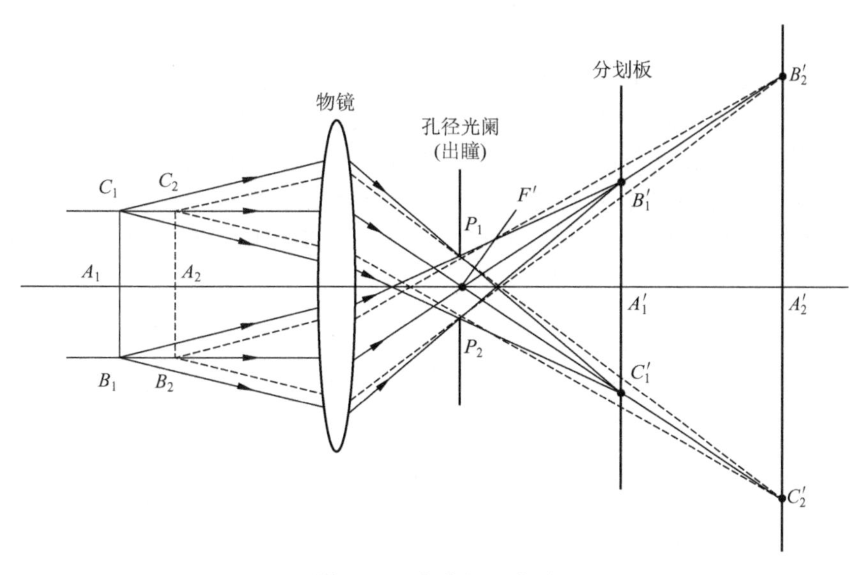

图 5.21　物方远心光路

在长度测量中，是通过测像的大小，求物的大小，分划板与物镜间距离不变，垂轴放大率要求严格，实际读数时读的是主光线的位置。通过以上分析，可以看出，只要适当控制主光线的方向，即把孔径光阑设置在物镜的像方焦面上，使入瞳位于物方无限远，就可以消除或减小这种由于视差而引起的测量误差。

5.5.2 像方远心光路

另一类仪器是把孔径光阑设置在物方焦平面上，如大地测量仪器，主要用于被测物体大小已知，通过测像的大小，求物体的距离，这类仪器是通过测量已知物（如远处的标尺）的像高，求得放大率，从而得出物距的。因此标尺不动，分划板相对于物镜将有移动，由于调焦不准造成视差，同样影响测距精度。

图 5.22 中，物镜框为孔径光阑，被测标尺 B_1B_2 经物镜后在分划板上成像为 M_1M_2，利用垂轴放大率公式 $\beta=y'/y=-f/x$，可计算物体的距离 x。但在标尺不变的情况下，由于系统焦深的存在，分划板不能很好地位于正确的位置 A'，如分划板在图 5.22中 A'_1 的位置，则测得主光线的像高为 $B'_1B'_2$，显然 $B'_1B'_2$ 和 M_1M_2 不相等，因而产生测量误差。

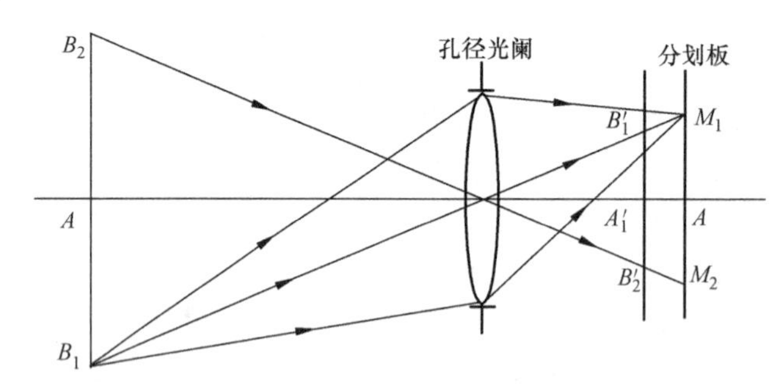

图 5.22 非像方远心光路

为消除或减小视差的影响，也用孔径光阑来控制主光线，但这个孔径光阑是设置在物镜的物方焦平面上，使像方主光线平行于光轴，主光线的会聚中心位于像方无限远处，这种光学系统称为像方远心光学系统，如图 5.23 所示，物面上任意一点发出的主光线过焦点 F 的光束，主光线经系统之后将变为与光轴平行的光。这样无论像面与分划板重合与否，读数值都是固定的主光线的位置 M_1M_2，并不影响测距的结果，从而可以消除或减少测距误差。

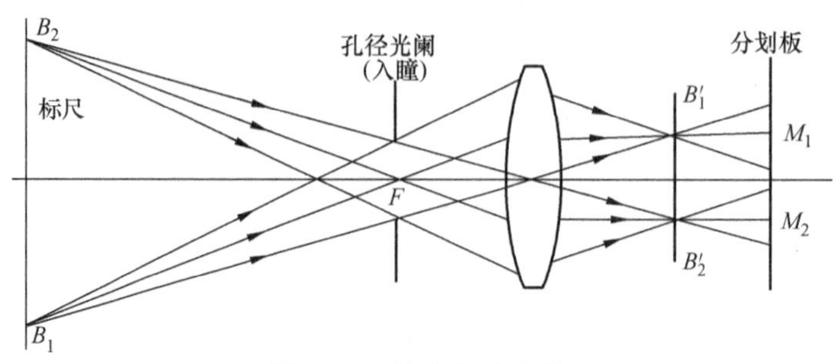

图 5.23 像方远心光路

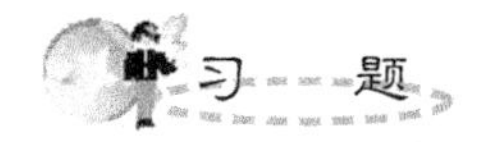

5-1 光学系统的孔径光阑和视场光阑能否合二为一？为什么？

5-2 光学系统设计中，应如何考虑选择孔径光阑的位置？

5-3 光学系统中，视场光阑的位置和大小是如何确定的？

5-4 为什么孔径光阑、入瞳和出瞳是物像关系？又是怎样相共轭的？

5-5 试述平面上为什么能获得空间像？为什么看许多照片时感觉远近都清楚？

5-6 是否所有光学系统都要无渐晕？渐晕光阑是否只有一个？

5-7 光学系统为什么存在着景深？景深与哪些因素有关？照相机为了取得大的景深，往往是取大光圈指数，为什么？

5-8 如图5.24所示，已知透镜1和孔径光阑2，试用作图法求入瞳和出瞳的位置和大小。

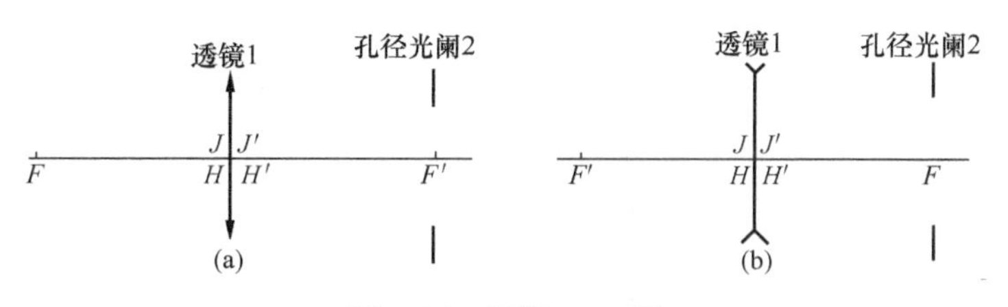

图5.24 习题5-8图

5-9 试用作图法求图5.25所示光学系统的孔径光阑、入瞳和出瞳的位置和大小，假设物在A点。

5-10 图5.26所示为一物方远心光路，像点为A'，用作图法求物点位置和物方最大孔径角。

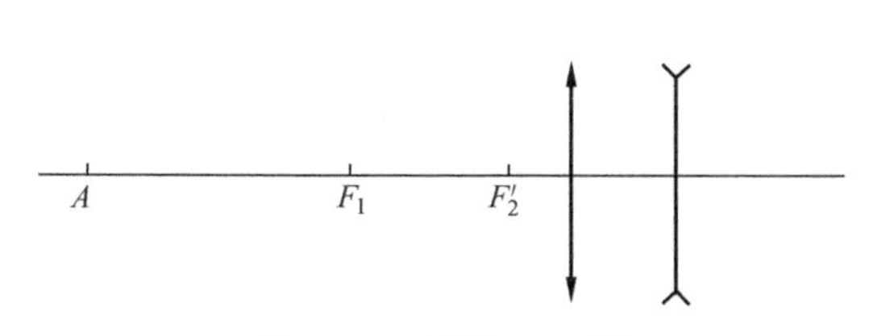

图5.25 习题5-9图

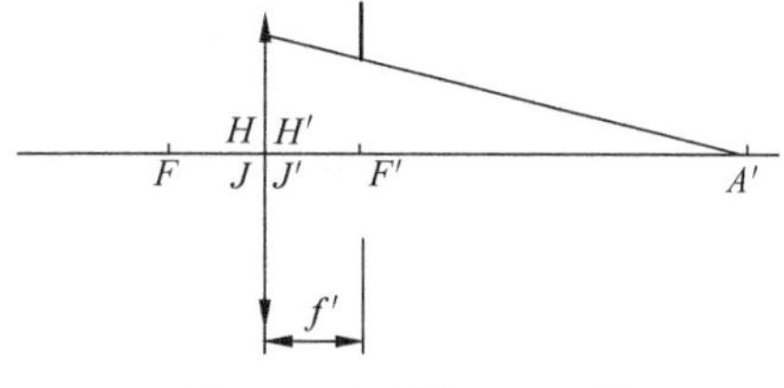

图5.26 习题5-10图

5-11 一照相物镜焦距$f'=50\text{mm}$，相对孔径$D/f'=1/2.8$，底片尺寸24mm×36mm，求该照相物镜最大入瞳直径和最大视场角。

5-12 假定照相机镜头是薄透镜，焦距为100mm，通光孔径为8mm，在镜头前5mm处装有一个直径为7mm的光阑，求照相镜头的F数；如果将光阑装在镜头后5mm处，镜头的F数多大？

5-13 单透镜简易照相机(按薄透镜)，焦距$f'=60\text{mm}$，相对孔径$D/f'=1/8$，孔径光阑位于透镜后15mm处，求孔径光阑直径及入瞳位置。

5-14 有两个正薄透镜1和2，焦距分别为90mm和60mm，孔径分别为60mm和40mm，两透镜间隔为50mm，在透镜1之前18mm处设置直径为30mm的光孔，问当物体在无穷远处及与透镜1相距1.5m处时，孔径光阑各为哪个？

5-15　由两组焦距为200mm的薄透镜组成的对称式系统，两透镜组的通光口径都是60mm，间隔d=40mm，中间光阑的直径为40mm。当物在无限远时，求该系统的焦距和入瞳、出瞳的位置和大小，系统的相对孔径为多少？不存在渐晕时其视场角为多少？线渐晕系数K_D分别为0.5和0时的视场角为多少？

5-16　如图5.27所示，已知一个焦距为50mm的放大镜2，通光口径为20mm，距放大镜10mm处有一直角反射棱镜1，其折射率n=1.5，通光面积30×30mm^2，人眼瞳孔3距放大镜25mm，人眼瞳孔直径4mm，物面放在放大镜和棱镜合成的物方焦平面上。试求：

(1) 孔径光阑、入瞳、出瞳；

(2) 视场光阑、入窗；

(3) 物面离开反射棱镜第一面的距离；

(4) 当线渐晕系数K_D=0.5时，线现场的大小。

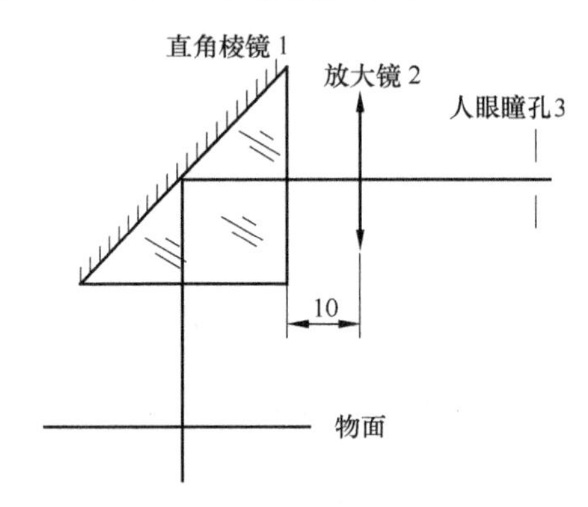

图5.27　习题5-16图

第6章 像差概论

知识要点		掌握程度	相关知识
单色像差	球差	各种像差的定义、成因、光学现象、特点、度量方向、与孔径及视场的关联，如何校正	透镜的成像特点与成像缺陷；光学系统中光阑的设置对成像的影响
	彗差		
	像散		
	场曲		
	畸变		
色差	位置色差		
	倍率色差		

导入案例

摄影系统中焦距越短，视角越大，因光学原理产生的变形(桶形畸变)也就越强烈。为了达到180°的超大视角，鱼眼镜头的设计者不得不作出牺牲，即允许这种像差(桶形畸变)的合理存在。其结果是除了画面中心的景物保持不变，其他本应水平或垂直的景物都发生了相应的变化。也正是这种强烈的视觉效果为那些富于想象力和勇于挑战的摄影者提供了展示个人创造力的机会。鱼眼镜头最大的作用是视角范围大，视角一般可达到220°或230°，这为近距离拍摄大范围景物创造了条件。鱼眼镜头在接近被摄物拍摄时能造成非常强烈的透视效果，强调被摄物近大远小的对比，使所摄画面具有一种震撼人心的感染力，且鱼眼镜头具有相当长的景深，有利于表现照片的长景深效果。鱼眼镜头拍摄产生的桶形畸变如图6.0所示。

图6.0　导入案例图

对光学系统的成像要求，一般来说可以分为两个主要方面：一是光学特性，如焦距、孔径、视场和放大率等参数的确定；二是成像质量，要求光学系统所成的像足够清晰，且物像相似，变形小。有关光学特性问题，前面各章已经介绍，本章主要讨论光学系统的成像质量问题。

前面章节讨论了理想光学系统成像及其特性，而实际光学系统只有在近轴区才具有与理想光学系统相同的性质，即只有当孔径和视场非常小的情况下才能完善成像，但实际的光学系统都是以一定宽度的光束对具有一定大小的物体进行成像的，即实际光学系统孔径和视场都有一定大小，且其使用功能均与相对孔径和视场密切相关，因此实际光学系统不可能对物体成完善像。这种由于实际像与理想像之间的差异称为像差，故像差就是指对光学系统成像不完善程度的描述。

因实际光学系统成像的不完善，故光线经光学系统各表面传输会形成多种像差，使成像产生模糊、变形等缺陷。光学系统设计的一项重要工作就是要校正这些像差，使成像质量达到技术要求。本书未涉及复杂的光学设计理论，仅就像差的定义、成因以及对光学系统的影响等进行讨论。

光学系统的像差可以用几何像差来描述，几何像差包括单色像差和色差，前者是光学系统对单色光成像时所产生的像差，分别是球差、彗差、像散、场曲和畸变；后者体现不同波长色光的成像位置和大小的差异，有位置色差和倍率色差，几何像差的分类如图 6.1 所示。

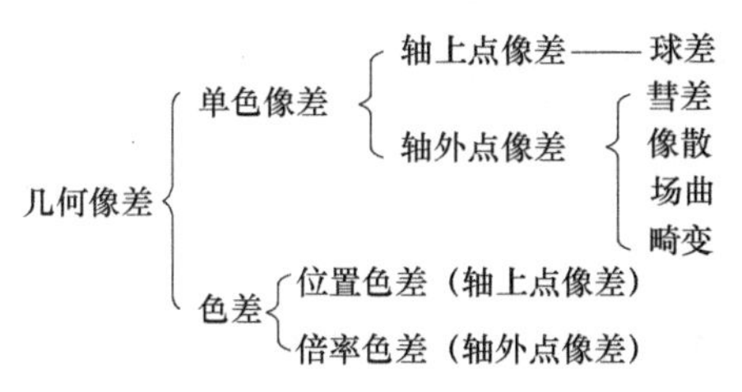

图 6.1　几何像差的分类

6.1　球　　差

6.1.1　球差的定义及光学现象

由第 2 章物像关系计算可知，对轴上物点，近轴光 l'、u'与 l、u 无关；边光(远轴光) L'、U'随孔径角 U 或光线入射高度 h 不同而不同，即轴上点发出的具有一定孔径的同心光束经光学系统后变为非同心光束，如图 6.2 所示。

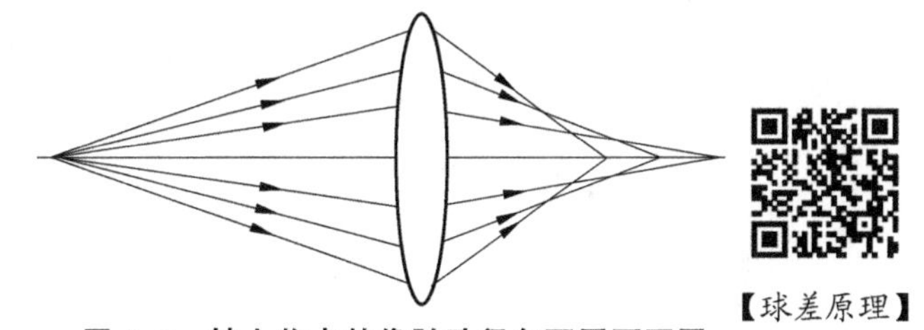

图 6.2　轴上物点的像随孔径角不同而不同

球差计算如图 6.3 所示，其中轴向球差为

$$\delta L' = L' - l' \tag{6-1}$$

由于球差的存在，高斯像面上成一圆形弥散斑，半径记作 $\delta T'$，称为垂轴球差，其值为

$$\delta T' = \delta L' \tan U' \tag{6-2}$$

通常所说的球差都是指轴向球差。

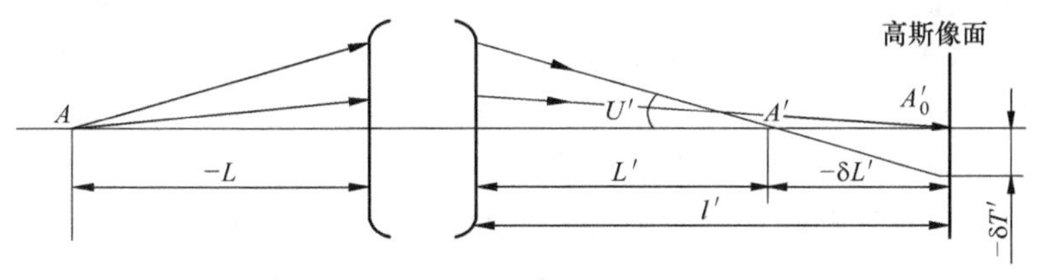

图 6.3　轴上点球差

显然，球差是孔径角 U 或光线入射高度 h 的函数，孔径角越大，则球差越大，高斯像面上弥散斑也越大，从而使像变得模糊不清。

6.1.2　单折射球面的齐明点

对于单个折射球面，有以下三个特殊的物点位置，无论球面的曲率半径如何，均不产生球差。

(1) 当物点位于球面的球心时，$L'=L=r$，像点也位于球心，此时该面的垂轴放大率为 $\beta=n/n'$。

(2) 当物点位于球面顶点时，$L'=L=0$，像点也位于顶点，此时该面的垂轴放大率为 $\beta=1$。

(3) 当物点位于 $L=\frac{n+n'}{n}r$ 处时，对于任意孔径角，有 $I'=U$ 或 $I=U'$，根据第 2 章实际光线成像时的光路计算，得 $L'=\frac{n+n'}{n'}r$，此时该面的垂轴放大率为 $\beta=(n/n')^2$，如图 6.4 所示。

显然这三个像点均与孔径角无关，故不产生球差。

上述三对不产生球差的共轭点称为齐明点，利用(1)和(3)的两个齐明点位置可以制作无球差的齐明透镜，以增大物镜的孔径角，图 6.5 所示为正、负齐明透镜。物体经过齐明透镜成像不产生球差，但由于透镜的折射作用却使出射光束的孔径角变小了。对轴上点，不引进像差，这样有利于后续系统的球差校正，大大减少后面系统孔径角负担。大孔径的显微物镜设计中常增加一块这样的齐明透镜，既可以满足物镜系统的大孔径需要，又有利于像差校正。

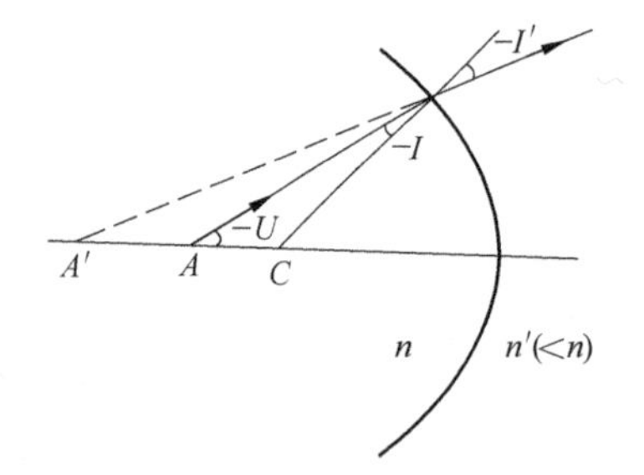

图 6.4　单折射球面的一对齐明点

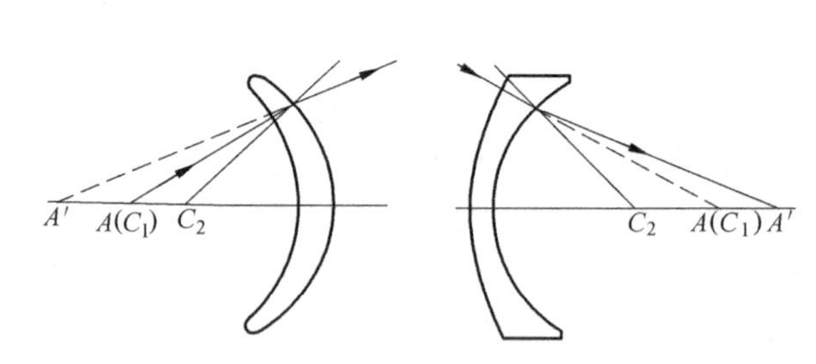

图 6.5　正、负齐明透镜

6.1.3　单透镜的球差与校正

虽然齐明透镜可以不产生球差，但对物体位置有特殊要求，而且也不能使实物成实像，因此一般情况下，单透镜的球差是不可避免的。

(1) 如果将正、负透镜分别看成由无数个不同楔角的光楔组成，则由光楔的偏向角公式(4-8)可知，对于单正透镜，边光偏向角大于靠近光轴光线的偏向角，即 $0<L'<l'$，$\delta L'<0$，产生负球差；对于单负透镜，边光偏向角小于靠近光轴光线的偏向角，即 $l'<L'<0$，$\delta L'>0$，产生正球差。因此，对于共轴球面系统，单透镜本身不能校正球差，可采用正负透镜组合进行校正，如双胶合透镜。

(2) 另外，透镜的材料和形状对球差有较大的影响。由球差的形成可知，球面越弯曲，光线的入射角越大，球差也就越大。例如一个对无限远物体成像的凸平透镜，焦距为 100mm，孔径高度取 10mm 时，表 6-1 列出了三种不同折射率时的凸面半径及球差值。

表 6-1　凸平透镜折射率对球面半径及球差的影响示例

单透镜焦距/mm	折射率	凸面半径/mm	球差值/mm
100	1.5	50	−1.175
100	1.6	60	−0.85
100	1.7	70	−0.68

表中数据表明，在保证光焦度不变的情况下，提高透镜的折射率能增大球面的曲率半径，减小球差。因此选择高折射率的材料有利于减小球差。

(3) 因单薄透镜光焦度 $\varphi=(n-1)(\rho_1-\rho_2)$，所以材料选定之后，要保证透镜光焦度不变，可以通过改变曲率 ρ_1、ρ_2 使透镜的形状发生改变，根据初级球差理论及相关计算，球差随透镜形状按二次抛物面的规律变化，图 6.6 给出了物体在无限远时，正、负透镜在不同形状下的球差变化曲线。可以看出，无论正透镜还是负透镜，都存在一个球差最小的形状，称为透镜最优形状。对无限远的物体，正透镜最优形状接近凸平状态，负透镜接近凹平状态。应当指出，透镜的最优形状是和物体的位置有关的，因此，在使用单透镜成像时，应尽可能采用给定物体位置的最优形状的透镜，以使球差尽可能小。

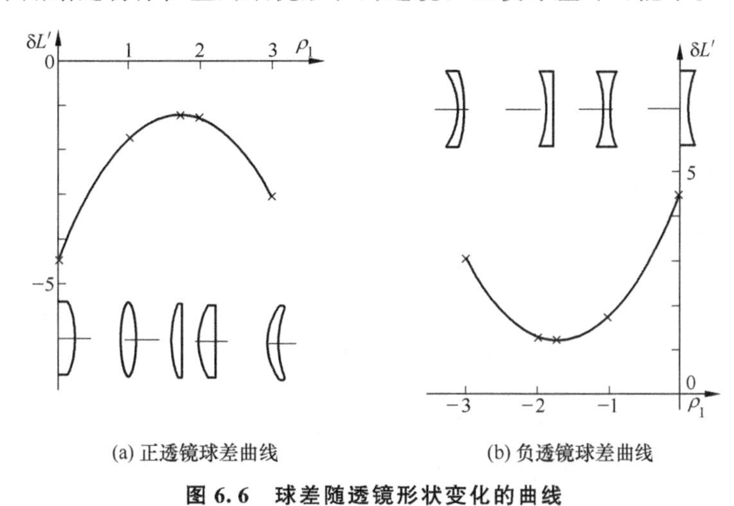

图 6.6 球差随透镜形状变化的曲线

6.2 彗 差

6.2.1 彗差的形成及光学现象

由于共轴光学系统对称于光轴，当物点位于光轴上时，光轴就是整个光束的对称轴线，即使存在球差时也仍然对称于光轴。而当物点位于光轴之外时，如图 6.7 所示，光轴不再是系统的对称轴，如物点 B 发出的光束则不再存在对称轴线，而只存在一个对称面，这个对称面就是通过物点 B 和光轴的平面，称为子午面。从物点 B 发出的通过入瞳中心 z 的光线是主光线，因此，子午面也就是由主光线和光轴决定的平面。通过主光线和子午面垂直的平面称为弧矢面。

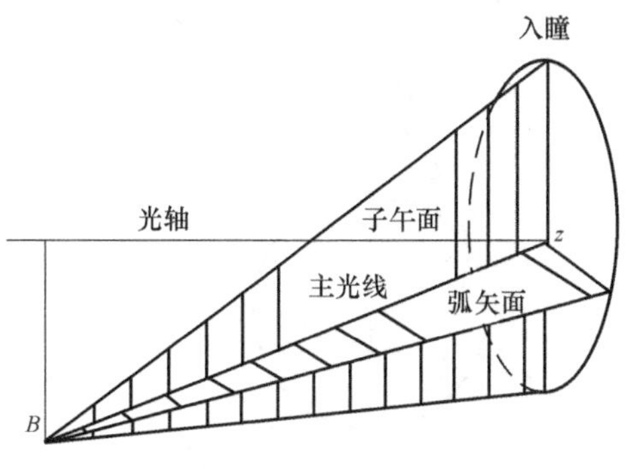

图 6.7 轴外点宽光束成像

【彗差原理】

如图 6.8 所示，对单折射球面而言，轴外物点 B 可以看做是辅助光轴

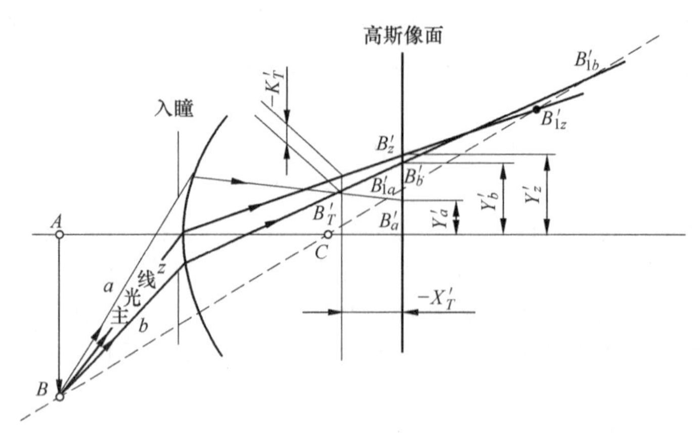

图 6.8　子午彗差

上的一个轴上点，B 点发出通过入瞳上、下边缘和中心的三条子午光线，分别以 a、b 和 z 表示，连接 B、C 做辅助光轴，图中虚线所示。对辅助光轴，a、b 和 z 三条光线相当于从轴上点发出的三条不同孔径的光线，由于折射球面存在球差，而且球差随孔径角不同而不同，所以这三条光线经球面后将交于辅助光轴上不同的点，所以上、中、下三条线不能交于一点，于是本来对主光线对称的上、下光线，经球面折射后对主光线失去了对称性，即球面折射后主光线已不再是出射光束的中心轴线，光束相对于主光线失去了对称性。

球差是光轴上物点以宽光束经光学系统成像所产生的像差，当物点从轴上移到轴外时，轴外物点发出的宽光束经光学系统所出现的像差称为彗差，彗差表示轴外物点宽光束经光学系统成像后失对称的情况，因此彗差是轴外物点所产生的一种单色像差。

彗差使轴外物点的像成为一弥散斑，由于折射后的光束失去了对称性，所以弥散斑不再对主光线对称，主光线偏到了弥散斑的一边，所以具有彗差的光学系统，轴外物点在理想像面上形成的像点如同彗星状的光斑，图 6.9 所示为纯彗差时的弥散斑几何图形，靠近主光线的细光束交于主光线形成一亮点，而远离主光线的不同孔径的光线束形成的像点是远离主光线的不同圆环，在主光线和像面的交点 B'_z 处积聚的能量最多，因此最亮，其他位置能量渐次下降，逐渐变暗，所以整个弥散斑成了一个以主光线和像面交点为顶点的锥形弥散斑，其形状好像拖着尾巴的彗星，因此得名彗差。图 6.10 所示为照相机存在彗差的情形。

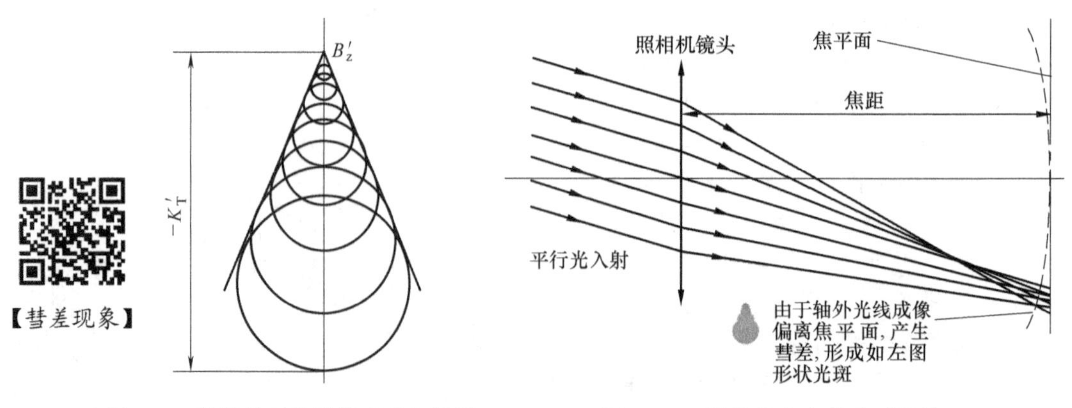

图 6.9　纯彗差时的弥散斑几何图形　　　图 6.10　照相机存在彗差时的情况

实际生活中，当用放大镜(正透镜)聚焦太阳光时，略微倾斜透镜，便可观察到彗差现象。

6.2.2 彗差的量度

对于光轴上的物点，它发出的光束在子午面和弧矢面内的分布情况是一样的，但对于轴外物点发出的光束在子午面和弧矢面内的分布情况则不一样，所以要了解轴外物点发出的斜光束的结构，必须按子午面和弧矢面分别讨论。

如图 6.8 所示，以单折射球面为例来说明彗差的量度，图中上、下光线折射后的交点 B'_T 相对主光线在垂直光轴方向上偏离的距离称为子午彗差，用 K'_T 来表示。K'_T 的符号以主光线为界，之上为正，之下为负，图中 K'_T 为负值，该值反映了光束失对称的程度。

而真正计算子午彗差时，是以这对上、下光线在高斯像面交点高度的平均值与主光线在高斯像面交点高度之差来表征的，子午彗差数学表达式为

$$K'_T=\frac{Y'_a+Y'_b}{2}-Y'_z \tag{6-3}$$

弧矢面内光束情况如图 6.11 所示。弧矢面内有一对光线 c 和 d，入射前它们对称于主光线 z，同时也对称于子午面，出射后光线 c'、d' 依然对称于子午面，但不再和主光线共面，因此交点 B'_s 虽在子午面内，却并不交于主光线上，它们的交点到主光线的垂轴距离称为弧矢彗差，记为 K'_S，K'_S 的符号同样以主光线为界，之上为正，之下为负。c'、d' 交在理想像面上的高度相等，以 Y' 表示，则弧矢彗差为

$$K'_S=Y'_s-Y'_z \tag{6-4}$$

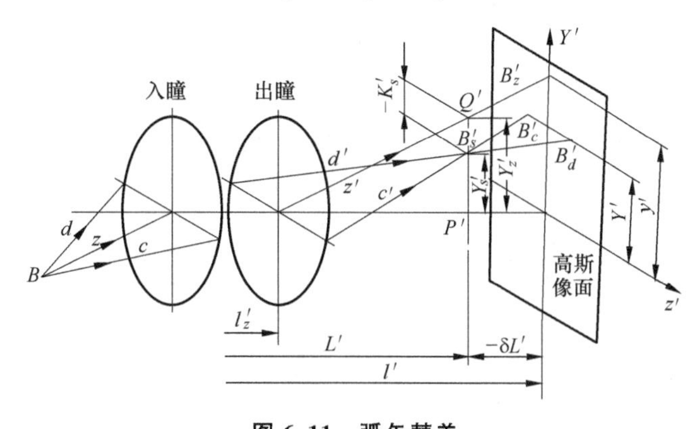

图 6.11 弧矢彗差

6.2.3 彗差的校正

由以上分析可知，彗差是由于轴外物点宽光束的主光线与球面对称轴不重合，从而由折射球面的球差引起的。慧差的校正方法有以下几种：

(1) 因彗差和孔径有关，所以适当减小光阑直径可以一定程度上减小彗差的影响。

(2) 如果将入瞳设在球心处，则通过入瞳中心的主光线将和辅助光轴重合，此时轴外点同轴上点一样，入射、出射的上下光线均对称于辅助光轴，球面此时不产生彗差，如图 6.12所示。入瞳离球心越远，失对称现象会越严重，彗差也就越大，因此设计光学系统时，常通过合适的光阑位置来减小彗差，如光学设计中的同心原则，使透镜各面尽量弯

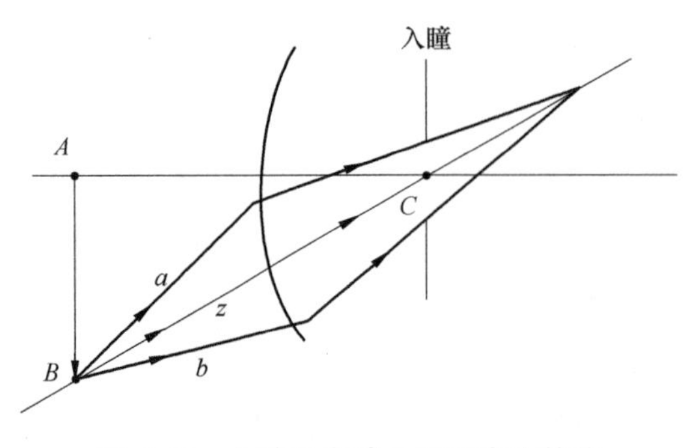

图 6.12　入瞳设在球心处不产生彗差

向孔径光阑，就是为了使主光线偏离辅助光轴的程度尽可能减小，以减小彗差。

（3）从彗差的定义可以看出彗差是垂轴像差，所以当系统结构完全对称，即孔径光阑置于系统中央的对称式光学系统，当物像垂轴放大率 $\beta=-1^{\times}$ 时，所有垂轴像差自动校正，因为此时对称于孔径光阑的前部和后部光学系统所产生的彗差，大小相等，符号相反，相互补偿。

（4）彗差是轴外物点以大孔径成像时的像差，所以它还随视场不同而不同，但对同一视场，由于孔径不同，彗差也不同，所以彗差是和视场及孔径都有关系的一种垂轴像差。但光学系统中常有一些小视场大孔径的成像系统，如显微镜、望远镜等，它们需要较大的孔径来提高其分辨能力，但由于系统视场较小，彗差的绝对数值不足以说明小视场的失对称情况，此时一般用相对彗差来表示，图 6.11 中小视场的相对彗差表示为

$$SC'=\frac{K'_S}{Y'_z}=\frac{Y'_s}{Y'_z}-1 \tag{6-5}$$

SC' 又称为正弦差。式中 Y'_s 可利用实际光束的弧矢不变量 $nY_s\sin U=n'Y'_s\sin U'$（请读者利用单折射面自己推导证明。设物体本身无像差，即 $Y_s=y$），得

$$Y'_s=\frac{n\sin U}{n'\sin U'}y$$

由图 6.11 可得

$$\frac{Y'_z}{y'}=\frac{L'-l'_z}{l'-l'_z}$$

将上述两式代入式(6-5)，再利用垂轴放大率公式 $\beta=\dfrac{y'}{y}=\dfrac{nu}{n'u'}$，得正弦差的计算公式为

$$SC'=\frac{n\sin U}{\beta n'\sin U'}\frac{l'-l'_z}{L'-l'_z}-1=\frac{\sin U}{\sin U'}\frac{u'}{u}\frac{l'-l_z'}{L'-l'_z}-1 \tag{6-6}$$

式中符号意义同前。

当物体在无限远时，$l=\infty$，$u=\sin U=0$，$u'=h/f'$，则

$$SC'=\frac{h}{f'\sin U'}\frac{l'-l'_z}{L'-l'_z}-1 \tag{6-7}$$

正弦差表示垂直于光轴微小物体或者大视场系统视场中央部分轴外物点以宽光束成像时的光束失对称情况，它表示视场中心部分的相对弧矢彗差。所以有些大视场光学系统往往有意识地使正弦差大一些，以此来平衡视场高级彗差，使得远离光轴物点的弧矢彗差降下来，从而使得整个视场内有比较均匀的弧矢彗差。

正弦差反映了小视场大孔径的彗差。正弦差越大，说明小视场大孔径光线失对称现象越严重。当正弦差 $SC'=0$ 时，称为满足等晕条件，所以，等晕条件可写成：

$$\left.\begin{aligned}\frac{\sin U}{\sin U'}\frac{u'}{u}\frac{l'-l'_z}{L'-l'_z}=1\\ \frac{h}{f'\sin U'}\frac{l'-l'_z}{L'-l'_z}=1\end{aligned}\right\} \tag{6-8}$$

显然，正弦差反映了系统不满足等晕条件的程度，即 SC' 用来描述等晕条件的偏离。若系统满足等晕条件，即 $SC'=0$，则表明系统在小视场范围内以宽光束成像也同轴上点一样具有对称性结构，如果此时轴上点存在球差，则近轴小视场只存在球差而无彗差。

当系统满足等晕条件，且 $L'=l'$，即系统正弦差 $SC'=0$，且轴上点球差 $\delta L'$ 也等于 0 时，则

$$\frac{\sin U}{\sin U'}=\frac{u}{u'} \tag{6-9}$$

利用拉赫公式 $nuy=n'y'u'$，则式(6-9)变为

$$ny\sin U=n'y'\sin U' \tag{6-10}$$

式(6-10)称为正弦条件。可见正弦条件是等晕条件的特殊情况。

物体无限远时，正弦条件为

$$f'=\frac{h}{\sin U'} \tag{6-11}$$

很显然，如果系统满足正弦条件，则说明此时不仅轴上点完善成像，而且近轴小视场也完善成像。例如折射球面的齐明点位置都能满足正弦条件，因此齐明点位置处的整个小视场范围内都能完善成像。

彗差的变化关系可用图 6.13 表示。

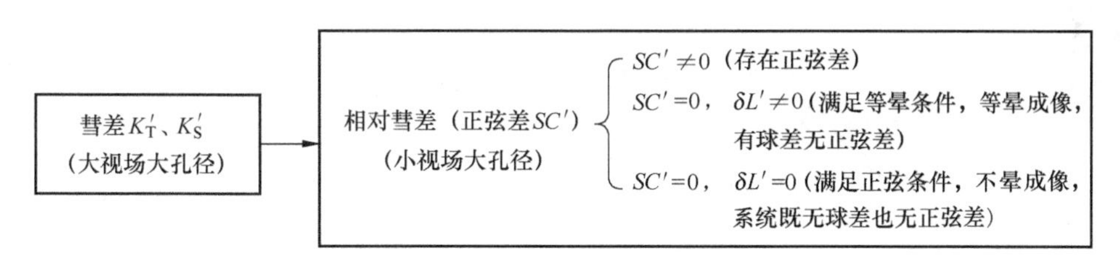

图 6.13　不同场合彗差的变化

由以上讨论可知，对于单个球面，彗差是因为球差而引起的，球差为球面所固有，所以对轴外物点，彗差总是存在。彗差使轴外像点变成彗星状弥散斑，严重破坏成像清晰度，光学系统设计中应高度重视。

6.3　像散和场曲

6.3.1　细光束像散和场曲的产生及量度

只要是轴外点发出了宽光束，则彗差不可避免。但当把入瞳尺寸减少到无限小，小到只允许主光线的无限细光束通过时，彗差消失了，即上、下、主光线的共轭光线交于一点，但此时成像仍是不完善的，因为还有像散及场曲的存在。

像散的存在使轴外物点细光束成像时分别在子午像面和弧矢像上面各有一次聚集。若将光束中每根光线按子午方位和弧矢方位分解，则其中子午分量将光束聚集在子午像面上，形成垂直于子午面的短焦线 T'，而弧矢分量将光束聚集在弧矢像面上，形成位于子午面内的短焦线 S'，在两次聚集之间是连续的由线元到椭圆到圆再到椭圆再到线元的弥散

斑变化，如图 6.14 所示。此时，如果用一个接收屏来进行接收时，若令屏沿光轴前后移动，就会发现成像光束的截面积形状变化很大，当接收屏位于不同位置时，有时是很清晰的短线，有时是椭圆有时是圆，形状差异非常大，并且能量差异也很大。当是短线时能量最为集中，而为其他形状时能量相对弥散。垂直于子午面的短线为子午焦线，垂直于弧矢面的短线为弧矢焦线，二者之间的距离就是像散。

因此，如果光学系统对线成像，则由于像散的存在，其成像质量与直线方向密切相关。图 6.15 所示为垂直光轴平面上三种不同方向的直线分别被子午细光束和弧矢细光束成像的情况，图 6.15(a)是垂直于子午面的直线，因其上面每一点都被子午光束成一垂直于子午面的短线，故该直线被子午光束所成的像为一系列与其直线同方向的短线叠合而成的直线，像是清晰的，但被弧矢光束所成的像则是一系列与该直线垂直的平行短线，像是不清晰的；图 6.15(b)是位于子午面的直线，同理，子午像是模糊的，而弧矢像是清晰的；图 6.15(c)是既不在子午面上，又不垂直于子午面的倾斜直线，其子午像和弧矢像都是不清晰的。

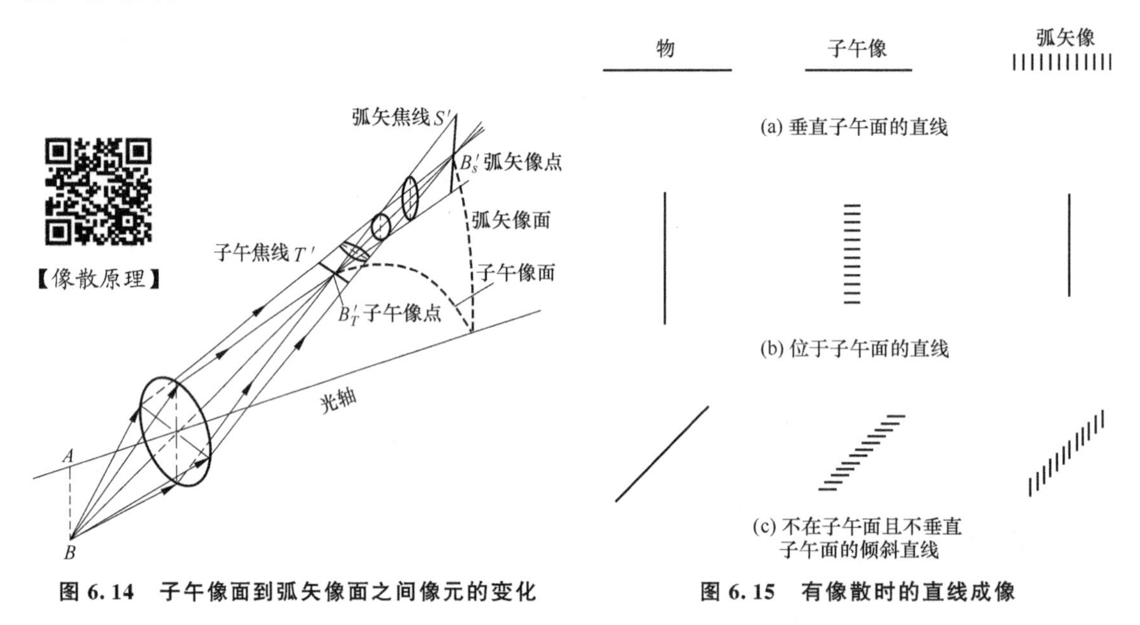

图 6.14　子午像面到弧矢像面之间像元的变化

图 6.15　有像散时的直线成像

这样，如果轴外物体是一个“十”字形图案，如图 6.16 所示，那么，通过有像散的

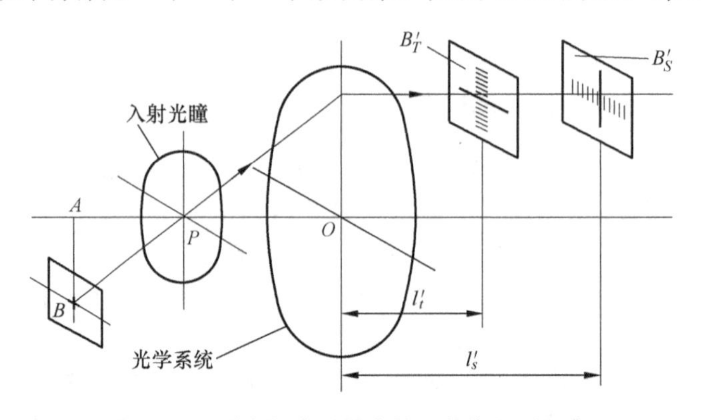

图 6.16　“十”字形图案的子午像和弧矢像

光学系统时，在 B'_T 处，"十"字形图案上的每一点的像形成一垂直于子午面的水平短线，其结果是水平线的像清晰，铅垂线的像模糊；在 B'_S 处，"十"字形图案上的每一点的像为一铅垂的短线，故铅垂线的像清晰，水平线的像模糊。

上述现象就是光学系统的像散现象。B'_T 和 B'_S 是点 B 通过光学系统形成的子午像点和弧矢像点，它们沿光束轴(主光线)之间的距离 $B'_TB'_S$ 就是光学系统的像散。在光学设计中一般以 $B'_TB'_S$ 在光轴方向的投影来量度光学系统的像散。

当轴外点以细光束成像时，即使没有彗差，也仍然存在像散和场曲。像散是以子午像点 B'_t 和弧矢像点 B'_s 之间的距离来描述的，它们都位于主光线上，通常将子午像距 t' 和弧矢像距 s' 投影在光轴上，得两者之间的沿轴距离 l'_t 和 l'_s，用 x'_{ts} 表示像散，小写表示细光束的像散，如图 6.17 所示。

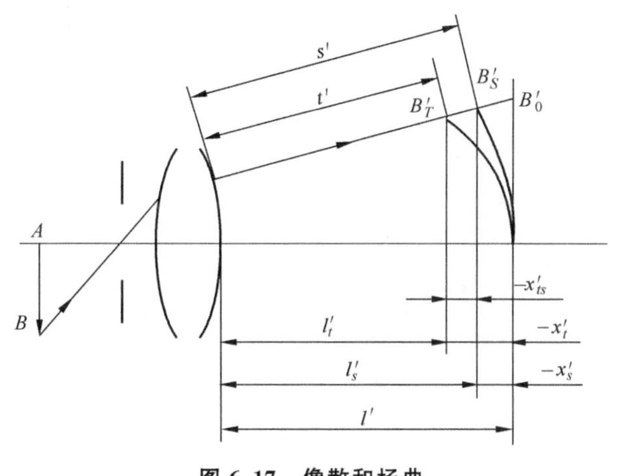

【场曲】

图 6.17 像散和场曲

像散的大小随视场而变，即物面上离光轴不同远近的各点在成像时，像散值各不相同，且子午像点 B'_t 和弧矢像点 B'_s 的位置也随视场而变，因此，与物面上各点相对应的子午像点和弧矢像点的轨迹，即形成子午像面和弧矢像面两个曲面。因轴上点无像散，所以此曲面相切于高斯像面的中心点，如图 6.17 所示。弯曲的像面偏离高斯像面的沿轴距离称为像面弯曲，简称场曲。子午像面相对高斯像面的偏离量称为子午场曲，用 x'_t 表示，弧矢像面的偏离量称为弧矢场曲，用 x'_s 表示。小写表示细光束的场曲。可以看出

$$x'_t = l'_t - l' = t'\cos U'_Z - l' \tag{6-12}$$

$$x'_s = l'_s - l' = s'\cos U'_Z - l' \tag{6-13}$$

因此，得

$$x'_{ts} = l'_t - l'_s = x'_t - x'_s = (t' - s')\cos U'_Z \tag{6-14}$$

式中，U'_Z 为像方主光线与光轴的夹角。

因像散和场曲的大小随视场而变，故像散值和场曲值都是对特定的视场而言的。

球面光学系统存在像面弯曲是球面本身的特性决定的，如果系统没有像散，则子午像面和弧矢像面重合在一起，但仍然存在像面弯曲，现以单个折射球面为例予以说明。

如图 6.18 所示，设球面物体 A_1AA_2 和折射球面 Q 同心，球心 C 处放置一个无限小光阑，限制物面上各点以无限细光束成像，它使物空间以 C 为中心，轴外 B 点的主光线相当于一条辅轴光轴，轴外点如同轴上点一样处理，不存在球差、彗差和像散，当物面上各

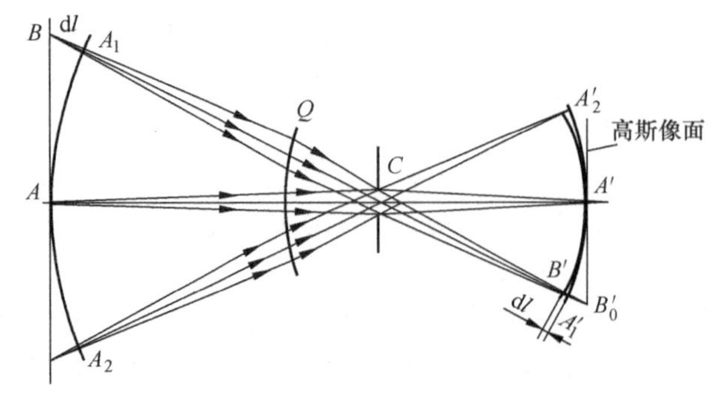

图 6.18　像面弯曲

点按各自的光轴以细光束成像时，因物距相等，成像条件完全相同，故像面也是一个和折射球面 Q 同心的球面 $A'_1A'A'_2$。

物方过 A 点垂直于光轴的平面 BA，因为物平面上的点 B 可看做是由球面上的点 A_1 沿辅助光轴 CA_1 移动 dl 得到，B 点的理想像点应该位于高斯像面的 B'_0 点，但实际系统并非如此，由单折射球面轴向放大率 α 恒为正可知，对于折射球面，当物点沿光轴移动时，像点一定沿同方向移动。因此，B 点的像 B' 必位于 A'_1 和 C 之间的 B' 点，所以物平面 BA 的像是一相切于 A' 点，并比球面 $A'_1A'A'_2$ 更弯曲的曲面，只有在这个曲面上才能对平面物体成清晰像。这种弯曲并没有考虑像散的因素，将这种没有像散时的像面弯曲称为匹兹伐场曲，用 x'_p 来表示匹兹伐像面相对高斯像面的偏离量。由此可见，平面物体即使以细光束经折射球面成像也不可能得到完善的平面像，这是由于像面弯曲造成的。

当光学系统存在严重的场曲时，就不能使一个较大平面物体各点同时成清晰像，当把中心调焦清楚了，边缘就模糊，反之亦然，如图 6.19 所示。场曲的存在使得像面总是弯曲的，成像不完善，所以大视场系统必须校正场曲，如照相机和投影仪，要求像成在底片和影屏上，所以必须校正场曲。

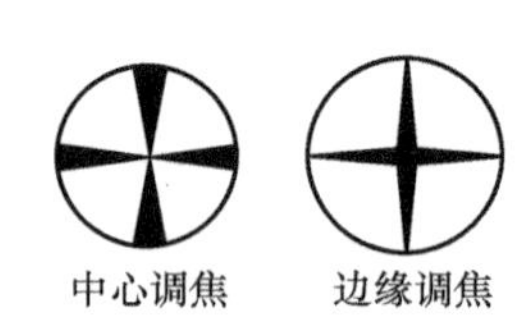

图 6.19　场曲引起的图像缺陷

6.3.2　像散和场曲的校正

1. 像散的校正

由于像散的存在，导致轴外一点的像成为互相垂直的两条短线，严重时轴外点得不到清晰的像，影响的是轴外像点的清晰程度，所以对于大视场系统而言，像散必须校正。

像散与光阑的位置有关，当入瞳位于球面的球心处时，轴外点同轴上点一样，整个细光束将对称于轴外物点的辅助光轴，折射后将会聚于一点，此时没有像散，如图 6.20 所示；同时无球差的物点位置(三对齐明点)处，也没有像散；同彗差一样，光学系统若采用同心原则，球面弯向光阑，比球心背向光阑引起的像散要小。

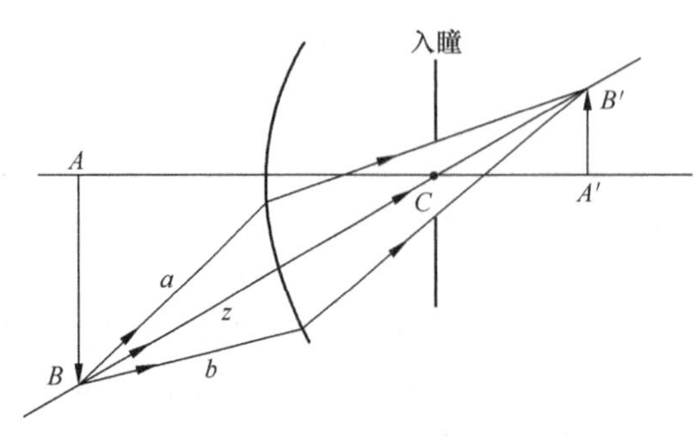

图 6.20　入瞳位于球心处的球面不存在像散

2. 场曲的校正

由前述分析可知，透镜的形状对球差及彗差有较明显的影响，但对像散和场曲影响很小，如双胶合透镜可以使球差和彗差减小，但其像散却很大。光学系统只有在同时消除像散和匹兹伐场曲的情况下，才能获得平坦的清晰像，这并非易事。

对于宽光束，轴外主光线和共轴系统的光轴不重合，使出射光束失去对称，产生彗差、像散和场曲；对于细光束，可认为彗差为0，但像散和像面弯曲仍然存在。在一定视场的光学系统中，一般情况下像散总是存在的，且子午像面t'、弧矢像面s'和匹兹伐像面p'互不重合，t'面和s'面总在p'面的同侧，如图6.21(a)所示，$|x'_t|>|x'_s|>|x'_p|$，$x'_{ts}<0$；但如果光学系统中没有像散，也会存在匹兹伐像面p'，即当系统无像散时，子午像面和弧矢像面重合，但像面弯曲依然存在，此时$x'_{ts}=0$，$x'_t=x'_s=x'_p$，如图6.21(b)所示；图6.21(c)中，$|x'_t|<|x'_s|<|x'_p|$，$x'_{ts}>0$；很显然，图6.21(c)的像面要平许多。图6.21(a)、(b)、(c)分别表示两透镜其间距从0开始逐渐加大时相应的t'面、s'面和p'面，图6.21(b)是完全消像散时的情形。由此可知，若采用双分离透镜，改变两透镜的间距，可以明显地改变像散。另外用厚透镜来校正匹兹伐场曲，也可以达到较好的效果。

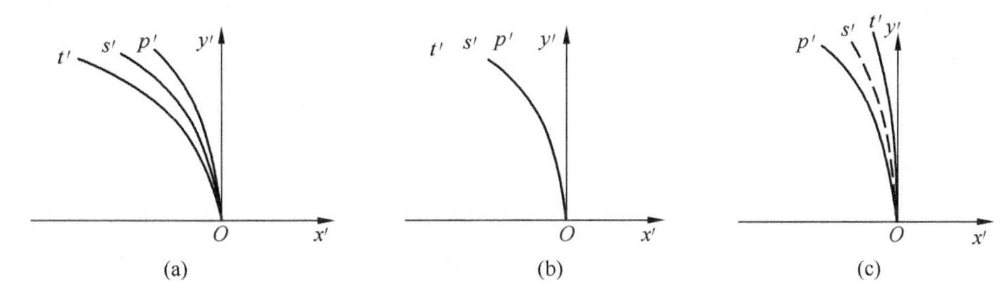

图6.21 三种场曲的像差曲线

为了消除光学系统的场曲，通常选用较高折射率的玻璃做正透镜，较低折射率的玻璃做负透镜，并且适当地增大它们之间的间隔。图6.22所示就是利用增大正、负透镜之间间隔的方法消除场曲的光学系统，该系统不但能消除场曲，而且使整个系统具有正的光焦度。

总之，光学系统的场曲总是存在的，对于给定的光学系统，场曲值是视场角ω的函数。视场愈大，场曲愈严重。很多情况下匹兹伐场曲的大小由系统的结构决定，不能任意改变，一般来说，像散的改变较容易一些，为了减小场曲的影响，可采用像散过校正的方法来抵消一部分匹兹伐场曲，以减小实际像面的弯曲。

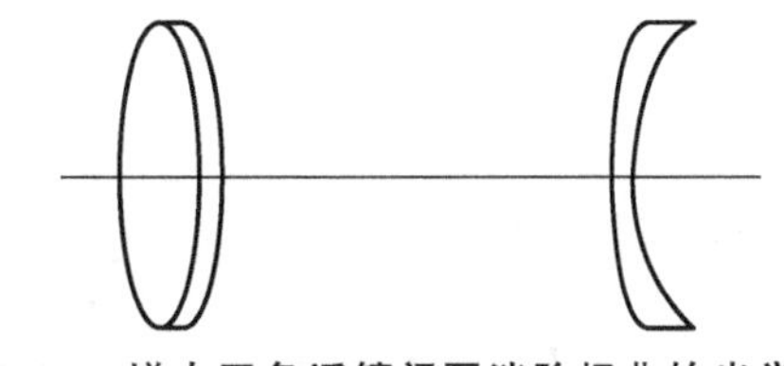

图6.22 增大正负透镜间隔消除场曲的光学系统

像散和场曲是两个不同的概念，两者既有联系，又有区别：像散的存在必然引起像面弯曲，但场曲是由球面特性所决定的，即使无像散，即子午像面与弧矢像面重合在一起时，像面也并不是平的，像面弯曲(即匹兹伐场曲)仍然存在，匹兹伐场曲是一个相切于高斯像面中心的二次抛物面。

细光束的像散和场曲与孔径无关，只是视场的函数，所以当视场角为0时，不存在像散和场曲。

以上对细光束的像散和场曲进行了讨论，而光学系统总是以宽光束成像的，实际参与成像的子午宽光束的上下光线经光学系统折射后的交点到高斯像面的距离称为宽光束子午场曲，用X'_T表示，同理弧矢宽光束的前后光线经光学系统折射后的交点到高斯像面的距离称为宽光束弧矢场曲，用X'_S表示。宽光束场曲与细光束场曲之差通常称为轴外点球差。远轴点宽光束成像会产生像散、彗差和轴外球差。

6.4 畸　变

对理想光学系统，一对共轭的物像平面上垂轴放大率是常数，所以像和物总是相似的，但对于实际光学系统，只有近轴区才具有这一性质，一般情况下，像的垂轴放大率随视场增大而变化，即成像时同一物面上各点的放大率不能保持一致，造成像和物不能完全相似，这样会使像相对于原物失去相似性，这种使像变形的成像缺陷称作畸变。

6.4.1 畸变的产生和量度

在不考虑渐晕的情况下，物点成像的光束中心即为主光线，若不考虑彗差存在时的失对称状况，实际的像点位置也是以主光线为中心，因此可以用主光线在像面上的交点来代表实际像点，它与理想像点位置的偏差便是畸变。

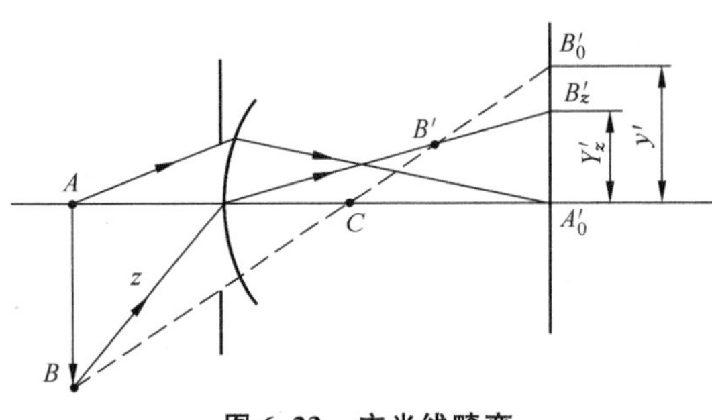

图 6.23　主光线畸变

1. 绝对畸变

由于球差的影响，光学系统成像时，轴外物点主光线通过光学系统后其与高斯像面的交点与理想像高并不相等，如图 6.23所示。物体 AB 在高斯像面上的理想像为 $A'_0B'_0$，轴外 B 点以主光线成像时，在辅轴上，由于球差的存在，并未成像于 B'_0 点，而是交辅轴于 B'点，在高斯像面上的交点为 B'_z。设理想像高为 y'，主光线与高斯像面交点的高度为 Y'_z，则二者之间的差别就是系统的畸变，用 $\delta Y'_z$ 表示：

$$\delta Y'_z = Y'_z - y' \tag{6-15}$$

2. 相对畸变

光学设计中，常用相对畸变 q 表示，指绝对畸变与理想像高之比。公式表示为

$$q = \frac{\delta Y'_z}{y'} \times 100\% = \frac{Y'_z - y'}{y'} \times 100\% = \frac{\bar{\beta} - \beta}{\beta} \times 100\% \tag{6-16}$$

式中，β 为光学系统理想垂轴放大率；$\bar{\beta}$ 为某视场的实际垂轴放大率。

6.4.2 畸变的种类

存在畸变的光学系统对物体成像时，实际像高与理想像高不相等，如果实际像高大于理想像高，称为正畸变，又称枕形畸变，此时放大率随视场的增大而增大；如果实际像高小于理想像高，称为负畸变，又称桶形畸变，此时放大率随视场的增大而减小，如图 6.24 所示。若物体为图 6.24(a)网格状平面物体，当用带正畸变的光学系统对其成像，将得到图 6.24(b)所示正畸变像，当用带负畸变的光学系统对其成像，将得到图 6.24(c)所示负畸变像。图 6.25 所示为存在畸变的照相机镜头拍摄到的画面。

6.4.3 畸变的校正

畸变是几何像差之一，是垂轴像差，畸变只与视场有关，它反映的是主光线的像差，

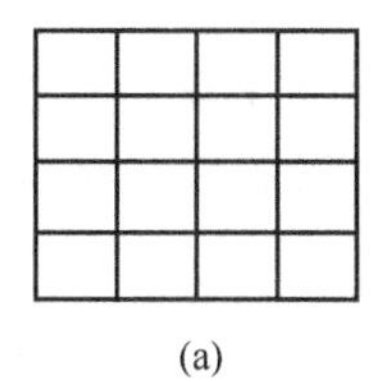
(a)

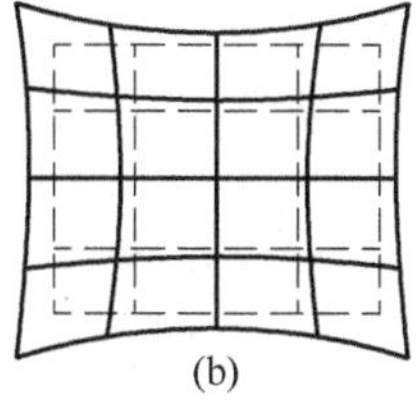
(b)

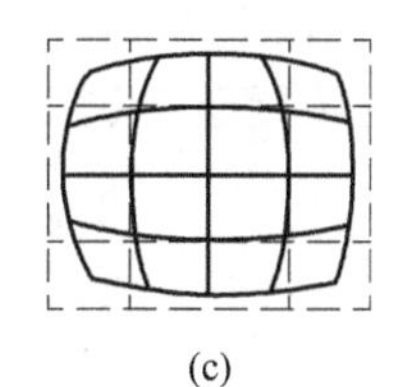
(c)

图 6.24 畸变

(a) 像面枕形畸变

(b) 像面桶形畸变

【畸变图像】

图 6.25 存在畸变的像面

只改变轴外物点在理想像面上的成像位置，使像的形状产生失真，影响成像精度，但并不影响像的清晰度。对于一般的光学系统，只要接收器感觉不出像的明显变形($q\leqslant 4\%$)，这种像差的影响无碍大局。但对有些需要对像的大小做精确测量的仪器，如计量仪器中的投影物镜、万能工具显微镜物镜，以及照相制版物镜、航测摄影物镜等，畸变的存在会带来较大的测量误差，直接影响精度，必须严格校正。

畸变和光阑的位置有关，如图 6.26 所示，孔径光阑位置变化，则主光线与高斯像面交点的高度不同。当孔径光阑位于 a 处，像为 y'_1，当孔径光阑位于 b 处，像为 y'_2，当孔径光阑位于 c 处，像为 y'_3，$y'_1\neq y'_2\neq y'_3$，所以 $\beta_1\neq\beta_2\neq\beta_3$，即同一物点不同光阑位置则放大率不同，所以可以通过调整光阑的位置校正畸变。

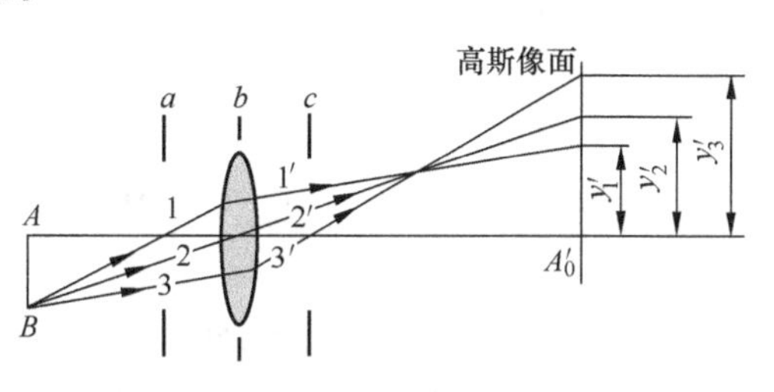

图 6.26 不同光阑位置对成像的影响

(1) 对于单个折射面，如果将光阑设在球心处，主光线沿辅轴通过球心，且交于像面 B'_z 点，与理想像点 B'_0 重合，不产生畸变，如图 6.27 所示。

(2) 对于单个薄透镜或薄透镜组，当孔径光阑与之重合时，主光线通过透镜的主点(也是节点)时，沿理想光线出射，也不产生畸变，如图 6.28 所示。因此，取光阑位置使

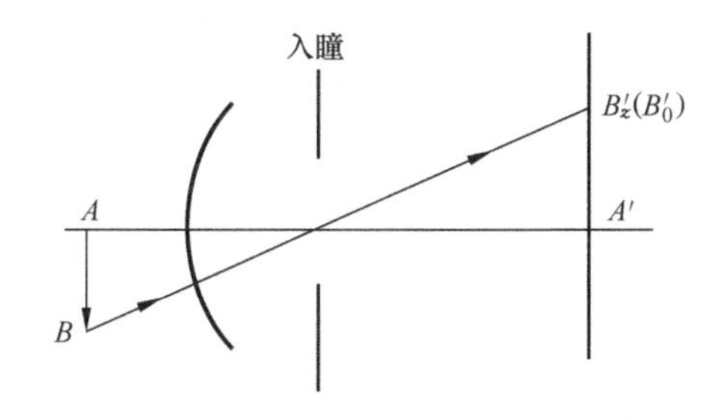

图 6.27 光阑设在球心处不产生畸变

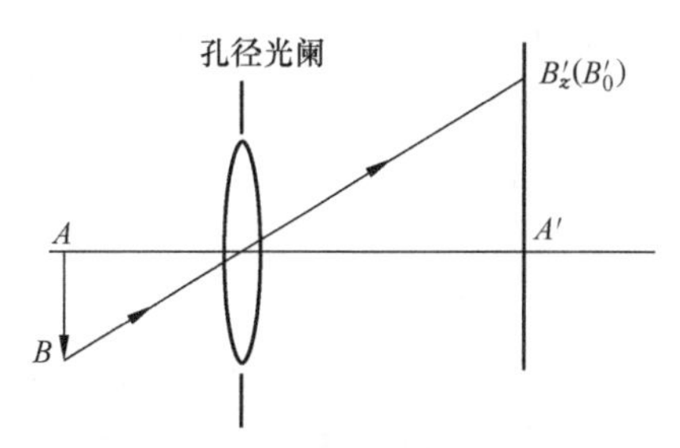

图 6.28 光阑设置在透镜上不产生畸变

入瞳与光学系统的节点重合，不产生畸变。

(3) 当孔径光阑置于透镜的前方，如图 6.29(a)所示，B 点成像位置 B'_z 低于理想像点 B'_0，得到负畸变；如图 6.29(b)所示，当孔径光阑置于透镜的后方，B 点成像位置 B'_z 高于理想像点 B'_0，得到正畸变。因此，可以将孔径光阑置于两系统之间，组成结构完全对称的光学系统，前一透镜产生正畸变，后一透镜产生负畸变，以 $\beta=-1^{\times}$ 成像时，前后畸变大小相等，符号相反，畸变自动校正。实际上，凡是对称式光学系统以 $\beta=-1^{\times}$ 成像时，所有的垂轴像差都能自动消除，彗差和畸变都属此类像差。对于非对称系统而言，要完全消除畸变是很困难的。

【光阑位置和畸变】

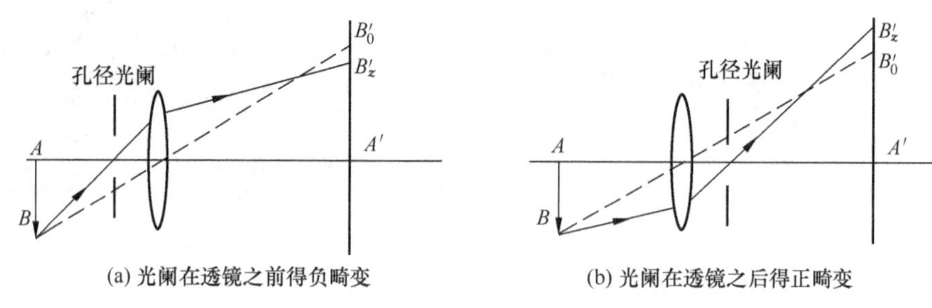

(a) 光阑在透镜之前得负畸变　　(b) 光阑在透镜之后得正畸变

图 6.29　畸变与光阑位置的关系

如果一个光组未经任何校正，一般地来说上述五种像差将同时出现，但在一定条件下，也可能只有一种或几种像差特别显著，例如物点在光轴上时，其他像差都不出现，只有球差单独出现，光束愈宽，球差愈显著；近轴物点时，除球差外，彗差将会比较明显；远轴物点时，在细光束条件下，像散将显著，球差与彗差都不算明显；至于场曲和畸变，仅在物面较大时才比较显著。

6.5　色　　差

前面对各种像差的讨论都是基于单色光，只能称作单色像差。但大多数光学系统都是以复色光成像，如白光。白光由不同波长的单色光组成，而光学材料对不同波长的色光折射率是不相同的，波长越短，折射率越大。而根据物像位置关系式(2－10)，对同一物方截距将得出不同的像方截距，因此当白光经过光学系统时，各谱线将形成各自的像点。故不同波长的光线成像时位置及大小会有差异，使得物点成像后产生色彩的分离，这种成像上颜色的差异现象统称为色差。

色差分为位置色差和倍率色差两种，前者是轴上物点由于不同波长的光线会聚点位置不同引起的，后者是轴外物点因不同波长的光的成像高度不同而引起的。

6.5.1　位置色差

1. 位置色差的产生和量度

位置色差是指轴上点两种色光成像位置的差异。当以复色光照明时，波长越小，像距越小，从而按波长由短至长，形成离透镜由近至远排列在光轴上的各自像点，产生位置色差。例如以白光入射照明为例，成像时蓝光(F)、红光(C)、黄光(D)中，蓝光离透镜最近，红光最远，黄光则居中，如图 6.30 所示。这样假设用一接收屏进行接收，当它分别放置于不同的色光位置时，就会出现不同颜色的彩色弥散斑，如在 A'_F 点是一个中心为蓝色外圈为红色的彩色弥散斑，而在 A'_C 点弥散斑中心为红色而外圈为蓝色。

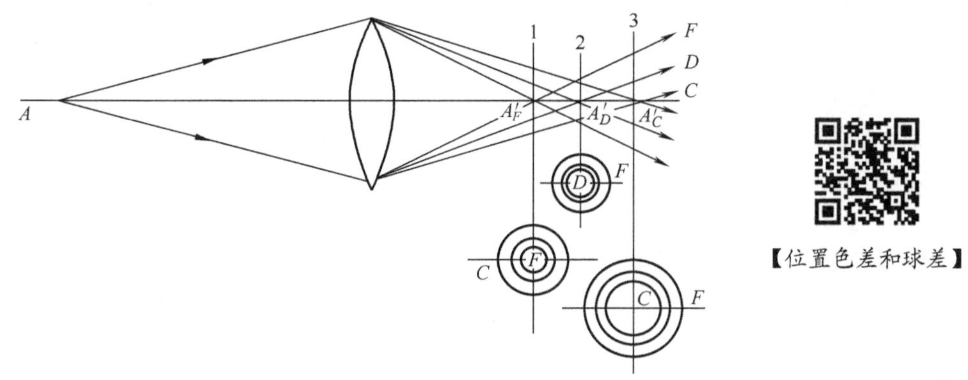

图 6.30　轴上点色差

位置色差，又称轴向色差，通常用 C 光和 F 光两种波长光线的像平面之间的距离来表示

$$\Delta L'_{FC} = L'_F - L'_C \tag{6-17}$$

同样，近轴区位置色差以近轴区的像距来表示

$$\Delta l'_{FC} = l'_F - l'_C \tag{6-18}$$

需要注意的是，以复色光成像的物体，即使在近轴区也不能获得清晰像，可见，不同于球差，位置色差在近轴区也存在，所以它比球差更严重地影响光学系统的成像质量。

2. 位置色差的校正

由图 6.30 可知，同球差一样，单透镜不能校色差，单正透镜产生负色差，单负透镜产生正色差。只有正负透镜组合才能校色差，例如正、负透镜采用不同材料构成的密接薄透镜组。

6.5.2　倍率色差

1. 倍率色差的产生和量度

倍率色差是指轴外物点两种色光的主光线在高斯面上交点的高度之差。因光学材料对不同色光有不同的折射率，故光学系统即使校正了位置色差，也会导致轴外物点不同色光的垂轴放大率 β 不相同，造成轴外物点成像时成像高度不同，这种色差又称垂轴色差。

对于目视光学系统是以 C、F 光的主光线在 D 光的高斯像面上的交点高度之差来表示，记为 $\Delta Y'_{FC}$，如图 6.31 所示。

$$\Delta Y'_{FC} = Y'_F - Y'_C \tag{6-19}$$

与位置色差一样，在近轴区也存在倍率色差：

$$\Delta y'_{FC} = y'_F - y'_C \tag{6-20}$$

倍率色差是在高斯像面上进行度量的，属垂轴像差，只与视场有关。当倍率色差严重时，物体的像有彩色的边缘，即各色光的轴外点不重合，造成像的模糊，故它影响轴外像点的清晰程度。

2. 倍率色差的校正

光阑位置对倍率色差会有影响。由于倍率色差是一种垂轴像差，所以同单色像差一样，当光阑位于球面球心、物体位于球面顶点，以及 $\beta=-1^{\times}$ 的全对称光学系统这三种情况也不产生倍率色差。

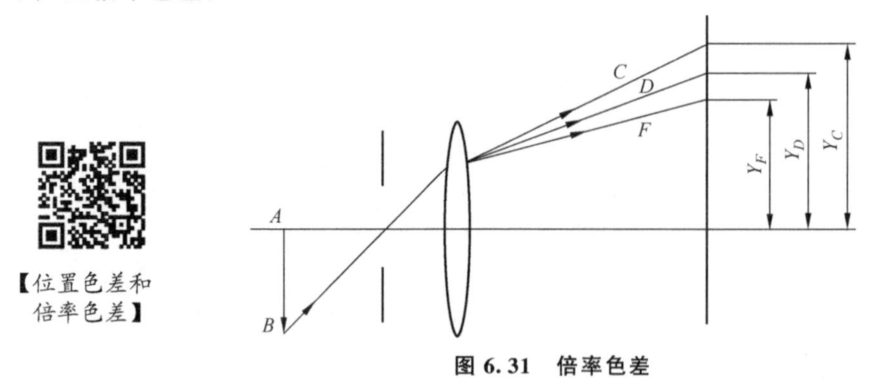

图 6.31　倍率色差

如图 6.31 所示，当光阑位于正透镜之前，F 光比 C 光偏折得厉害，产生负的倍率色差，反之，当光阑位于正透镜之后，则产生正的倍率色差；当光阑与透镜组重合时，主光线的高度等于 0，此时不管系统存在怎样的位置色差，则倍率色差都不会产生。

对密接薄透镜组，系统在校正位置色差的同时，倍率色差也得到校正；对一定间隔的两个或多个薄透镜组，只有对各个薄透镜分别校正了位置色差，才能同时校正系统的倍率色差。

综上所述，无论是位置色差还是倍率色差，都直接影响像的清晰度，尤其影响色还原，所以在使用复色光或白光的光学系统中，都必须严格校正色差。

同时需要注意，消色差可以对两种波长、三种波长或四种波长的光线进行计算，能使两种不同颜色光有相同的成像位置的光学系统，称为消色差系统；倍率色差和位置色差同时得到校正的光学系统，称为稳定消色差系统；对某三种颜色的光校正色差的光学系统称为复消色差系统；对四种颜色的光校正色差的光学系统称为超消色差系统。后两种系统，只在极特殊的情况下才采用。

选择消像差谱线的原则是：①应使接收器、光源及光学材料三者性能尽量匹配；②通常是在光学系统工作的波段范围内，使光学系统对接收器感光最敏感的谱线消单色像差，对这个波段两边缘谱线消色差。

因此，消色差谱线要依光学仪器的使用目的来选择，如目视系统(望远镜、显微镜、照相机的取景器等)的接收器是眼睛，人眼最敏感的为黄绿光，因此目视仪器通常是对黄绿光(D、d 和 e 光任选其一)计算和校正单色像差，对红光和蓝光校正色差；而天文照相系统，考虑到大气的性质和不需调焦的特点，通常是对 G' 光校正单色像差，对 h 光和 F 光校正色差。

6.6　像差综述

除平面反射镜外，无像差的光学系统是不存在的，完全消除像差也是不可能的，也没有必要，因为包括人眼在内的所有光能探测器的分辨能力都有限，所以可根据光学系统的作用及接收器的特性，把影响像质的主要像差校正到某一公差范围内，使接收器不能察觉，即可认为像质是令人满意的。

一般光学系统是对白光或者一个波段范围内各种色光成像。每种色光都存在单色像差，任何两种色光之间都有色差存在。由于不可能对所有的色光都校正色差，在光学设计中一般选取对接收器最敏感的波长校正单色像差，而对光学系统工作的光谱波段范围两端有一定影响的谱线校正色差。例如，目视光学系统，一般对 D 光校正单色像差，对 F、C 光校正色差。

任何光学系统都有一定的孔径和视场，所谓某种像差的校正，也仅是对一个孔径带或一个视场点进行校正，如对轴上点球差是对边缘光线进行校正，而对色差是对 0.707 带光进行校正。所谓像差校正也是将像差校正到相应的像差容限内，而不可能使其都为零。光学系统总是为某一物体位置而设计的，例如，望远系统、照相系统等是对无限远物体设计，显微系统对确定的有限位置设计，像差也正是对相应物体位置而言。物体位置改变，一般来说，像差将会相应增加。

并不是所有光学系统都必须对所有像差进行校正，而是根据使用条件提出的像差要求进行校正。一般来说，七种像差中，球差、位置色差为轴上点像差，其余为轴外点像差；球差、彗差、位置色差属于宽光束像差，像散、场曲、畸变、倍率色差属细光束像差。宽光束像差随孔径增大而迅速增大，是大孔径系统(如显微物镜、望远物镜)必须校正的；细光束像差随视场的增大而快速增大，是大视场系统(如目镜)必须校正的；对于孔径和视场都较大的系统，如照相物镜，七种像差都应进行校正。

从像差的度量方法来看，彗差、畸变和倍率色差是在垂轴方向量度的，属垂轴像差，球差、像散、场曲和位置色差在沿轴方向量度，属轴向像差。对于结构和孔径光阑对称的全对称光学系统，当以 β 等于 $-1^{\times}$ 成像时，在对称面上，垂轴像差大小相同，符号相反，故垂轴像差自动消除，而此时轴向像差则大小相同，符号也相同，是相叠加的，这类系统应校正轴向像差。

凡轴外像差都与光阑位置有关，选择合适的光阑位置可改善轴外点成像质量，如对于单薄透镜，当光阑与之重合时，畸变和倍率色差为 0。

各种几何像差的特点见表 6-2。

表 6-2 几何像差的特点

类别	名称	说明	现象	度量方向	与孔径及视场的关联	影响	校正
单色像差	球差	轴上点同心光束成像后变为非同心光束	点物不成点像，像为弥散斑	轴向	孔径	清晰度	齐明透镜，组合透镜，减小光阑直径
	彗差	近轴物点宽光束成像后不对称于主光线，不再形成同心光束	像点形似彗星	垂轴	孔径和视场		选择光阑位置，全对称系统，减小光阑直径，组合透镜，满足正弦条件
	细光束像散	远轴物点细光束成像，分散为两个像	不同位置的像截面形状不一样	轴向	视场		双分离透镜，选择光阑位置
	细光束场曲	轴外物点的像，位置随视场而变，且偏离高斯像面	平面物成弯曲像面				双分离透镜，选择光阑位置，像散过校正
	畸变	轴外不同视场物点的垂轴放大率不同	像发生变形，相对于原物失去相似性	垂轴		精度	选择光阑位置，全对称系统

（续）

类别	名称	说明	现象	度量方向	与孔径及视场的关联	影响	校正
色差	位置色差	轴上物点不同波长的像点位置不一致(光学材料的折射率随波长而变)	彩色弥散斑	轴向	孔径（近轴、远轴都存在）	清晰度	选择透镜材料，正负透镜组合
	倍率色差	轴外物点不同波长的像大小不一样(光学材料的折射率随波长而变)	像带彩边	垂轴	视场（近轴、远轴都存在）		选择光阑位置，全对称系统，组合透镜

以上讨论的都属于几何像差，它的优点是直观明了，容易计算。但仅通过几何像差或由几何光线在像面上的密集程度来判断像质的好坏有时是不够的，甚至是不可靠的，像质评价还得基于光的波动性质，与此对应的是波像差，详细内容请参阅其他资料。

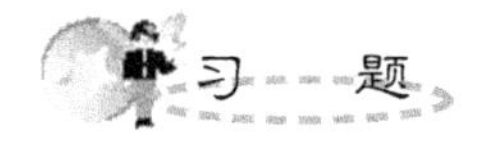

6-1　已知物距 $L_1=-20\text{mm}$，正透镜厚度 $d=2\text{mm}$，$n=1.5163$，设物体位于第一面的球心，试求齐明透镜的两个半径及像距。

6-2　白光有哪几种像差？它们是如何定义的？简单说明像差的成因。

6-3　各种像差对成像质量有什么影响？为什么必须控制它们在某一数值之内？要消除或减小这些像差通常都采用什么方法？

6-4　光学系统的视场、孔径大小与各种像差有何联系？七种几何像差中，哪些与孔径有关？哪些与视场有关？哪些与光源的波长有关？

6-5　如果一个光学系统当入瞳边缘光线校正了球差，是否说明进入入瞳的所有光线都校正了球差？

6-6　讨论透镜产生球差和色差的原因，如何有效地消除这两种像差？

6-7　为什么说轴上点位置色差比球差更严重地影响成像清晰？

6-8　像散是如何产生的？一个平面物体，经过消除像散的光学系统后，在像平面上能否得到清晰像？

6-9　为什么目镜的畸变可以大一些，而投影物镜的畸变则要求严格($\leqslant 0.05\%$)？

第7章 眼睛及目视光学系统

知识要点	掌握程度	相关知识
眼睛及其光学系统	眼睛的结构及成像特点、分辨本领、瞄准精度	透镜及眼睛的成像特点与成像缺陷
放大镜	放大镜的成像原理、光束限制和视场计算	放大镜、显微镜、望远镜等典型光学系统的作用和成像特点，光学系统的光阑设置及光束限制
显微镜系统	显微镜的成像原理、光束限制和视场计算，以及分辨本领、有效放大率和景深计算；显微镜的照明方式	
望远镜系统	望远镜的分类、成像原理、光束限制和视场计算，以及分辨率、各种放大率的计算	
目镜	目镜的主要参数、分类特点及光学仪器中目镜的视度调节	光学系统中目镜的作用、分类特点及目镜的视度调节原理和方法

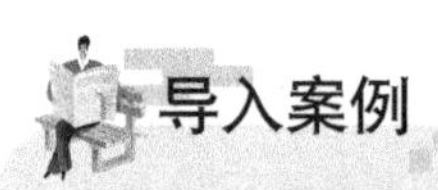

导入案例

为了能够看着正立的图像，全反射棱镜在望远镜的光学设计中发挥了不可替代的作用，普罗棱镜转像系统在理论上十分有效，因为其四个反射面都可以产生全反射，光线没有损失，如图7.0(a)所示。用普罗棱镜望远镜来观察，会改变我们习惯的透视感和体视感，一方面，距离感被压缩了，另一方面，立体感被增大，同理，普罗棱镜望远镜也会影响我们对物体大小和距离的判断。而屋脊棱镜，可以让出射光和入射光保持在一条直线上，因而屋脊棱镜望远镜的镜筒是直的，如图7.0(b)所示。距离感，体视感，大小感等也比较接近肉眼一些，因此屋脊棱镜的优点非常突出，如在观鸟爱好者中屋脊棱镜望远镜非常流行，主要原因就是上面提及的普罗望远镜和屋脊望远镜成像的大小感不一，鸟在屋脊棱镜望远镜里面看起来会显得大一些。

【某单筒望远镜成像】

【哈勃深空望远镜三维成像】

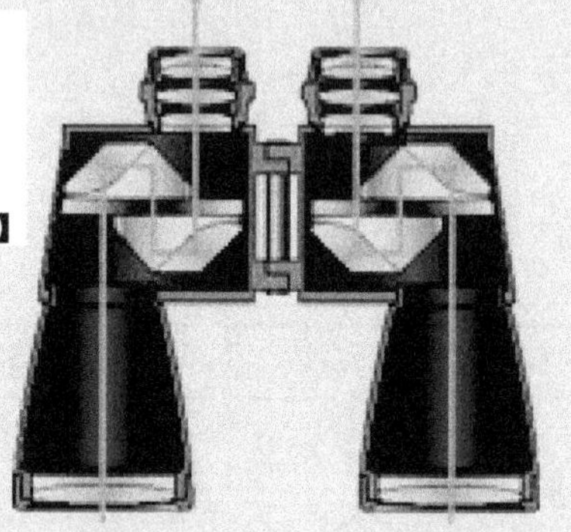

(a) 普罗棱镜望远镜

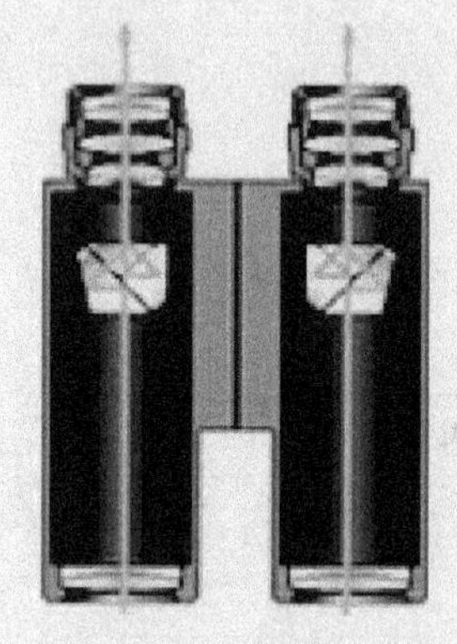

(b) 屋脊棱镜望远镜

图 7.0 导入案例图

本章是前述知识的综合，强调以组合的观点认识一个具体的光学系统结构，由使用要求决定成像要求，根据成像要求设计具体系统，一个系统总是一个较合理的组合结果。本章主要介绍放大镜、显微镜和望远镜这类和人眼配合使用的光学系统，以增强人眼的视觉能力，所以称为目视光学系统。本章主要应用前面所学知识，分析目视光学系统成像原理，及组成这些光学系统的物镜、目镜的结构型式和主要光学参数。

7.1 眼睛及其光学系统

7.1.1 眼睛的结构

目视光学仪器都与人眼联用，以扩大人眼的视觉能力。人眼本身相当于摄影光学系统，了解人眼结构及其光学特性对设计目视光学仪器非常必要。眼球结构如图7.1所示。

眼睛是一个直径大约有24mm的球形体，眼球构造可以比作照相机：镜头——晶状体，光圈——瞳孔，底片——视网膜。这些组织比照相机还要灵巧，可以自动调节不同的光线，使其透过眼球的角膜进入眼内，经过房水、晶状体、玻璃体的折射，在视网膜上成像，视网膜把这些光的刺激转变为神经冲动传入大脑视中枢，产生视觉，就可以看清楚无论远近、明暗的物体了。因此眼睛是一架更精致的照相机。

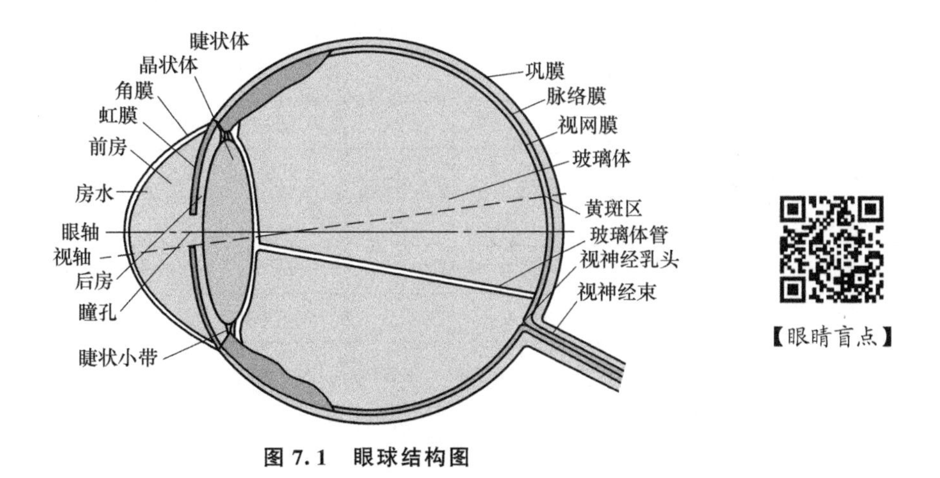

图 7.1 眼球结构图

眼睛注视某一物体时，使物体的像自动地成在黄斑上。黄斑是网膜上视觉最灵敏的区域，黄斑的中央凹和眼睛水晶体像方节点的连线称为视轴。眼睛的视场可达150°左右，但只有在视轴周围6°～8°的范围内能清晰地观察物体，其他部分只能感觉到模糊的像，人们在观察物体时，眼球自动旋转，使视轴通过该物体。

7.1.2 眼睛的调节

人眼能看清某物体，是指该物体在视网膜上成清晰的像。正常眼能看清不同距离的物体，是由于睫状肌的放松和收缩作用，使晶状体的前表面曲率发生变化，从而使眼球的光焦度发生变化之故。肌肉放松时，晶状体曲率变小，能看清远处物体；肌肉收缩时，晶状体曲率变大，能看清近处物体。眼睛本能地改变光焦度的大小以看清不同距离物体的过程称为调节，即通常意义的视度调节。眼睛的调节程度用视度来表示，与视网膜相共轭的物面到人眼距离 l(单位为m)的倒数称为视度，用SD表示，即

$$SD=\frac{1}{l} \tag{7-1}$$

视度单位为屈光度(D)，$1D=1m^{-1}$。一般医院和眼镜店把1D称作100度。

眼睛的调节是有一定限度的，当肌肉完全放松时，眼睛能看清楚的最远点，称为眼睛的远点，远点到眼睛物方主点的距离称为远点距，以 l_r 表示；当肌肉处于紧张状态时，所能看清楚的最近点，称为眼睛的近点，近点到眼睛物方主点的距离称为近点距，以 l_P 表示。值得注意的是，近点距离并不是明视距离，明视距离是指正常的眼在正常照明条件下(50lx)的工作距离，定义为250mm，其对应的视度为－4D。正常眼从无限远到明视距离范围内观察物体，都可以毫不费力地调节。

正常眼的远点在无限远，非正常眼(如远视眼和近视眼)的远点在有限距离。通常，人眼的调节能力是以远点距 l_r 和近点距 l_P 的倒数之差来度量的，以字母 $\overline{A}$ 表示，即

$$\overline{A}=R-P=\frac{1}{l_r}-\frac{1}{l_p} \tag{7-2}$$

式中，P、R 分别表示眼睛近点和远点的发散度(或会聚度)，即近视或远视的程度。

调节范围随着人的年龄而变化，年龄越大，调节范围越小，80岁左右，人眼失去调节能力，见表7-1。

表 7-1 不同年龄人眼调节能力

年龄	10	20	30	40	45	50	60	70	80
l_p/mm	−70	−100	−143	−222	−286	−400	−2000	1000	400
P/D	−14	−10	−7	−4.5	−3.5	−2.5	−0.5	1	2.5
l_r/mm	∞	∞	∞	∞	∞	∞	2000	800	400
R/D	0	0	0	0	0	0	0.5	1.25	2.5
$\overline{A}$	14	10	7	4.5	3.5	2.5	1	0.25	0

可以看出，正常眼 50 岁以前远点在无限远，50 岁以后远点会聚于眼睛后方，才能在视网膜上成清晰像点，必须调节；80 岁左右远点距和近点距相等，即 $l_r = l_p = 400\text{mm}$，晶状体失去调节能力。

同时，人眼的瞳孔决定进入视网膜的光通量，一般白天光线较强，瞳孔为 2mm 左右，夜晚光线较暗时，可以扩大到 8mm。设计目视光学仪器时必须考虑和人眼瞳孔大小的配合。

7.1.3 眼睛的缺陷与校正

正常眼在肌肉完全放松时，眼睛光学系统的远点在无限远，其像方焦点在视网膜上，如图 7.2 所示。

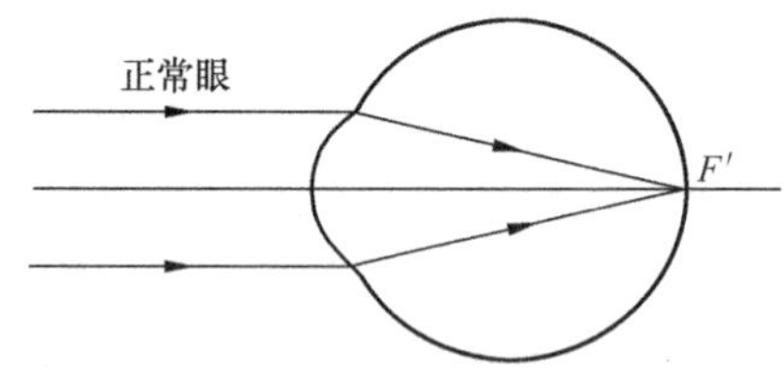

图 7.2 正常眼睛成像

1. 近视眼

近视眼的近点小于明视距离而远点位于眼前有限距离，这是由于眼球在眼轴方向变长，致使其像方焦点位于视网膜之前，如图 7.3(a)所示。因此，近视眼的视觉障碍是不能看远，需配戴负透镜，使透镜的像方焦点 F_0' 与近视眼的远点 A 重合，使无限远物体成正立缩小的虚像于近视眼的远点，如图 7.3(b)所示。可以看出，近视眼所戴眼镜的焦距等于其远点距 l_r。

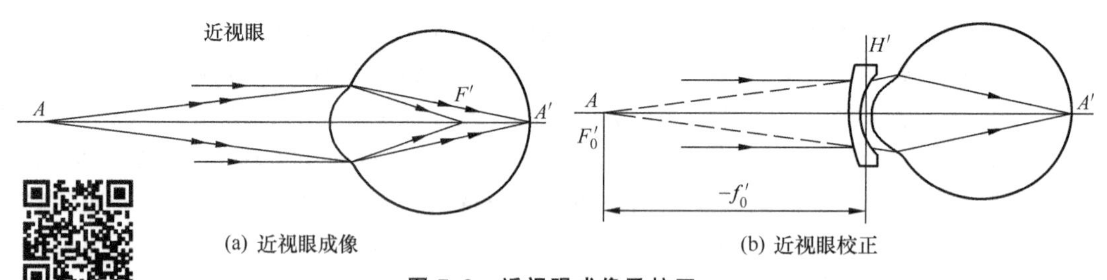

(a) 近视眼成像　(b) 近视眼校正

图 7.3 近视眼成像及校正

【近视眼成像】

2. 远视眼

远视眼的近点大于明视距离而远点位于眼球之后有限距离，这是由于眼球在眼轴方向变短，致使其像方焦点位于视网膜之后，只有射入眼睛的是会聚光束时，才能正好成像在视网膜上，如图 7.4(a)所示。因此，远视眼需佩戴正透镜，使透镜像方焦点 F_0' 与其远点 A 重合，所以校正其不能看远时所戴会聚透镜的焦距 f_0' 等于其远点距 l_r。但由于远视眼看不清明视距离的近物，对日常工作和生活影响较大，所以需要解决其不能看近的视觉障碍，故根据透镜成像规律需选配正透镜，使明视距离的物体成正立放大的虚像于远视眼的近点，如图 7.4(b)所示。

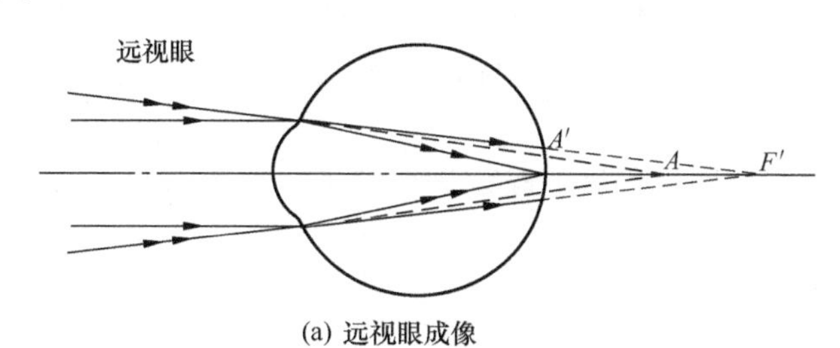

(a) 远视眼成像

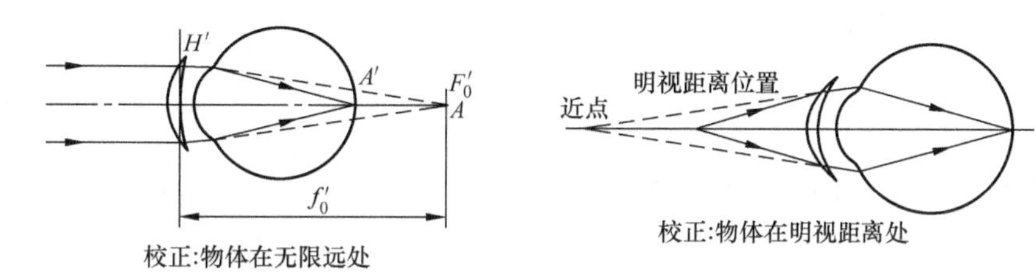

(b) 远视眼校正

图 7.4 远视眼成像及校正

同样，用远点距 l_r(单位为 m)的倒数来表示近视或远视的程度，即视度。

例 7.1 远点为眼前 2m 的眼睛需配戴多少度的眼镜？

解 依题意，该眼睛近视，需配戴负透镜

$$f_0' = l_r = -2\text{m},\ \frac{1}{f_0'} = -0.5D$$

或理解为将正常人的远点成像至近视眼的远点，有

$$\frac{1}{f_0'} = \frac{1}{l'} - \frac{1}{l} = \frac{1}{-2} - \frac{1}{-\infty} = -0.5D$$

眼睛视度为－0.5D，需配戴 50 度的负透镜。

例 7.2 一个近点为眼前 1.25m 的眼睛需配戴多少度的眼镜？

解 依题意，该眼睛远视，需配戴正透镜，其目的是为了将正常人看书时的明视距离成像至远视眼的近点，所以

$$\frac{1}{f_0'} = \frac{1}{l'} - \frac{1}{l} = \frac{1}{-1.25} - \frac{1}{-0.25} = \frac{1}{0.31\text{m}} = 3.2(\text{D})$$

眼睛视度为 3.2D，需配戴 320 度的正透镜。

思考：某人对 1m 以外的物看不清，需配怎样的眼镜？另一人对 1m 以内的物看不清，需配戴怎样的眼镜？

3. 散光眼

散光眼水晶体两表面不对称，细光束的两个主截面的光线不交于一点，即两主截面的远点距不同，其视度 $R_1 \neq R_2$，其散光度 $A_{ST} = R_1 - R_2$

检验：用正交的黑白线条图案，由于存在像散，不同方向的线条不能同时看清。

校正：圆柱面［图 7.5(a)、(b)］或双心圆柱面透镜［图 7.5(c)］。

4. 斜视眼

斜视眼的特点是双眼视轴不能平行，一眼注视时，另一眼可向上下或左右偏斜，即观察物体时，眼球偏离了正常眼的位置，影响双眼立体视觉的建立或破坏了完善的立体视觉。

斜视眼可以配戴具有棱镜度的眼镜进行校正，如图 7.6 所示。

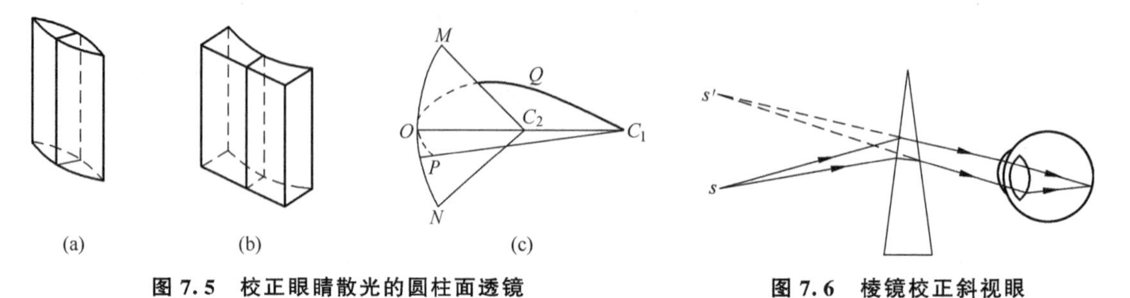

图 7.5 校正眼睛散光的圆柱面透镜

图 7.6 棱镜校正斜视眼

7.1.4 眼睛的视角

物体对眼睛的光心(水晶体中心)所成的角 ω，称为眼睛看该物体的视角。

眼睛看物体有大小不同的感觉，同一物体放远处看感觉小，放近处觉得大，实际上是因为物体在近处时视网膜上成的像大，远处时所成的像小所致，如图 7.7 所示。

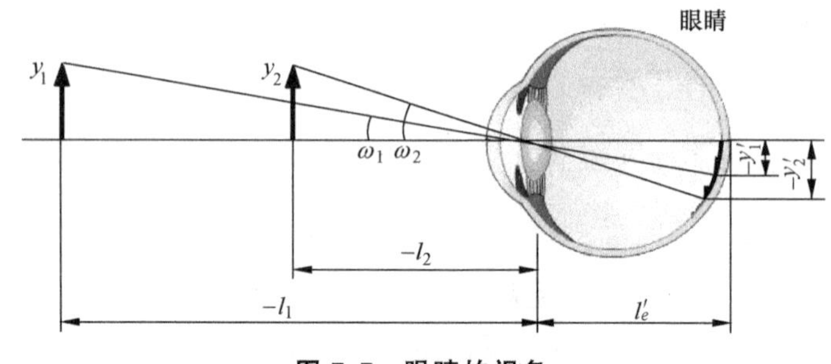

图 7.7 眼睛的视角

同一物体在视网膜上像的大小，取决于物体对眼睛的张角 ω 的大小。

$$\tan\omega \approx \omega = -\frac{y}{l} = -\frac{y'}{l'_e} \tag{7-3}$$

式中，l'_e变化甚小，视为常数。

所以，对同一物体 y，因$-l_1 > -l_2$(或 $\omega_1 < \omega_2$)，则 $y'_1 < y'_2$，即物体距眼睛越近，则物体对眼睛的张角 ω 越大，视网膜上所成像也越大，故观察物体细节时，移近眼睛，以增大视角 ω 就是这个道理。

7.1.5 眼睛的分辨率

眼睛能分辨开两个相邻点的能力，称为眼睛的分辨率。刚刚能分辨开的两点对眼睛物方节点所张的角度，称为极限分辨角，用 ε 来表示。眼睛的分辨率与极限分辨角成反比，定义：眼睛分辨率＝视角敏锐度＝$1/\varepsilon$。

如果把眼睛看做理想光学系统，根据物理光学中的衍射理论，其极限分辨角为

$$\varepsilon = \frac{1.22\lambda}{D} \tag{7-4}$$

对波长 λ 为 555nm 的光线，眼睛的极限分辨角为

$$\varepsilon = \frac{1.22\lambda}{D} = \frac{140}{D}('') \tag{7-5}$$

对人眼而言，D 即为瞳孔直径。白天瞳孔直径 $D=2\text{mm}$ 左右，所以极限分辨角 $\varepsilon=70''$，该角度在视网膜上对应的大小约 0.006mm(眼睛物方焦距 $f\approx-17\text{mm}$)，即为眼睛的最小鉴别距离，这个距离是由人眼本身的特性所决定的，因在黄斑上，视神经细胞的直径约为 0.003mm，所以最小鉴别距离正好等于两个视神经细胞直径，恰好能满足分辨率的要求。若两像点落在两个细胞之内，则视神经无法分辨出这两个点。

据大量统计，极限分辨角 ε 在 $50''\sim120''$范围之内。眼睛在松弛状态，良好照明的情况下，极限分辨角取 $\varepsilon=60''=1'$。

所以，设计目视光学仪器时，必须考虑眼睛的分辨率。目视光学系统的放大率，应使能被光学系统分辨的物体，放大到能被眼睛所分辨的程度，否则光学系统的分辨率就被眼睛所限制，而不能充分利用。

7.1.6 眼睛的瞄准精度

上述讨论的是眼睛能区分开相邻两个点或两条线之间的线距离或角距离的能力。而瞄准则是指垂直于视轴方向上的两个点或两个其他形状的图案重合或置中过程，瞄准精度(对准精度)是指对准后，偏离置中或重合的线距离或角距离，即一物体重叠到另一物体的叠合精度。

瞄准精度受人眼分辨率的限制，同时还与被瞄准物体的形状、光照度、对比度、刻线方式和瞄准方式等有关。表 7-2 所示为几种仪器中常用的瞄准方式及瞄准精度，表中的数据是在照度适中，对比良好的情况下得出的，若条件较差，瞄准精度低于表中数值。

表 7-2 瞄准方式及瞄准精度

瞄准方式	简图	在明视距离的瞄准精度	说明
单实线重合		$\pm60''$	—
虚线对实线(或工件轮廓)		约$\pm20''$	—
单线线端对准		$\pm10''\sim20''$	—

（续）

瞄准方式	简图	在明视距离的瞄准精度	说明
叉线中心对准单线		±10″	—
双线线端对准		±5″～10″	对准时，上、下线条同时等速移动，也称符合对准或重合对准
双线对称跨单线		±5″	刻线边缘应平整，且刻线与缝宽应严格平行，否则瞄准精度大大降低

显然，瞄准精度和分辨率是两个不同的概念，但二者又有一定联系。经验证明，人眼的最高瞄准精度为分辨率的1/6～1/10。

7.1.7 双目立体视觉

眼睛除能感受到物体的大小、形状、亮暗及表面颜色外，还能产生远近的感觉，以及分辨不同的物体在空间的相对位置，这种对物体远近的估计即为空间深度的感觉，而对于物体位置在空间分布以及对物体的体积的感觉称为立体视觉。

通常，人们总以双眼观物，同一物体在左右两只眼中各成一个像，然后，两眼的视觉汇合到大脑中产生单一的印象。但物在两眼视网膜上的像必须位于视网膜的对应点，即相对于黄斑中心的同一侧时，才有单像的印象，这是因为两视网膜上的对应点由视神经相联结，成对地将该对点上的光刺激传到大脑的缘故。若物在两视网膜上的像不在对应点上，就不能合二为一，从而会有双像的感觉。

【视错觉】

【光栅与视觉】

【视觉暂留-圆点负片】

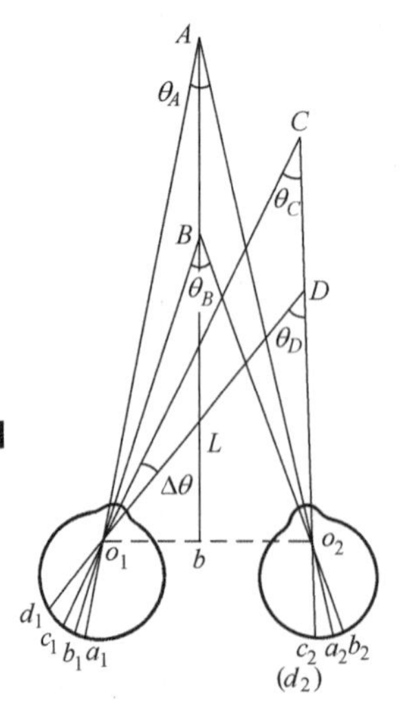

图7.8 双目立体视觉

如图7.8所示，当两眼注视A点时，A点的像a_1和a_2分别位于两黄斑的中心，较近的B点在两视网膜上的像b_1和b_2分别位于黄斑中心的外侧，将明显地感到是双像，实际上，此时凡在角O_1AO_2内的点都是成双像的；反之，当两眼注视B点时，会感到较远的A点成双像。但当注视A点时，图中C点在两眼视网膜上的像位于黄斑的同侧，将有单像的印象。

双眼视觉的另一特性是能估计被观察物体的距离及辨别空间物体的相对远近，这就是双眼立体视觉。

对于图7.8中不同远近的三个物点A、C、D，当两眼注视A点时，A在两眼网膜上的像a_1和a_2分别

位于两黄斑的中心，两视线的夹角 O_1AO_2 称为视差角 θ_A，即

$$\theta_A = b/L \tag{7-6}$$

式中，b 为两眼节点 O_1 和 O_2 的连线长度，称为基线长度；L 为 A 到基线的距离。

可见，不同远近的物体有不同的视差角。设另两点 C 和 D 位于直线 CDO_2 上，则它们在右眼中的像 c_2 和 d_2 重合，右眼看不清 C 点的像，故不能估计 C 点的位置，此时只需移动一下头部，使 C 点在右眼中单独成像即可。而左眼中的两个像 c_1 和 d_1 并不重合，其对节点 O_1 的张角即为 C 点和 D 点的视差角之差，称为立体视差，即

$$\Delta\theta = \theta_D - \theta_C \tag{7-7}$$

立体视差大时，表示两物体的远近相差大，眼睛极易判知。但当 $\Delta\theta$ 小到某一限度时，人眼就辨别不出与此对应的两物体的相对远近了。人眼正好能觉察到的最小立体视差称为人眼的体视锐度，用 $\Delta\theta_{\min}$ 表示。通常人眼的体视锐度为 $10''$。现实工作中，体视测距机是用来测量空间距离的，它的测距原理同人眼测距原理，但测距机的体视锐度 $\Delta\theta$ 需和人眼结合，即

$$\Delta\theta \cdot \Gamma_{仪} = 10'' \tag{7-8}$$

式中，$\Gamma_{仪}$ 为观察仪器的视觉放大率。

无限远物点对应的视差角 $\Delta\theta_\infty=0$，当物点对应的视差角 $\Delta\theta=\Delta\theta_{\min}$ 时，人眼刚刚能分辨出它和无限远物点的距离差别，即人眼能分辨远近的最大距离 $L_{\max}$。成年人的双眼基线平均长度 $b=62\text{mm}$，当 $\Delta\theta_{\min}=10''$ 时，由式(7-6)可得出双眼存在体视的距离：

$$L_{\max} = b/\Delta\theta_{\min} \approx 1200\text{m} \tag{7-9}$$

这里 $L_{\max}$ 称为立体视觉半径。位于立体视觉半径以外的物体，人眼已分辨不出远近。

能分辨出不同远近的两点间的最小距离 ΔL 称为体视阈值，即体视误差。对式 $\theta_A=b/L$ 微分，得体视误差 ΔL 表达式为

$$\Delta L = \frac{L^2}{b}\Delta\theta \tag{7-10}$$

当 $\Delta\theta=\Delta\theta_{\min}$ 时，对应的 ΔL 即为双眼立体视觉误差。将成年人的 $b=62\text{mm}$，$\Delta\theta_{\min}=10''$ 代入式(7-10)，得

$$\Delta L = 8\times10^{-4}L^2 \tag{7-11}$$

由式(7-10)知，观察远物时，体视误差值很大；而对近处物体，辨别其远近的能力就很强。结合公式 $L_{\max}=b/\Delta\theta_{\min}$，可以看出，如能增大基线长度 b 和减小体视锐度 $\Delta\theta_{\min}$，体视圈半径 $L_{\max}$ 就可增大，体视误差值 ΔL 就可减小，从而提高体视效果。

例 7.3 现有两个体视测距机，基线 b 分别为 0.065m 和 1m，观察系统的视觉放大率分别为 $1^\times$ 和 $20^\times$，试分别求其测量 100m 处的测量误差，比较两种情况说明什么问题。

解 利用式(7-8)和式(7-10)，可以计算测距机体视误差 ΔL。所以，同样的测距 100m，当 $b=0.065\text{m}$，$\Gamma=1^\times$ 时，$\Delta L=7.4586\text{m}$；当 $b=1\text{m}$，$\Gamma=20^\times$ 时，$\Delta L=0.02424\text{m}$。

由上述计算可知，为了实现精确测距，必须采用长基线、高倍率的测距仪。

7.2 放 大 镜

人眼感觉到的物体大小取决于其像在视网膜上的大小，因眼睛焦距一定，故取决于物体对人眼所张的视角大小。距离眼睛越近视角越大，但需满足两个条件：第一，被观察物

体必须位于眼睛近点之外才能被看清(太近，眼睛高度调节方能看清，很快疲劳)；第二，物体细节对眼睛节点的张角不得小于眼睛的极限分辨角 60″时，眼睛方能分辨。要想观察方便而不吃力，眼睛的分辨角一般为 $2'\sim4'$较合适。

为了扩大人眼的视觉能力，就产生了目视光学仪器(放大镜、显微镜、望远镜等)。通过这些仪器后，其像对人眼的张角大于人眼直接观察时物体对人眼的张角；此外，正常眼在完全放松的自然状态下，无限远目标成像在视网膜上，为了仪器使用者在观察过程中眼睛不产生疲劳，则目标物通过仪器后应成像在无限远，或者说应平行光射出，以配合人眼观察。以上就是对目视光学仪器的两个基本要求。

7.2.1 放大镜的视觉放大率

眼睛配合目视光学仪器观察物体时，关键是像在眼睛视网膜上的大小，所以目视光学仪器的放大率均用视觉放大率来表示，其定义为用仪器观察物体时视网膜上的像高 y_i'与人眼直接观察物体时视网膜上的像高 y_e' 之比，用 Γ 表示，即

$$\Gamma=\frac{y_i'}{y_e'}=\frac{l_e'\tan\omega'}{l_e'\tan\omega}=\frac{\tan\omega'}{\tan\omega} \tag{7-12}$$

式中，l_e'为人眼后节点到视网膜的距离；ω'为用仪器观察时物体的像对人眼所张的视角；ω 为人眼直接观察物体时对人眼所张视角。

人眼直接观察时，物体一般位于明视距离，即 $L=250\text{mm}$，所以

$$\tan\omega=y/L=y/250$$

通过放大镜观察时，若人眼距放大镜的距离为 P'，物体的像距为 l'，如图 7.9 所示，则物体所成虚像对人眼的张角为

$$\tan\omega'=\frac{y'}{P'-l'} \tag{7-13}$$

利用垂轴放大率公式 $\beta=\frac{y'}{y}=-\frac{x'}{f'}=\frac{f'-l'}{f'}$，得

$$\tan\omega'=\frac{f'-l'}{f'}\cdot\frac{y}{P'-l'}$$

因此放大镜的视觉放大率为

$$\Gamma=\frac{f'-l'}{P'-l'}\cdot\frac{250}{f'} \tag{7-14}$$

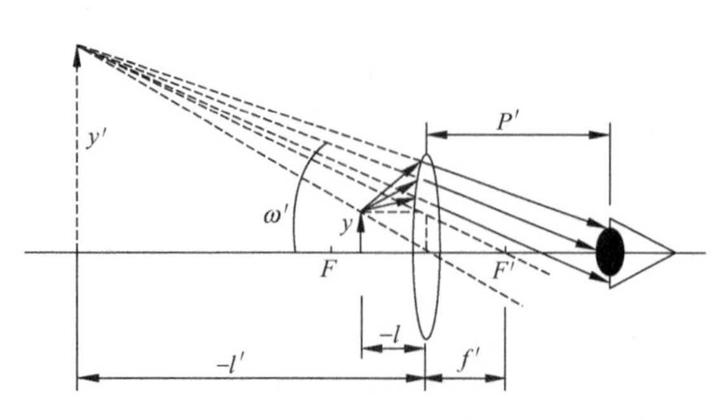

图 7.9 放大镜的成像原理

由式(7-14)可见，放大镜的视觉放大率 Γ 并非常数，它取决于放大镜距眼瞳和像面的位置 P'和 l'。下面讨论两种特殊情况：

(1) 当物体放在放大镜的物方焦点 F，则 $l'=\infty$，即眼睛调焦于无限远，此时有

$$\Gamma_0=250/f' \tag{7-15}$$

式中，f'的单位是 mm。人们把由此算出

的视觉放大率作为放大镜的光学常数，通常标注在其镜筒上。因此，知道了放大率Γ值，就可以求出相应的焦距。

(2) 正常视力的眼，一般把物体的像调焦在明视距离处，即 $P'-l'=250\text{mm}$，此时

$$\Gamma = 1 - \frac{l'}{f'} = 1 + \frac{250}{f'} - \frac{P'}{f'} \tag{7-16}$$

式(7-16)适用于小视觉放大率(长焦距)的放大镜，此时又有两种情况：

① 如果眼睛紧贴放大镜，即 $P'=0$，则

$$\Gamma = 1 + \frac{250}{f'} \tag{7-17}$$

② 如果此时人眼位于放大镜的后焦点 F'处，即 $P'=f'$，则

$$\Gamma = \frac{250}{f'} \tag{7-18}$$

常用的放大镜，其视觉放大率为 $2.5^{\times} \sim 25^{\times}$，若用单透镜(平凸或双凸)做放大镜，因单透镜不能校像差，所以其放大率通常不超过 $3^{\times}$。要想得到倍率较大的放大镜，需用组合透镜。

如果放大镜的物是前面光学系统所成的像，此时的放大镜称作目镜。

7.2.2 放大镜的光束限制和线视场

放大镜与眼睛组合构成目视光学系统，根据前述瞳窗判断原则可知，该系统中眼瞳是孔径光阑，同时也是系统的出瞳；放大镜框是视场光阑，同时也入窗、出窗，因为视场光阑未能与物、像面重合，所以视场将产生渐晕，这里放大镜框起渐晕光阑的作用。图 7.10 所示描述了其像空间光束的限制情况。

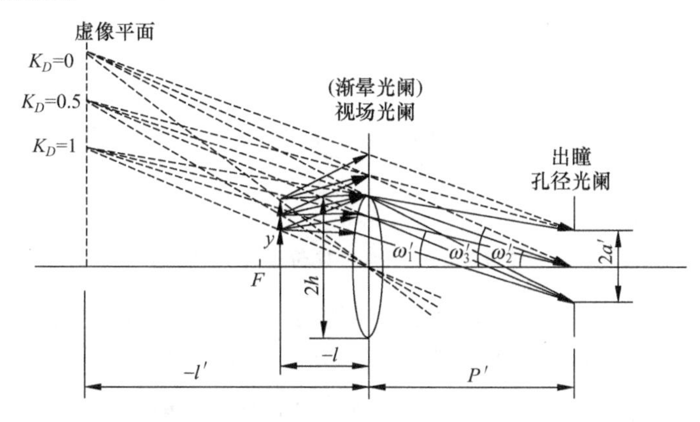

图 7.10 放大镜的光束限制（物体位于放大镜物方一倍焦距之内）

由图 7.11 可知，当物体置于放大镜物方焦面上时，其像面无限远，渐晕系数 K_D 分别为 1、0.5 和 0 时的像方视场角分别为

$$\begin{aligned} K_D = 1\text{时}, \quad \tan\omega' &= \frac{h-a'}{P'} \\ K_D = 0.5\text{时}, \quad \tan\omega' &= \frac{h}{P'} \\ K_D = 0\text{时}, \quad \tan\omega' &= \frac{h+a'}{P'} \end{aligned} \tag{7-19}$$

因为放大镜通常用来观察近距离小物体，所以放大镜的视场通常用物方线视场 $2y$ 表示。当物面位于放大镜物方焦平面时，像平面在无限远，如图 7.11 所示。当渐晕系数 K_D

分别为 1、0.5 和 0 时，则放大镜的线视场分别为

$$
\begin{aligned}
K_D &= 1\text{ 时}，\quad 2y = 2f'\tan\omega' = \frac{500}{\Gamma_o}\cdot\frac{h-a'}{P'} \\
K_D &= 0.5\text{ 时}，\quad 2y = 2f'\tan\omega' = \frac{500h}{\Gamma_o P'} \\
K_D &= 0\text{ 时}，\quad 2y = 2f'\tan\omega' = \frac{500}{\Gamma_o}\cdot\frac{h+a'}{P'}
\end{aligned}
\tag{7-20}
$$

可见，放大镜的放大倍率越大，则线视场越小，再次说明放大镜的放大倍率不宜过大。

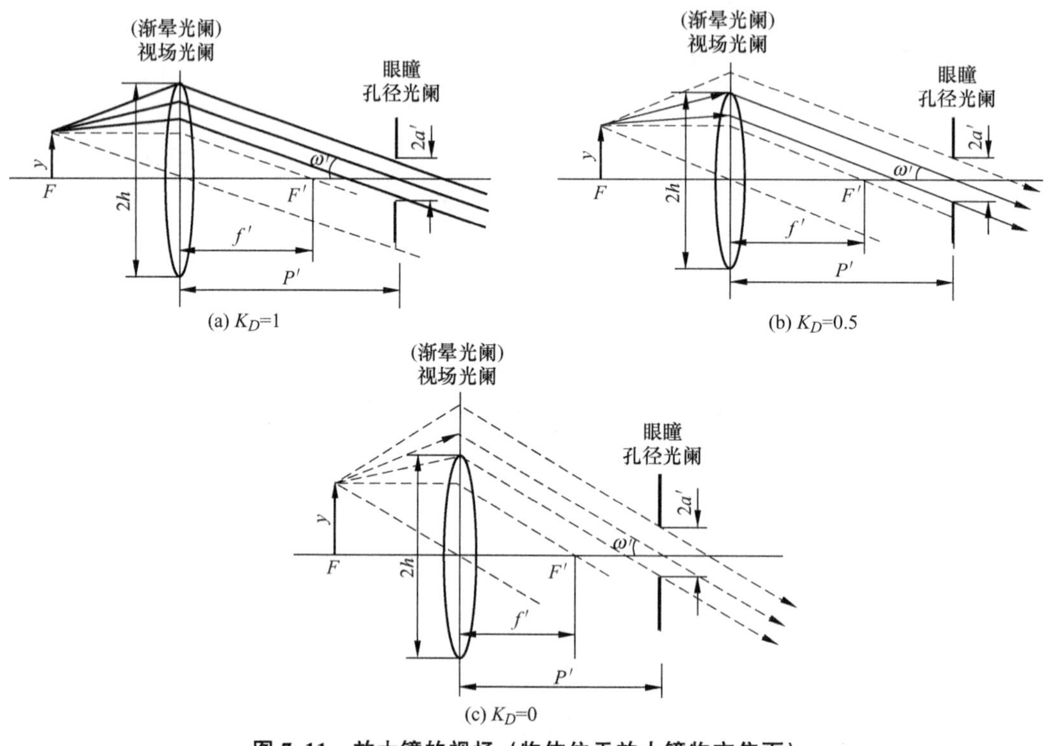

图 7.11　放大镜的视场（物体位于放大镜物方焦面）

例 7.4　有一视觉放大率为 $10^\times$ 的放大镜 1，其直径 $D_1=10\text{mm}$，眼瞳 2 离开放大镜的距离为 10mm，其直径 $D_2=2\text{mm}$，物面距放大镜 23mm，求：系统的孔径光阑、入瞳、出瞳、视场光阑、入窗、出窗的位置和大小，及 50%渐晕时的线视场。

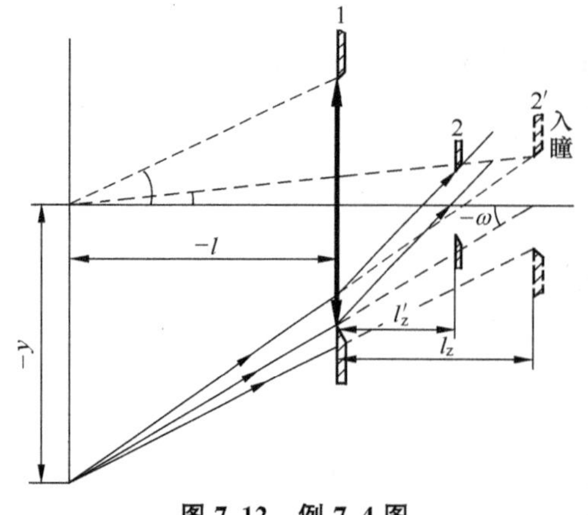

图 7.12　例 7.4 图

解　依据已知条件，作图如图 7.12 所示。

根据 $\Gamma=\dfrac{250}{f'}=10^\times$，得放大镜的焦距 $f'=25\text{mm}$。

根据瞳窗定义，眼瞳为整个系统的孔径光阑及出瞳，其直径为 2mm，出瞳距 $l_z'=10\text{mm}$，其对应的入瞳位置根据物像位置关系式 $\dfrac{1}{l_z'}-\dfrac{1}{l_z}=\dfrac{1}{f'}$，得 $l_z=16.67\text{mm}$，入瞳大小为

$$D = D_2 \frac{l_z}{l'_z} = 2 \times \frac{16.67}{10} = 3.33(\mathrm{mm})$$

放大镜框为视场光阑，也是入窗、出窗，其直径为10mm。由图7.12知，当$K_D=0.5$时的线视场为

$$2y = 2(l_z - l)\tan(-\omega) = 2(16.67+23)\frac{10/2}{16.67} = 23.8\mathrm{mm}$$

$$\left(\text{或 } 2y = D_1 \frac{-l+l_z}{l_z} = 10 \times \frac{23+16.67}{16.67} = 23.8(\mathrm{mm})\right)$$

7.3 显微镜系统

因放大镜的视觉放大率不大，为了观察近距离的微小物体，要求有更高视觉放大率的光学系统，需要采用复杂的组合光学系统，由此产生了显微镜系统。

7.3.1 显微镜的视觉放大率

显微镜和放大镜一样，将近处微小的物体成一放大的像供人眼观察，只不过显微镜经物镜、目镜两次放大，有较高的放大倍率，可以看做组合的放大镜。

显微镜由物镜和目镜组成，两透镜均为正透镜，且光学间隔$\Delta>0$，其成像原理如图7.13所示，它有二次成像过程。当物体成像时，物体AB在物镜前焦面稍远处，经物镜成放大、倒立的实像$A'B'$，它位于目镜前焦面或附近(目镜一倍焦距之内)，经目镜再一次成放大的虚像$A''B''$，该像位于无穷远或明视距离处。显然，起放大作用的目镜，此时不是直接对物体成像，而是对物体经显微物镜所成的像再次成像，以供人眼观察。

显微镜同样属于目视光学仪器，其放大率也用视觉放大率来表示。我们知道，人眼直接在明视距离处观察物体时，有

$$\tan\omega = \frac{y}{250} \tag{7-21}$$

图7.14所示，当物体经物镜成像于目镜物方焦点处时，人眼通过显微镜观察，有

$$\tan\omega' = \frac{y'}{f'_e} \tag{7-22}$$

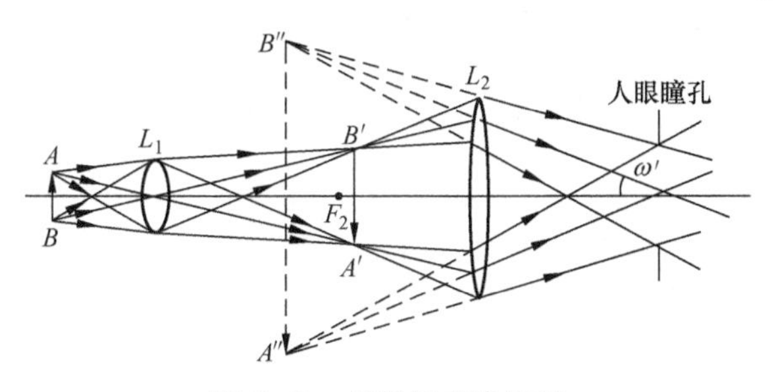

图7.13 显微镜成像原理

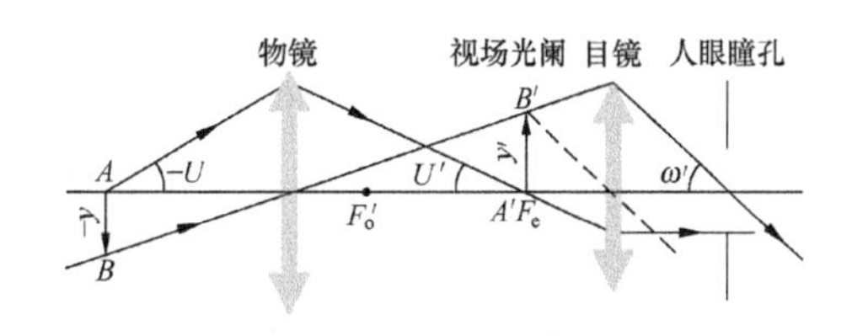

图7.14 物体一次像位于目镜物方焦面时显微镜成像原理

利用物镜的垂轴放大率公式$\beta_0=\frac{y'}{y}=-\frac{x'}{f'_0}=-\frac{\Delta}{f'_0}$，以及式(7-21)和式(7-22)，得显微系统视觉放大率Γ为

$$\Gamma = \frac{\tan\omega'}{\tan\omega} = -\frac{250\Delta}{f'_o f'_e} = \beta_0 \Gamma_e \qquad (7-23)$$

式(7－23)说明：当物体的一次实像面位于目镜物方焦平面时，显微镜的视觉放大率Γ等于物镜的垂轴放大率β_0和目镜的视觉放大率Γ_e的乘积，显然对物体实现了两级放大。同时也说明，要提高显微镜的视觉放大率Γ，需增大其光学间隔Δ，缩小物镜和目镜的焦距f'_o、f'_e，所以显微镜的光学间隔较大，物镜、目镜的焦距较短。

显微镜的物镜和目镜各有数个组成一套，便于调换获取各种放大率。常用的物镜倍率有$4^{\times}$、$10^{\times}$、$40^{\times}$、$100^{\times}$；常用的目镜倍率有$5^{\times}$、$10^{\times}$、$15^{\times}$。几个物镜可以同时装在一个旋转圆盘上，方便选用，目镜一般是插入式的，如图7.15所示。

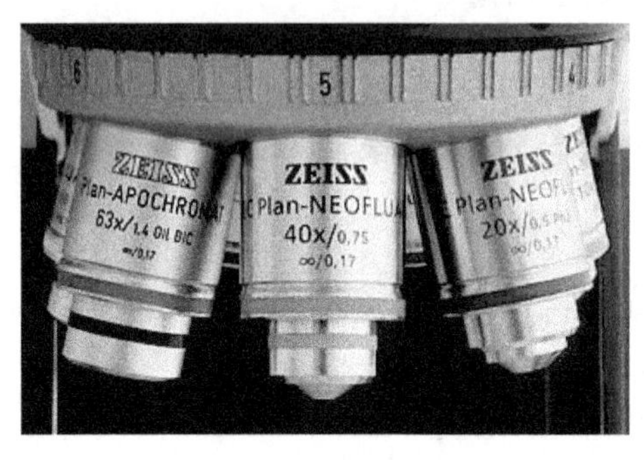

(a) 显微镜物镜

(b) 显微镜目镜

图 7.15 显微镜的物镜和目镜

为增加互换性，对显微镜规定如下：

(1) 物镜物平面到像平面的距离(共轭距)都相等，约为180mm；对于广泛使用的生物显微镜，我国规定为195mm。这样，光学筒长随物镜、目镜的焦距不同而不同。

(2) 物镜的工作距离是指物镜最前面到物面的距离。

(3) 机械筒长也是固定的。机械筒长定义为取下物镜和目镜后所剩下的镜筒长度，也即物镜定位面(或支撑面)到目镜定位面之间的距离。机械筒长有160mm、170mm、190mm，我国规定为160mm。

若把显微镜看做是物镜、目镜的组合系统，其组合焦距$f' = -\frac{f'_o f'_e}{\Delta}$，因系统中$f'_o$、$f'_e$、$\Delta$三者均大于零，故显微镜总焦距$f' < 0$。同时显微镜的视觉放大率还可表达为

$$\Gamma = \frac{\tan\omega'}{\tan\omega} = \frac{250}{f'} < 0 \qquad (7-24)$$

此式和放大镜的视觉放大率形式相同，因此可把显微镜看做是组合的放大镜。一般，一个显微镜同时配有多个物镜和目镜，这样就可以通过简单的组合获得各种放大倍率。

7.3.2 显微镜的光束限制和线视场

显微镜中，孔径光阑的设置随物镜结构而不同，单透镜的低倍物镜，物镜框即孔径光阑；高倍复杂物镜，物镜最后镜组的镜框作为孔径光阑。图7.14所示，物镜框为孔径光阑，人眼瞳孔为系统的出瞳。而对于测量显微镜，为消除调焦不准对测量造成误差，则在物镜像方焦面上设置孔径光阑，从而形成物方远心光路，如图7.16所示。

上述几种孔径光阑的设置，均能使孔径光阑经目镜所成的像(即出瞳)位于目镜的像方焦点以外，以方便与眼瞳重合。

显微物镜满足正弦条件：$ny\sin U=n'y'\sin U'$。设显微镜的出瞳直径为D'，当物体的一次像位于目镜物方焦面时，显微物镜的数值孔径为

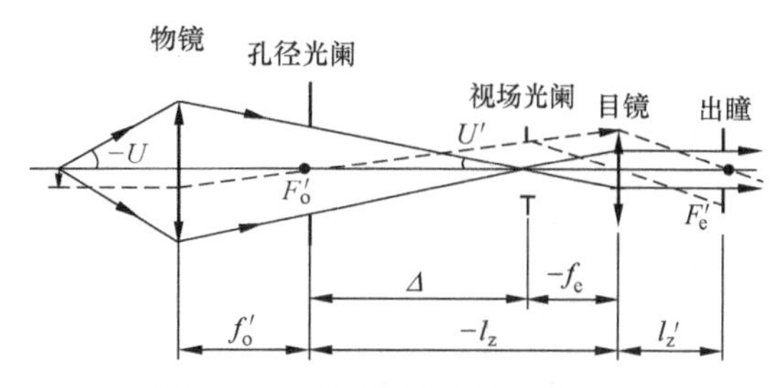

图 7.16 测量显微镜的光束限制

$$\mathrm{NA}=n\sin U=\beta n'\sin U'=-\frac{x'}{f_o'}\frac{D'/2}{-f_e}=-\frac{\Delta}{f_o'f_e'}\frac{D'}{2}=\frac{D'\Gamma}{500} \tag{7-25}$$

由此可以得出显微镜的出瞳直径为

$$D'=500\mathrm{NA}/\Gamma \tag{7-26}$$

可以看出，显微镜出瞳直径和视觉放大率成反比。因显微镜的放大率通常较大，故其出瞳直径很小，一般小于眼瞳直径，只有在低倍时，才能达到眼瞳直径。

显微物镜的数值孔径$\mathrm{NA}=n\sin U$，和物镜的垂直放大率β一样刻在物镜框上，是显微镜的重要光学参数，如图7.17所示。图7.17(a)中参数意义：$\beta=10^{\times}$，NA=0.25，机械筒长160mm，盖玻片厚度0.17mm[图7.17(b)中无此标示值，表示该物镜无盖玻片]。

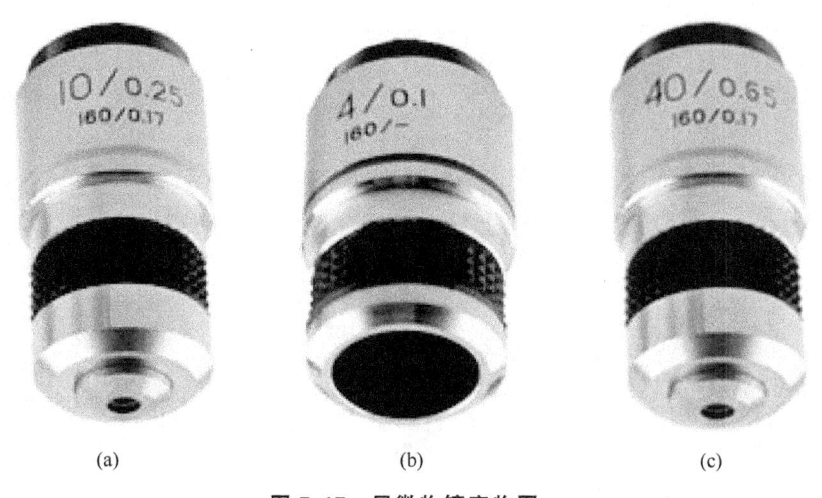

(a) (b) (c)

图 7.17 显微物镜实物图

显微镜的视场光阑设置在目镜的前焦面上。物体经物镜成像在视场光阑上，因此显微镜的入窗和物平面重合，可以消除渐晕。

因为显微镜也是用来观察近距离小物体的，所以显微镜的视场也用物方线视场$2y$表示。由图7.14可知，显微镜的线视场取决于视场光阑的大小。在视场光阑的位置上安置分划板，因此分划板起视场光阑的作用。设分划板的直径为$D_{分}$，则显微镜的线视场为

$$2y=D_{分}/\beta。 \tag{7-27}$$

式中忽略符号。受分划板尺寸的限制，显微镜物方线视场随物镜倍率的增大而减小。

分划板作为目镜的物，有

$$D_{分}=2f'_e\tan\omega' \tag{7-28}$$

利用目镜的视觉放大率 $\Gamma_e=250/f'_e$，由式(7－27)和式(7－28)，得显微镜的线视场为

$$2y=\frac{500\tan\omega'}{\Gamma} \tag{7-29}$$

由此可见，在目镜选定之后(即 $2\omega'$ 为定值)，显微镜的视觉放大率越大，则其在物空间的线视场越小。高倍显微镜的线视场只有零点几毫米，因此，显微镜属于小视场系统。

例 7.5 一显微镜视觉放大率为 $200^{\times}$，分划板直径为 20mm，目镜焦距为 25mm，求：

(1) 显微镜的线视场。

(2) 如果出瞳直径 $D'=1$mm，显微镜物镜的物像共轭距为 195mm，求显微镜的数值孔径，物镜的通光孔径(均按薄透镜计算)。

(3) 如果该显微镜用于测量，问物镜的通光孔径要多大？孔径光阑孔径多大？

解 根据已知条件，作图如图 7.18(a)所示。

(1) 目镜视觉放大率为 $\Gamma_e=\dfrac{250}{f'_e}=10^{\times}$

故物镜垂轴放大率为 $\beta_0=\dfrac{\Gamma}{\Gamma_e}=-20^{\times}$

所以，显微镜的线视场为 $2y=\dfrac{D_{分}}{\beta}=1\text{mm}$

(2) 由式(7－26) 得显微镜的数值孔径为

$$\text{NA}=\frac{D'\Gamma}{500}=0.4$$

利用 $-l_o+l'_o=195$ 和 $\beta_0=l'_o/l_o$，得物镜的物像距分别为 $l_o=-9.286$mm，$l'_o=185.714$mm。因为低倍显微镜在物镜上设置孔径光阑，所以物镜即为入瞳，其和出瞳关于目镜相共轭，代入高斯公式 $\dfrac{1}{f'_e}=\dfrac{1}{l'_e}=\dfrac{1}{l_e}$，有 $\dfrac{1}{25}=\dfrac{1}{l'_e}-\dfrac{1}{1(185.71+25)}$，得 $l'_e=28.365$mm。

由 $\beta_e=\dfrac{l'_e}{l_e}=-\dfrac{D'}{D}$，得物镜通光孔径 $D_o=D=7.429$mm。

(3) 当该显微镜用于测量时，如图 7.18(b)所示，需在物镜像方焦平面上加设孔径光阑，构成物方远心光路，入瞳位于无限远，故过入瞳中心的光线在像方一定经过物镜像方焦点 F'，过入瞳边缘的光线必定经过孔径光阑的边缘（即焦平面上的点），因此物方过入瞳边缘的光线是和光轴夹角为 $-U$ 的一束平行光。显然经过 B 点和入瞳边缘的光线如果要参与成像，则物镜通光孔径需加大，如图 7.18(a)所示。由图 7.18(b)可知，测量用物镜通光孔径为

$$2QO=2(QM+MO)=2\left(\frac{1}{2}+\frac{7.429}{2}\right)=8.429(\text{mm})$$

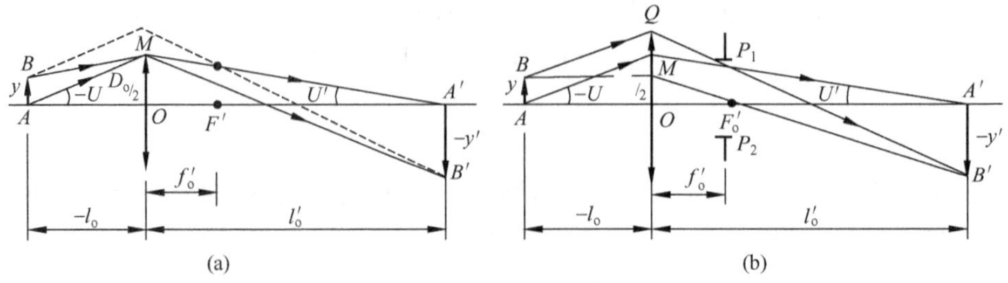

(a) (b)

图 7.18 例 7.5 图

利用物像位置关系式$\frac{1}{f'_o}=\frac{1}{l'_o}-\frac{1}{l_o}$，得物镜焦距 $f'_o=8.844\text{mm}$

利用图中相似三角形，得$\frac{P_1F'}{MO}=\frac{A'F'}{A'O}$，由此可计算出孔径光阑的通光孔径 $P_1P_2=2P_1F'=7.075\text{mm}$。

7.3.3 显微镜的分辨率和有效放大率

光学仪器的分辨本领(鉴别率)，是指其分辨小物体细节的能力。这里以能分辨的两物点间最小距离 σ 表示。显然，σ 越小，分辨能力越强。

分辨本领是由光波的衍射性质决定的。物理光学中，一个点光源经光学系统成像，由于光的衍射作用，成像后得不到一个点像，而是一个衍射斑，衍射斑中心亮斑约集中了全部能量的 84%，故把中心亮斑看成是发光点的像。

而对于两个独立的物点，经过光学系统后所成的像，则为两个衍射光环的叠加。瑞利判断认为，当一个像点的衍射斑中心落在另一像点衍射光环第一个暗环，即两相邻点之间的间隔等于艾里斑半径时，则两像点刚好能被分辨。

图 7.19 所示，当两个点相距较远，分辨两点自然不成问题，当两点逐渐靠近，合成光强远小于单个光斑光强时，也完全能够分辨；当靠近到符合瑞利判断时，刚刚能够分辨；再靠近，当合成光强大于单个光斑的光强，则无法分辨。

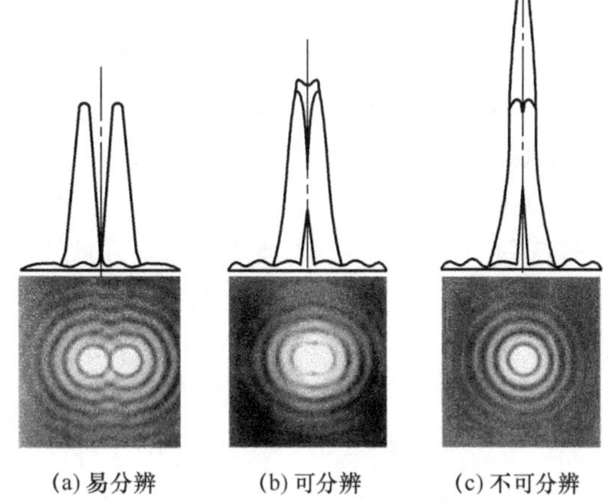

图 7.19 瑞利判断

设艾里斑半径为 a，则根据衍射理论，有

$$a = 0.61\lambda/n'\sin u' \tag{7-30}$$

显然，这是像方能够分辨的最小距离。

分辨率是能分辨物方两点间最短距离 σ，所以其分辨率为

$$\sigma = \frac{a}{\beta} = \frac{0.61\lambda}{n\sin u} = \frac{0.61\lambda}{\text{NA}} \tag{7-31}$$

道威判断认为，两相邻像点之间的间隔为 $0.85a$ 时，即能够被光学系统分辨，故其分辨率为

$$\sigma = 0.85a = 0.5\lambda/\text{NA} \tag{7-32}$$

实践证明：瑞利分辨率标准比较保守，实际上通常以道威判断给出的分辨率作为目视衍射分辨率，或称做理想分辨率。

以上只适用于视场中心情况，因显微系统、望远系统视场通常较小，故只考虑视场中心的分辨率。

可见，波长一定时，显微镜的分辨率主要取决于物镜的数值孔径 NA，与目镜无关，目镜只是把物镜分辨的像放大，即使目镜放大率很高，也不能把物镜不能分辨的物体细节看清。

显然，要想提高显微镜的分辨率，可通过提高物方空间介质的折射率(如油浸物镜)和增大孔径角(最大可达 60°～70°)的办法，由此进一步验证了显微镜属于大孔径系统。

当其他条件不变，而波长改变时，也会影响到显微镜的分辨率，如电子显微镜的波长远低于可见光的波长，所以其分辨本领很高。

由前述可知，设计目视光学仪器时，必须考虑眼睛的分辨率。目视光学系统的放大率，应使能被光学系统分辨的物体，放大到能被眼睛所分辨的程度。因人眼极限分辨角为$1'$，在明视距离上对应的线值为0.0725mm。所以，对于显微镜可认为

$$\Gamma_{\min}\sigma = 0.0725\text{mm} \tag{7-33}$$

为了充分利用显微镜的分辨率，使已被显微物镜分辨出来的细节能同时被眼睛所看清，显微镜必须有恰当的放大率，以便将它放大到足以被人眼分辨的程度，又不至于无效放大。便于眼睛分辨的角距离为$2'\sim4'$，其在明视距离上对应的分辨两点的线距离σ'为

$$2\times250\times0.00029\text{mm}\leqslant\sigma'\leqslant4\times250\times0.00029\text{mm}$$

σ'是显微镜像空间被人眼所能分辨的线距离，利用$\sigma'=\sigma\Gamma$换算到物方，再按道威判断，取$\sigma=0.5\lambda/\text{NA}$，设照明光的平均波长为$\lambda=0.000555\text{mm}$，代入上式得显微镜的有效放大率为

$$523\text{NA}\leqslant\Gamma\leqslant1045\text{NA}$$

圆整后

$$500\text{NA}\leqslant\Gamma\leqslant1000\text{NA} \tag{7-34}$$

满足式(7-34)的放大率称为显微镜的有效放大率。放大率低于500NA时，物镜的分辨能力没被充分利用，人眼不能分辨已被物镜分辨的物体细节；放大率高于1000NA时，则为无效放大，不能使被观察的物体细节分辨得更清晰。

显微镜的数值孔径$\text{NA}=n\sin U$，若置于空气中$n=1$，对于浸液物镜$n>1$，故浸液物镜的数值孔径较大，最大值为1.5，因此可以提高显微镜的分辨率，且其有效放大率能达到$1500^{\times}$。对于显微镜，其放大率与数值孔径NA的匹配已成系列，常见显微镜组合参数见表7-3。

表7-3　常见显微镜组合

<table>
<tr><td colspan="2" rowspan="3">物镜 / 目镜</td><td>β_0</td><td colspan="2">$4^{\times}$</td><td colspan="2">$10^{\times}$</td><td colspan="2">$40^{\times}$</td><td colspan="2">$100^{\times}$</td></tr>
<tr><td>NA</td><td colspan="2">0.1</td><td colspan="2">0.25</td><td colspan="2">0.65</td><td colspan="2">1.25</td></tr>
<tr><td>f'_o/mm</td><td colspan="2">36.2</td><td colspan="2">19.894</td><td colspan="2">4.126</td><td colspan="2">2.745</td></tr>
<tr><td>Γ_e</td><td>$2y'$/mm</td><td rowspan="4">显微系统</td><td>Γ</td><td>$2y$/mm</td><td>Γ</td><td>$2y$/mm</td><td>Γ</td><td>$2y$/mm</td><td>Γ</td><td>$2y$/mm</td></tr>
<tr><td>$5^{\times}$</td><td>20</td><td>20</td><td>5</td><td>50</td><td>2</td><td>200</td><td>0.5</td><td>500</td><td>0.2</td></tr>
<tr><td>$10^{\times}$</td><td>14</td><td>40</td><td>3.5</td><td>100</td><td>1.4</td><td>400</td><td>0.35</td><td>1000</td><td>0.14</td></tr>
<tr><td>$15^{\times}$</td><td>10</td><td>60</td><td>2.5</td><td>150</td><td>1</td><td>600</td><td>0.25</td><td>1500</td><td>0.1</td></tr>
</table>

显微物镜上一般都标有物镜的倍率和数值孔径，如图7.17所示。由数值孔径可以计算出显微镜的放大率。

例7.6　按图7.17(c)所示显微物镜标示的参数选择合适的目镜。

解　图7.17(c)中参数意义：$\beta=40^{\times}$，NA=0.65，显微镜机械筒长160mm，盖玻片厚度0.17mm。由式(7-34)可以判断显微镜的有效放大率为

$$325^{\times}\leqslant\Gamma\leqslant650^{\times}$$

又 $\Gamma=\beta_0\Gamma_e$，所以目镜放大率 Γ_e 可在 $8.125^\times \sim 16.25^\times$ 之间选用，于是可选 $10^\times$、$15^\times$ 的标准目镜。如果选 $5^\times$ 目镜，物镜的分辨能力没被充分利用；选 $25^\times$ 目镜，属无效放大。

例 7.7 欲分辨相距 0.000375mm 的两点，用 $\lambda=555\text{nm}$ 的可见光斜入射照明。试求：

(1) 显微镜物镜的数值孔径 NA；

(2) 若要求两点放大后的视角为 $2'$，则显微镜的视觉放大率等于多少？选用多大倍率的物镜和目镜？

解 (1) 按式 $\sigma=0.5\lambda/\text{NA}$，得显微镜的数值孔径 NA=0.74

(2) 因为视角 $1'$ 时，显微镜的视觉放大率满足：$\sigma\Gamma=0.0725\text{mm}$，故视角 $2'$ 时，$\Gamma\sigma=2\times0.0725\text{mm}$，所以此时显微镜的视觉放大率为

$$\Gamma=\frac{2\times0.0725}{0.000375}=387^\times$$

根据表 7-3，选用 $40^\times$ 物镜和 $10^\times$ 目镜。

7.3.4 显微镜的景深

人眼通过显微镜观察，要求调焦在对准平面时，在对准平面前、后一定范围内物体能成清晰像，因此显微镜具有一定的景深。显微镜的景深包括几何景深、物理景深和调节景深。

1. 几何景深

几何景深即前面讨论的物空间沿光轴方向能同时清晰成像的深度范围，不同用途的显微系统，几何景深的表示方法不同，可根据显微镜是用于目视观察还是显微照相而定。

对于目视观察用显微镜，设显微镜的视觉放大率为 Γ，人眼的分辨率为 ε，则明视距离处，眼睛一方的弥散斑直径 $z'=250\varepsilon$。由图 5.18 知

$$\frac{D}{l}\approx 2\sin U=\frac{2\text{NA}}{n}$$

代入景深公式(5-10)，考虑到分母中 z' 相对前一项很小，可以忽略，且 $\beta=\Gamma$，所以得显微镜的几何景深 Δ_g 为

$$\Delta_g=\frac{250n\varepsilon}{\Gamma\cdot\text{NA}} \tag{7-35}$$

空气中，$n=1$，则

$$\Delta_g=\frac{250\varepsilon}{\Gamma\cdot\text{NA}} \tag{7-36}$$

假如一台显微镜视觉放大率 $\Gamma=100^\times$，物镜的数值孔径 NA=0.2，设人眼的分辨角 $\varepsilon=2'=0.00058\text{rad}$，则由式(7-36)得该显微镜几何景深 Δ_g 为 0.00725mm。可见显微镜的几何景深非常小。

2. 物理景深

物理景深由衍射理论给出。我们知道，一个点即使被理想光学系统成像，其像也不是一个严格意义上的几何点，而一个衍射图样，这种现象是由光的物理性质决定的。因此在规定范围内，将衍射图样的能量分布变化引起的物面移动量定义为系统的物理景深 Δ_p。表达式如下：

$$\Delta_p=\frac{\lambda}{n\sin^2 U}=\frac{n\lambda}{(\text{NA})^2} \tag{7-37}$$

在空气中有 $n=1$，则

$$\Delta_p = \frac{\lambda}{(NA)^2} \tag{7-38}$$

3. 调节景深

调节景深是指人眼在像空间的调节范围所对应的物空间深度。人眼具有调节功能，通过人眼自身调节，可以看清不同距离的目标。显微镜调焦时必将引起物面位置的改变，该变化量即为调节景深 Δ_a。

人们知道，人眼的调节范围 $\overline{A}$，这里可以利用牛顿公式，$x=\Delta_a$，$x'=\frac{1}{\overline{A}}\times 1000\text{mm}$，$f'=\frac{250}{\Gamma}$，空气中，有

$$\Delta_a \cdot \frac{1000}{\overline{A}} = \left(\frac{250}{\Gamma}\right)^2$$

所以

$$\Delta_a = \frac{62.5}{\Gamma^2}\overline{A} \tag{7-39}$$

对于正常眼，有 $\overline{A}=P$，则上式变为

$$\Delta_a = \frac{62.5}{\Gamma^2}P \tag{7-40}$$

那么，空气中显微镜的总景深为几何景深、物理景深、调节景深三者之和，即

$$\Delta = \Delta_g + \Delta_p + \Delta_a = \frac{250\varepsilon}{\Gamma \cdot NA} + \frac{\lambda}{(NA)^2} + \frac{62.5}{\Gamma^2}P \tag{7-41}$$

在精密测量系统中，物镜像面设有分划板，目镜可以视度调节，一般不产生调节景深，即 $\Delta_a=0$；如对显微照相系统，也不存在调节景深，$\Delta_a=0$；对光电显微镜，则 $\Delta_p=\Delta_a=0$。

由数值孔径计算式(7-25)可知，在出瞳直径一定的情况下，显微镜的数值孔径越大，要求其放大倍率也越高，由式(7-41)可见，景深则越小，所以显微镜的景深非常小，同时景深的大小决定了用显微镜调焦时的调焦误差。

7.3.5 显微镜的照明方法

显微镜常见的照明方式有两种：亮视场照明和暗视场照明。

1. 亮视场照明

亮视场照明通常按物体的材质分为不透明物体的照明和透明物体的照明。如观察金属表面则为不透明物体的照明，一般采用反射照明，通过物镜(物镜周围加一圈小灯泡)从上面照明，如图 7.20 所示。

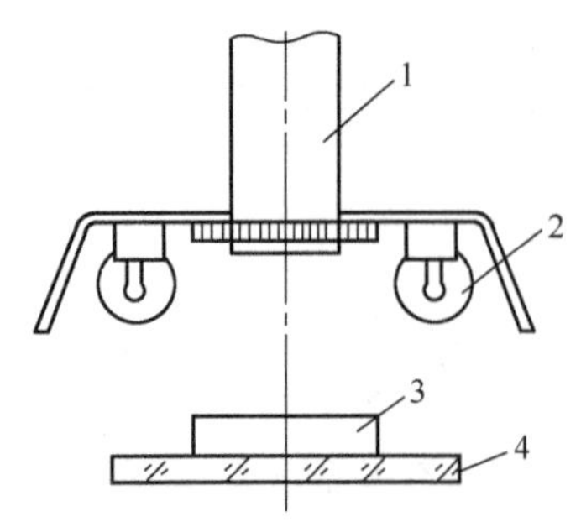

图 7.20 工具显微镜反射式照明

1—物镜；2—小灯泡；3—物体；4—载物台

而透明物体的照明则主要从工作台下部照明，这是最常见的情况，如生物显微镜多为透明标本，常用透射光亮视场照明。透明物体的照明有两种：临界照明和柯勒照明。

1）临界照明

这是一种把光源通过照明系统或聚光镜成像于物面

上的照明方法，如图 7.21 所示，图中 F_J 为聚光镜的物方焦点。此时，聚光镜的像方孔径角必须与显微物镜的物方孔径角相匹配。

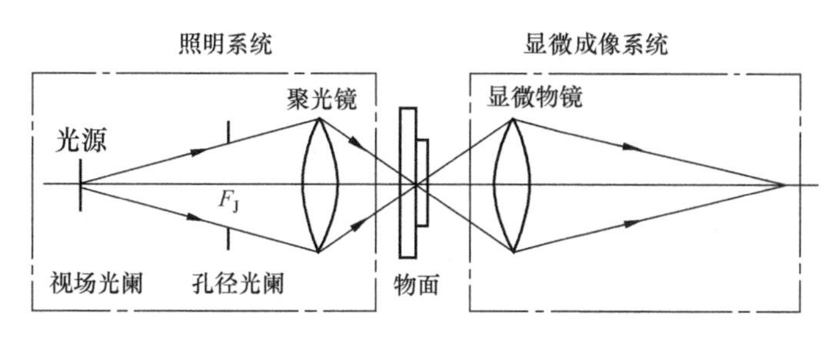

图 7.21　临界照明

临界照明是在照明系统的光源上设置视场光阑，把光源成像在物平面上，即照明系统的出窗对应显微成像系统的入窗，形成“窗对窗”。但由于光源表面亮度不均匀，影响显微镜的观察效果。

临界照明聚光镜的出瞳和像方视场角分别与显微成像系统物镜的入瞳和物方视场角重合。例如对测量显微镜，照明系统的孔径光阑位于聚光镜物方焦面上，它本身即为聚光系统的入瞳，而其出瞳则位于照明系统像方无限远处；测量显微镜成像系统中的孔径光阑位于物镜的像方焦面处，其入瞳位于物方无限远处，这样就满足系统组合时的衔接原则，称为“瞳对瞳”，即聚光镜的出瞳对应成像系统的入瞳。

2) 柯勒照明

这是一种把光源像成在显微物镜入瞳面上的照明方法，它使用了两个聚光镜，从而使照明系统略显复杂，其光路如图 7.22 所示。

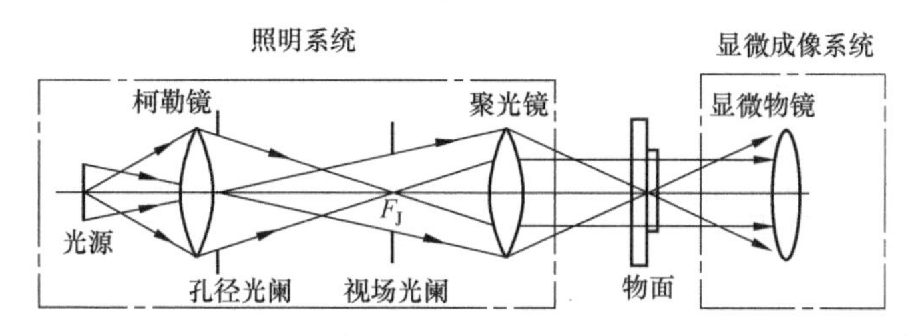

图 7.22　柯勒照明

柯勒照明其照明系统的孔径光阑紧贴第一聚光镜(柯勒镜)的后面，而视场光阑位于第二聚光镜的物方焦面(F_J 所在焦面)。这样，光源发出的光首先经第一聚光镜成像于视场光阑上，而视场光阑再经第二聚光镜成像于远限远处，与后一系统的入瞳相重合，形成“窗对瞳”，即照明系统的出窗与显微成像系统的入瞳相重合。

柯勒照明的光源均匀照明第一聚光镜，第一聚光镜(孔径光阑)经第二聚光镜成像于物平面上，即照明系统的出瞳与显微成像系统的入窗相重合，形成“瞳对窗”，从而使物面均匀照明，克服了临界照明照度不均匀的特点。

2. 暗视场照明

光线从侧面入射，使主要的照明光线不进入物镜，能够进入物镜参与成像的光只是由微粒所散射的光线，这样在暗背景上给出亮的微粒像，可得到均匀的暗视场，视场背景虽暗，但对比度很好，可以提高分辨率。图 7.23(a)所示为反射式暗视场照明，图 7.23(b)所示为透射式暗视场照明。

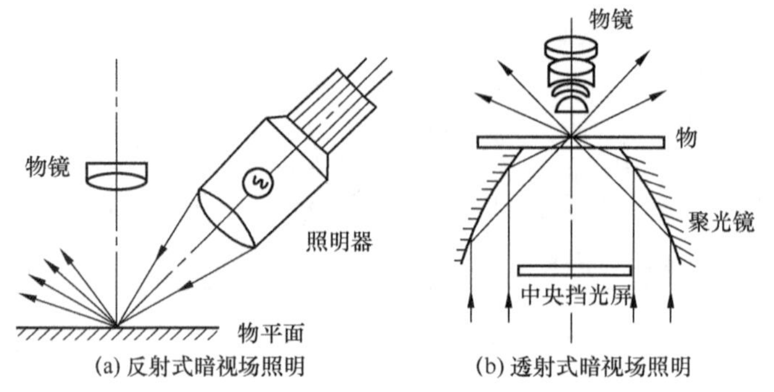

(a) 反射式暗视场照明　　(b) 透射式暗视场照明

图 7.23　暗视场照明

7.3.6　显微镜的物镜

显微物镜的放大率大约在 $2.5^{\times}$～$100^{\times}$范围内，数值孔径 NA 随物镜放大率 β_0 增大而增大，借助于目镜的放大率 Γ_e($5^{\times}$～$25^{\times}$)，来满足有效放大率的要求。显微镜的物镜主要有：低倍物镜、中倍物镜、高倍物镜、浸液物镜、复消色差物镜、平视场复消色差物镜等。对于非浸液物镜，高倍时数值孔径上限为 0.95，对于浸液物镜，其数值孔径可达 1.4 甚至 1.5，见表 7-4。

表 7-4　显微物镜的结构形式

结　构	形式	放大率 β_0	数值孔径 NA
	双胶型（低倍）	$3\sim6^{\times}$	0.1～0.15
	李斯特型（中倍）	$8\sim20^{\times}$	0.25～0.3
	阿米西型（中倍及高倍）	$25\sim40^{\times}$	0.40～0.65
	油浸型（高倍）	$90\sim100^{\times}$	1.25～1.4
	复消色差物镜	$90^{\times}$	1.3
	平场复消色差物镜	$40^{\times}$	0.85

除了光学显微镜，目前各种形式的电子显微镜发展迅猛，电子显微镜具有分辨率高(可以看清两个小点间的最小距离为0.144nm，相当于人的头发丝的500万分之一，已经达到可以分辨单个分子和原子的程度)、放大倍率范围宽、操作方便、使用范围广等特点，并配有自动照相装置等功能。

相对于放大镜，显微镜有如下优点：①有较高的放大倍率；②眼睛与物体之间的距离适度，便于使用；③通过调换物镜和目镜可方便迅速地改变放大率；④在物镜的实像面上安置分划板后，可对被观察物体进行测量；⑤通过目镜的离焦，可把微小物体经二次放大后的实像显示出来或摄影记录下来。

7.4 望远镜系统

望远镜是观察远距离目标的光学仪器，由于望远镜所成像对眼睛的张角大于物体本身对眼睛的直观张角，所以给人一种“物体被拉近了”的感觉。利用望远镜可以更清楚地看到物体的细节，扩大了人眼观测物体距离的能力。根据前述对目视光学仪器的两个基本要求之一：目标物通过仪器后应成像在无限远，平行光射出，以配合人眼观察，故望远镜应出射平行光，即成像于无限远，这样要求望远镜应是一个将无限远目标成像在无限远的无焦系统。

7.4.1 望远镜的视觉放大率

同显微镜一样，望远镜系统也由物镜和目镜构成，系统中光学间隔Δ为0，表现为平行光射入平行光射出，属于无焦系统。望远物镜有透射式、反射式及折返式物镜，其中透射式物镜主要有双胶合物镜、双分离物镜、三片型物镜、摄远物镜等。通常望远物镜的工作距离是指最后一面到分划板的距离。开普勒望远镜的成像原理如图7.24所示。

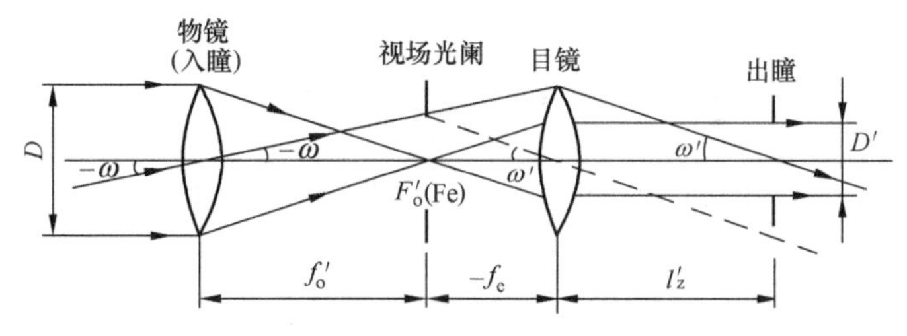

图7.24 开普勒望远镜成像原理

由图7.24中几何关系可知，望远镜的视觉放大率为

$$\Gamma=\frac{\tan\omega'}{\tan\omega}=-\frac{f'_o}{f'_e}=-\frac{D}{D'}=\frac{1}{\beta_e} \tag{7-42}$$

由式(7-42)可见，望远镜的视觉放大率Γ与物体的位置无关，仅取决于望远镜系统的结构。欲提高望远镜的视觉放大率，需增大物镜的焦距，减小目镜的焦距，所以望远系统中物镜焦距较大，目镜焦距较小，但目镜的焦距不能任意小，需保证望远镜的出瞳距$l'_z \geqslant 6$mm，军用望远镜出瞳距l'_z可达20mm。同时视觉放大率Γ随物镜、目镜的焦距f'_o、f'_e的符号不同而不同，$\Gamma>0$表示成正立像，$\Gamma<0$表示成倒立像。

手持望远镜的视觉放大率 Γ 一般不超过 $10^{\times}$；大地测量望远镜视觉放大率约为 $30^{\times}$；天文望远镜视觉放大率较大。为了提高分辨率和接收光能量的能力，天文望远镜的孔径相当大，有的物镜直径达几米。

根据视觉放大率 Γ 符号的不同，有两种典型的望远镜：开普勒望远镜和伽利略望远镜。

开普勒望远镜由两个正光焦度的物镜和目镜组成，所以视觉放大率 $\Gamma<0$，成倒像。为使倒像变为正像，需加入一透镜或棱镜转像系统。因物镜在其后焦面上成一实像，故可在这个中间像面位置放置分划板，用作瞄准或测量用。图 7.25 所示双目望远镜光学系统图，其转像系统由相互垂直放置的 $D_{Ⅱ}-180°$ 直角棱镜所构成的普罗Ⅰ型棱镜组成。

伽利略望远镜由正光焦度的物镜、负光焦度的目镜组成，所以视觉放大率 $\Gamma>0$，成正立的像，不需加转像系统，如图 7.26 所示。但中间无实像面，无法安放分划板，所以应用较少，适于剧场观剧等。

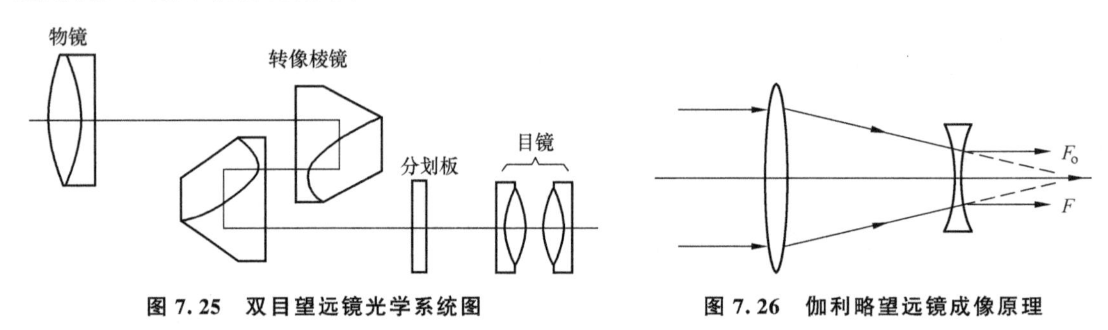

图 7.25　双目望远镜光学系统图　　　　图 7.26　伽利略望远镜成像原理

7.4.2　望远镜系统的分辨率和工作放大率

望远镜系统同样存在分辨能力的问题，此问题的产生也是由于衍射的存在。其分辨率的大小以衍射所造成的极限分辨角 φ 表示。

按瑞利判断

$$\varphi=\frac{a}{f'_o}=\frac{1.22\lambda}{D}=\frac{140}{D}('') \tag{7-43}$$

式中，艾里斑半径 $a=\dfrac{0.61\lambda}{n'\sin U'}$，像空间 $n'=1$，$\sin U'=\dfrac{D}{2f'_o}$，取 $\lambda=555\text{nm}$，D 为望远镜的入瞳直径(即物镜口径)。

按道威判断

$$\varphi=\frac{0.85a}{f'_o}=\frac{120}{D}('') \tag{7-44}$$

可见，增大望远镜的入瞳直径 D，可以提高其分辨能力。

望远镜瞩目视光学仪器，同样也受制于人眼的分辨能力，故望远镜也必须与人眼匹配。即两观察点通过望远镜后对人眼的视角不得小于人眼的极限分辨角 60″，因角度较小，可直接用角度值代替正切值，认为望远镜最小视觉放大率 $\Gamma_{\min}$(也称有效放大率或正常放大率)满足：

$$\varphi\Gamma_{\min}=60'' \tag{7-45}$$

可见，要提高望远镜的分辨率，除了增大入瞳直径外，还需提高系统的视觉放大率，以符合人眼分辨率的要求，但在望远镜分辨率 φ 一定时，过高地增大视觉放大率也不会看到更多的物体细节。最小分辨率值 $\Gamma_{\min}$ 可做以下转换，即

按瑞利判断

$$\Gamma_{min} = 60''/\varphi = D/2.3 \tag{7-46}$$

按道威判断

$$\Gamma_{min} = 60''/\varphi = D/2 \tag{7-47}$$

由于长时间在极限分辨角 60″情况下观察，眼睛会感觉疲劳，所以在设计望远镜时一般取 $\Gamma=(2\sim3)\Gamma_{min}$，常取

$$\Gamma = D \tag{7-48}$$

Γ 称为望远镜的工作放大率。

放大率的应用需结合具体的使用仪器，区分如下：

(1) 对观察用望远镜，精度要求是其分辨角 φ，结合人眼极限分辨角 $\varepsilon=1'$，因角度较小，可由式(7-45)近似计算

$$\varphi = 60''/\Gamma \tag{7-49}$$

(2) 对瞄准用望远镜，精度要求是其瞄准误差 $\Delta\varphi$，与瞄准方式有关（参考表 7-2）：

① 使用压线瞄准(两单实线重合)，人眼瞄准精度为±60″，所以

$$\Delta\varphi = \pm 60''/\Gamma \tag{7-50}$$

② 使用叉线瞄准，人眼瞄准精度为±10″，则有

$$\Delta\varphi = \pm 10''/\Gamma \tag{7-51}$$

例如，经纬仪望远镜系统视觉放大率 $\Gamma=20^{\times}$，使用双线对称跨单线瞄准，其瞄准精度为±5″，则其瞄准角误差为 $\Delta\varphi=\pm5''/\Gamma=\pm0.25''$。

例 7.8 假定人眼可以在 400m 处看清坦克上的编号，如果要求在 2km 处也能看清，应使用多大倍率的望远镜？

解法一 设坦克上的编号大小为 $2y$，此编号 400m 远时对人眼的张角为 2θ，此刻人眼能看清该编号，满足

$$\tan\theta = \frac{y}{400\times10^3}$$

设 2000m 远时目标对人眼的张角为 2ω，此时

$$\tan\omega = \frac{y}{2000\times10^3}$$

2000m 远时人眼看不清，需借助望远镜，此时望远镜物方视场角也为 2ω，像方视场角为 $2\omega'$，要想借助望远镜看清目标，其像方视场角至少要达到 400m 远时目标对人眼的张角，即

$$\tan\omega' = \tan\theta = \frac{y}{400\times10^3}$$

所以，望远镜的倍率至少应选用

$$\Gamma = \frac{\tan\omega'}{\tan\omega} = 5^{\times}$$

解法二 400m 处人眼所能分辨的最小距离为

$$y = l\varepsilon = 400\times10^3\times0.00029\text{mm} = 116\text{mm}$$

此距离在 2km 处对人眼的张角

$$\varphi = \frac{116}{2\times10^6}\times206265 = 12''$$

此角度经望远镜放大后至少应满足人眼的极限分辨角 60″，即 $\Gamma\varphi=60''$，所以

$$\Gamma=\frac{60}{\varphi}=\frac{60}{12}=5^{\times}$$

故至少应选用 $5^{\times}$ 的望远镜。

7.4.3 望远镜的视场

1. 开普勒望远镜

根据瞳窗设置原则，开普勒望远镜物镜框为孔径光阑，也即入瞳，出瞳在目镜外，与人眼重合。观察时，必须使眼瞳位于光学系统的出瞳处，才能观察到望远镜的全视场。

同时目镜框为渐晕光阑，一般允许有 50%的渐晕。物镜的像方焦平面上设置分划板，分划板框即视场光阑。由图 7.24 可得望远镜的物方视场角满足

$$\tan\omega=y'/f'_{o} \tag{7-52}$$

式中，y'为分划板的半径。

因为开普勒望远镜中物镜有较大的焦距，所以其视场较小，一般 $2\omega\leqslant15°$。

2. 伽利略望远镜

以人眼瞳孔作为孔径光阑，同时也是望远镜的出瞳；物镜框为视场光阑，也即望远镜的入窗。由于伽利略望远镜的入窗与物(或像)面不重合，因此伽利略望远镜对大视场存在渐晕现象，物镜框起渐晕光阑的作用。图 7.27 所示为 50%的渐晕时的光束限制。

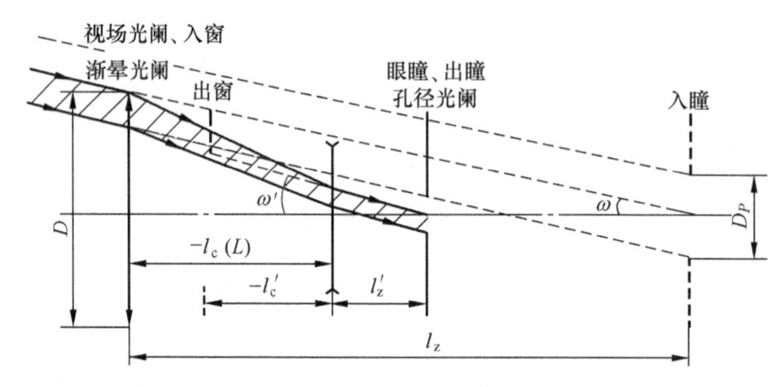

图 7.27 伽利略望远镜的光束限制

设物镜通光孔径(入窗)直径为 D，出窗直径为 D'则

(1) 当 $K_D=50\%$时，$\tan\omega=\dfrac{D}{2l_z}$，则 $\tan\omega'=\dfrac{D'}{2(l'_z-l'_c)}$

所以

$$\Gamma=\frac{\tan\omega'}{\tan\omega}=\beta_e\frac{l_z}{l'_z-l'_c} \tag{7-53}$$

图 7.27 中 l_c、l'_c 为一对共轭的物像距，分别为入窗、出窗距负透镜的距离，L 为筒长，又 $\Gamma=\dfrac{1}{\beta_e}$，所以由式(7-53)得

$$l_z=\Gamma^2(l'_z-l'_c) \tag{7-54}$$

故

$$\tan\omega=\frac{D}{2\Gamma(\Gamma l'_z-\Gamma l'_c)}=\frac{D}{2\Gamma(\Gamma l'_z-l_c)}=\frac{D}{2\Gamma(\Gamma l'_z+L)} \tag{7-55}$$

(2) 当 $K_D=0$ 时，伽利略望远镜的视场最大，由渐晕光阑(物镜框)边缘和相反方向入瞳边缘的光线决定，其视场角为

$$\tan\omega_{\max}=\frac{D+D_P}{2\Gamma(\Gamma l_z'+L)} \tag{7-56}$$

(3) 当 $K_D=1$ 时，伽利略望远镜的视场最小，由渐晕光阑(物镜框)边缘和相同方向入瞳边缘的光线决定，其视场角为

$$\tan\omega=\frac{D-D_P}{2l_z}=\frac{D-D_P}{2\Gamma(\Gamma l_z'+L)} \tag{7-57}$$

伽利略望远镜的优点：结构简单，筒长短、轻便、光能损失少、成正像。缺点：无中间实像面，不能用来瞄准和定位，只能做普通观察，如剧场观剧。

望远镜和显微镜一样，都属于大孔径、小视场的光学系统，因此应校正和孔径有关的像差。

例 7.9 一架 $6^{\times}$ 的开普勒望远镜系统，物镜焦距为 108mm，物镜孔径为 30mm，目镜口径为 20mm，物镜、目镜均按薄透镜处理，如果系统中视场光阑足够大，求：(1) 该望远镜最大极限视场角等于多少？(2) 渐晕系数 $K_D=0.5$ 时的视场角等于多少？(3) 如果要求系统的出瞳距离目镜 15mm，应加入多大焦距的场镜？

解 已知 $\Gamma=-6^{\times}$，$D=30\text{mm}$，$D_e=20\text{mm}$，$f_o'=108\text{mm}$，依题意作图如图 7.28 所示。

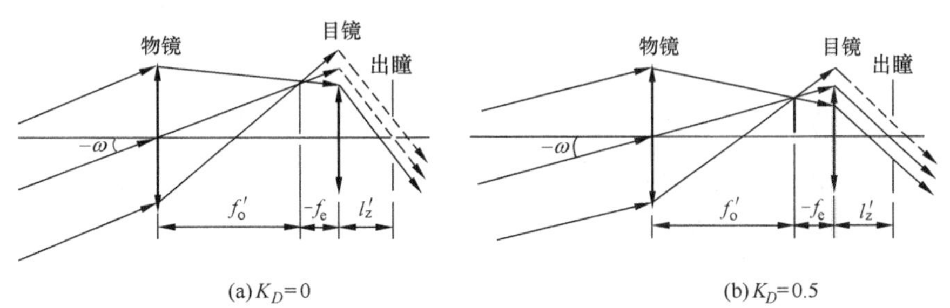

图 7.28 例 7.9 图

(1) 由式(7-42)得目镜焦距 $f_e'=18\text{mm}$，出瞳直径 $D'=5\text{mm}$，故最大视场时

$$\tan\omega_{\max}=\frac{(D_e+D')/2}{f_o'+f_e'}=\frac{12.5}{126}$$

所以

$$2\omega_{\max}=11.33°$$

(2) $K_D=0.5$ 时，有 $\tan\omega_{0.5}=\dfrac{D_e/2}{f_o'+f_e'}=\dfrac{10}{126}$。

所以

$$2\omega_{0.5}=9.08°$$

(3) 加入的场镜应位于物镜的一次实像面（分划板处），即 F_o'、F_e 重合位置处。此时入瞳需经场镜 1 和目镜 2 两次成像到达出瞳位置，因为此题已知目镜焦距 $f_e'=18\text{mm}$，出瞳距 $l_z'=15\text{mm}$，故这里可以由出瞳倒推回入瞳成像：

对目镜，将以上已知条件 $f_2'=18\text{mm}$，$l_2'=15\text{mm}$ 代入高斯公式，得

$$\frac{1}{18}=\frac{1}{15}-\frac{1}{l_2}$$

得 $l_2=90$

对场镜，$l_1=108\text{mm}$，$d=f_e'=18\text{mm}$，$l_1'=l_2+d=90+18=108\text{mm}$，代入高斯公式，得

$$\frac{1}{f_1'}=\frac{1}{108}-\frac{1}{-108}$$

得场镜焦距

$$f_1'=54\text{mm}$$

例 7.10 望远镜系统由焦距分别为 100mm 和 20mm 的两正透镜构成，视场角 $2\omega=10°$，出瞳直径 $D'=5$mm，由于目镜口径的限制，轴外边缘视场渐晕系数 $K_D=0.5$。为了消除渐晕，需在中间像平面上加场镜，在不增加目镜口径的情况下，场镜焦距等于多大时，能消除渐晕？

解 已知 $f_o'=100$mm，$f_e'=20$mm，$\Gamma=-f_o'/f_e'=-5^{\times}$，$2\omega=10°$，出瞳直径 $D'=5$mm，物镜通光孔径 $D=-\Gamma D'=25$mm，依题意作图如图 7.29 所示。

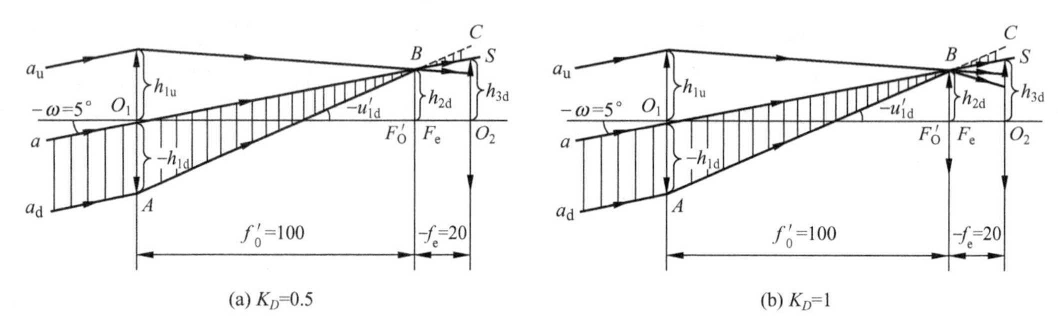

(a) $K_D=0.5$　　(b) $K_D=1$

图 7.29 例 7.10 图

图中，$h_{1u}=-h_{1d}=12.5$mm，分划板直径为 $D_{分}=-2f_o'\tan\omega=17.5$mm。

$K_D=0.5$ 时，如图 7.29(a)所示，目镜的通光孔径为：$D_e=-2(f_o'+f_e')\tan\omega=21$mm。

若在中间像平面上加场镜，则此时场镜成为第二个光学成像元件，光线通过场镜后会发生偏折，要想使光束全部参与成像，消除渐晕（即 $K_D=1$），需使下边光 a_d 成像后通过目镜上边缘，即下边光 a_d 成像后正好与 $K_D=0.5$ 时的主光线重合，此时光束全部通过目镜参与成像，即 $K_D=1$，完全消除渐晕，如图 7.29(b)所示。

现利用正切公式，分别对 3 条光线的成像过程分析如下：

(1) 上边光 a_u：

$$U_{1u}=\omega=-5° \quad h_{1u}=12.5\text{mm}$$

$$\tan U_{1u}'=\tan U_{1u}+\frac{h_{1u}}{f_1'}=-\tan 5°+\frac{12.5}{100}$$

(2) 主光线 a（加场镜后，$U_2'=U_{1u}'$）：

$$U_2=U_1'=U_1=\omega=-5° \quad h_1=0 \quad h_2=8.75$$

$$\tan U_2'=\tan U_2+\frac{h_2}{f_2'}=-\tan 5°+\frac{8.75}{f_2'}=\tan U_{1u}'$$

(3) 下边光 a_d（加场镜后，$U_{2d}'=\omega=-5°$）：

$$U_{1d}=\omega=-5° \quad h_{1d}=-12.5\text{mm}$$

$$\tan U_{1d}'=\tan U_{1d}+\frac{h_{1d}}{f_1'}=-\tan 5°+\frac{-12.5}{100}=\tan U_{2d}$$

$$\tan U_{2d}'=\tan U_{2d}+\frac{h2_d}{f_2'}=\left(-\tan 5°+\frac{-12.5}{100}\right)+\frac{8.75}{f_2'}=-\tan 5°$$

综上分析，主光线 a，利用 $U_2'=U_{1u}'$，或下边光 a_d 利用 $U_{2d}'=\omega=-5°$，均可得场镜焦

距：$f'_2=70\text{mm}$。

即当场镜焦距为70mm时，系统完全消除了渐晕，但目镜口径并没有增大。

例7.11 一架开普勒望远镜，视觉放大率为$6^{\times}$，物方视场角$2\omega=8°$，出瞳直径$D'=5\text{mm}$，物镜和目镜之间距离$L=140\text{mm}$。假定孔径光阑与物镜框重合，系统无渐晕，求：物镜和目镜焦距；物镜和目镜通光孔径；分划板直径；出瞳距。

解 依题意作图如图7.30所示。已知：$\Gamma=-f'_o/f'_e=-D/D'=-6^{\times}$，$2\omega=8°$，$L=f'_o+f'_e=140\text{mm}$，$D'=5\text{mm}$，$K_D=1$，得

物镜、目镜焦距：$f'_o=120\text{mm}$，$f'_e=20\text{mm}$

物镜通光孔径$D=-\Gamma D'=30\text{mm}$，目镜通光孔径$D_e=2(140\tan4°+2.5)\text{mm}=24.58\text{mm}$

分划板直径：$D_{分}=-2f'_o\tan\omega=16.78\text{mm}$

将$l_z=-140\text{mm}$，$f'_e=20\text{mm}$，代入$\frac{1}{l'}-\frac{1}{l}=\frac{1}{f'}$，得$l'_z=23.3\text{mm}$

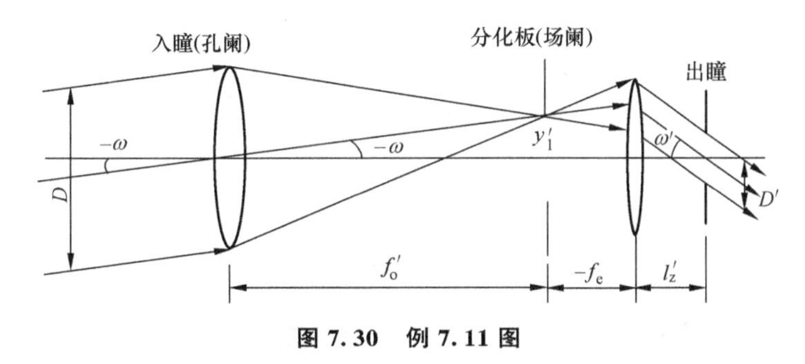

图7.30 例7.11图

7.5 目 镜

目镜是目视光学系统的重要组成部分，是正透镜组，其作用类似于放大镜，是把物体所成的像进一步放大，成像在人眼的远点或明视距离，所以其视觉放大率计算公式同放大镜，即$\Gamma=250/f'_e$。目镜的像质直接影响目视光学系统的质量，特别在分辨天体的细节时，目镜的质量尤为重要。

7.5.1 目镜的主要光学参数

目镜的光学参数主要有视场角$2\omega'$、焦距f'_e、相对镜目距p'/f'_e和工作距l_F。

由目视光学仪器的视觉放大率公式$\Gamma=\frac{\tan\omega'}{\tan\omega}$可知，目镜的视场角取决于仪器的视觉放大率和其物方视场角。一般目镜视场角为40°～50°，广角目镜为60°～80°，特广角目镜为90°以上，双目仪器的目镜视场角通常不超过75°。

镜目距p'是系统出瞳到目镜后表面的距离，大小视仪器使用要求而定，但最短不得小于6mm；相对镜目距p'/f'_e则为镜目距与目镜焦距之比。设计目镜时，应首先根据视场角和镜目距的要求确定目镜的形式，然后再由相对镜目距和仪器要求的镜目距即可确定目镜的焦距。

目镜的工作距l_F是指目镜第一面的顶点到其物方焦平面的距离。

因为目镜属于小孔径、大视场、短焦距的光学系统，轴上像差较小，球差、色差容易

满足；轴外像差大，校正也困难，如彗差、像散、场曲、倍率色差影响较大，畸变影响较小，可以不完全校正。所以对目镜而言，关键应校正轴外像差。

7.5.2 目镜类型

1. 惠更斯目镜

惠更斯目镜由荷兰科学家惠更斯于1703年设计，由两片分离的同种牌号玻璃的平凸透镜组成，前面为场镜，后面为接目镜，两凸面皆朝向物镜，如图7.31所示。场镜的焦距一般是接目镜的2～3倍，镜片间距是它们焦距之和的一半。镜目距 p' 约为目镜焦距的1/3左右，因此惠更斯目镜的焦距不能小于15mm。此目镜能同时校正彗差、像散和倍率色差，但场曲、球差和位置色差较大。

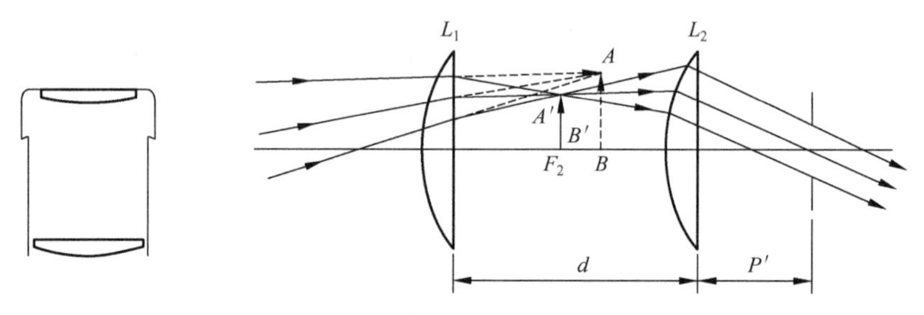

图7.31 惠更斯目镜及光路图

由于该目镜的物方焦点在两块透镜之间，同时因为场镜和接目镜的像差是互补的，当观察到的物体是清晰的时候，视场光阑的像是不清楚的，因此惠更斯目镜不能设置分划板，测量仪器中不能选用这种目镜。

此类目镜容易制造，价格低廉，可以缩短仪器长度，但眼睛必须很靠近接目镜而不方便，目前这种结构一般为观察显微镜的目镜所采用。

惠更斯目镜的特点是所观察的对象必须位于两平凸透镜之间，故不能单独当放大镜使用。

惠更斯目镜光学参数为 $2\omega'=40°\sim50°$，$p'/f'_e\approx1/3$，$f'_e\geqslant15\text{mm}$。

2. 冉斯登目镜

冉斯登目镜也是由两片同种光学材料制成的焦距相同的两个平凸透镜组成，但凸面相对，间距 $d_{冉}<d_{惠}$，如图7.32所示。此目镜没有畸变，球差较小，场曲显著减小，但有色差，其价格比较便宜，容易制造。因其间距 d 较小，且可使物镜的像平面位于目镜之外，因此可当普通放大镜使用，也可设分划板，作为测微目镜。但工作距、出瞳距都很小。

冉斯登目镜光学参数为 $2\omega'=30°\sim40°$，$p'/f'_e\approx1/3\sim1/4$。

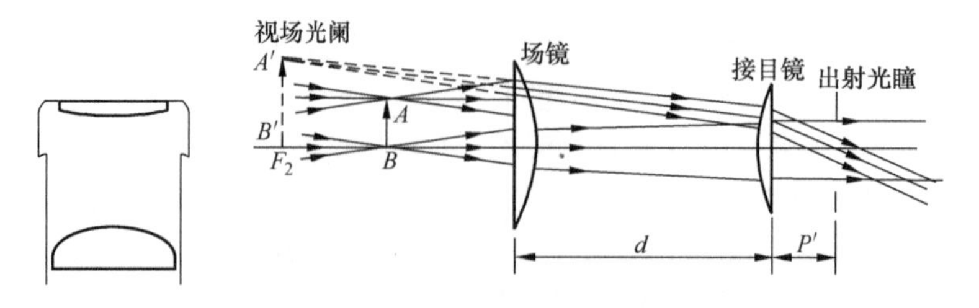

图7.32 冉斯登目镜及光路图

3. 对称式目镜

对称式目镜由两组完全相同的双胶合透镜对称排列构成，中间间隙很小，如图 7.33 所示。对称式目镜结构更紧凑，镜目距和工作距均较大，场曲更小，要求各组自行校色差，还能校彗差、像散。对称式目镜造价更低，而且适用于所有的放大倍率，是目前应用最为广泛的目镜。

对称式目镜光学参数为 $2\omega'=40°\sim42°$，$p'/f'_e\approx1/1.3$。

4. 凯涅尔目镜

凯涅尔目镜是一种改进型的冉斯登目镜，是将单片的接目镜改为双胶合消色差透镜，如图 7.34 所示。凯涅尔目镜能校正色差、像散和畸变，因此色差和边缘像质大为改善；低倍时有着舒适的出瞳距离，所以目前在一些中低倍天文望远镜中广泛应用，但是在高倍时表现欠佳。另外，凯涅尔目镜的场镜靠近焦平面，这样场镜上的灰尘便容易成像，影响观测，所以要特别注意清洁。

凯涅尔目镜光学参数为 $2\omega'=40°\sim50°$，$p'/f'_e\approx1/2$，目镜总长约为 $1.25f'_e$。

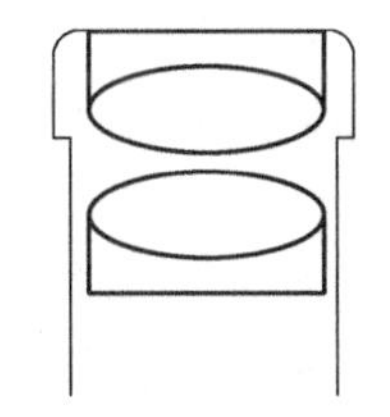

图 7.33 对称式目镜

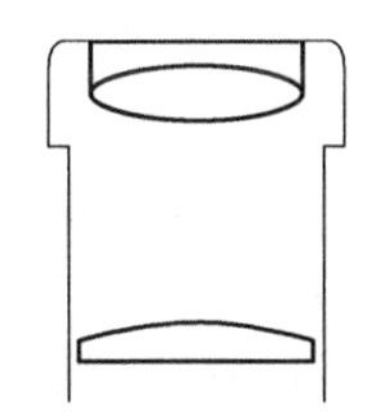

图 7.34 凯涅尔目镜

5. 无畸变目镜

无畸变目镜于 1880 年由德国蔡司公司创始人之一的阿贝设计，为四片两组结构，其中场镜为三胶合透镜，接目镜为平凸透镜，如图 7.35 所示。该目镜成功地控制了色差和球差，特别是校正了畸变，结构更紧凑，适用于高倍率测量仪器。如在大地测量仪器和军用仪器中被广泛采用，减少视距测量误差。

无畸变目镜光学参数为 $2\omega'=40°\sim45°$，$p'/f'_e\approx1/1.3$，当 $2\omega'=40°$时，相对畸变为 3%～4%。

6. 艾尔弗广角目镜

艾尔弗广角目镜是专门为需要大视场的军用望远镜设计的，是其后所有广角目镜的鼻祖，结构为五片三组，如图 7.36 所示。视场高达 60°～75°，非常适合观测深空天体，由于边缘存在像散，所以不太适合高倍设计，其在低倍时的表现非常出色。

艾尔弗目镜光学参数为 $2\omega'=60°\sim75°$，$p'/f'_e=1/1.3$。

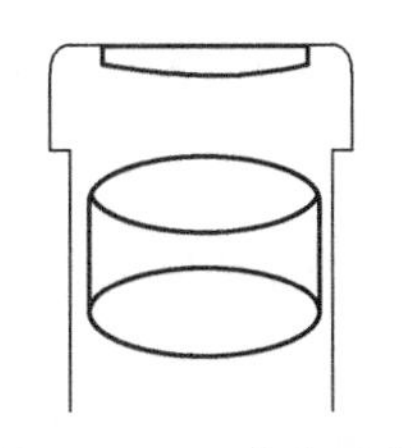

图 7.35 无畸变目镜

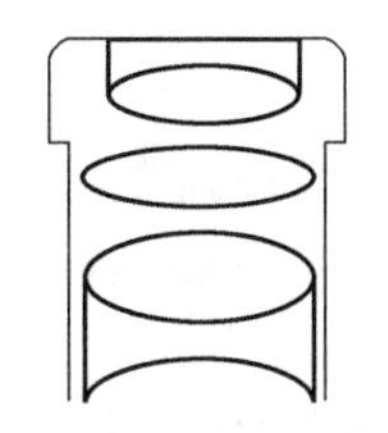

图 7.36 艾尔弗广角目镜

除上述比较常用的目镜系统外，还有超广角目镜，长出瞳距目镜等。天文望远镜中还采用了一些其他形式的目镜系统，以及一些特殊用途的目镜。

目镜形式较多，设计时在满足光学特性要求的同时，要兼顾成像质量和结构的简单化。

7.5.3 光学仪器中目镜的视度调节

目视光学仪器为了方便近视眼和远视眼使用，视度是可以调节的，即仪器的目镜相对于分划板要能做前后移动，使分划板上物镜的像经目镜成像于不同眼睛的远点处，以适应不同眼睛的观察需要，称为目镜的视度调节，且要求目镜的工作距 l_F 要大于视度调节的深度。望远镜及显微镜的视场光阑位于目镜的前焦面上，望远镜中目镜的视度调节原理如图 7.37 所示。

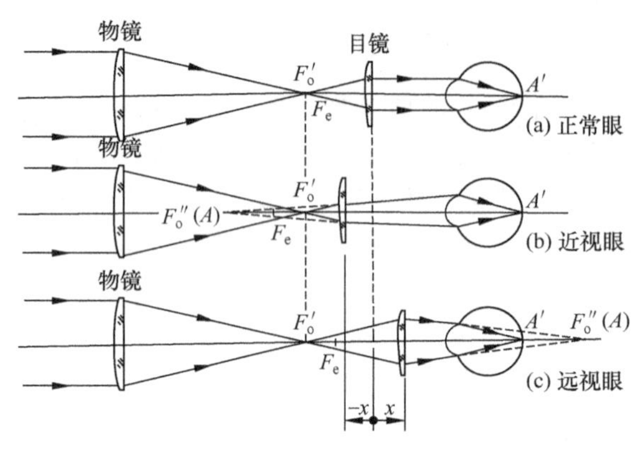

图 7.37 目镜的视度调节原理

(1) 正常眼：图 7.37(a)所示，分划板上物体的像恰好使眼睛在放松状态下成像在视网膜上。

(2) 近视眼：图 7.37(b)所示，向仪器内移动目镜，使分划板和物体的像位于目镜焦平面 F_e 以内，经目镜后发散交于近视眼的远点处，从而在放松状态下成像于视网膜上。

(3) 远视眼：图 7.37(c)所示，目镜远离物镜向外移，使分划板和物体的像位于 F_e 以外，经目镜会聚于远视眼的远点处，经眼睛成像于视网膜上。

目视光学仪器设计时必须要考虑到不同眼睛的观察者都能方便使用，所以为了保证在调节负视度时目镜的第一面不与物镜像面上的分划板相触碰，要求目镜的工作距离应大于目镜调节视度所需要的最大轴向移动量(无分划板的仪器除外)。

每调节一个屈光度，则目镜相对视场光阑(分划板)移动

$$\Delta x = \frac{f_e'^2}{1000} \tag{7-58}$$

光学仪器的视度调节的范围一般在±5D(即±5 屈光度)，所以目镜的视度调节范围所对应的目镜移动量为

$$x = \pm \frac{N f_e'^2}{1000} = \pm \frac{5 f_e'^2}{1000} \tag{7-59}$$

7-1 什么是人眼的瞄准精度？它和分辨本领有什么区别？

7-2 对正常眼，观察 2m 远处的物体，需要调节多少视度？某人戴 500 度的近视镜，其远点距为多少？

7-3 利用某仪器观察 2km 远目标的体视测距误差为±1m，当观察 4km 远目标时，问该仪器的体视测距误差为多少米？

7-4 如果显微镜和望远镜的出瞳位置和眼瞳不重合，或者孔径光阑球差太大，会出现什么现象？

7-5 放大镜的通光口径是限制被观察的物面大小还是控制其像的亮暗？

7-6 用放大镜观察时，眼睛逐渐向放大镜靠近，放大镜的视觉放大率和线视场如何变化？

7-7 怎样表示显微物镜的成像光束大小和成像范围大小？一般观察用显微镜的孔径光阑选在何处？测量用显微镜的孔径光阑选在何处？为什么？

7-8 显微镜和望远镜的分辨本领各是如何定义的，有什么不同之处？

7-9 一放大镜焦距 $f'=50\text{mm}$，通光孔径 $D=50\text{mm}$，眼睛距放大镜 125mm，50%渐晕，如果物体经放大镜所成像在明视距离处，求放大镜的视觉放大率、线视场及物体的位置；如果物体经放大镜所成像在无限远，求此时放大镜的视觉放大率、线视场及物体的位置。

7-10 欲分辨 0.000555mm 的微小物体，用 $\lambda=0.000555\text{mm}$ 的可见光斜入射照明。求显微镜的放大率最少应为多少？物镜的数值孔径 NA 取多少合适？

7-11 已知显微镜的视觉放大率为 $300^{\times}$，目镜的焦距为 20mm，求显微镜物镜的倍率。假定人眼的视角分辨率为 $60''$，问使用该显微镜观察时，能分辨的两物点的最小距离等于多少？该显微镜物镜的数值孔径应不小于多少？

7-12 一显微镜目镜 $\Gamma_e=15^{\times}$，物镜 $\beta_0=-2.5^{\times}$，物镜共轭距 $L=180\text{mm}$，求目镜焦距，物镜物、像方距离及焦距，显微镜总放大率、总焦距。

7-13 一显微镜目镜 $\Gamma_e=10^{\times}$，物镜 $\beta_0=-2^{\times}$，物镜共轭距 $L=180\text{mm}$，NA=0.1，物镜框为孔径光阑，求：

(1) 出瞳的位置及大小；

(2) 设物体 $2y=8\text{mm}$，50%渐晕，求物镜和目镜的通光孔径。

7-14 如制作一个 $6^{\times}$ 望远镜，已知物镜焦距为 150mm，问组成开普勒望远镜和伽利略望远镜时，目镜焦距分别为多少？筒长分别为多少？

7-15 为看清 10km 处相隔 100mm 的两个物点(设 $1'=0.0003\text{rad}$)，用开普勒望远镜，求：

(1) 望远镜至少应选用多大倍率(正常放大率)；

(2) 筒长 $L=465\text{mm}$ 时物镜和目镜的焦距；

(3) 按道威判断，保证人眼极限分辨角为 $1'$ 时物镜的通光口径；

(4) 物方视场角 $2\omega=2^{\circ}$ 时，求像方视场角 $2\omega'$；

(5) 无渐晕时目镜的通光口径；

(6) 如果视度调节 ±5D，目镜应移动的距离。

7-16 一架开普勒望远镜，目镜焦距为 100mm，出瞳直径 $D'=4\text{mm}$，求当望远镜视觉放大率分别为 $10^{\times}$ 和 $20^{\times}$ 时，物镜和目镜之间的距离分别为多少？假定入瞳位于物镜框上，物镜通光口径各为多大？(忽略透镜厚度)

第8章 摄影系统和投影系统

知识要点	掌握程度	相关知识
摄影系统	摄影物镜的光学特性、类型、成像原理、光束限制和视场等计算；拍摄三要素对摄影物镜景深的影响	各种摄影物镜的原理、作用和拍摄效果
投影系统	投影物镜的光学特性、成像原理、结构形式和照明方式	各种投影系统的使用目的及不同要求

导入案例

我们日常所用小型照相机的镜头按照其焦距的大小，大体可分为以下几种：

(1) 标准镜头。焦距范围在40mm至60mm的镜头，称为标准镜头。这种镜头的视角与人眼观察景物时视野的清晰范围接近，其焦距与胶片的对角线长度接近，能够提供一个最为正常的视觉效果，为照相机的标准配置。

(2) 广角镜头。焦距范围在24mm至38mm的镜头，称为广角镜头。广角镜头能够提供较宽阔的视角，从而把更多的景物纳入拍摄范围，有利于对大场面拍摄和在狭窄地方拍摄。在这个焦距段一般有35mm、28mm和24mm等镜头，其中28mm镜头由于既有宽阔视角又无明显的像差，被称为标准广角镜。

(3) 超广角镜头。焦距小于24mm的镜头，称为超广角镜头。超广角镜头的视角比广角镜头更为宽阔，拍摄的景物范围比广角镜头还要大。由于实现了超大场景的拍摄，镜头的像差难以全部校正，所以变形比较明显，像场照度也不是十分均匀。

(4) 鱼眼镜头。焦距小于16mm的超广角镜头，称为鱼眼镜头。鱼眼镜头的视角达到180°或以上，这种镜头属于特殊镜头，常用于营造夸张气氛。

(5) 中等焦距镜头。焦距范围在70mm至135mm的镜头，称为中等焦距镜头。中等焦距镜头的焦距适中，像差校正精良，多为高速摄影镜头，拍摄的画面透视效果好，能够给人舒适自然的感觉，广泛用于人像摄影、风光摄影等题材。

(6) 长焦距镜头。焦距范围在135mm以上的镜头，称为长焦距镜头。长焦距镜头由于其狭窄的视角，能够把远处的景物拉近，在胶片上成较大的影像，拍摄效果有较为强烈的透视压缩感，有利于把被摄主体从背景中分离出来，主要使用在远距离或特写摄影(图8.0)。

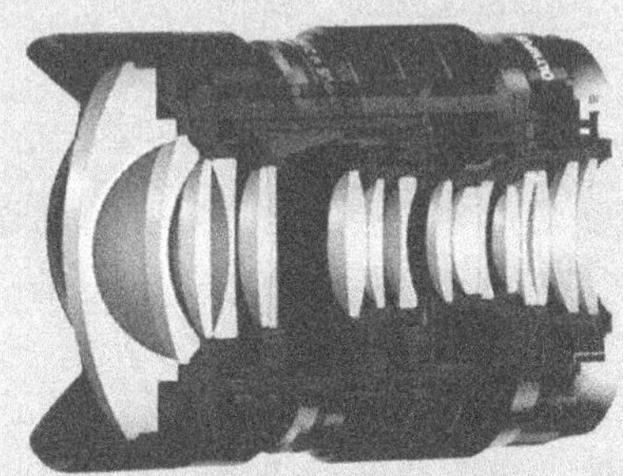

图8.0 导入案例图

摄影和投影光学系统广泛应用于科研、国防、生产、文化教育等领域。摄影光学系统是指那些把空间或平面物体缩小成像于感光乳胶层或CCD等接收器件上的光学系统；投影系统则是指将影像或物体放大成像于屏幕上的光学系统。本章主要介绍摄影和投影光学系统的主要光学参数、成像特性、设计要求及结构型式。

8.1 摄影系统

摄影系统由摄影物镜和感光元件组成，应用摄影系统可真实记录和再现各种事物，在各个领域有着极为广泛的用途。

8.1.1 摄影物镜的光学特性

摄影物镜俗称镜头，它的功能是使外界景物在感光元件上形成清晰的影像，就好比我们人类的眼睛能够把看到的景物清晰地影印在视网膜上的作用一样。所以摄影物镜是照相机的重要部分，其光学特性极大地影响摄影系统的特性。

1. 焦距 f'

若光学系统无畸变，则 $\tan\omega'=\tan\omega$。由图 8.1 可知，拍摄远处物体时为

$$y' = -f'\tan\omega \tag{8-1}$$

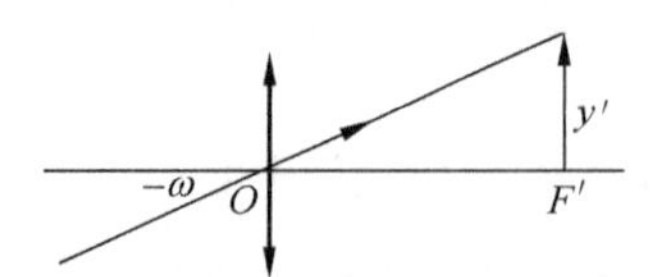

图 8.1 摄影物镜成像原理

拍摄近处物体时为

$$y' = \beta y = y\frac{f'}{x} \tag{8-2}$$

可见，拍摄同一目标时，像的大小 y' 与焦距 f' 成正比，焦距决定成像的大小。要想得到大的像面，必须增大物镜的焦距，如航空摄影物镜，焦距可达数米。

2. 相对孔径 D/f'

相对孔径 D/f' 中，D 为入瞳直径，f' 为摄影物镜焦距。由光度学理论可知，摄影物镜像面中心的照度为(空气中 $n'=n=1$)

$$E' = \tau\pi L\sin^2U' \tag{8-3}$$

又 $\sin U'=\dfrac{D}{2f'}$，所以

$$E' = \frac{1}{4}\tau\pi L\left(\frac{D}{f'}\right)^2 = \frac{1}{4}\tau\pi L/F^2 \tag{8-4}$$

可见相对孔径决定摄影系统的像面照度。但是由于照相系统的视场很大，视场边缘照度 E'_{m} 与中心照度 E'_{o} 相比要小得多，它们之间有如下关系

$$E'_{\mathrm{m}} = E'_{\mathrm{o}}\cos^4\omega' \tag{8-5}$$

式中，ω' 为像方视场角。

由于边缘照度与视场的四次方成正比，像面照度分布不均匀，中间亮边缘暗，视场越大，此现象越明显。

在摄影物镜中，都设有专门的孔径光阑，它限制进入物镜的光通量，决定像面的照度。为了使同一物镜能适应各种光照条件以控制像面获得适当的照度，孔径光阑都采用大小可连续变化的可变光阑，从而获得多种相对孔径以供选用，并在物镜的外壳上标出各档相对孔径的倒数及其位置刻线，称为 F 数或光圈数。由于像的照度与相对孔径的平方成比例，镜头中所标出的各挡 F 数是以 $\sqrt{2}$ 为公比的等比级数。根据国家标准，F 数与相对孔径对应关系如表 8-1 所示。

表 8-1 F 数与相对孔径的关系

F 数	1.4	2	2.8	4	5.6	8	11	16	22
D/f'	1∶1.4	1∶2	1∶2.8	1∶4	1∶5.6	1∶8	1∶11	1∶16	1∶22

像面上的照度与曝光时间的乘积称为曝光量，它分别被镜头的 F 数和快门开启时间所决定。F 数按上表排列时，正好使相邻两档在曝光量上相差一倍(曝光时间相同时)，故曝光时间按公比为 2 的等比级数变化，如图 8.2 所示。

3. 视场

任何摄影系统，作为视场光阑的片框都有其固定的大小。很明显，感光元件框起视场

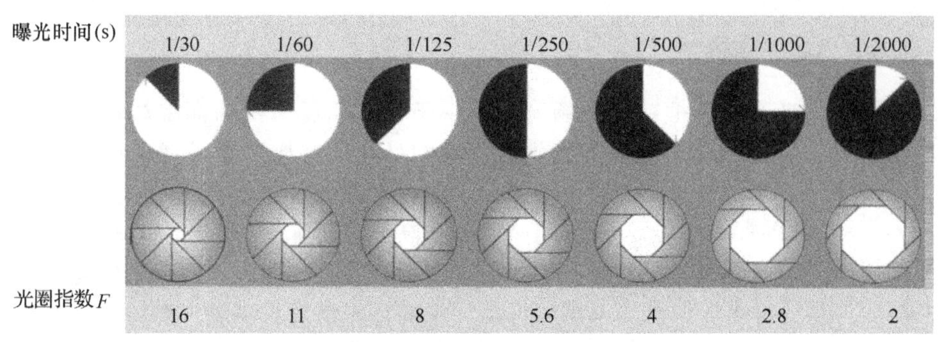

图 8.2　F 数与曝光时间的关系

光阑的作用，同时又是系统的出窗，决定像空间成像范围(像的最大尺寸)。拍摄远处的物体时，视场以 2ω 表示

$$\tan\omega = -\frac{y'}{f'} \qquad (8-6)$$

式中，y'是接收器对角线之半。

拍摄近处的物体时，视场以物体大小 $2y$ 表示

$$2y = 2y'\frac{x}{f'} \qquad (8-7)$$

摄影物镜的视场决定了参与成像的空间范围。由此可见，拍摄对象一定时，视场的大小由物镜的焦距 f'和接收器的尺寸 $2y'$决定。当接收器尺寸一定时，视场与焦距成反比。长焦距的物镜只能有较小的视场角，能对远处物体拍摄，得到比较大的像，适宜远距离摄影，称为远摄(望远)镜头；而短焦距的物镜则有较大的视场角，能将较大范围内的景物摄入镜头，称为广角镜头；介于二者之间，焦距约等于画幅对角线长度(即 $f'\approx 2y'$)的物镜称为标准镜头。图 8.3 所示为 135 照相机焦距与视场的关系。

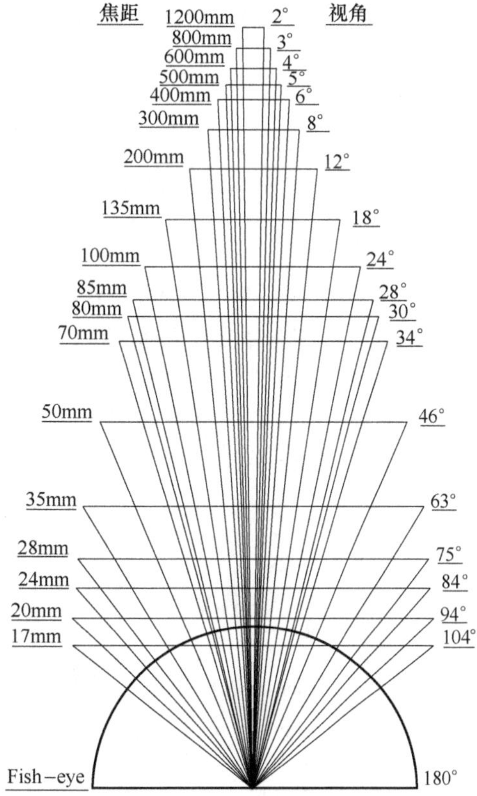

图 8.3　135 照相机视场与焦距的关系

常用摄影胶片及 CCD 尺寸的规格见表 8－2。

表 8－2　常用摄影胶片及 CCD 尺寸的规格

名　　称	尺寸/(mm×mm)	名　　称	尺寸/(mm×mm)
135 胶片	36×24	1″CCD	12.8×9.6
120 胶片	60×60	2/3″CCD	8.8×6.6
16mm 电影胶片	10.4×7.5	1/2″CCD	6.4×4.8
35mm 电影胶片	22×16	1/3″CCD	4.4×3.3
航摄胶片	180×180	1/4″CCD	3.2×2.4
	230×230		

8.1.2　摄影物镜的光束限制

摄影系统中，感光元件框就是视场光阑，由于相对孔径和视场都相对较大，为校正各种像差，物镜需具有相当复杂且正负光焦度分离的结构。这样，为了减小物镜的体积和重量，并拦截那些偏离理想光路较远的光线，提高成像质量，常有意识地减小远离光阑的透镜直径。图 8.4 所示为柯克三片式物镜中的拦光情况。一般，视场边缘点渐晕 50% 是常有的事，这并不会引起底片感光的明显不均匀，必要时拦掉 70% 也是允许的，因为照相机极少在物镜光圈开足时使用，当光圈缩小时，光束的渐晕程度随之减轻。

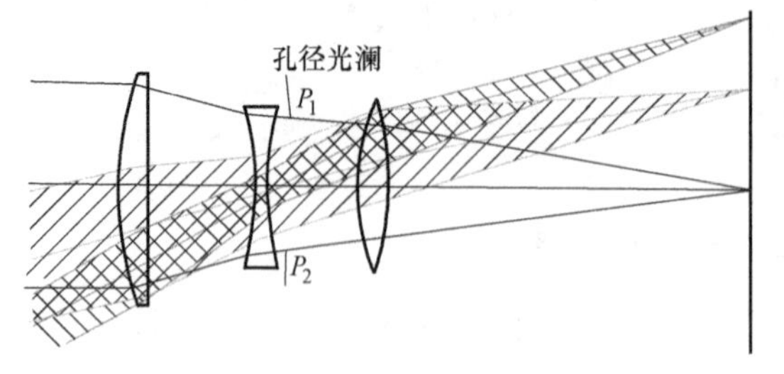

图 8.4　柯克三片式物镜光束限制

8.1.3　摄影物镜的分辨率

摄影系统的分辨率以像面上每毫米内能分辨开的线对数来表示，即 l_P/mm，系统分辨率的大小取决于物镜的分辨率和接收器的分辨率。摄影系统的分辨率 N 以经验公式表示为

$$\frac{1}{N}=\frac{1}{N_L}+\frac{1}{N_r} \tag{8-8}$$

式中，N_L 为物镜的分辨率；N_r 为接收器的分辨率。

摄影系统中，随着感光材料的不同，接收器的分辨率差别很大，用同一架相机拍摄时，采用不同感光元件，所得实际照相分辨率往往差别很大。

根据对无限远两点可能被理想光学系统分辨开的最小分辨角公式，按瑞利判断，两点间距离 σ 等于艾里斑半径 a 时即可分辨。则在摄影物镜焦平面上能分辨开的两条纹之间的相应间距为

$$\sigma=a=\frac{0.61\lambda}{n'\sin U'}=\frac{1.22\lambda}{D/f'} \tag{8-9}$$

式中，$n'=1$，$\sin U'=\dfrac{D}{2f'}$。

当 $\lambda=555\text{nm}$ 时，则物镜的理论分辨率（圆整后）为

$$N_L=\frac{1}{\sigma}=1475\frac{D}{f'}=\frac{1475}{F} \tag{8-10}$$

此公式决定了视场中心的分辨率，视场边缘由于成像光束的孔径角比轴上点小，分辨率有所降低，且在子午和弧矢方向也有差异。

可见，完善的摄影物镜，其分辨率与相对孔径 D/f' 成正比。相对孔径越大(即 F 数值越小)，则 N_L 越大，分辨开的线对数也就越多。分辨率是衡量摄影物镜的像质指标之一，因此应注意以下两个问题：

(1) 由于摄影物镜有较大的像差(大孔径、大视场，存在轴上点、轴外点像差)，且存在衍射效应，因此实际分辨率低于理论分辨率。

(2) 分辨率还与被摄目标的对比度有关，同一物镜对不同对比度的目标(如分辨率板)进行测试，其分辨率值不同。因此，像差和分辨率的关系不是唯一的，比较科学的评价摄影物镜像质的方法是利用光学传递函数(OTF)。

摄影物镜属大孔径、大视场系统，需要对各种像差作全面校正。但由于其光能接收器自身材料的原因，对像差的要求要比目视光学系统低得多，属大像差系统，摄影物镜的相对孔径小到1/10时就可算是理想的了。相对孔径大时，像差将随之增大，其像差容限要比显微物镜和望远物镜大10～40倍。

8.1.4 摄影物镜的景深

摄影物镜景深计算同第5章景深计算。摄影系统要求光学系统对整个或部分物空间同时成像于一个像平面上，由式(5-12)可知，影响摄影物镜景深的三要素是光圈、焦距和摄距。它们具有以下关系：

(1) 光圈口径越大景深越小，反之景深越大；或 F 数越大景深越大，反之景深越小；如 $F2.0$ 光圈的景深远远小于 $F16$ 光圈的景深。

(2) 在摄距和光圈一定的前提下，焦距越长景深越小，反之景深越大。如长焦镜头景深很小，超广角镜，景深非常大。

(3) 拍摄距离越近景深越小，反之景深越大。如同一镜头对4.5m处聚焦所产生的景深比镜头对1.5m处聚焦所产生的景深要大得多。

8.1.5 摄影物镜的类型

根据相对孔径和视场大小的不同，加之不同的使用要求，使得摄影物镜结构型式多种多样，但总体上可以分为定焦距物镜和变焦距物镜，其中定焦距物镜又分为普通物镜、大相对孔径物镜、广角物镜、远摄物镜等。部分摄影物镜实物如图8.5所示。

图8.5 摄影物镜

对摄影系统而言，镜头好比眼睛，它能使被摄物体形成一定的景象，并如实地记录下来。现代照相机的镜头是一种复式镜头，它是由片数不等的凹凸透镜组成。这些镜头口径大，并且其表面有镀膜，大大提高了镜头的透光能力和成像的清晰度，克服了单透镜照相机容易出现的变形现象。镜头分为固定镜头和活动镜头两种，都安装在照相机的前端。

1. 定焦距物镜

焦距固定不变的镜头则称为定焦距物镜。

1）普通物镜

普通摄影物镜是应用最广的物镜，焦距20～500mm，相对孔径 $D/f'=1:9\sim1:2.8$，视场 2ω 可达 64°。标准镜头的视场角和人眼相当，可以拍出人眼看起来很自然的照片，而不会在照片上附加任何异样感觉。

如图 8.6 所示，柯克三片式物镜 $D/f'=1:4.5$，$2\omega=50°$；天塞物镜 $D/f'=1:3.5\sim1:2.8$，$2\omega=50°\sim60°$。

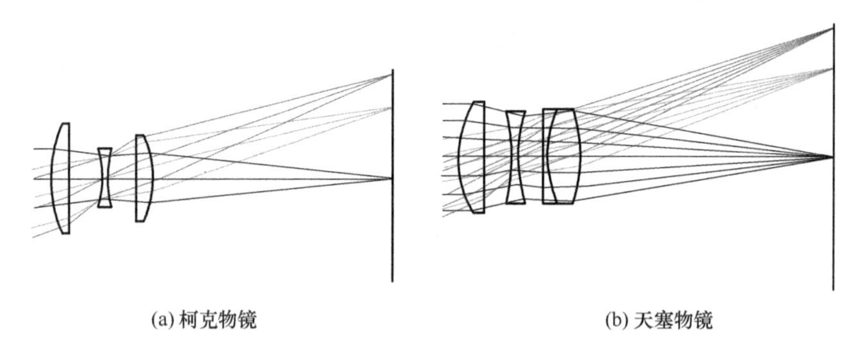

(a) 柯克物镜　(b) 天塞物镜

图 8.6　普通物镜

2）大相对孔径物镜

大相对孔径物镜相对比较复杂，图 8.7 所示为双高斯物镜，$f'=50\text{mm}$，$D/f'=1:2$，$2\omega=40°\sim60°$。

3）远摄物镜

远摄物镜是一种远距离摄影物镜，又称长焦距物镜。长焦物镜是一种特写镜头，为拍摄远距离目标并使远处的物体在像面上有较大的像时所用，采用正负透镜分离、正组在前的结构形式，以使主面前移，得到长焦距、短工作距离的结果。图 8.8 所示结构，筒长 L $(d+l'_F)<f'$，L/f' 为摄远比，要求 $L/f'<0.8$，一般取 $L=0.7f'$ 左右。高空摄影物镜，f' 可达 3m 以上，普通相机也可配 600mm 的长焦镜头。

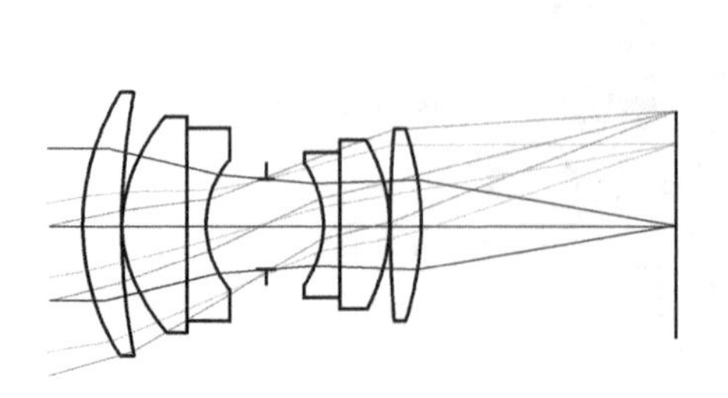

图 8.7　双高斯物镜

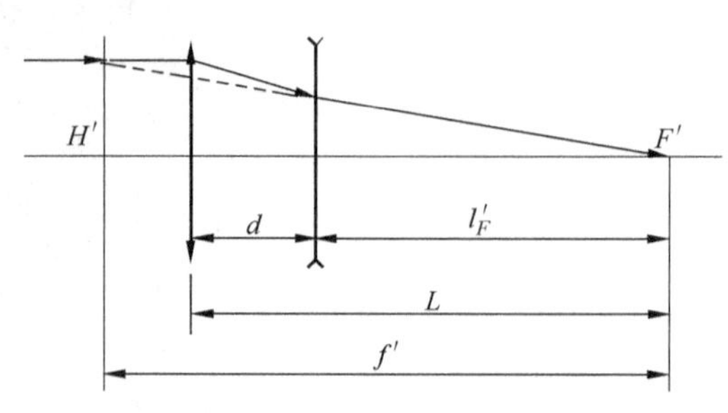

图 8.8　远摄物镜原理图

因为焦距 f'较长，结构必然大，为了缩短筒长 L，可采用折反射式结构，但其孔径中心光束有遮拦。伴随焦距 f'的增大，系统的球差、色差、二级光谱都成比例增大，为此设计时常采用特种火石玻璃，甚至晶体玻璃。图 8.9 所示为远摄天塞物镜，$D/f'=1:6$，$2\omega<30°$。

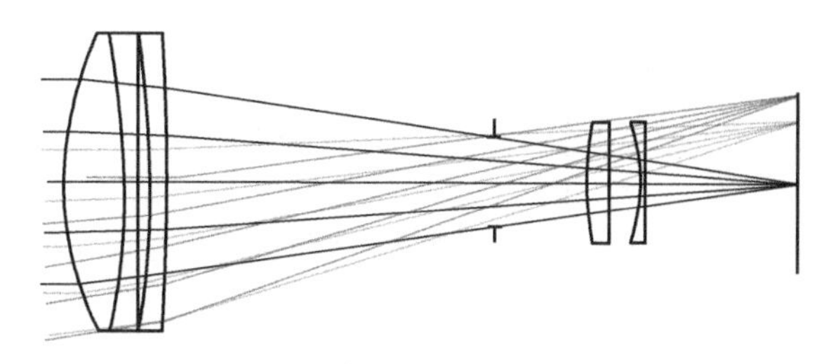

图 8.9 远摄物镜

与标准镜头相比，远摄物镜焦距长、视角小。以全幅 135 单反相机来说，焦距在 200mm，视角在 12°左右的镜头称为远摄镜头，焦距在 300mm 以上，视角在 8°左右的镜头称为超远摄镜头。

远摄镜头具有把距离拉近的效果，并且由于景深小，可以突出画面上的被摄主体，而使背景变得简洁。焦距在 70～100mm 的镜头在远摄镜头家族中焦距属于短的，特别适合拍摄人像特写，又称人像镜头；焦距在 100～135mm 的中等焦距远摄镜头，在微距下特别善于表现物体的细节与质感；焦距在 200mm 左右的中长焦距远摄镜头常用于拍摄远处的新闻画面，如体育比赛的报道等；焦距为 300～500mm 甚至更长的远摄镜头是新闻报道、野生生物摄影的重要创作工具；一些镜头被称为快速镜头，它在同样焦距下具有更大的相对孔径，因而可以以更短的曝光时间捕捉画面。远摄镜头所拍摄的画面示例如图 8.10 所示。

(a) 美联社 2008 年年度十大体育摄影佳作之一：科比突破双重包夹，困境中王者怒吼

(b) 美国《国家野生生物》杂志评选的第 35 届年度摄影大赛获奖作品第 2 名：《四只青蛙》

图 8.10 远摄物镜拍摄效果

远摄镜头的应用特点：①景深小，容易获得主体清晰，背景虚化的画面效果；②视角小，能够获得远处主体较大的画面且不干扰被摄对象，广泛地用于户外野生动物的拍摄；③压缩了画面透视的纵深感，拉近了前后景的距离；④影像畸变较小，广泛地用于人像摄影。

4）广角物镜

与标准镜头相比，广角物镜焦距短、视角大。以全幅 135 单反相机来说，焦距在 30mm 左右、视角在 70°左右的镜头称为广角镜头，焦距小于 22mm，视角大于 90°的镜头称为超广角镜头。

与远摄物镜相反，这种物镜要求短焦距、长工作距离，这就必须采用正负镜组分离、负组在前的结构形式，以使主面后移，如图 8.11 所示结构。其特点：焦距较短，后截距较长，$l'_F > f'$，视场照度比较均匀，视场角可达 60°以上。后截距较长，便于物镜和感光片之间安放分光元件(棱镜)、反光元件等。图 8.12 所示为广角物镜。

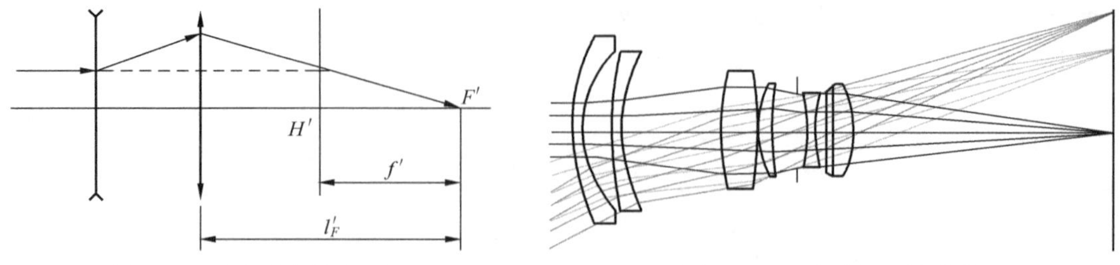

图 8.11　广角物镜原理图　　　　图 8.12　广角(反远距)物镜

广角物镜又称短焦距物镜，在标准的底片画幅范围内，广角镜头具有更大的视场角，善于营造方向线，拍出的照片具有空间延伸感，如图 8.13(b)所示，达到更加开阔的视野以及宏伟壮观的艺术效果。广角镜头可以产生前景大远景小的效果，用广角镜头产生的画面变形，给予视觉上强烈的冲击。由于近大远小的透视效果，用于拍摄人物时要注意人物的变形。

(a) 非广角镜头拍摄

(b) 广角镜头拍摄

图 8.13　广角与非广角物镜拍摄画面对比

$2\omega > 90°$的物镜称为超广角物镜。像面边缘照度下降很厉害，在不考虑渐晕时，按 $\cos^4\omega$ 下降，例如 $2\omega = 120°$的物镜，边缘照度只有中心照度的 6.25%。

广角镜头的应用特点：①景深大，有利于获得被摄画面全部清晰的效果，广泛地用于风光片的拍摄；②视角大，在有限的范围内可以获得较大的取景范围，在室内建筑的拍摄中尤为见长，如房地产行业的拍摄；③透视感强烈，可以营造具有强烈视觉冲击感的画面；④畸变较大，尤其是在画面的边缘部分。

还有一种极端的超广角镜头称为鱼眼镜头，以全幅 135 单反相机来说，焦距在 16mm 以下，视角在 180°左右的镜头就可称为鱼眼镜头。鱼眼镜头也称全景镜头，镜头的前镜片突出，犹如鱼眼，如图 8.14 所示。它也是短焦距超广角镜头，只是比普通超广角镜头焦距更短，视场角更大。鱼眼镜头的视场角等于或大于 180°，有的可达 230°。在 135 照相机系列中，鱼眼摄影镜头的焦距范围一般为 6～16mm，这为近距离拍摄大范围景物创造了条件。

鱼眼镜头由于视角超大，其桶形畸变非常大，因此画面周边的直线都会被弯曲，只有镜头中心部分的直线可以保持原来的状态。即使 90°的鱼眼也是这样，120°的鱼眼看起来弯曲得更加厉害一些，而且被容纳进画面的景物更多，150°同样如此，而 180°的鱼眼则可以把镜头周围 180°范围内的所有物体都拍摄进去，各种鱼眼镜头造成的像面弯曲示意如图 8.15 所示。

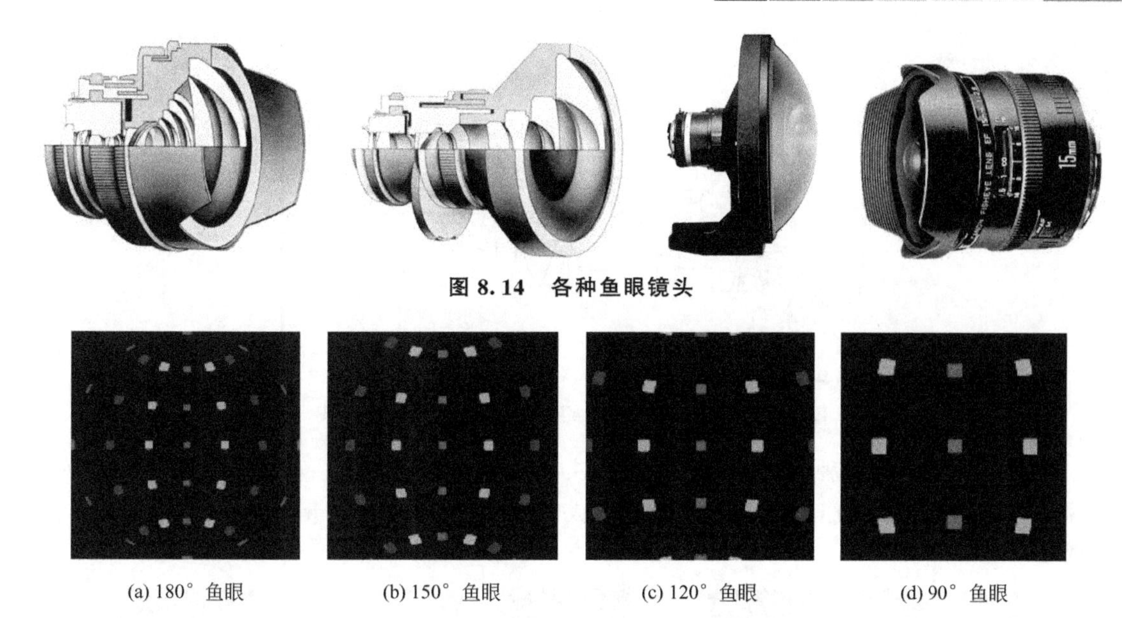

图 8.14　各种鱼眼镜头

(a) 180° 鱼眼　(b) 150° 鱼眼　(c) 120° 鱼眼　(d) 90° 鱼眼

图 8.15　鱼眼镜头像面弯曲示意图

鱼眼镜头有两种类型，一种称为圆形鱼眼(circular image fisheye)，另一种称为全幅鱼眼(full frame fisheye)。

圆形鱼眼是鱼眼镜头的鼻祖，其设计的视角基本在 180°以上，拍摄的画面大约是 23mm 圆，因此画面中只能看到圆形部分，这种镜头一般拥有超大的前组镜片，且镜片弯曲度非常大(为了采集来自更多方向的光线)，成本较高，如图 8.16 所示。全幅鱼眼镜头也称对角线鱼眼镜头，拍摄的画面对角线大约为 43mm 的圆，因截取了胶卷 24mm×36mm 的全部，故也被称为可拍四角的鱼眼镜头，其特点是整个画面并不出现遮角现象，是完整的 24mm×36mm 画幅，但画面的几何图形仍具有集中于画面中部的鱼眼视觉效果。

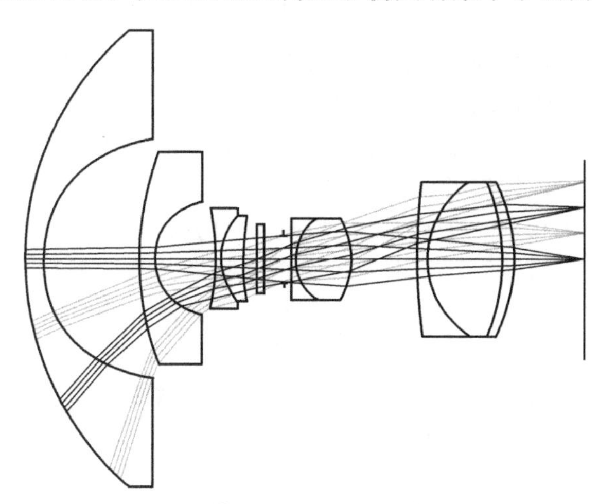

图 8.16　8mm 9 片 5 组 180°以上视角圆形鱼眼镜头

全幅鱼眼目前比较流行，生产成本也要比圆形鱼眼镜头便宜许多，这类镜头的视角一般在 100°～180°之间，如图 8.17 所示。因此这种镜头逐步取代圆形鱼眼镜头(当然在部分特殊拍摄的时候，圆形鱼眼无法替代)。

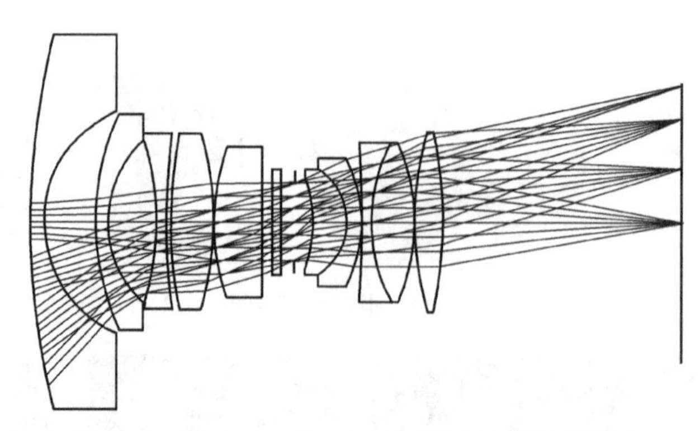

图 8.17　16mm 10 片 8 组 180°视角全幅鱼眼镜头

根据鱼眼镜头的两种结构类型，鱼眼镜头的成像也有两种：一种成像为圆形；另一种成像充满画面，如图 8.18 所示。无论哪种成像，用鱼眼镜头所摄的像，变形相当厉害，透视会聚感强烈。

(a) 圆形鱼眼镜头成像

(b) 全幅鱼眼镜头成像

图 8.18　鱼眼镜头成像

由于鱼眼镜头的视场角特别大，焦距非常短，所以它的景深特别深，从镜头前 1m 到无限远的距离都可以形成清晰的物像，但有严重的畸变，画面感光也不均匀，出现中心亮四周暗的情况。鱼眼镜头适用于拍摄圆形的景物，如圆形剧场、广场全景和天空等。保留鱼眼镜头的畸变不予校正，拍摄的画面显得高大、宽广、辽阔，给人强烈的视觉冲击力。鱼眼镜头在接近被摄物拍摄时，能造成非常强烈的透视效果，强调被摄物近大远小的对比。鱼眼镜头是广角镜头的极端，它不满足理想的物像关系，具有很大的负畸变，可以把 180°甚至更大的视场摄入画面。但鱼眼镜头原为天文摄影而设计，价格昂贵。

鱼眼镜头的应用特点：①视角大，被摄范围极广；②透视感强，成像获得极大的夸张；③鱼眼镜头存在严重的畸变，但可以获得戏剧性的效果；④第一片镜片向外凸出，不能使用通常的滤镜，取而代之的是内置式滤镜。

2. 变焦距物镜

变焦距物镜指焦距在一定范围内可自由调节的镜头。其基本思想来源于广角物镜和远摄物镜的基本原理，如图 8.19 所示，从图中可以看出，若两端正透镜固定不变，中间负透镜前后移动，当负透镜移动到右端，与右端正透镜共同组成一个负透镜组，构成正负透镜分离、正组在前的结构形式，成为远摄镜头，如图 8.19(a)所示；当负透镜移动到左端，与左端正透镜共同组成一个负组透镜，构成正负透镜分离、负组在前的结构形式，成为短焦距镜头，如图 8.19(b)所示。事实上，在负透镜前后移动的过程中，镜头的焦距会连续不断地变化，影像的放大率也将随着发生变化。

基于此基本原理，变焦距物镜由许多单透镜组成，这种镜头的光学结构一般由多组正、负透镜组成，其中既有固定镜组，还有可活动镜组。只要调节变焦环，通过移动活动镜组，改变镜片与镜片之间的距离，就能使镜头的焦距变大或变小。因此，为了使成像面的位置不变，透镜组必须有规律地共同移动。

变焦距物镜包括四组组合透镜，图 8.20 所示是变焦距镜头的结构示意图，透镜组 1 称为前固定组，2 称为变倍组，3 称为补偿组，1、2、3 三组构成变焦镜头的“变焦部分”，4 称为后固定组。图中变倍组 2 由左向右作线性移动时，焦距由短变长，同时像面也发生移动，用补偿组 3 做相应的少量非线性移动，以达到光学系统既变倍而像面位置又稳定的效果。2 与 3 的位置必须是一一对应的，因而两个透镜组的移动必须用一组复杂的凸轮机构来控制。

【变焦距物镜】 【潜望式变焦+双摄】

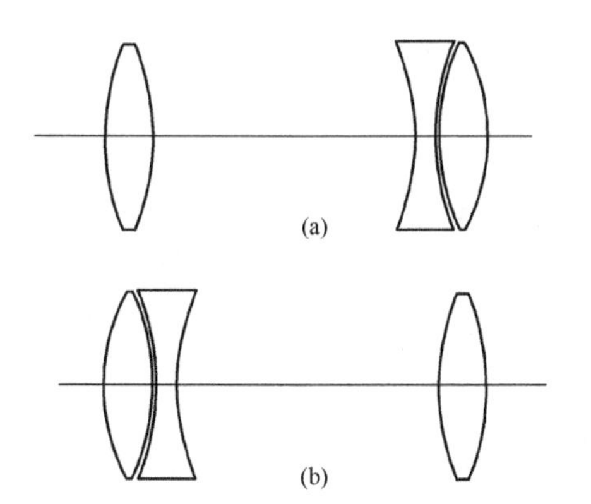

图 8.19 变焦距物镜基本原理

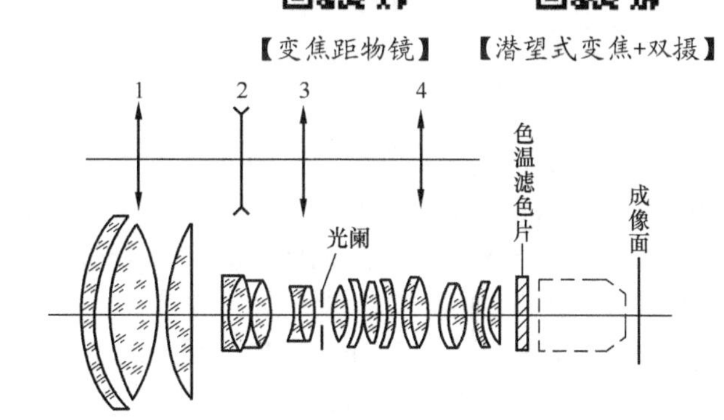

图 8.20 变焦距镜头光学元件示意图

1—前固定组；2—变倍组；3—补偿组；4—后固定组

变焦距物镜能在一定范围内迅速地改变焦距，从而获得不同比例的像。当焦距连续变化时，视角也发生了改变，像面上的景物由小变大，或由大变小，给人以由远及近，或由近及远的感觉，这是定焦距镜头难以达到的。焦距 f' 在一定范围内连续变化，而像面位置固定不变，且像面上得到的是连续改变放大率 β 的像。

图 8.21 所示是变焦距镜头的工作原理图。图中有四个镜组，1 是调焦镜，2 是变焦

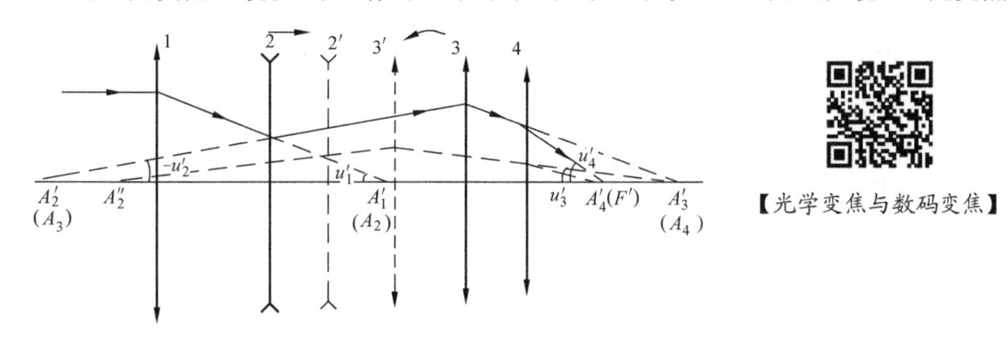

【光学变焦与数码变焦】

图 8.21 变焦距物镜的工作原理图

镜，3 是补偿镜，4 是后固定组。调焦镜 1 将平行光会聚于 A'_1点，该点经透镜 2 成虚像于 A'_2，放大率为 β_2；当变焦镜 2 移动时，β_2 随之变化，A'_2移动到 A''_2。为使经镜组 3 的像点 A'_3保持不动(放大率为 β_3)，镜组 3 应作相应的移动，A''_2仍成像于 A'_3，β_3 亦相应变化，故镜组 3 称为补偿组；A'_3经镜组 4 仍成像于 A'_4。

变焦距物镜是利用系统中的镜组相对移动来达到变焦目的的。变焦系统由多个子系统组成，焦距 f'的变化是通过一个或多个子系统轴向移动，改变光组间隔来实现的。系统中引起垂轴放大率 β 变化的子系统称为变倍组，相对位置不变的子系统称为固定组。一般系统中第一个，最后一个子系统均为固定组，前固定组为变倍组提供一个固定且距离适当的物面位置，后固定组为变倍组提供一个固定且距离适当的后工作距离。

通常所说的镜头的变焦倍数，是指变焦距镜头的最长焦距与最短焦距之比。镜头变焦距范围有两个极限焦距 $f'_{\max}$和 $f'_{\min}$，两者之比称为变倍比，用 M 表示，即

$$M = f'_{\max}/f'_{\min} \tag{8-11}$$

因为

$$f' = \frac{h_1}{u'_k} = \frac{h_1}{u'_1} \cdot \frac{u'_1}{u'_2} \cdot \cdots \cdot \frac{u'_{k-1}}{u'_k} = f'_1\beta_2\beta_3\cdots\beta_k \tag{8-12}$$

所以

$$M = \frac{|\beta_2\beta_3\cdots\beta_k|_{\max}}{|\beta_2\beta_3\cdots\beta_k|_{\min}} \tag{8-13}$$

变焦距镜头的变焦范围，有的从短焦距变到中长焦距，有的从标准焦距变到中长焦距或长焦距，也有的从长焦距变到更长焦距。传统 35mm 小型光学照相机的变焦镜头，一般可实现三倍光学变焦，变焦范围为 38～114mm 或 35～105mm，而目前很多普及型的数码照相机可实现 10 余倍甚至 20 倍光学变焦。

变焦距物镜设计上应保证变焦过程中满足以下基本要求：

(1) 焦距 f'变化时，成像面位置固定不变。要严格地保持像面稳定不动，才能在固定的平面上始终都能得到清晰的像。

(2) 各焦距 f'所对应的相对孔径应不变。各种焦距时的相对孔径稳定不变，才能使像面照度不发生突然的变化。

对产品设计性能要求：

(1) 高变倍比，大相对孔径，大视场，对不同距离进行调焦；

(2) 结构上：体积小，质量小；

(3) 像质：力求达到定焦距物镜的质量。

目前，变焦距摄影镜头正向进一步改善成像质量、大相对孔径、大变倍率、小型化、较短的最近调焦距离、有微距装置、短焦距等方向发展。

变焦镜头设计比较困难，近年来，由于计算机的快速发展，在光学设计上得以广泛应用，光学工艺水平也有了较大提高，解决了变焦镜头的设计和制造问题。在摄影领域，变焦距物镜几乎代替了定焦距物镜，并已用于望远系统、显微系统、投影仪、热像仪等。

例 8.1 有两个 16mm 电影摄影机镜头，片框尺寸 10.4mm×7.5mm 固定不变，其焦距和相对孔径分别为 f'_1=1000mm，D_1/f'_1=1/10；f'_2=10mm，D_2/f'_2=1/2，试求：

(1) 这两个物镜的物方视场角 2ω，并说明拍全景和拍远距离特写镜头时，应如何选择这两种镜头？

(2) 当物体离摄影物镜 10m 远时，这两个物镜的垂轴放大率 β 各等于多少？

解 (1) 当 $f'_1=1000\text{mm}$ 时，$2\omega_1 = 2\arctan\dfrac{y'}{f'_1} = 2\arctan\dfrac{\sqrt{5.2^2+3.75^2}}{1000} = 0.735°$

当 $f'_2=10\text{mm}$ 时，$2\omega_2 = 2\arctan\dfrac{y'}{f'_2} = 2\arctan\dfrac{\sqrt{5.2^2+3.75^2}}{10} = 65.329°$

拍全景时，物方视场角非常大，所以要用短焦距镜头 2；拍摄远距离特写镜头时，物方视场角非常小，所以用长焦距镜头 1。

(2) 当 $f'_1=1000\text{mm}$ 时，有 $\beta_1 =-\dfrac{f_1}{x_1} =-\dfrac{-1000}{-(10000-1000)} =-\dfrac{1}{9} =-0.1^{\times}$。

当 $f'_2=10\text{mm}$ 时，有 $\beta_2 =-\dfrac{f_2}{x_2} =-\dfrac{-10}{-(10000-10)} =-\dfrac{1}{999} =-0.001^{\times}$。

8.2 投影系统

投影系统是把一平面物体放大成一平面实像以便于人眼观察，如幻灯机、电影放映机、测量投影仪、缩微胶片阅读仪等。

投影系统的光学成像原理和显微镜一样，即物体被照明系统照明后，通过物镜后成一放大倒立的实像，只不过投影系统是把像投影在影屏(或毛玻璃)上，是一次放大成像，只考虑一对共轭面成像。常用投影物镜的放大倍率有 $10^{\times}$、$20^{\times}$、$50^{\times}$、$100^{\times}$。

对投影系统根据其使用目的不同而有不同的要求，如幻灯机(图片投影仪)重点要求有较强的照明，测量投影仪重点要求像面无畸变，二者均要求像面上有足够的亮度。

8.2.1 投影物镜的光学特性

投影系统中的关键部件是投影物镜，投影物镜的光学特性以焦距、相对孔径、视场和放大率来表示。

1. 焦距 f'

$$f' = \frac{ll'}{l-l'} =-\frac{\beta L}{(1-\beta)^2} \tag{8-14}$$

式中，L 为物像共轭距；其他参数意义同前。

由式(8-14)可见，焦距与垂轴放大率和物像共轭距有关。当垂轴放大率一定时，物像共轭距随焦距增大而增大；在一定物像共轭距下，焦距越短，投影倍率越大，这和摄影物镜成像大小与焦距成正比的结论正好相反。

2. 相对孔径 D/f'

因投影物镜 $l'\gg f'$，故 $l'\approx x'$；又 $\beta=\dfrac{l'}{l}=-\dfrac{x'}{f'}$，所以 $|l|\approx f'$，且 $ny\sin U=n'y'\sin U'$，故同一介质中，$\sin U'=\dfrac{\sin U}{\beta}\approx\dfrac{D}{2f'}\dfrac{1}{\beta}$，将其代入像平面照度公式(8-3)，得投影物镜像平面照度公式

$$E = \frac{1}{4}\tau\pi L\left(\frac{D}{f'}\right)^2 \cdot \frac{1}{\beta^2} \tag{8-15}$$

由式(8-15)可知，投影屏上的光照度与相对孔径和垂轴放大率有关，当垂轴放大率

增大时，为保证屏幕上具有一定的光照度，必须加大投影物镜的相对孔径，所以对高倍率的投影物镜，相对孔径都比较大。

3. 视场角 ω'

$$\tan\omega' = \frac{y'}{l'} = \frac{\beta y}{f'(1-\beta)} \tag{8-16}$$

由式(8－16)可见，在一定物体大小和物像共轭距条件下，视场角的大小取决于焦距，焦距越长，视场角越小，这种关系和摄影物镜相同。因为投影物镜的相对孔径较大，从保证成像质量角度考虑，一般投影物镜的视场较小。

4. 放大率 β

投影物镜 $l' \approx f'|\beta|$，所以 $|\beta| \approx l'/f'$，当焦距一定时，放大倍率 β 增大，像距 l' 也大，轴向结构加大。

8.2.2 投影物镜的结构形式

投影物镜类似于倒置的摄影物镜，摄影物镜一般是缩小成像，而投影物镜则为放大成像，为满足像面照度要求，孔径较大，视场角较小，普通摄影物镜倒置使用时，均可用作投影系统，如匹兹伐尔物镜、天塞物镜、双高斯物镜等。

宽银幕物镜是将银幕加宽，以使放映出来的景物对观察者有更大的张角，从而使人感觉直实感更强。但宽银幕仅在宽度方向加大，而高度方向并无变化，即画面在水平和垂直方向有不同的放大率，其比值称为压缩比 K，其公式为

$$K = \beta_s / \beta_t \tag{8-17}$$

式中，一般 $K=1.5 \sim 2.0$。

宽银幕物镜是在普通的摄影物镜和投影物镜前加一变形镜组成，如图 8.22 所示。其中变形镜组在子午和弧矢方向上具有不同的放大率，这两种放大率恰好与电影图片的子午、弧矢放大率匹配，使放映后银幕上重现原景的正常图样，使放映出来的景物对观察者有更大的张角，从而真实感更强。

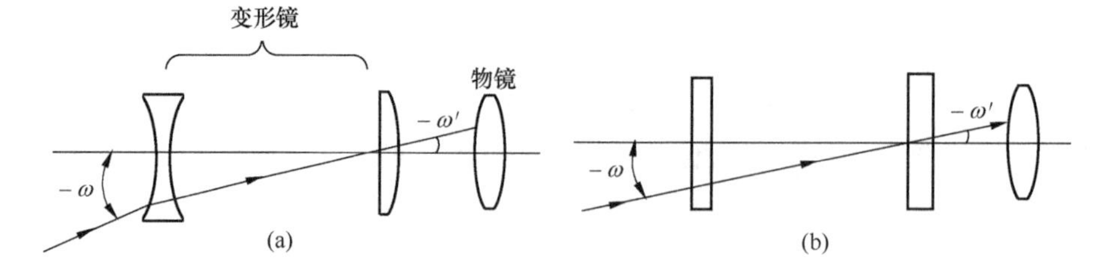

图 8.22 宽银幕变形物镜

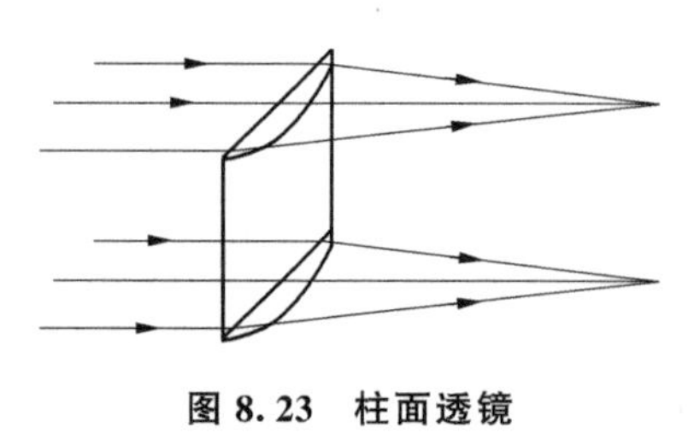

图 8.23 柱面透镜

变形镜一般采用柱面透镜实现，柱面透镜的一面是平面，一面是柱面，其子午焦距为无限大，而弧矢焦距为有限值，如图 8.23 所示。单个柱面透镜两方向的像不重合，必须成对使用组成望远镜系统，由于放映距离并非无限远，需要调节两柱面透镜的距离使两个像重合。

8.2.3 投影系统的照明

投影系统一般由照明系统和投影物镜两部分组成，投影物镜的作用是把被投影物体成像在屏幕上，并保证成像清晰，物像相似；而照明系统的作用是把光源的光通量尽可能多地聚集到投影物镜中，并使被投影物体照明均匀。对物面的照明有两个基本要求：一是物面照明要尽可能均匀，二是照明面上要有足够的光通量。

按照明系统的结构形式分为透射照明投影系统、反射照明投影系统和折反射照明投影系统，图 8.24 所示为透射式和反射式投影仪的工作原理。

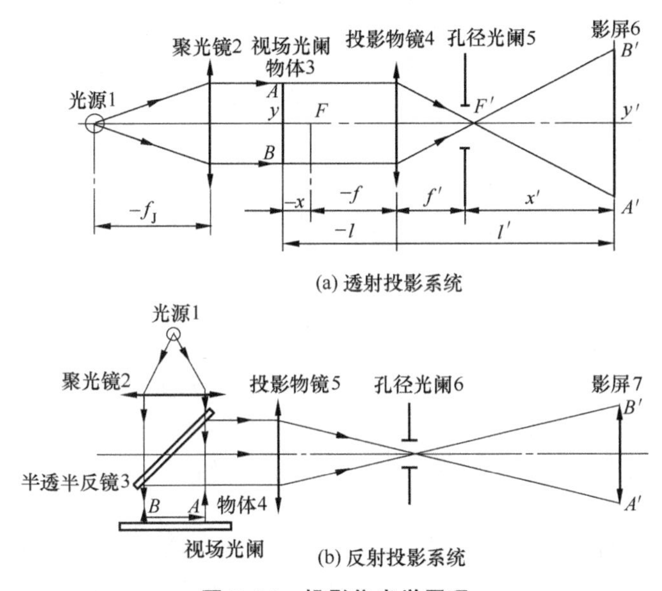

(a) 透射投影系统

(b) 反射投影系统

图 8.24 投影仪光学原理

投影系统照明方式也可像显微镜系统一样，分为临界照明和柯勒照明，临界照明是把光源成像在投影物体上，多用于物体面积较小的情况，如电影放映机；柯勒照明是把光源成像在投影物镜的入瞳上，多用于大面积的投影中，如幻灯机和放大机。

在测量用投影仪中，无论是透射还是反射都采用远心照明，使投影系统形成物方远心光路，其目的是减小误差，提高测量精度。

照明系统的光学镜头又称聚光镜，通常聚光镜是由多个正透镜组成，因此它具有较大的球差和色差。照明系统提供的光能要想全部进入投影系统，且有均匀的照明视场，照明系统与投影成像系统必须有很好的衔接，其衔接条件为：照明系统的拉赫不变量 J_1 要大于投影成像系统拉赫不变量 J_2，同时还要保证两个系统的光瞳衔接和成像关系。

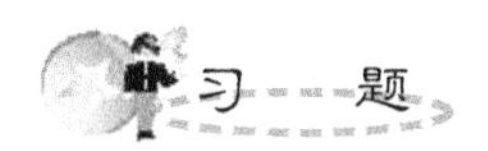

8－1 摄影物镜的作用是什么？表示摄影物镜的光学特性参量有哪些？

8－2 投影物镜的作用是什么？表示投影物镜的光学特性参量有哪些？

8－3 提高摄影物镜相对孔径的主要目的是什么？

8－4 试述变焦距物镜的工作原理。

8－5　投影仪中聚光照明系统的作用是什么？对聚光照明系统有哪些要求？

8－6　什么是临界照明？什么是柯勒照明？它们各自的特点是什么？

8－7　一航空摄影照相机，物镜焦距为100mm，像面画幅尺寸为180mm×180mm，问物镜视场角等于多大？如果飞机在上空5000m处拍摄，求一次拍摄的地面范围有多大？

8－8　假定用相对孔径为1/2的照相物镜进行拍摄，底片的分辨率为$80l_P$/mm，问该照相物镜的照相分辨率为多少？如果改用精密制版用底片，分辨率为$1500l_P$/mm，其他条件不变，那么照相分辨率又为多少？

8－9　一照相机，底片的分辨率为$80l_P$/mm，要求照相分辨率不小于$50l_P$/mm，问照相镜头的光圈数取多大？

8－10　假定照相机镜头是薄透镜，焦距为100mm，通光孔径为8mm，在镜头前5mm处装有一个直径为7mm的光阑，求照相机镜头的F数；如果将光阑装在镜头后5mm处，镜头的F数多大？

8－11　某测量仪器中的物镜焦距为50mm，已知物高500mm，在标尺分划刻线面上测得的像高为2.512mm，为了消除由于像平面与标尺分划刻线面不重合而造成的测量误差，采用像方远心光路，求：

（1）被测物体到物镜的距离；

（2）系统物方视场角2ω和像方视场角$2\omega'$。

8－12　设计一个投影系统实验装置，要求垂轴放大率$\beta=-10^{\times}$，物像共轭距$L=$242mm。目前实验室只有数片$f'=40$mm的透镜，应怎样组合？

8－13　35mm电影胶片的尺寸为22mm×16mm，如果电影胶片到屏幕的距离为50m，屏幕大小为6.6m×4.8m，求放映物镜的焦距。

8－14　已知一个放映物镜其焦距$f'=170$mm，假设物镜是一个薄透镜，孔径光阑与之重合，物方视场角$2\omega=8°44'$，屏幕离放映物镜的距离为55.9888m。试求屏幕和电影胶片的对角线各为多少？

8－15　已知一个投影系统有两个可调换物镜，垂轴放大率分别为$-50^{\times}$和$-100^{\times}$。光学系统物像共轭距离为2000mm，投影屏直径为共轭距离的1/4，采用物方远心光路。试求两个物镜的焦距、物距、像距及像方视场角$2\omega'$。

8－16　一放大机，底片到像纸之间的距离400mm，镜头焦距为100mm，物方主平面在像方主平面右侧5mm处，移动镜头有两个位置在像纸上获得清晰像，求两个位置时的垂轴放大率各为多大？

第9章 现代光学系统

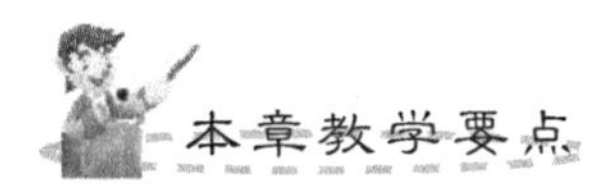

知识要点	掌握程度	相关知识
高斯光束及其透镜变换	熟悉高斯光束的特性及其表征； 重点掌握高斯光束经透镜变换所满足的基本规律	薄透镜的近轴成像规律； 透镜对入射光束的准直和聚焦
光纤的传光原理和重要特性	掌握阶跃型光纤和渐变折射率光纤的传光原理； 了解光纤耦合和自聚焦透镜的基本原理	光的折射定律和反射定律；全反射原理
红外光学系统的工作原理	掌握红外光学系统的特点； 了解红外测温仪、红外热像仪、红外跟踪系统的工作原理	大孔径、小视场光学系统的像差特点；平面镜原理

导入案例

目前，监控市场上对24h连续监控的需求越来越多，由此产生了越来越多的日夜型摄像机，这种摄像机如果采用普通镜头，其白天的图像调节清晰，晚上的图像就变得模糊；反之，晚上图像调节清晰，白天就模糊。其原因是普通摄像镜头是依据可见光波长范围的性能要求而设计的，因而不可能使可见光和红外光这两种不同波长范围的光线在同一个焦面上成像，因为不同波长的光线通过作为光学介质的镜头之后，聚焦的位置不同。

红外镜头采用了特殊的光学玻璃材料，并用最新的光学设计方法，从而消除了可见光和红外光的焦面偏移，因此从可见光到红外光区的光线都可以在同一个焦面位置成像，使图像都能清晰。所以红外镜头放在日夜摄像机上能对应可见光与红外光的转换，从而始终保持所监控图像画面的清晰。此外，红外镜头还采用了特殊的多层镀膜技术，以增加对红外光线的透过率，所以用红外镜头的摄像机比用普通镜头的摄像机夜晚监控的距离远，其应用范围广泛，除专门作红外特殊用途外，也可用作普通镜头，并能有效地提高成像质量。如图9.0所示为双CCD红外摄像头。

图9.0 导入案例图

随着激光技术、光纤技术和红外技术的发展，许多新型的光学系统相继出现。这些新型的光学系统由于所使用的光源、传输介质或应用场合的特殊性，其工作原理和分析设计方法将有别于传统光学系统。本章将简要介绍三种现代光学系统：激光光学系统、光纤光学系统和红外光学系统。

9.1 激光光学系统

激光(LASER)是受激辐射光放大(Light Amplification by Stimulated Emission of Radiation)的英文字母缩写，作为20世纪60年代人类重大的科技发明成果，激光以其优异的性能被广泛应用于多个领域，从科学技术研究的前沿延伸到人们社会生产生活的方方面面，如激光通信、工业加工、医疗、传感、军事、印刷、全息、娱乐等。

在激光光学中，人们通常很关心激光在传播过程中空间不同位置的场分布情况。激光是在激光器的谐振腔中产生，人们通过对激光谐振腔的大量研究表明：开放式激光谐振腔的模场分布可以用高斯函数来表示，因而激光光学系统中光波的传播问题可最终归纳为高斯光束的传播问题。本节将介绍高斯光束的特性以及高斯光束通过透镜后的成像、聚焦和准直的基本规律。

9.1.1 高斯光束的特性

1. 高斯光束在空间的场分布函数

在均匀的透明介质中，基模高斯光束沿 z 轴方向传播的光场分布为

$$E_{00}(x,\ y,\ z) = \frac{c}{w(z)}\mathrm{e}^{-\frac{r^2}{w^2(z)}}\mathrm{e}^{-\mathrm{i}\Phi_{00}(x,y,z)} \tag{9-1}$$

式中，c 是常数因子；$r^2=x^2+y^2$；$w(z)$、$R(z)$和 $\Phi_{00}(x,\ y,\ z)$分别为高斯光束在位置 z 处的截面半径、波面曲率半径和相位因子，它们是高斯光束传播中的三个重要参数。

2. 高斯光束的截面分布

从式(9-1)可以看出，高斯光束截面内的光强分布是不均匀的，取某一位置 z 处的光斑截面中心的振幅为 $A_0(z)$，则高斯光束的振幅 $A(z)$与 r 的函数关系可表示为

$$A(z) = A_0(z)\mathrm{e}^{-\frac{r^2}{w^2(z)}} \tag{9-2}$$

图 9.1 所示给出了高斯光束的截面振幅分布。可以看出，r 的取值范围为 $0\sim\infty$，其中光束截面的中心处振幅最大，且振幅随 r 的增加而递减，通常定义 $r=w(z)$处的光束截面半径作为高斯光束的截面半径，即 $r=w(z)$时

$$A(z) = A_0(z)/\mathrm{e} \tag{9-3}$$

因此高斯光束的截面半径为振幅下降到中心振幅 $A_0(z)$的 $1/\mathrm{e}$ 时的光束半径。激光束在均匀介质中传播时截面半径和中心光强会发生变化，但式(9-2)始终成立。

3. 高斯光束的截面半径

高斯光束的截面半径 $w(z)$随传播方向 z 的变化可表示为

$$w(z) = w_0\sqrt{1+\left(\frac{\lambda z}{\pi w_0^2}\right)^2} \tag{9-4}$$

式中，w_0 是 $z=0$ 时的截面半径。

从式(9-4)可以看出，在传播方向上高斯光束的截面光斑尺寸满足双曲线变化规律，图 9.2 绘出了 $w(z)$随传播方向 z 的变化曲线，可以看出，w_0 为光束截面

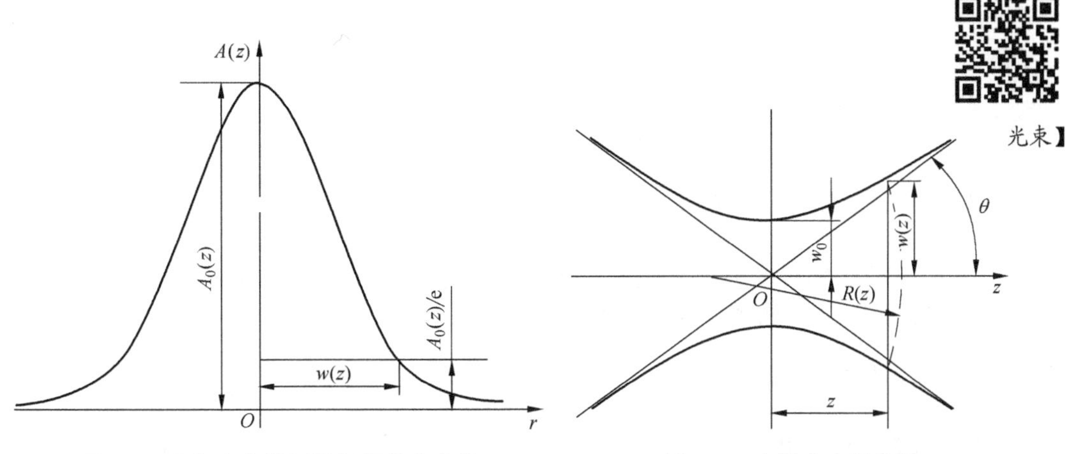

图 9.1 高斯光束截面的振幅分布曲线

图 9.2 高斯光束的传播

最小处的光束截面半径，因此形象的称其为高斯光束的束腰(beam waist)。由上式可知，高斯光束的截面半径 $w(z)$ 与光束的传播距离 z、波长 λ 和束腰 w_0 都有关。

4. 高斯光束的曲率半径

高斯光束在位置 z 处的曲率半径 $R(z)$ 可表示为

$$R(z) = z\left[1+\left(\frac{\pi w_0^2}{\lambda z}\right)^2\right] \tag{9-5}$$

从式(9－5)可以看出，高斯光束在传播过程中，每一点处的光束波面的曲率半径均不一样，且经历了由无穷大开始逐渐减小，达到最小值后又开始增大，直到在无限远处又达到无穷大的过程。

对高斯光束截面半径和曲率半径分析可知，激光的传播与点光源发出的同心光束的传播不同，同心光束的传播可仅由一个参数曲率半径来表征，而激光的传播则需要两个参数：高斯光束的截面半径和波面曲率半径。

5. 高斯光束的位相因子

基模高斯光束的位相因子可表述为

$$\Phi_{00}(x, y, z) = k\left[z+\frac{r^2}{2R(z)}\right]-\tan^{-1}\frac{\lambda z}{\pi w_0^2} \tag{9-6}$$

式中，$k=2\pi/\lambda$ 为光波的波数。相位因子描述了高斯光束传播过程中波面一点(x, y, z)相对于原点(0，0，0)的相位滞后。

6. 高斯光束的远场发散角

发散角是激光光束的重要参量，它描述了光束的发散程度。从图 9.2 所示可以看出，高斯光束的发散角 θ 可以用光斑半径分布双曲线的渐近线与 z 轴的夹角来表示，则有

$$\tan\theta = \lim_{z\to\infty}\frac{\mathrm{d}w(z)}{\mathrm{d}z} = \frac{\lambda}{\pi w_0} \tag{9-7}$$

7. 高斯光束传播的复参数表示——q 参数

高斯光束的传播需要两个参数表征，如果引入复曲率半径的概念，高斯光束的传播规律可以和点光源发出的球面波(同心光束)做类比，从而简化一些复杂的高斯光束传播问题。

高斯光束的复曲率半径 $q(z)$ 定义为

$$\frac{1}{q(z)} = \frac{1}{R(z)} - \mathrm{i}\frac{\lambda}{\pi w^2(z)} \tag{9-8}$$

当 $z=0$，由上式可得

$$q_0 = q(0) = \mathrm{i}\frac{\pi w_0^2}{\lambda} \tag{9-9}$$

将式(9－4)、式(9－5)和式(9－9)代入式(9－8)可得

$$q(z) = q_0 + z \tag{9-10}$$

同心球面波沿 z 轴传播时曲率半径满足：$R=R_0+z$，对比上式，高斯光束的复曲率半径和同心球面波的波面曲率半径 R 的作用是相同的。

9.1.2 高斯光束的透镜变换

1. 高斯光束的成像规律

现分析高斯光束经过理想透镜后的成像规律。对于高斯光束的成像，其物面可看做物

方束腰所在位置，像面可看做像方束腰所在位置。如图 9.3 所示，在紧贴透镜的前后面，曲率中心为 C，曲率半径为 $-R_1$ 的高斯光束经焦距为 f' 的透镜变换后，变成曲率中心为 C'，曲率半径为 R_2 的高斯光束。在近轴区内可以将高斯光束的波面看成一个球面波，则透镜前后的球面波满足成像公式为

$$\frac{1}{R_2}-\frac{1}{R_1}=\frac{1}{f'} \tag{9-11}$$

当透镜为薄透镜的时候，高斯光束在透镜前后具有相同的通光口径，即

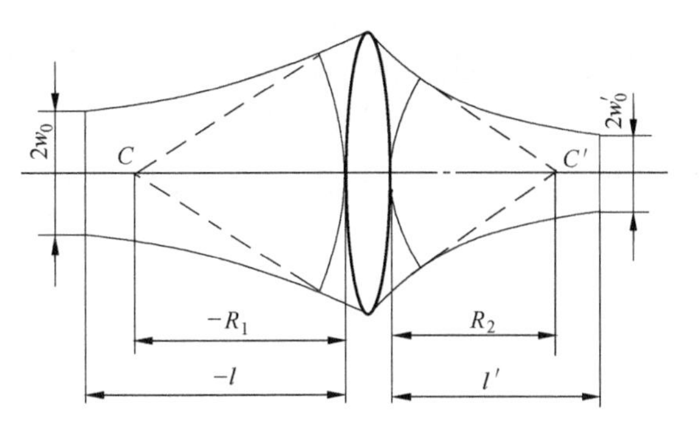

图 9.3 高斯光束的透镜变换

$$w_2=w_1 \tag{9-12}$$

w_1 和 w_2 分别为紧贴透镜前后光束的截面半径。

由图 9.3 可知，$R_1\neq l$，$R_2\neq l'$，即虽然在近轴区内高斯光束可以近似看为球面波，但不同位置处的球面波的曲率半径不同，其球心也不与束腰重合。只有当高斯光束的传播距离较远、光束波面距束腰较远时，波面曲率半径中心才可近似与束腰重合。

由式(9-8)可得

$$\frac{1}{R(z)}=\frac{1}{q(z)}+\mathrm{i}\frac{\lambda}{\pi w^2(z)} \tag{9-13}$$

结合式(9-11)可得

$$\frac{1}{q_2}-\frac{1}{q_1}=\frac{1}{f'} \tag{9-14}$$

即高斯光束的复曲率半径也满足近轴成像关系。

已知高斯光束的束腰半径 w_0 和束腰到透镜的距离 $-l$，可以求出经过透镜变换后新的束腰半径 w_0' 和束腰位置 l'。如图 9.3 所示，高斯光束的束腰半径为 w_0，束腰到透镜的距离为 $-l$，由式(9-10)有

$$q_1=q_0+l \tag{9-15}$$

$$q_2=q_0'+l' \tag{9-16}$$

式中，q_0' 为经透镜变换后的高斯光束在束腰处的 q 参数。由于

$$q_0'=q_0'(z)=\mathrm{i}\frac{\pi w_0'^2}{\lambda} \tag{9-17}$$

解得

$$l'=f'-\frac{(l+f')f'^2}{(l+f')^2+\left(\frac{\pi w_0^2}{\lambda}\right)^2} \tag{9-18}$$

$$w_0'^2=\frac{f'^2w_0^2}{(l+f')^2+\left(\frac{\pi w_0^2}{\lambda}\right)^2} \tag{9-19}$$

当 $l=-f'$ 时，由式(9-18)求得 $l'=f'$，即当高斯光束的束腰在透镜的物方焦面上时，经透镜变换后得到的高斯光束的束腰位于透镜的像方焦面上，显然和几何成像规则迥然不同。此时有

$$w_0' = f' \frac{\lambda}{\pi w_0} \tag{9-20}$$

可证明此时的出射的高斯光束具有最大的束腰半径。

当$-l<f'$时，可以证明特定范围内满足$l'>0$，这一点和几何成像规律也存在差异。

当$-l \gg f'$时，此时高斯光束的束腰距透镜很远，满足$(l+f')^2 \gg \left(\frac{\pi w_0^2}{\lambda}\right)^2$，有

$$l' \approx f' \frac{l}{l+f'} \tag{9-21}$$

$$w_0'^2 = \frac{f'^2 w_0^2}{(l+f')^2} \tag{9-22}$$

即

$$\frac{1}{l'} - \frac{1}{l} = \frac{1}{f'} \tag{9-23}$$

由此可见，当满足束腰位置远离透镜的条件时，物高斯光束的束腰位置与经透镜变换后、像高斯光束的位置满足近轴光学的成像公式。此时由式(9－19)可得束腰的放大率为

$$\beta = \frac{w_0'}{w_0} = \frac{f'}{l+f'} = \frac{l'}{l} \tag{9-24}$$

2. 高斯光束的聚焦和准直

在一些应用场合，为了提高激光光束的光功率密度，需要对激光束聚焦；在另外一些场合，为了减小光束的发散角，从而使能量不会随距离很快散开，需要对高斯光束进行准直。

高斯光束的聚焦是高斯光束透镜变换的重要应用之一。高斯光束能聚焦成极小的光斑，其尺寸可以达到波长的量级，因此功率密度极高。通常利用聚焦光束进行打孔、切割和焊接等多种加工；此外还可以利用聚焦光斑小、空间分辨率高的优势实现高密度信息储存。

实现聚焦要求透镜变换后的新束腰小于原来的束腰，观察式(9－19)知，经透镜变换后的束腰半径w_0'与l和f'均有关：

(1) 焦距确定时w_0'随物距$|l|$的变化。当$|l|<f'$时，w_0'随$|l|$的减小而减小，特别是当$|l|=0$时，w_0'取得极小值$w_0'=w_0/\sqrt{1+(\pi w_0^2/\lambda f')^2}<w_0$，因此$|l|=0$时总有聚焦作用，且透镜焦距$f'$越小，聚焦效果越好；当$|l|=f'$，$w_0'$取得极大值$w'_{0(\max)}=\frac{\lambda}{\pi w_0}f$；当$|l|>f'$，$w_0'$随$|l|$的增大而减小，且$|l|\to\infty$时$w_0'\to 0$，$l'\to f'$，此时光束获得高质量的聚焦光点，且由式(9－18)知聚焦光点在透镜的像方焦面上。如果不考虑透镜衍射，$f' \ll \frac{\pi w_0^2}{\lambda}$时满足$w_0'\to 0$，可以获得极小的光斑。因此，物距越大、焦距越小，聚焦效果越好。

(2) 物距$|l|$确定时w_0'随f'的变化。分析式(9－19)表明，当$f'=-R_1$时，w_0'取极大值$w'_{0(\max)}=w(-l)$；当$f'<-R_1$时，w_0'随f'减小而减小，且当$f'=-R_1/2$时有$w_0'=w_0$，故仅当$f'<-R_1/2$时才有聚焦作用，且焦距越小，聚焦效果越好；当$f'>-R_1$时，w_0'随f'增大而减小，当$f'\to\infty$时，$w_0'\to w_0$，此时没有聚焦作用。

综合上述两种情况下的讨论比较可知，当物距足够大、焦距足够小时，激光束可以被

聚焦为很小的光斑。但是考虑到实际情况下衍射孔径的限制，激光束聚焦后的光斑不可能无限小。

对高斯光束进行准直的核心在于减小光束的发散角，提高方向性。但是由式(9－7)可知，光斑大小和光束的发散角之间成反比，因而激光束的准直实际上就是在发散角和光斑大小之间求得一个可满足要求的平衡。

高斯光束经单个透镜变换后，不可能获得平面波，但是根据高斯光束的性质知当焦距 f' 很大且物方高斯光束的束腰很细时，高斯光束的发散角比较小，接近于平面波。

在实际应用中的激光准直系统中，通常采用二次透镜变换的方法，即第一次使用短焦距透镜对高斯光束进行压缩得到较小的 w'_0，第二次使用焦距较大的透镜，减小高斯光束的发散角 θ'，激光准直系统的原理如图 9.4 所示。

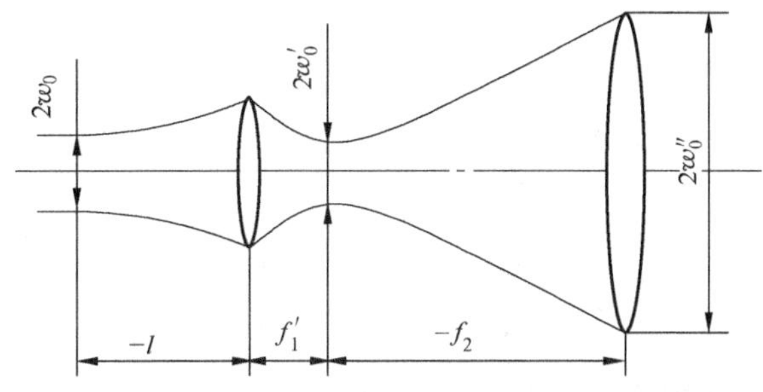

图 9.4　高斯光束的准直

【激光准直】

9.2　光纤光学系统

光纤是由光纤预制棒拉伸而成的细长光学纤维，其基本结构如图 9.5 所示。由于能够将光信号约束在狭小的纤芯中传播较远的距离且衰减很小，光纤在通信、医学、工业、国防、传感等领域得到了重要应用。光纤根据其传光特性分为两种，一种是阶跃型光纤，即光纤的纤芯和包层分别为折射率不同的均匀透明介质，因此光线在阶跃型光纤内的传输是以全反射和直线传播的方式进行。另一种是梯度折射率光纤，即光纤的中心到边缘折射率呈梯度变化，因此光线在光纤内的传播轨迹呈曲线形式。本节主要介绍阶跃型光纤和渐变折射率光纤的传光原理和重要特性。

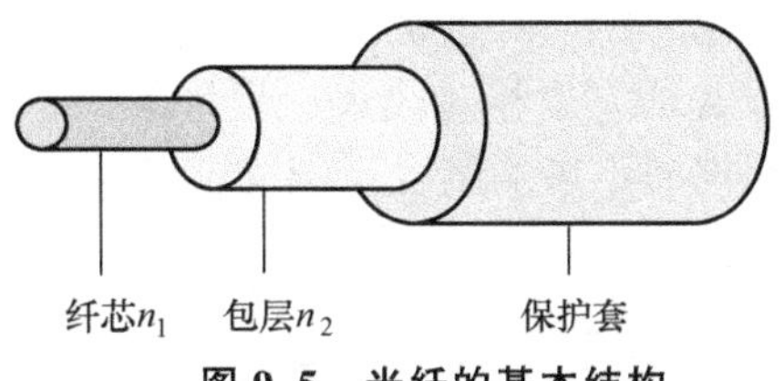

图 9.5　光纤的基本结构

【光纤球机与全光纤矿井定位搜寻系统】

9.2.1　阶跃型光纤

1. 阶跃型光纤的导光原理

阶跃型光纤的剖面如图 9.6 所示。为使光线约束在纤芯层中传播，必须满足全反射条件：①要求纤芯折射率 n_1 大于包层折射率 n_2；②入射孔径角 U 要小于一个临界值，使得进入光纤的光线到达纤芯和包层的光滑分界面时，入射角 I 大于临界角

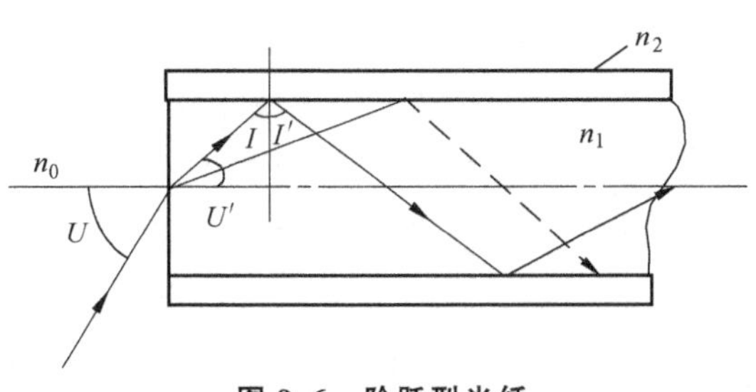

图 9.6　阶跃型光纤

I_m。依据折射定律，孔径角 U 与入射角 I 的关系可表示为

$$\sin U = \frac{n_1}{n_0}\sin U' = \frac{n_1}{n_0}\sin(90° - I) = \frac{n_1}{n_0}\cos I = \frac{n_1}{n_0}\sqrt{1-\sin^2 I} \tag{9-25}$$

根据全反射定律有

$$\sin I \geqslant \sin I_m = \frac{n_2}{n_1} \tag{9-26}$$

结合式(9－25)与式(9－26)可得

$$\sin U \leqslant \frac{n_1}{n_2}\sqrt{1-\sin^2 I_m} = \frac{n_1}{n_0}\sqrt{1-\left(\frac{n_2}{n_1}\right)^2} = \frac{\sqrt{n_1^2-n_2^2}}{n_0} \tag{9-27}$$

即要光线在光纤内发生全反射，则入射在光纤输入端面的光线最大入射角 U_{max}应满足上式。

2. 阶跃光纤的数值孔径

我们定义 $n_0\sin U_{max}$为光纤的数值孔径 NA，即

$$\mathrm{NA} = n_0 \sin U_{max} = \sqrt{n_1^2 - n_2^2} \tag{9-28}$$

光纤的数值孔径是光纤的重要参数，它代表着光纤的传光能力，即能传输多大立体角内的光线。要想使光纤通过较多的光线，就必须增大光纤的数值孔径，根据上式，须增大 n_1 和 n_2 的差值。

3. 光纤耦合系统

光纤中传输的光来自光源的辐射，在光纤通信中，要求将半导体激光器发出的激光耦合进通信光纤，目前常见的耦合方式有单透镜耦合和双透镜耦合两种。由于半导体激光器发光区和光纤纤芯尺寸都很小(μm 量级)，所以采用单透镜方式对透镜的成像质量和系统容差要求都很高；双透镜耦合光路如图 9.7 所示，其特点是容差相对较大、设计灵活、结构形式利于像差平衡、可在中间平行光路中插入光学元件而不影响耦合系统光学性能等。

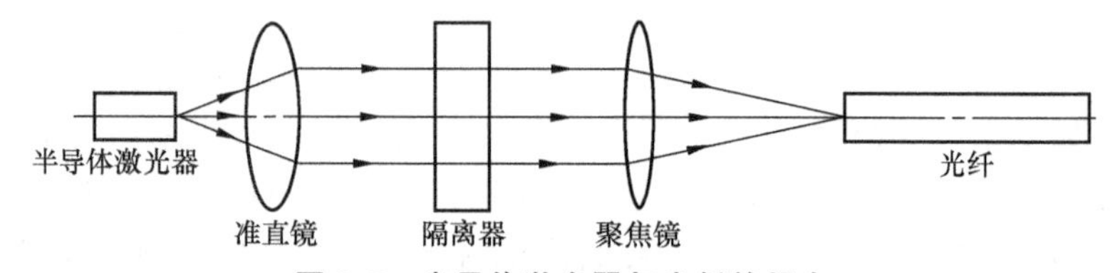

图 9.7　半导体激光器与光纤的耦合

半导体激光器受其结构限制，通常发光区尺寸很小(通信用的半导体激光器发光区尺寸约 1μm×2.5μm)，按照衍射原理，则发散角较大：数值孔径在快轴方向 0.3～0.6，而普通单模光纤的数值孔径一般在 0.1～0.2。所以对于双透镜光路，常需要一块短焦距、大数值孔径的非球面透镜压缩发散角，而后面需要一块长焦距、小数值孔径的聚焦镜实现准直后光束与单模光纤的有效匹配。

小功率的半导体激光器的输出场和单模光纤中的光场都可以用基模高斯光束描述，因此，半导体激光器与单模光纤的耦合可以看做高斯光束通过光学系统变换后，与另一个高斯分布场的耦合匹配问题，耦合效率 T 的高低取决于两者模式匹配的程度，可用下式计算：

$$T = \frac{\left|\iint F_r(x, y)W'(x, y)\mathrm{d}x\mathrm{d}y\right|^2}{\iint F_r(x, y)F_r'(x,y)\mathrm{d}x\mathrm{d}y\iint W(x, y)W'(x, y)\mathrm{d}x\mathrm{d}y} \tag{9-29}$$

式中，$F_r(x, y)$和$W(x, y)$分别为光纤横截面和入射于其上的聚焦光束的复振幅分布。

9.2.2 梯度折射率光纤

梯度折射率光纤的特点是光纤横截面内的折射率不是均匀分布，而是和位置有关，一般是轴线处折射率最高、远离轴线折射率逐渐降低。梯度折射率光纤的这一特点使得光线在其内传播时轨迹不是直线，而是曲线，如图9.8所示。

现分析梯度折射率光纤的数值孔径。图9.8中的z轴左边与光纤光轴重合，r表示光纤的径向坐标。若有一光线入射在光纤端面的光轴处O点，其入射角大小为U_0，折射曲线在O点的切线与z轴的夹角为U'_0，依据折射定律有

$$n_0 \sin U_0 = n(0) \sin U'_0 \quad (9-30)$$

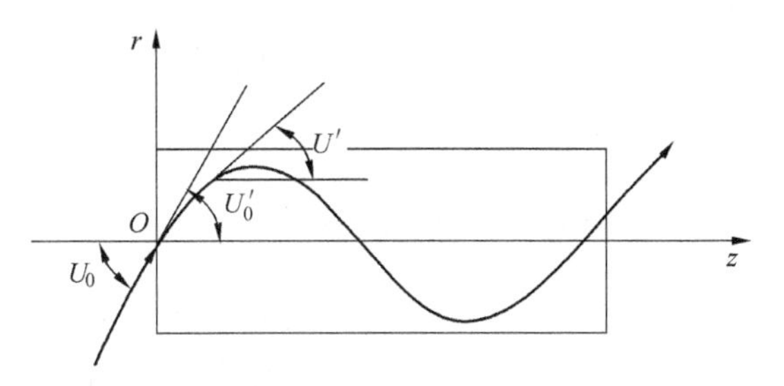

图9.8 梯度折射率光纤中的光线传播

式中，$n(0)$为$r=0$处的折射率。

根据以上分析，在梯度折射率光纤中连续运用折射定律可得

$$\begin{gathered} n(0)\sin(90° - U'_0) = n(r)\sin(90° - U') \\ n(0)\cos U'_0 = n(r)\cos U' \end{gathered} \quad (9-31)$$

式中，U'为轨迹曲线上任意一点的切线与z轴的夹角。r越大，$n(r)$越小，U'角越小。若$r=R$时，$U'=0$，则表示光线的轨迹在此处为拐点，曲线开始向下弯曲，由式(9-31)可得

$$n(0)\cos U'_0 = n(r)\cos U' = n(R) \quad (9-32)$$

式中，$n(R)$表示$r=R$处的折射率。

由此可得梯度折射率光纤子午光线的数值孔径为

$$n_0 \sin U_0 = n(0)\sin U'_0 = n(0)\sqrt{1-\cos^2 U'_0} \quad (9-33)$$

将式(9-32)代入式(9-33)得

$$\mathrm{NA} = n_0 \sin U_0 = \sqrt{n^2(0) - n^2(R)} \quad (9-34)$$

从上式可以看出，径向梯度折射率光纤子午线的数值孔径与$n(0)$和$n(R)$有关。

梯度折射率光纤近轴子午光线的传播轨迹为正弦变化时，其折射率的变化近似为抛物线形分布，且近轴子午光线具有聚焦作用。所以梯度折射率光纤又被称为自聚焦光纤。这种自聚焦光纤可以让不同孔径角的光线汇聚于同一点，因而可有效地防止光信号的时间展宽。

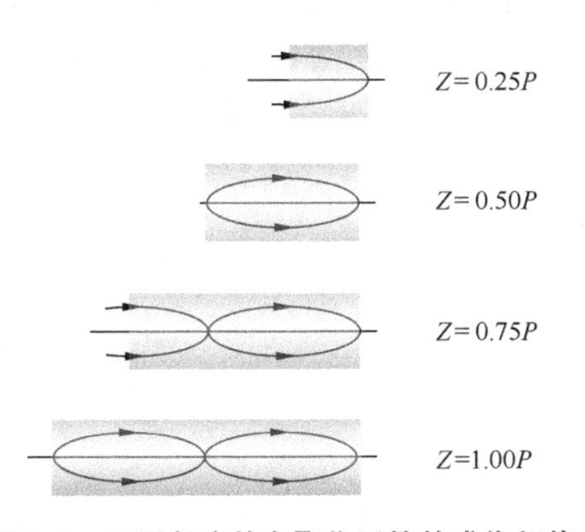

图9.9 不同长度的自聚焦透镜的成像规律

由于梯度折射率光纤在传播方向上呈现周期性的汇聚和发散，可利用不同长度的梯度折射率光纤实现不同的成像功能，这时候梯度折射率光纤的作用类似于一个成像透镜，称为自聚焦透镜，或GRIN透镜(取自Gradient Index)。取自聚焦透镜的周期为P(也称作自聚焦透镜的节距)，图9.9给出了不同长度下自聚焦透镜的成

像规律。从图中可以看出：

当自聚焦透镜的长度为 0.25P 时，平行光入射将会聚于透镜端面附近。当自聚焦透镜的长度为 0.5P 时，端面的轴上点物成 1∶1 的点像，且为倒立实像。当自聚焦透镜的长度为 0.75P 时，其作用与 0.25P 相似，但用于成像时正倒立情况与 0.25P 相反。当自聚焦透镜的长度为 1P 时，端面的轴上点物成 1∶1 的点像，且为正立实像。

9.3 红外光学系统

9.3.1 红外光学系统的特点

红外光学系统是指发射或接收红外光波的系统。单从能量传递和成像角度考虑，红外光学系统和其他光学系统没有本质区别，但由于其工作波长位于红外波段，因而红外光学系统在透镜材料、光学质量评价、工作方式等方面有着自身的特点，现逐一分析说明。

(1) 红外辐射集中在波长大于 1μm 的不可见光区域，而大多数工作于可见光波段的光学材料对此区域不透明或透过率较低。而且，在可透红外光的光学材料中，只有几款材料能获得较大的尺寸和良好的机械性能。正因为此，反射式、折反式结构的红外光学系统占有重要的地位。

(2) 大多数红外光学系统需要配备红外探测器使用，因而判断红外光学系统的成像性能的指标要以它和探测器匹配的灵敏度、信噪比作为主要评定依据，而不是以光学系统的分辨率为主，这一点和数码照相机系统的设计相似。

(3) 红外探测器的接收面积一般都很小，因而红外光学系统的视场都不大，在像差校正时主要考虑轴上点、轴外点可少考虑(满足正弦条件即可)；特别是反射系统，色差也不用考虑。为提高系统探测的灵敏度，其相对孔径通常较大，因此小视场、大孔径是红外光学系统的普遍特征。

(4) 有些红外热成像、红外跟踪成像系统要求在一个较大的视场范围内搜索目标或成像，前面说过红外光学系统的视场一般较小，因而需要配合光机扫描装置来扩大成像视场。一个典型的扫描光学系统如图 9.10 所示。由于扫描摆镜安置在成像系统之前，因此此结构对成像质量的影响较小，但体积比较庞大、相应的功耗也大。为此，有的红外光学系统的扫描摆镜被安置在会聚光路中以缩小扫描摆镜尺寸，但成像光路中引入扫描摆镜会影响成像质量，在系统像差均衡时要充分考虑这一点。

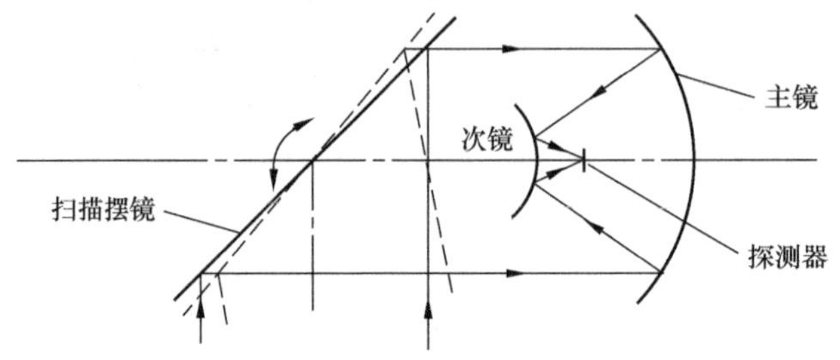

图 9.10 带扫描摆镜的红外光学系统

(5) 常见红外波段的波长为可见光的 5～20 倍，依据衍射受限的艾里斑角半径公式为 $1.22\lambda/D$，波长 λ 越长、弥散斑越大，从而系统分辨率越差。为提高分辨率，需要提高系统的孔径 D。

9.3.2 典型红外光学系统

目前应用的红外系统按其工作性质可分为四类：探测、测量装置，如辐射计、测温仪等；跟踪装置，用于对运动目标进行跟踪、测量及导弹制导等；搜索装置，用于森林防火、入侵探测等；成像装置，用于观察景物图像及分析景物特性，如热像仪。现给出几种典型红外系统的工作原理。

1. 红外测温仪系统

红外测温仪是用于测量目标物体的辐射温度或其他辐射特性的仪器。图 9.11 所示给出了一个透射式红外测温仪的光路系统。目标辐射通过物镜 L_1 会聚，经分束镜分成两路，一路通过分束镜后聚焦在分划板上，作为瞄准之用；另一路被反射光路折转 90°后会聚于探测器。光线在到达探测器之前要经过调制盘进行调制，调制盘结构如图 9.11(b)所示。调制盘边缘按等间距开槽，表面镀反射膜，因此兼作反射镜使用。调制盘安装在发动机上旋转，转到开口处时目标辐射可到达探测器，而转到叶片处时，目标辐射被阻挡。这时参考辐射源信号被叶片反射镜反射后到达探测器上。这样调制盘就把目标的辐射和参考辐射源的信号交替的射向探测器，这时我们就可以通过探测器的输出对目标辐射和参考辐射源信号进行鉴别和比较，并用调节参考辐射源的方法使目标辐射和比较光信号平衡。测温仪的温度指示可由辐射源的标定给出。

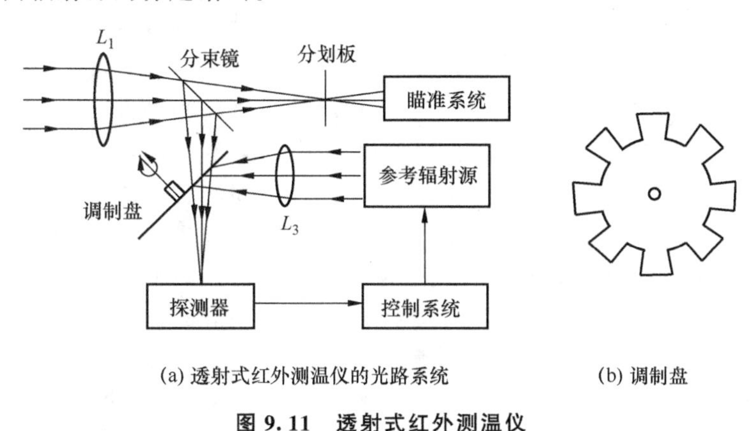

(a) 透射式红外测温仪的光路系统　　(b) 调制盘

图 9.11　透射式红外测温仪

2. 红外热像仪系统

红外热像仪和红外测温仪一样，可以获得被测物体表面的温度，主要不同之处在于测温仪一般仅获得物体一点的温度，而热像仪可以获得物体的整个温度分布情况、并以图像的形式显示出来，因而可分析物体各部分的发射本领的差异。

红外热像仪可安装在飞机机头下方(称作红外前视仪)，用来摄取前下方地面景物的热图像，供机上人员实时观察。而地面热像仪分为医用热像仪和工业用热像仪两大类。它们的工作原理是一样的，主要差别仅在于工业热像仪的空间分辨率和热分辨率低一些。此外，由于工业热像仪拍摄的是工业热图，温度较高，常常采 InSb 探测器，而医用热像仪拍摄的是人体，温度为 32℃左右，因此常常采用 HgCdTe 探测器。

正如 9.3.1 节所述，红外热成像系统的瞬间视场较小，需要扫描系统来扩大视场。图 9.10 是将扫描摆镜放在成像系统之前的一种结构形式；将扫描镜放在成像系统中的一种光路如图 9.12 所示。图中扫描装置 5 和 6 放在近似平行的光路中，其中 5 为八面转鼓，可实现行扫描；6 为平面摆镜，可完成帧扫描。

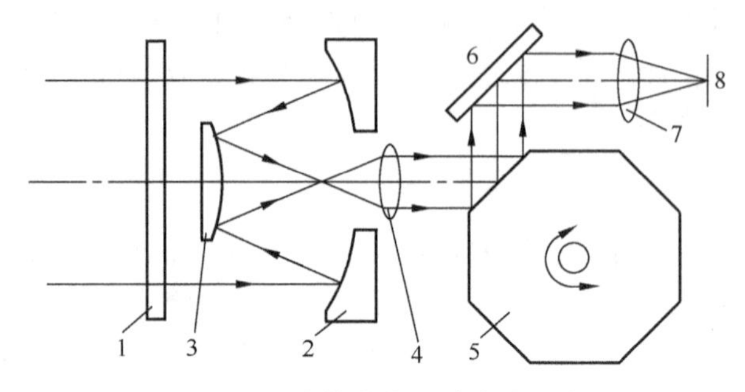

图 9.12　红外热成像系统光路示意图

1—保护玻璃；2—主镜；3—次镜；4—望远系统后组透镜；5—八面外反射行扫描转鼓；6—平面摆动帧扫描镜；7—准直镜；8—探测器

3. 红外跟踪系统

红外跟踪系统用于对运动目标的跟踪。当目标在接收系统视场内运动时，便出现了目标相对于系统测量基准的偏离量，系统测量元件测量出目标的相对偏离量，并输出相应的误差信号送入跟踪机构，跟踪机构便驱动系统的测量元件向目标方向运动，减小其相对偏离量，使测量基准对准目标，从而实现对目标的跟踪。图 9.13 描述了一种红外跟踪系统的光路示意图。由目标辐射来的红外辐射经保护窗口 1 照射到主镜 2 上，经聚焦并反射到次反射镜 3 上，由次镜 3 反射后成像于调制盘 4 上，光锥 5 和浸没透镜 6 将透过调制盘后的光能会聚在探测器 7 上。红外辐射经调制盘调制后成为调制信号，目标像点在调制盘上所处的位置与目标在空间相对光轴的位置是一一对应的，因此，通过光学系统聚焦以及调制盘调制后的信号，可以确定目标偏离光轴的大小和方位。

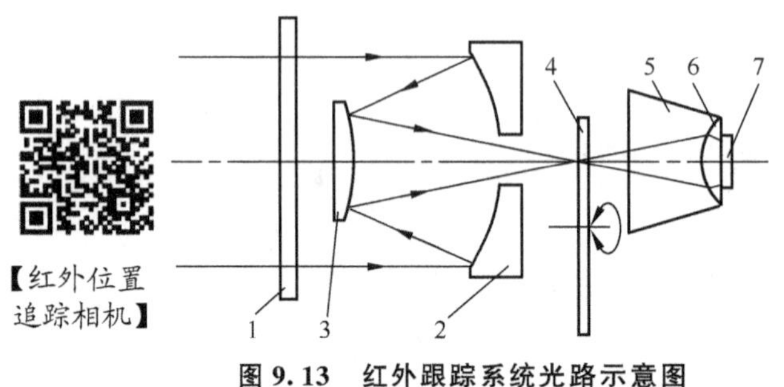

图 9.13　红外跟踪系统光路示意图

1—保护窗口；2—主镜；3—次镜；4—调制盘；5—光锥；6—浸没透镜；7—探测器

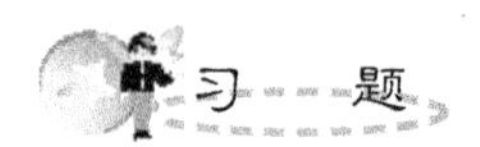

习　题

9-1　已知高斯光束的束腰 w_0 为 0.5mm，波长 λ 为 0.6328μm，现用焦距 f' 为 50mm 的透镜来聚焦，试求当束腰距离透镜分别为 $-l$ 为 1m、0.2m、0 时，焦斑的大小 w_0' 和位置 l'。

9-2 图9.14所示一根弯曲的圆柱形光纤，光纤芯的折射率为n_1，包层折射率为n_2，$n_1>n_2$。

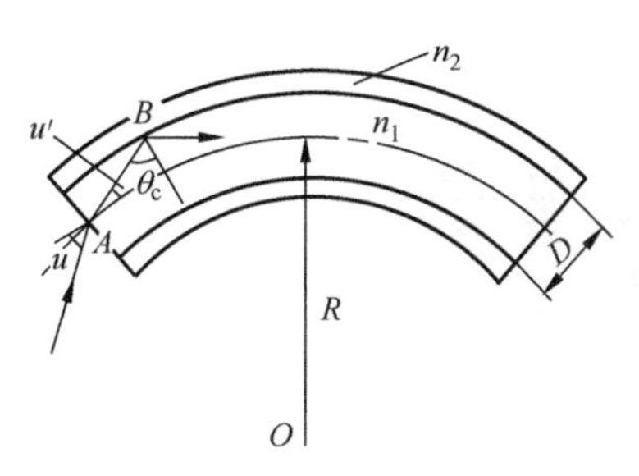

图9.14 习题9-2图

(1) 证明入射光的最大孔径角满足 $\sin u=\sqrt{n_1^2-n_2^2(1+D/2R)^2}$；

(2) 若$n_1=1.62$，$n_2=1.52$，$D=12\text{mm}$，最大孔径角$2u$等于多少？

9-3 有一红外物镜，要求其通光孔径D为60mm，视场角2ω为$\pm1°$。探测器的尺寸D_A为3mm，并直接置放于物镜的焦平面上。求该红外物镜的焦距f'和相对孔径D/f'。

第10章 光的干涉

知识要点	掌握程度	相关知识
光的干涉条件	掌握干涉的必要条件； 了解波列长度的概念	光波的叠加
杨氏干涉实验	了解杨氏双缝干涉实验装置； 了解干涉图样； 掌握光程、光程差概念； 掌握相位差与光程差的关系； 掌握杨氏双缝干涉明、暗条纹位置求解	光强的计算； 半波损失； 相干光源； 分波前法； 干涉场
干涉条纹可见度	掌握可见度的影响因素； 理解临界光源和扩展光源的概念； 理解相干长度的概念	频率波长的关系； 波数波长的关系
平板双光束干涉	掌握等厚和等倾干涉条纹间距计算； 了解双光束干涉装置； 理解干涉定域的概念； 掌握迈克尔逊干涉仪的结构原理及其应用； 了解斐索干涉仪、泰曼-格林和马赫-曾德干涉仪	薄膜干涉； 光学系统成像； 眼镜光学系统
平板多光束干涉	掌握多光束干涉的光强分布及条纹特征； 掌握干涉条纹锐度和精细度的概念及计算； 了解F-P干涉仪的原理； 掌握F-P干涉仪在光谱线精细结构分析中的应用； 掌握F-P干涉仪的标准具常数及分辨本领的计算	表面反射及折射； 光谱技术； 瑞利判断

导入案例

干涉现象是波动独有的特征，光是一种电磁波，故必然会产生干涉现象。干涉在现代科学技术领域起着重要的作用。实验室里可以很容易观察到薄膜干涉：如在酒精灯的酒精中溶解一些氯化钠，灯焰就会发出明亮的黄光，然后把铁丝圈在肥皂水中蘸一下，让它挂上一层薄薄的肥皂液膜，用酒精灯的黄光照射液膜，液膜反射的光使我们看到灯焰的像，像上有亮暗相间的条纹，这即是光的干涉产生的，如图10.0(a)所示。

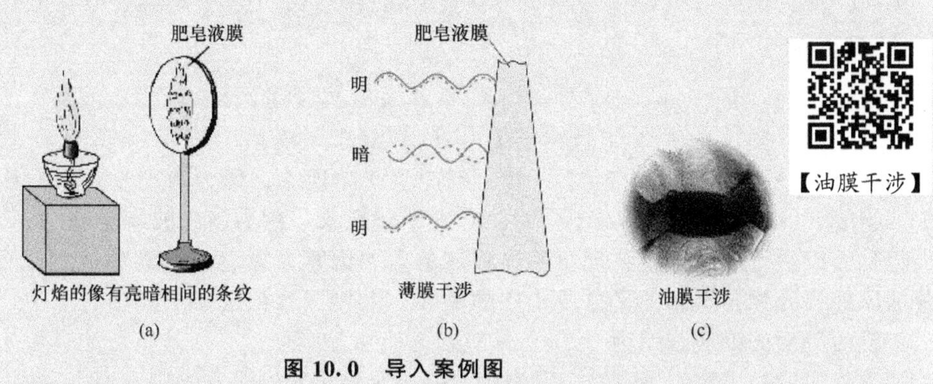

图 10.0 导入案例图

灯焰的像是由液膜前后两个面反射的光形成的，这两列光波的频率相同，能够发生干涉。竖直放置的肥皂薄膜受到重力的作用，上面薄下面厚，因此在薄膜上不同的地方，来自前后两个面的反射光所走的路程差不同，在一些地方这两列波叠加后互相加强，于是出现了亮条纹；在另一些地方，叠加后互相削弱，于是出现了暗条纹，如图10.0(b)所示。用不同波长的单色光做这个实验，条纹间距不同，所以如果用白光照射肥皂液膜，由于各色光干涉后的条纹间距不同，液膜上就会出现彩色条纹，如生活中肥皂泡上和水面的油膜上常常看到的彩色花纹，就是光的干涉造成的，油膜干涉如图10.0(c)所示。

光的干涉现象是光的波动性的一个重要特征。光的干涉及其应用也是波动光学的重点研究对象之一。历史上，1801年杨(Young)的双缝实验证明了光可以发生干涉，为光的波动性提供了重要的实验基础。其后，菲涅耳等人从波动理论出发，指出了实现干涉的条件，定量地描述了各种因素对干涉现象的影响。20世纪30年代，范西特(P. H. van Citteft)和泽尼克(F. Zernikt)又发展了部分相干理论，使整个干涉理论进一步完善。20世纪60年代激光的问世，提供了相干性最好的光源，进一步扩展了干涉的应用。干涉在现代科学技术的许多方面起着重要的作用。现代的干涉技术不仅与精密机械结合，而且与光电技术、计算机等紧密联系，并使干涉计量检测技术向着自动化方向发展。

本章叙述了光的干涉现象和规律，以及干涉原理在精密计量中的应用。

10.1 光波干涉的条件及杨氏干涉实验

10.1.1 光波干涉的条件

根据波的干涉理论，两列(或多列)振动方向相同、频率相同的单色光波叠加后，在叠加区域内，光的强度不再是均匀分布，而是呈现出一些地方有极大值，一些地方有极小值，这种在叠加区域出现稳定的规律性强弱分布的现象称为光的干涉现象。

根据波的叠加原理，在某一点处同时存在两个振动时，其合振动应为两个振动之和（矢量和），即

$$\boldsymbol{E} = \boldsymbol{E}_1 + \boldsymbol{E}_2$$

所观测到的光强度则是该点光振动平方的时间平均值，即

$$I = \langle \boldsymbol{E}^2 \rangle = \langle \boldsymbol{E} \cdot \boldsymbol{E} \rangle$$

两光波在相遇点分别产生的光强为

$$I_1 = \langle \boldsymbol{E}_1 \cdot \boldsymbol{E}_1 \rangle \quad I_2 = \langle \boldsymbol{E}_2 \cdot \boldsymbol{E}_2 \rangle$$

总光强为

$$\begin{aligned} I &= \langle (\boldsymbol{E}_1 + \boldsymbol{E}_2) \cdot (\boldsymbol{E}_1 + \boldsymbol{E}_2) \rangle \\ &= I_1 + I_2 + 2\langle \boldsymbol{E}_1 \cdot \boldsymbol{E}_2 \rangle \end{aligned} \tag{10-1}$$

当 $2\langle \boldsymbol{E}_1 \cdot \boldsymbol{E}_2 \rangle = 0$ 时，$I = I_1 + I_2$，不产生干涉现象，称为两光波非相干叠加；

当 $2\langle \boldsymbol{E}_1 \cdot \boldsymbol{E}_2 \rangle \neq 0$ 时，$I \neq I_1 + I_2$，产生干涉现象，称为两光波相干叠加；$2\langle E_1 \cdot E_2 \rangle$是决定是否产生干涉以及干涉现象明显程度的重要因素，称它为干涉项或相干项。由于波的叠加原理及光强与振幅的平方成正比的关系，共同导致出现了干涉项。

设两平面矢量波表示为

$$\boldsymbol{E}_1 = A_1 \cos(k_1 \cdot r - \omega_1 t + \delta_1) \quad \boldsymbol{E}_2 = A_2 \cos(k_2 \cdot r - \omega_2 t + \delta_2)$$

两光波在相遇点的合振动的强度(光强)为

$$I = I_1 + I_2 + 2A_1 \cdot A_2 \cos\delta \tag{10-2}$$

式中，$\delta = [(k_1 - k_2) \cdot r + (\delta_1 - \delta_2) - (\omega_1 - \omega_2)t]$。

由上可知，干涉项是由两光波的振动方向(A_1，A_2)以及两光波到达相遇点的相位差 δ 所决定的。分析这两个因素，即可得出干涉条件。

(1) 频率相同。若两列波频率不同，例如设 ω_1 和 ω_2 略有差别，则会出现拍频现象，光强是以 $\Delta\omega = \omega_1 - \omega_2$ 为频率，随时间 t 呈余弦变化的。因此，不符合在观测时间内产生稳定光强分布的条件。

(2) 振动方向相同。由式(10-2)知，相干项正比于 A_1 与 A_2 的标量积。因此，当两个互相垂直的振动叠加时，$A_1 \cdot A_2 = 0$，所以不产生干涉现象。只有当两个振动有平行分量时才会相干。图 10.1(a)表示两个振动方向有一夹角 α 的线偏振光 $\boldsymbol{E}_1$ 和 $\boldsymbol{E}_2$ 叠加的情形，只有分量 $\boldsymbol{E}_1\cos\alpha$ 与 $\boldsymbol{E}_2$ 发生干涉，而与 $\boldsymbol{E}_2$ 垂直的分量 $\boldsymbol{E}_1\sin\alpha$ 则不参与干涉，它将在观察面上产生一个对图像清晰度不利的“背景光”。图 10.1(b)所示的两个振动(同时垂直于纸面)的叠加，无论 α 角多大，则不会产生“背景光”。在图 10.1(a)情形的两个线偏振光干涉时，应使 α 角尽量小。

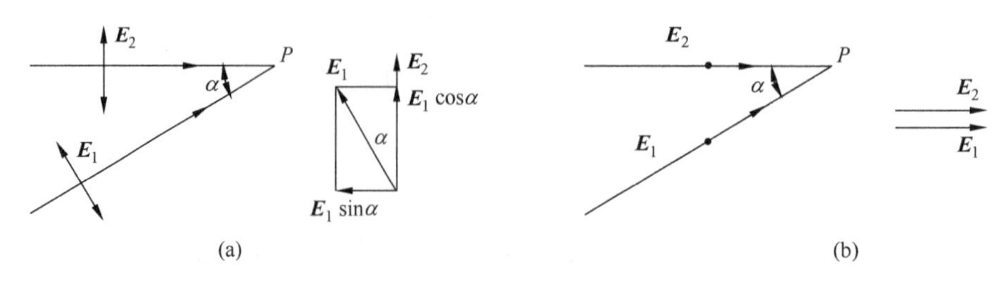

图 10.1　两列光波的振动方向不同时的叠加

(3) 相位差恒定。在相位差 δ 的表达式中，k_1、k_2 是两光波的传播矢量，所以在讨论区域内应该相遇，此时相位差为空间坐标的函数。对于确定点，要求在观察时间内两光波的相位差($\delta_1-\delta_2$)恒定，则该点的光强度稳定。否则，δ 随机变化将使得在观察期内多次经历 0 到 2π 的一切数值，导致干涉项等于 0。对于空间不同的点，对应着不同的相位差，因而各点的光强也不尽相同，在空间形成稳定的光强强弱分布。

由上分析可知：光波的频率相同、在叠加处振动方向相同和相位差恒定是能够产生干涉的必要条件。满足干涉条件的光波称为相干光波。发出相干光波的光源称为相干光源。

两个普通(非激光)的独立的光源即使振动频率相同，也不能认为有恒定的相位差。甚至是同一个光源它的不同部分(不同点)也没有恒定的相位差。因此，它们都不是相干光源。而只有把一个光源的一微小区域(看做点光源)发出的同一频率的光波分成两束(或多束)而使之相遇，这两束光才可以看做是由两个同频率且相位差恒定的振动的光源发出的。这样的两束(或多束)光才是相干的。在干涉系统中必须要满足两列光波的光程差不得超过光波的波列长度这个补充条件。由于实际光源所发出的光波是一个个波列，原子在某一时刻发出的波列与下一时刻发出的波列，光波的振动方向和相位都是随机的，因而不同时刻相遇的波列的相位就没有固定的关系，只有同一原子发出的同一波列相遇时才能产生干涉。各光源发出的光波的波列长度也不尽相同，如氪同位素 ^{86}Kr 放电管发出的橙红色光(605.78nm)的波列长度为 70cm；白光的波列长度仅有几个可见光的波长；氦氖激光的波列长度可达到 10^7 km。

相干光源及相干光波的这一特点，决定了干涉仪器的光路系统不同于一般的成像系统，它必须包含分光系统与合光系统，分别将来自同一点光源的光波，先一分为二，后合二为一。分光的方法归结为分波前与分振幅两大类，并由它们构成了众多的形式不同，用途各异的干涉系统。

10.1.2 杨氏干涉实验

【杨氏干涉实验装置】

杨氏干涉是最早用实验装置观察双光束干涉的一个实验，也是分波前干涉的一个典型系统。杨氏干涉实验装置如图 10.2 所示。图中 S 是一个被单色光源照明的小孔，经 S 出射的光波照射到屏 A 上对称开设的两个小孔 S_1 和 S_2，S_1 和 S_2 发射出的光波来自同一光源，是相干光波，在距离屏 A 为 D 的屏 M 上叠加并形成干涉图样(干涉条纹)。

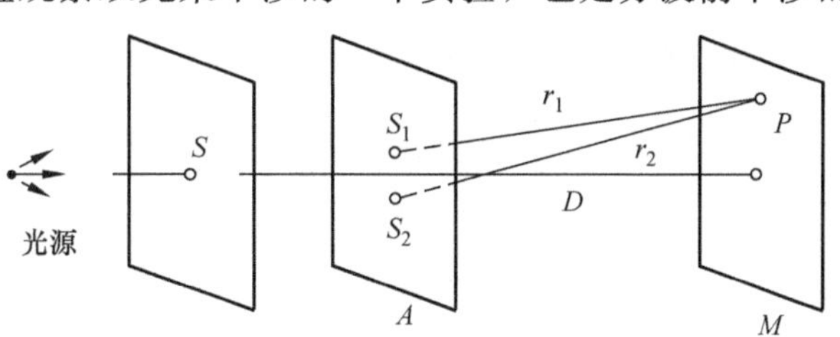

图 10.2 杨氏干涉实验装置

【杨氏双缝干涉实验演示】

设小孔 S_1 和 S_2 关于 S 对称分布，S_1 和 S_2 是两个同相位振动的相干光源。现考察屏 M 上某一点 P。令由 S_1 和 S_2 传到 P 点的光振动的振幅各为 A_1 和 A_2 或光强度各为 $I_1(=A_1^2)$ 和 $I_2(=A_2^2)$，初位相各为 δ_1 和 δ_2，则 P 点的干涉条纹的光强为

$$I = I_1 + I_2 + 2\sqrt{I_1 I_2}\cos\delta \qquad (10-3)$$

式中，$\delta=\delta_1-\delta_2$ 表示两束相干光在相遇点 P 的振动的相位差。

在屏 M 中心附近可认为两光束光强相同，即 $I_1=I_2=I_0$，则有

$$I=2I_0(1+\cos\delta)=4I_0\cos^2\frac{\delta}{2} \tag{10-4}$$

这些结果表明两束相干光叠加后的光强取决于它们在相遇点的相位差。

两光波在 P 点的相位差为

$$\delta=\frac{2\pi}{\lambda}n(r_2-r_1)=\frac{2\pi}{\lambda}\Delta$$

式中，$\Delta=n(r_2-r_1)$表示两束光波到达 P 点的光程差，在杨氏干涉实验装置中，介质为空气，所以折射率可近似等于1。所以式(10－4)可以写为

$$I=4I_0\cos^2\left[\frac{\pi(r_2-r_1)}{\lambda}\right] \tag{10-5}$$

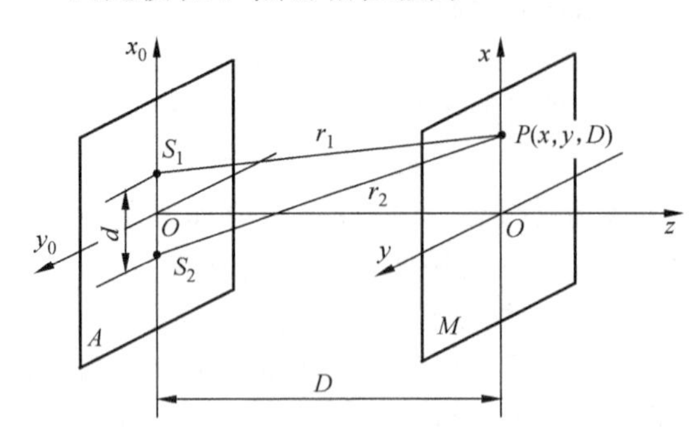

图 10.3　杨氏干涉实验光强分布计算时的坐标选取

如图10.3所示，设屏 M 上 P 点的坐标为(x, y, D)，S_1 和 S_2 到 P 点的距离分别为

$$r_1=\overline{S_1P}=\sqrt{\left(x-\frac{d}{2}\right)^2+y^2+D^2}$$

$$r_2=\overline{S_2P}=\sqrt{\left(x+\frac{d}{2}\right)^2+y^2+D^2}$$

式中，d 为两相干光源 S_1 和 S_2 之间的距离。

由上述两式可得

$$r_2^2-r_1^2=2xd$$

光程差为

$$\Delta=r_2-r_1=\frac{2xd}{r_2+r_1}$$

在实际中，由于 $D\gg d$，若观察范围较小，即 $D\gg x$，y，则 $r_2+r_1\approx 2D$，所以

$$\Delta=r_2-r_1\approx\frac{xd}{D} \tag{10-6}$$

因此，式(10－5)所给出 P 点的干涉条纹的光强可表示为

$$I=4I_0\cos^2\left[\frac{\pi d}{\lambda D}x\right] \tag{10-7}$$

当

$$x=\frac{m\lambda D}{d}\quad(m=0,\pm1,\pm2,\cdots) \tag{10-8}$$

时，屏 M 上光强有极大值 $I=4I_0$，为亮条纹；在屏 M 中心 O 处，由于 $x=0$，所以 $\Delta=0$，则 $m=0$，表明屏 M 中心为零级亮条纹的中心，该条纹又叫中央亮纹。在中央亮纹的上下两侧，与 $m=0$，1，2，…相对应，光程差 Δ 分别为 $\pm\lambda$，$\pm2\lambda$，…，x 值分别为 $\pm\frac{D}{d}\lambda$，$\pm\frac{2D}{d}\lambda$，…，为各级亮条纹的中心。这些明条纹分别称为第一级亮纹、第二级亮纹、第三级亮纹，……，它们对称地分布在中央亮纹的上下两侧。

当

$$x=\left(m+\frac{1}{2}\right)\frac{\lambda D}{d}\quad(m=0,\pm1,\pm2,\cdots) \tag{10-9}$$

时，屏 M 上光强有极小值 $I=0$，为暗条纹；与 $m=0$，1，2，…，相对应，光程差 Δ 分别为 $\pm\frac{\lambda}{2}$，$\pm\frac{3\lambda}{2}$，$\pm\frac{5\lambda}{2}$，…，x 值分别为 $\pm\frac{D}{2d}\lambda$，$\pm\frac{3D}{2d}\lambda$，$\pm\frac{5D}{2d}\lambda$，…，为各级暗条纹的中心。这些暗条纹分别称为第一级暗纹、第二级暗纹、第三级暗纹，……。

由上述结果可知，在屏 M 上 z 轴附近的干涉图样为一系列平行等距的明暗相间的直条纹组成，条纹的分布呈余弦规律变化，且条纹走向垂直于 S_1S_2 之间的连线(x 轴)方向。干涉条纹沿 x 轴方向的变化情况如图 10.4 所示。

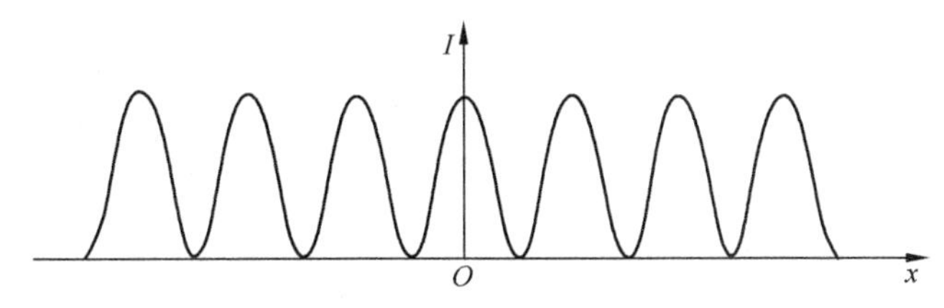

图 10.4　干涉条纹强度分布曲线

干涉条纹可以用条纹的干涉级 m 表示。其值等于 Δ/λ。光程差越大的地方，干涉级越高。条纹中最亮点的干涉级为整数，常以它来代表一个条纹的干涉级。

两相邻亮纹(或暗纹)之间的距离称为条纹间距或条纹宽度，由式(10-8)可得，条纹间距为

$$e=\frac{mD\lambda}{d}-\frac{(m-1)D\lambda}{d}=\frac{D\lambda}{d} \tag{10-10}$$

或者表示为

$$e=\lambda/(d/D)$$

把屏 M(即干涉场)上某点的两条相干光线间的夹角称为相干光束的会聚角，记作 ω。在杨氏干涉实验中，当 $D\gg d$，且 $D\gg x$，y 时，可得 $\omega=d/D$

则

$$e=\lambda/\omega \tag{10-11}$$

上式表明，条纹间距正比于波长，反比于相干光束的会聚角，与具体的干涉装置存在一定的关系。上式具有普遍的意义，在实际工作中，可以由 λ 和 ω 来判断条纹间距。

综上所述，在杨氏干涉中，若屏幕与两相干光源连线的垂直平分线正交且远离光源时，在屏幕的近轴区域内，将呈现以中央亮条纹为中心，上下两侧对称且等间距分布的明暗相间的直线状干涉条纹。条纹的间距大小与入射光波长成正比。若用单色光入射，波长小(如紫光)的条纹间距小，波长大(如红光)的条纹间距大。若用白光入射，则在中央白色亮纹的上下两侧，呈现出各级均由从紫到红七色分布的彩色条纹。

例 10.1　在杨氏双缝实验中，波长为 6328×10^{-7}mm 的激光，入射在缝间距为 0.22mm 的双缝上，试求在距缝为 1800mm 处的屏幕上，干涉条纹的间距；若把整个装置放进水中，则干涉条纹的间距将如何变化？

解　由题意知，在空气中，$\lambda=6328\times10^{-7}$mm。由式(10-9)可得

$$e=\frac{D\lambda}{d}=\frac{1800\times6328\times10^{-7}}{0.22}\text{mm}=5.18\text{mm}$$

若把整个装置放进水中，则由于水的折射率 $n=1.33$，根据相应的条纹间距公式，得

$$e=\frac{D\lambda}{nd}=\frac{1800\times6328\times10^{-7}}{1.33\times0.22}\text{mm}=3.89\text{mm}$$

可见，条纹的间距变小。

据上所述，两束相干光在空间某区域叠加时，空间任一点的干涉结果取决于两束光在该点的光程差。光程差等于$\pm m\lambda$的诸点形成了各级亮条纹；光程差等于$\pm(m+1/2)\lambda$的诸点形成了各级暗条纹。这说明光程差相等的各点位于同一级条纹上。所以，干涉条纹是光程差相等的诸点连成的轨迹。因此，干涉条纹的形状取决于等光程差点轨迹的形状。下面即通过讨论杨氏干涉中等光程点轨迹的分布规律来了解干涉条纹的形状特征。

图10.5(a)所示，在$O—xyz$坐标系中，S_1和S_2为两个相干光源，两者相距为d，位于Ox轴上，且相对O点对称。空间任一点$P(x, y, z)$到S_1、S_2的距离分别为r_1和r_2。

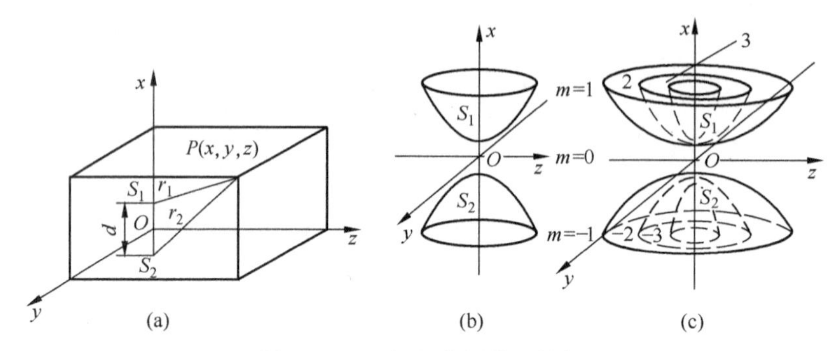

图10.5　两相干点源的干涉场

设此装置位于空气中，则两相干光波在P点的光程差为

$$\Delta = r_2 - r_1 = \sqrt{\left(x+\frac{d}{2}\right)^2 + y^2 + z^2} - \sqrt{\left(x-\frac{d}{2}\right)^2 + y^2 + z^2}$$

将上式化简可得

$$\frac{y^2+z^2}{\left(\frac{d}{2}\right)^2 - \left(\frac{\Delta}{2}\right)^2} - \frac{x^2}{\left(\frac{\Delta}{2}\right)^2} = -1 \tag{10-12}$$

这是一个以相干光源S_1、S_2为焦点的旋转双叶双曲面方程。可见，等光程差点就分布在这一对旋转双叶双曲面上，故称这对曲面为等光程差面，曲面的形状如图10.5(b)所示。

若将干涉亮纹条件

$$\Delta = m\lambda \quad (m = 0, \pm 1, \pm 2, \pm 3, \cdots)$$

代入式(10-12)，可得各级亮纹的等光程差面方程为

$$\frac{y^2+z^2}{\left(\frac{d}{2}\right)^2 - \left(\frac{m\lambda}{2}\right)^2} - \frac{x^2}{\left(\frac{m\lambda}{2}\right)^2} = -1 \tag{10-13}$$

这是一组以整数m为参数的旋转双叶双曲面族，如图10.5(c)所示。图中只给出$m=0$，± 1，± 2，± 3的等光程差面。从中可见，$m=0$的等光程差面就是$x=0$的yOz平面。

等光程差面方程描述了光程差相等的诸点在空间的分布情况。屏幕上所呈现的干涉条纹是等光程差面与屏幕(一般是平面)相交所获得的一系列交线。因此，把屏幕置于空间不同位置，将会呈现出不同形状的干涉条纹。

分波前法获得干涉光的方法还有菲涅尔双棱镜法和菲涅尔双面镜法等。

10.1.3　干涉条纹的可见度

由式(10-3)可知，双光束干涉条纹的光强分布等于两束光单独传播时光强之和(I_1+I_2)

再加上干涉项 $2\sqrt{I_1 I_2}\cos\delta$。图 10.6 分别给出了 $I_1=I_2=I_0$、$I_1\neq I_2$ 和 $I_1\ll I_2$ 光强分布曲线，图 10.6(a)条纹亮暗变化明显，对比鲜明，可以观察到清晰的干涉条纹。图 10.6(c)中的条纹的亮暗变化很不明显，观察到的条纹是模糊的。

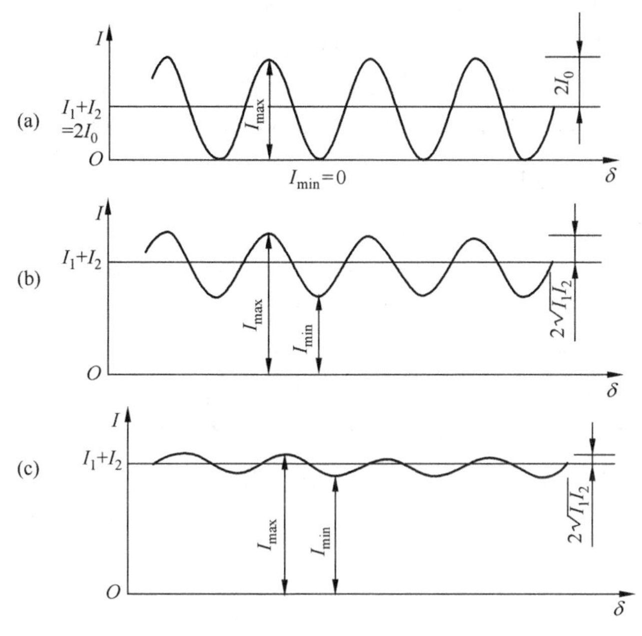

图 10.6 光强不同时的干涉条纹对比曲线

条纹的这种不同情况，可用比值 K 定量地反映出来。

$$K=\frac{I_{max}-I_{min}}{I_{max}+I_{min}} \tag{10-14}$$

式中，I_{max}和 I_{min}分别表示条纹中相邻的最大光强和最小光强。比值 K 称为干涉条纹的可见度(对比度或反衬度)。显然，$I_{min}=0$ 时，$K=1$，条纹亮暗对比最明显，而当 $I_{max}\approx I_{min}$时，$K=0$，则辨认不出条纹。一般有 $0<K<1$。

在杨氏干涉条纹中，由式(10-3)可得

$$I_{max}-I_{min}=4\sqrt{I_1 I_2}$$
$$I_{max}+I_{min}=2(I_1+I_2)$$

故

$$K=\frac{2\sqrt{I_1 I_2}}{I_1+I_2} \tag{10-15}$$

所以，式(10-3)可表示为

$$I=(I_1+I_2)\left(1+\frac{2\sqrt{I_1 I_2}}{I_1+I_2}\cos\delta\right)=(I_1+I_2)(1+K\cos\delta) \tag{10-16}$$

由上式可知，在求得余弦光强分布式之后，将其常数项归一化处理(即将常数项变为 1)，余弦部分的振幅(或调制度)就是条纹的可见度。

由式(10-15)可得

$$K=\frac{2\sqrt{I_1 I_2}}{I_1+I_2}=\frac{2\sqrt{I_1/I_2}}{1+I_1/I_2}$$

该式表明，两相干光的光强比(振幅比)对条纹的可见度有影响，当 $I_1=I_2(A_1=A_2)$ 时，$K=1$；$I_1\neq I_2$ 时，$K<1$，且两光强相差越大，可见度越低。在设计干涉实验装置或设计干涉仪时，应尽量使两光束光强接近或相等。

以上讨论干涉条件时，都是假定产生干涉的两束光波是从同一单色点光源发出的。而实际上，任何光源都不能发出严格的单色光，而且也有一定宽度(大小)。实践证明，在这种情形下，也可以产生稳定的干涉图样，只是条纹的对比度可能会受到影响。为了得到足够清晰的条纹还必须满足另外一些条件，这也是设计和使用干涉装置时所必须考虑的重要问题。

1. 光源大小对可见度的影响

理想点光源实际上既不存在，也不满足需要。因为光源太小，不能提供足够的光能。因此在实际干涉装置中，光源是由大量不相干的点光源组成，所有的点光源都能形成各自的一套干涉条纹。屏幕上的光强分布，实际上是各套干涉条纹光强分布的简单相加。由于各点光源的位置不同，有些情况下干涉条纹将产生错位。当错位使各套同级条纹中心不再重合时，光强合成结果势必使 $I_{\min}\neq 0$，因此干涉条纹可见度下降。当光源足够大时，甚至可能使可见度下降为零，干涉条纹完全消失。下面以杨氏双孔实验为例作具体分析。

如图 10.7 所示，设以点光源 S 为坐标原点，沿相干光源 S_1S_2 的连线向上方向为 Sx 坐标，沿 S_1S_2 连线的垂直平分线向右方向为 Sz 坐标，Sy 坐标垂直图面指向读者，屏幕与 xSy 平面平行放置。

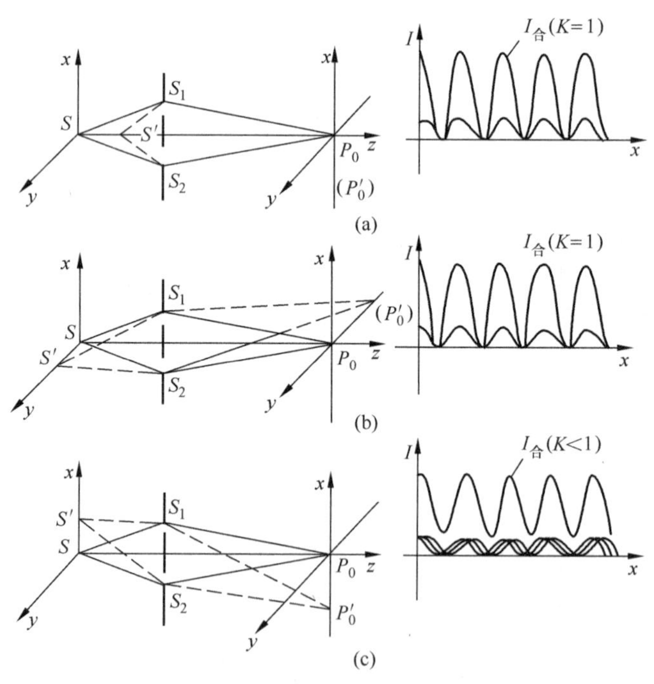

图 10.7　光源扩展对可见度的影响

当点光源 S 沿 Sz 坐标方向扩展时，根据双光束条纹的光强分布规律可知，各点光源产生的干涉条纹不会错位。各组同级条纹中心完全重合，合成后的条纹光强分布曲线如图 10.7(a)所示，条纹可见度仍然是 1。这说明光源沿 Sz 坐标方向的扩展对条纹对比度没有影响。

当点光源 S 沿 Sy 坐标方向扩展时，各点光源产生的干涉条纹沿 P_0y 方向平移，在 P_0x 方向没有错位。由于条纹走向沿 P_0y 方向，所以，双曲线族条纹沿 P_0y 方向的平移，不但不影响条纹的可见度，反而会增加条纹的亮度和直线度，如图 10.7(b)所示。正因为如此，在场氏实验中，将点光源换成沿 Sy 方向的线光源，同时把双孔换成沿 Sy 方向的双缝时，干涉条纹变得更加清晰，更加明亮。

最后分析光源 S 沿 Sx 方向的扩展对条纹可见度的影响。由图 10.7(c)所见，不同点光源产生的干涉条纹，在 P_0x 方向彼此错开。这说明，各套同级条纹的中心已不再重合。这时，由合成光强曲线可知 $I_{\min}\neq 0$，$K<1$，条纹可见度下降。

以上分析表明，在三维空间中，光源唯在 Sx 方向上的扩展，才对干涉条纹的可见度产生影响。这就引出光源在 Sx 方向的临界宽度和允许宽度的概念。临界宽度指的是，当干涉条纹可见度下降为零时光源的最小宽度，而允许宽度指的是，当干涉条纹的可见度在许可范围内光源的宽度。

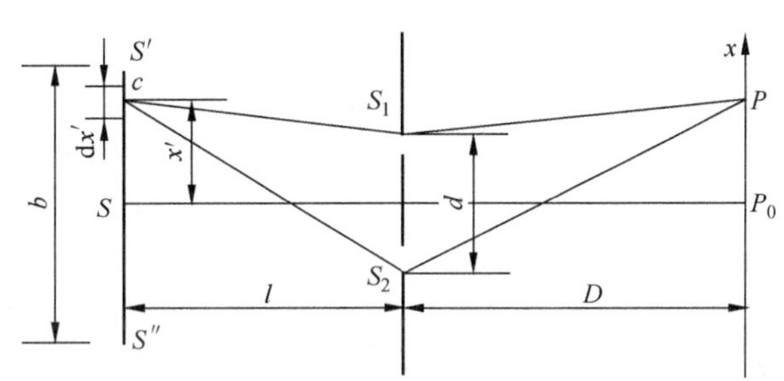

图 10.8 扩展光源的分割

假设将扩展光源沿 Sx 方向分成许多光强相等、宽度为 $\mathrm{d}x'$ 的元光源，如图 10.8 所示。

每个元光源到达干涉场的强度为 $I_0\mathrm{d}x'$，则位于宽度为 b 的扩展光源 $S'S''$ 上 c 点处的元光源，在干涉场上的 P 点形成的干涉条纹强度为

$$\mathrm{d}I = 2I_0\mathrm{d}x'[1+\cos k(\Delta'+\Delta)] \tag{10-17}$$

其中，Δ' 和 Δ 分别为从 c 点到 P 点的一对相干光在干涉系统左右方的光程差，由式(10-6)可知，$\Delta=\dfrac{d}{D}x=\omega x$，同理可得，$\Delta'=\dfrac{d}{l}x'=\beta x'$，其中 $\beta=d/l$，称作干涉孔径角，即到达干涉场某点的两相干光束从实际光源发出时的夹角。所以，宽度为 b 的扩展光源在干涉场上的 P 点处的光强为

$$\begin{aligned} I &= \int_{-b/2}^{b/2} 2I_0\left[1+\cos\frac{2\pi}{\lambda}\left(\frac{d}{l}x'+\frac{d}{D}x\right)\right]\mathrm{d}x' \\ &= 2I_0 b\left[1+\frac{\sin(\pi b\beta/\lambda)}{\pi b\beta/\lambda}\cos\left(\frac{2\pi}{\lambda}\cdot\frac{d}{D}x\right)\right] \end{aligned} \tag{10-18}$$

显然，上式中的 $\dfrac{\sin(\pi b\beta/\lambda)}{\pi b\beta/\lambda}$ 就是干涉条纹的可见度，即

$$K = \left|\frac{\sin(\pi b\beta/\lambda)}{\pi b\beta/\lambda}\right| \tag{10-19}$$

条纹可见度随着光源大小变化曲线如图 10.9 所示。

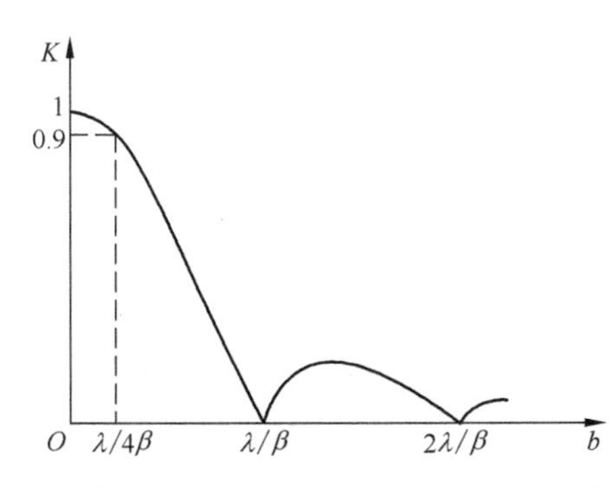

图 10.9 条纹可见度随光源大小变化曲线

把第一个 $K=0$ 时所对应的 $b=\lambda/\beta$ 称为扩展光源的临界宽度，记作 b_c，即

$$b_c = \lambda/\beta \tag{10-20}$$

实验表明，光源宽度不超过其临界宽度的 1/4

时，干涉条纹还比较清晰。由图10.9可见，此时对应的可见度$K=0.9$，相应的光源宽度称为扩展光源的允许宽度，用b_p表示，即

$$b_p = b_c/4 = \lambda/4\beta \tag{10-21}$$

当光源实际宽度小于允许宽度时，光源上任意两点光源形成的相干光波在屏幕上任一点的光程差的差值将不超过$\lambda/4$。

以上分析虽然以杨氏实验为例，但是可以证明，光源的临界宽度和允许宽度的定义和计算公式，在双光束干涉实验中具有普遍意义。

2. 光源非单色性对可见度的影响

理想的单色光应该是单一波长，或者说是频率宽度为零。但实际单色光源(如低压汞灯、钠灯、氪灯等)，甚至激光器，所发出的光波都不是严格的单一频率(或单一波长)，而是有一定的频率(或波长)宽度。

设双光束干涉(如杨氏干涉)装置中，点(或线)光源发出中心波长为λ，线宽为$\Delta\lambda$的准单色光，用图10.10所示光谱分布近似地表示。这时所观察到的干涉图样将是$\Delta\lambda$范围内的各种波长成分的光各自形成的干涉条纹的简单相加(光强直接相加)。设每一波长成分形成可见度等于1的干涉条纹，图10.11中给出了各波长成分光的干涉条纹的光强曲线。在$\Delta=0$处，即各波长成分的光程差都是零，因此各波长的零级干涉条纹完全重合。由于条纹间距随波长增大而增大，所以各波长的其他各级条纹都相互错开。干涉条纹的级次越高，错开的距离越大。图10.11中只给出两边缘波长$\lambda_2=\lambda-\Delta\lambda/2$与$\lambda_1=\lambda+\Delta\lambda/2$的完整光强曲线。由图中曲线可见，合成干涉条纹的可见度随光程差的增加而逐渐减小。当光程差达到某一值时，条纹可见度变为零，看不到干涉现象，从图中也可以定性地看出，$\Delta\lambda$越大，随着光程差的增大，条纹可见度下降也越快。

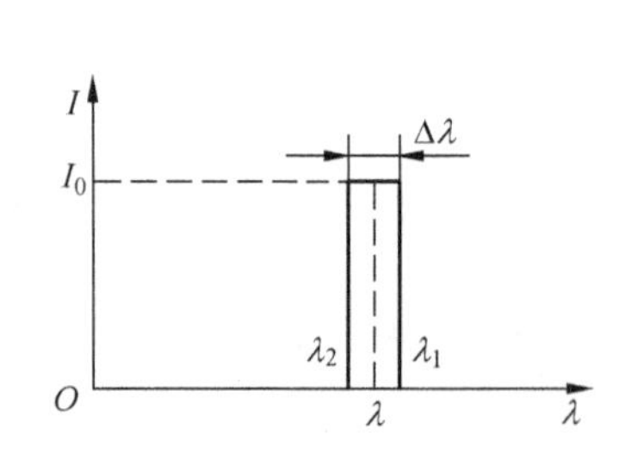

图10.10 准单色光简化光谱分布

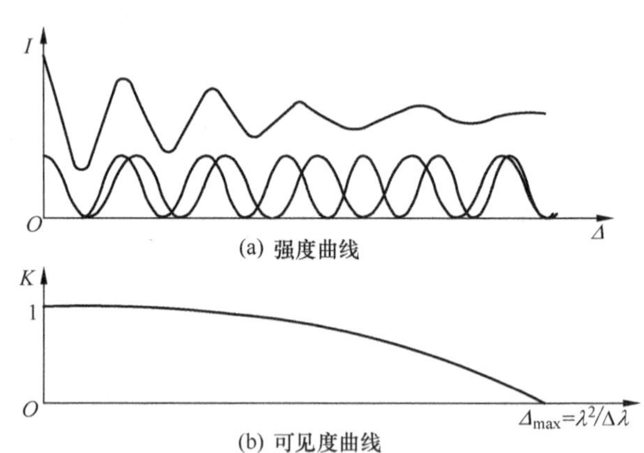

图10.11 光源非单色性对条纹可见度的影响

以上讨论表明，在非严格单色光情形下，能否观察到干涉现象还取决于光程差的大小。若光程差从零增加到某一值Δ_{max}时干涉条纹消失($K=0$)，则这一光程差的值Δ_{max}就可以用来标志这种非单色光波相干性的好坏，称为这种光波的相干长度。由图10.11可以看出，当光程差增大到使波长λ_2的$m+1$级暗条纹和λ_1的m级暗条纹重合时，条纹可见度$K=0$，条纹消失，此时的光程差Δ_{max}即为相干长度。

为了便于计算，将光源的光谱分布用波数$k\left(k=\dfrac{2\pi}{\lambda}\right)$来表示，根据式(10-4)，元波数

宽度 dk 的光波产生的干涉光强为

$$\mathrm{d}I = 2I_0\,\mathrm{d}k(1+\cos k\Delta)$$

整个光源在干涉场产生的光强分布为

$$I = \int_{k_0-\Delta k/2}^{k_0+\Delta k/2} 2I_0(1+\cos k\Delta) = 2I_0\Delta k\left(1+\frac{\sin\left(\Delta k\cdot\dfrac{\Delta}{2}\right)}{\Delta k\cdot\dfrac{\Delta}{2}}\cos k\Delta\right) \tag{10-22}$$

由此可知，干涉条纹的可见度为

$$K = \left|\frac{\sin(\Delta k\cdot\Delta/2)}{\Delta k\cdot\Delta/2}\right| \tag{10-23}$$

K 随 Δ 变化见图 10.11。当 $\Delta k\cdot\Delta/2=\pi$ 时，求得第一个 $K=0$ 对应的光程差值

$$\Delta_{\max} = \frac{2\pi}{\Delta k} = \frac{2\pi}{k_1-k_2} = \frac{\lambda_1\lambda_2}{\lambda_2-\lambda_1} \approx \frac{\lambda^2}{\Delta\lambda} \tag{10-24}$$

此时的光程差就是该光源所能够产生干涉的最大光程差，即相干长度，并与波列长度相一致。

综上可知：影响干涉条纹可见度的因素主要有相干光的振幅比、光源的大小和光源的非单色性三个方面。

10.1.4 双缝干涉的应用

前面讨论光源大小对可见度的影响得出，相干光源的大小受到一定的限制，光源的临界宽度为 $b_c=\lambda/\beta$，而此时正好使得干涉条纹消失，即 $K=0$。将 $\beta=d/l$ 代入光源临界宽度计算公式可得

$$b_c = \frac{\lambda}{\beta} = \frac{\lambda l}{d} \tag{10-25}$$

由上式可知，当双缝到光源的距离 l 一定时，双缝的间距 d 直接影响到可见度的大小。而当 d 变化到某一数值时，干涉条纹消失。可以利用这种性质设计出进行星体尺寸测量的测星干涉仪，如图 10.12 所示。

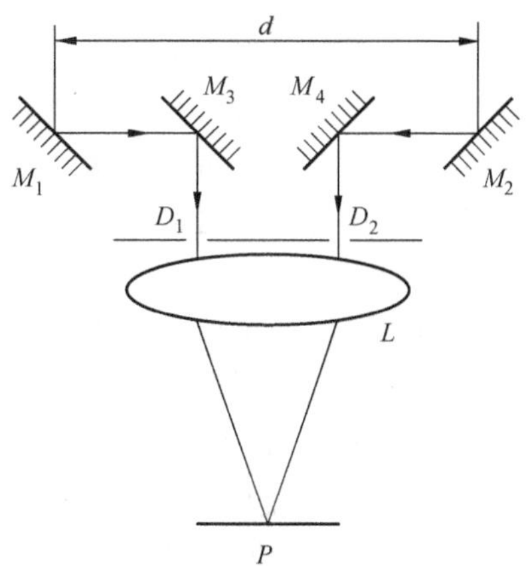

图 10.12 测星干涉仪原理图

图中，L 是望远物镜，D_1、D_2 是两个光阑的阑孔中心，M_1、M_2、M_3 和 M_4 是反射镜，其中 M_1 和 M_2 可以沿着 D_1D_2 连线方向作精密移动；M_3 和 M_4 是定镜。进入望远系统的两束光线在其焦平面上相干，形成类似于杨氏干涉实验的干涉条纹。$\overline{M_1M_2}$之间的距离类似于杨氏干涉实验的双孔(或双缝)间距 d，星体直径相当于扩展光源的宽度 b。在测量星体直径时，调节$\overline{M_1M_2}$之间的距离 d，当干涉条纹消失时，此时满足干涉系统不变量($b_c\beta=e\omega=d\theta=\lambda$)，即可得到星体的角直径大小 $\theta(\theta=\lambda/d)$。

利用这种测量干涉仪，测量出恒星的角直径，再采用其他方法测出的恒星至地面的距离 l，即可得出恒星的线直径。

此外，测星干涉仪的原理也可以应用于测量微小粒子的直径。

10.2　平板的双光束干涉及典型应用

平板干涉是实际中应用较多的干涉现象。平板可理解为受两个表面限制而形成的一层透明物质，包括空气、玻璃及其他透明材料如肥皂泡、油膜等。它属于分振幅干涉，即通过两表面的部分反射和部分透射将入射波上的同一部分分成两束(或多束)相干光。如图10.13表示一块折射率为n的玻璃平行平板。入射的单色光将在上下表面之间进行反射和折射，材料不同其振幅反射系数与透射系数也不一样。图10.13(b)中的t、t'、r和r'分别表示透射系数和反射系数，且都小于1。各光束的振幅和光强是随着序号的增大依次减小，减小的快慢取决于反射系数和透射系数。

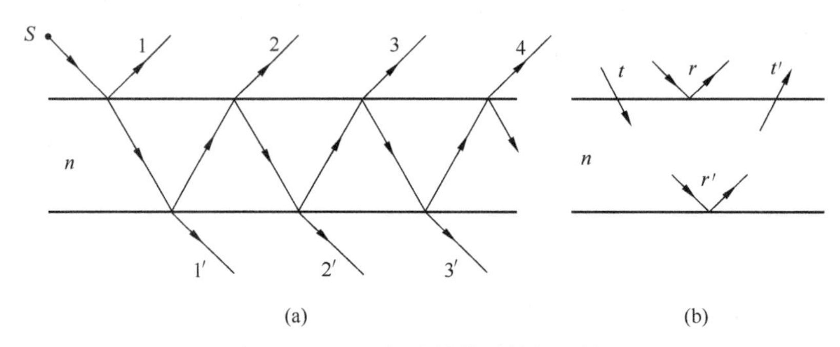

图10.13　平行平板的反射与透射

当光在空气中照射折射率为$n=1.5$的平板玻璃时，反射系数$r=0.04$，对应图10.13(a)中的各反射光和透射光的光强分别为

$$I_1=0.04I_0 \quad I_2=0.037I_0 \quad I_3\approx 0 \quad \cdots$$
$$I_1'=0.92I_0 \quad I_2'=0.0015I_0 \quad I_3'\approx 0 \quad \cdots$$

可见，在反射光中只有前两个光束有接近相等的光强，其余光束可以略去不计。表明在r很小的这种情形，只需要考虑上下表面反射的两束光的干涉，而忽略板内的多次反射。至于透射光也只考虑两束光。但因光束$1'$与$2'$的光强相差很大，干涉条纹可见度很低，没有实用价值。可以通过镀膜技术使表面的反射系数增大；可以获得光强相近的多光束并产生多光束干涉，(详见本章下节)，本节仅讨论不镀膜平板的双光束干涉。

在前述中，两个单色相干点光源在空间任意点相遇，总有一定的光程差，从而产生一定的光强分布，并可以观察到清晰的干涉条纹，这类干涉称为非定域干涉。在分振幅干涉中，采用了扩展光源，使得在空间任意点，由于光源上不同点光源所发出的到达该点的产生双光束干涉的两支相干光的光程差不同，从而在该点引入光程差变化$\delta\Delta$，在$\delta\Delta>\lambda/4$的区域，条纹可见度下降，无法观察到清晰的干涉条纹；而在$\delta\Delta<\lambda/4$的区域，仍可以观察到可见度较高的干涉条纹。这就解决了条纹亮度和可见度之间的矛盾。把能够得到清晰干涉条纹的区域称为定域区(若该区域为平面或曲面则称为定域面)。

10.2.1　平行平板产生的等倾干涉

平行平板获得分振幅干涉的原理图如图10.14所示。

扩展光源上的一点 S 发出的一束光经平行平板的上下表面反射和折射后，在透镜的像方焦平面上 P 点相遇并产生干涉。产生干涉的两支相干光束 1 与 1′来自同一条光线 SA，其干涉孔径角 $\beta=0$，在不加透镜时，其干涉条纹的定域在无限远处；图 10.14 中其定域面为透镜的像方焦平面。P 点处的光强为

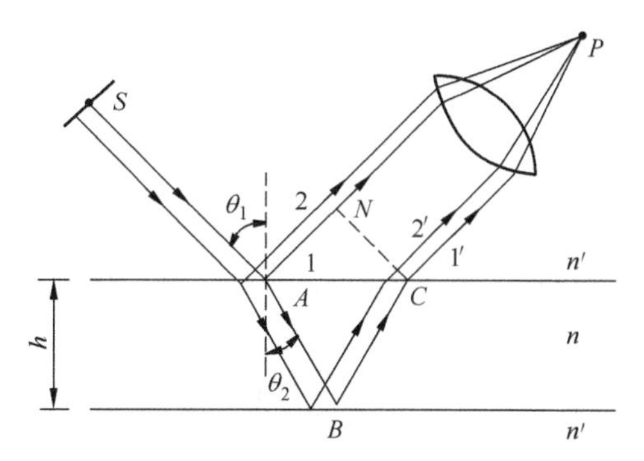

图 10.14　平行平板的分振幅干涉

$$I(P) = I_1 + I_2 + 2\sqrt{I_1 I_2}\cos k\Delta \tag{10-26}$$

式中，I_1 和 I_2 分别为相干光束 1 与 1′的光强；Δ 为两支相干光束在到达 P 点时的光程差。由图 10.14 可知

$$\Delta = n(AB + BC) - n'AN \tag{10-27}$$

其中

$$AB = BC = h/\cos\theta_2 \quad AN = 2h\tan\theta_2 \cdot \sin\theta_1$$

将上式和折射定律 $n'\sin\theta_1 = n\sin\theta_2$ 公式代入式(10-27)，可得

$$\Delta = 2nh\cos\theta_2$$

由于平行平板干涉系统的周围介质相同，所以两表面的反射中有一支光束发生“半波损失”，考虑到该因素的影响时，光程差 Δ 应为

$$\Delta = 2nh\cos\theta_2 + \lambda/2 \tag{10-28}$$

由此可见，在平行平板干涉中，光程差 Δ 只取决于折射角 θ_2，相同的 θ_2（即相同的入射角 θ_1）的入射光线构成了同一条纹，所以将平行平板干涉称作等倾干涉。扩展光源上不同点 S'发出的同倾角的光线，经平行平板分光后到达 P 点也具有相同的光程差，因此在 P 点的不同组条纹不会错位，这就可以保持条纹的可见度，而使用扩展光源又大大增加了条纹的亮度。

图 10.15 所示为产生等倾圆条纹的一种实用装置，S 为扩展光源，M 为半透半反镜，G 为平行平板。透镜的焦平面与平行平板的表面相平行，在与焦平面相垂直的方向上产生一组同心圆环的等倾干涉条纹。

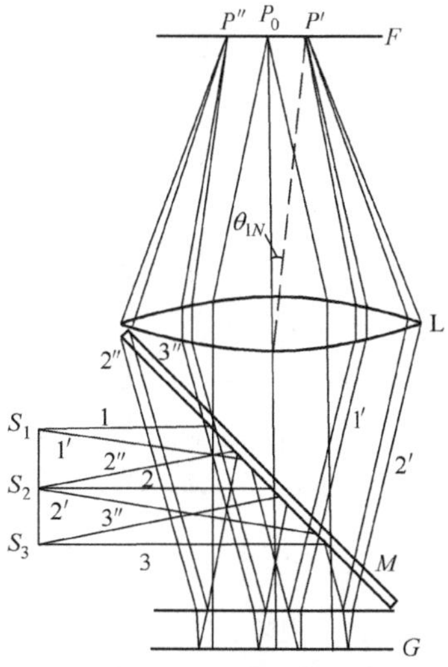

图 10.15　产生等倾圆条纹的装置

由式(10-28)可知，光程差越大，对应的干涉条纹的级次就越高。因此在等倾圆环干涉条纹的中心($\theta_2=0$)处具有最高干涉级。设条纹中心的干涉级次为 m_0，则

$$2nh + \lambda/2 = m_0\lambda \tag{10-29}$$

式中的 m_0 不一定是整数(中心不一定是亮纹)，记作

$$m_0 = m_1 + q$$

式中，m_1 为最靠近中心的干涉条纹的整数干涉级次，q 为小于 1 的分数，从中心向外数第 N 个亮纹的干涉级次为 $[m_1-(N-1)]$，并将其角半径记作 θ_{1N}（条纹半径对透镜中心的张角)，与其相对应的 θ_{2N} 满足

$$2nh\cos\theta_{2N} + \lambda/2 = [m_1 - (N-1)]\lambda \tag{10-30}$$

将式(10-29)和式(10-30)相减得

$$2nh(1-\cos\theta_{2N}) = [(N-1)+q]\lambda$$

由于 θ_{1N} 和 θ_{2N} 都很小，所以由折射定律 $n'\sin\theta_1=n\sin\theta_2$ 可得

$$n'\theta_1 \approx n\theta_2 \quad \Delta\theta_1 n' = \Delta\theta_2 n$$

又因为

$$1-\cos\theta_{2N} \approx \frac{\theta_{2N}^2}{2} \approx \frac{1}{2}\left(\frac{n'\theta_{1N}}{n}\right)^2$$

所以

$$\theta_{1N} \approx \frac{1}{n'}\sqrt{\frac{n\lambda}{h}}\ \sqrt{N-1+q} \tag{10-31}$$

上式说明，平板厚度 h 越大，条纹角半径 θ_{1N} 就越小。对 $2nh\cos\theta_2+\lambda/2=m\lambda$ 微分可得

$$-2nh\sin\theta_2\,\mathrm{d}\theta_2 = \lambda\mathrm{d}m$$

令 $\mathrm{d}m=1$，对应的 $\mathrm{d}\theta_2$ 记作 $\Delta\theta_2$，即可得到等倾干涉条纹的角间距

$$\Delta\theta_1 = \frac{n\lambda}{2n'^2\theta_1 h} \tag{10-32}$$

上式表明，$\Delta\theta_1$ 反比于 θ_1，即靠近中心的条纹较疏，而离中心越远条纹越密；$\Delta\theta_1$ 反比于平板厚度 h，即平板越薄条纹越疏。

10.2.2 楔形平板产生的等厚干涉

楔形平板获得分振幅干涉的原理图如图 10.16 所示。

扩展光源上的一点 S 发出的一束光 SA 经楔形平板的上下表面折射和反射后与另一束光 SB 在 B 点相遇并产生干涉。由图 10.16 可得两支相干光束在到达 B 点时的光程差 Δ 为

$$\Delta = n(AC+CB) - n'DB + \lambda/2 \tag{10-33}$$

其中

$$AC = CB = h/\cos i_2 \quad DB = 2h\tan i_2 \cdot \sin i_1$$

$$\Delta = 2h\ \sqrt{n^2 - n'^2\sin^2 i_1} + \lambda/2 \tag{10-34}$$

将上式和折射定律 $n'\sin i_1=n\sin i_2$ 公式代入式(10-33)，可得

$$\Delta = 2nh\cos i_2 + \lambda/2 \tag{10-35}$$

图 10.17 所示为观察板面上等厚干涉条纹的一种实用装置。该系统中，照明平行光垂直入射楔板(即 $i_1=0$，$i_2=0$)，若楔板折射率处处相同，则干涉条纹与等 h(厚度)的轨迹

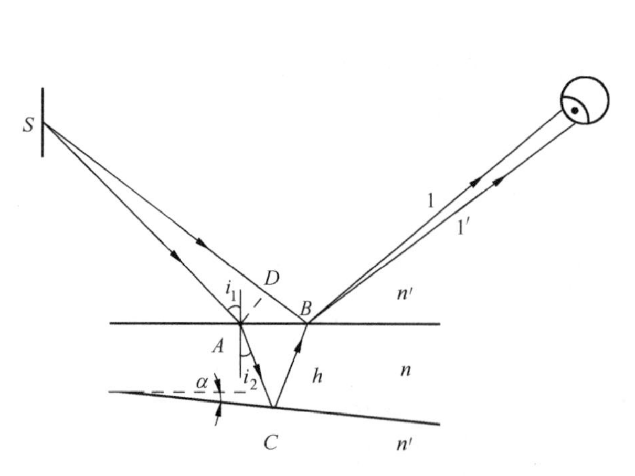

图 10.16 楔形平板的分振幅干涉

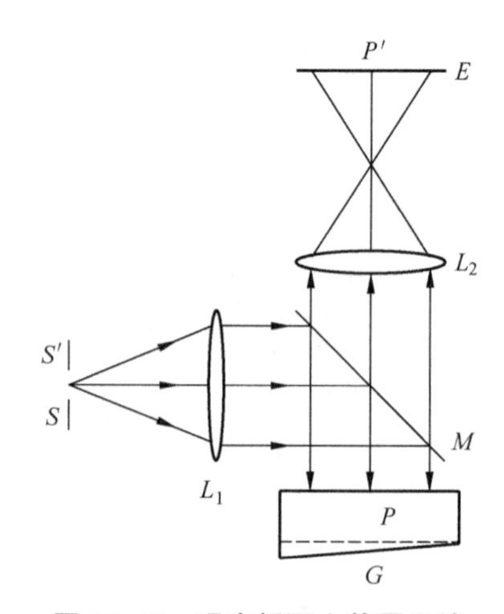

图 10.17 观察板面上等厚干涉条纹的一种实用装置

相对应，因此，该干涉条纹称作等厚条纹，楔板干涉也称作等厚干涉。由式(10－34)，当

$$\Delta = 2nh + \frac{\lambda}{2} = m\lambda \quad m = 0, \pm 1, \pm 2, \pm 3, \cdots \tag{10-36}$$

时，对应亮条纹。而当

$$\Delta = 2nh + \frac{\lambda}{2} = \left(m + \frac{1}{2}\right)\lambda \quad m = 0, \pm 1, \pm 2, \pm 3, \cdots \tag{10-37}$$

时，对应暗条纹。

由式(10－36)或式(10－37)可知，对于折射率均匀的楔形平板，条纹平行于楔棱，从一个亮纹(或暗纹)过渡到另一个亮纹(或暗纹)时条纹移动的距离称为条纹间距 e，即

$$e = \frac{\Delta h}{\sin\alpha} \approx \frac{\Delta h}{\alpha}$$

式中，α 为楔板的楔角；Δh 为平板厚度变化量，且 $\Delta h=\lambda/2n$，所以

$$e = \frac{\Delta h}{\alpha} = \frac{\lambda}{2n\alpha} \tag{10-38}$$

例 10.2 一折射率为 1.5 的玻璃劈尖，其末端厚度 h 为 0.05mm，置于空气中，若波长为 7070×10^{-10}m 的平行单色光以 30°角入射到劈尖的上表面，试求此劈尖所能呈现的干涉条纹数目是多少？若用两块玻璃平板夹成同样尺寸的空气劈尖，试问同样情况下能产生多少条干涉条纹？

解 当平行单色光以入射角 i_1 入射到玻璃劈尖上时，由式(10－34)、式(10－36)的推导，可以得出两相邻亮(暗)条纹所对应的厚度差为

$$\Delta h = \frac{\lambda}{2\sqrt{n^2 - n'^2\sin^2 i_1}}$$

因此，在末端厚度为 h 的劈尖内所能呈现的条纹数目 N 为

$$N = \frac{h}{\Delta h} = \frac{2h\sqrt{n^2 - n'^2\sin^2 i_1}}{\lambda} = \frac{2\times5\times10^{-2}\times\sqrt{(1.5)^2-\sin^2 30^\circ}}{7070\times10^{-7}} \approx 200(\text{条})$$

对于同样尺寸的空气劈尖，由于 $n=1$，所以

$$N = \frac{2h\sqrt{n^2 - n'^2\sin^2 i_1}}{\lambda} = \frac{2\times5\times10^{-2}\times\sqrt{1^2-1.5^2\sin^2 30^\circ}}{7070\times10^{-7}} \approx 94(\text{条})$$

以上介绍的楔形平板产生的等厚干涉，等厚干涉条纹的另一个常见例子是很大的平凸透镜放在一块玻璃平晶上，透镜的凸面与平晶的上表面便构成了一空气间隙，这个空气间隙可看成是劈尖角 α 作规律缓慢变化的特殊劈尖，如图 10.18 所示。当用平行光在正入射照明下，在劈尖的上表面可观察到等厚干涉条纹。由于劈尖的等厚点轨迹呈圆环状，所以干涉条纹也呈同心圆环状。这种圆环状条纹是牛顿首先发现的，故称为牛顿环。牛顿环在圆心处，$h=0$，由于$\Delta=\lambda/2$，故为一暗斑(对本例的空气牛顿环而言)。牛顿环的条纹间距可通过对式(10－38)做出定性的分析。由于劈尖角 α 从环中心到边缘是逐渐增大的，所以环纹呈不等间距分布，其变化规律为中央稀疏，边缘密集。

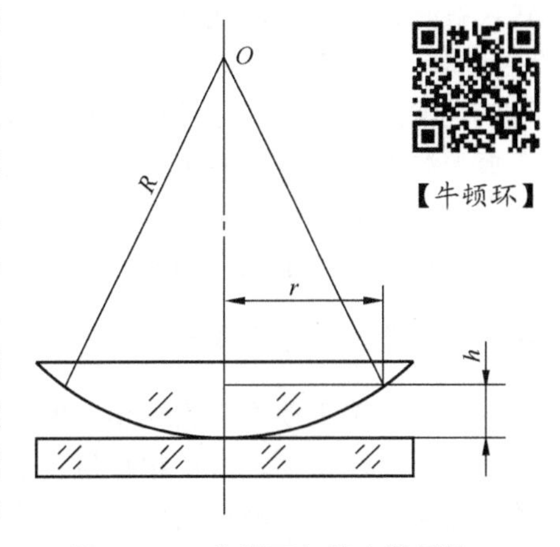

图 10.18 牛顿环与劈尖膜干涉

下面给出牛顿环的半径公式，各级亮环纹的半径为

$$r_{亮}=\sqrt{\frac{2m-1}{2n}R\lambda}\quad m=0,1,2,3,\cdots \tag{10-39}$$

各级暗环纹的半径为

$$r_{暗}=\sqrt{\frac{mR\lambda}{n}}\quad m=0,1,2,3,\cdots \tag{10-40}$$

例 10.3 若用波长为 6328×10^{-10}m 的 He-Ne 激光器作光源，测得空气牛顿环第 j 级暗环纹的直径 d_j 为 11.26mm，第 $j+5$ 级暗环纹的直径 d_{j+5} 为 15.92mm，求平凸透镜的曲率半径 R。

解 由于空气的折射率为 1，由式(10-40)可得

$$r_j=\frac{d_j}{2}=\sqrt{jR\lambda}\quad r_{j+5}=\frac{d_{j+5}}{2}=\sqrt{(j+5)R\lambda}$$

则

$$d_{j+5}^2-d_j^2=20R\lambda$$

所以

$$R=\frac{d_{j+5}^2-d_j^2}{20\lambda}=\frac{(15.92^2-11.26^2)\times10^{-6}}{20\times6328\times10^{-10}}=10.02(\text{m})$$

从上式分析可知，对于平板干涉来讲，一般采用扩展光源进行照明，因此，光源上其他点发出的光也可以投射在平板表面，并经平板的上下表面反射和折射形成相干光，它们在相遇时叠加产生干涉图样。而且干涉条纹的定域面的位置由 $\beta=0$ 的条件所决定，由于平板之间有一定的夹角，所以定域面 P 与楔板相对于扩展光源的位置有关，如图 10.19 所示。

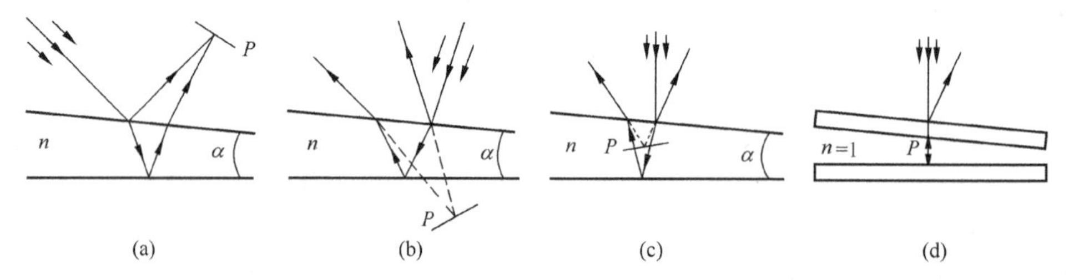

图 10.19 采用扩展光源时楔形平板产生的定域条纹

由图 10.19 可知，当光源位于楔板正上方时，定域面在板内，楔板的楔角越小，定域面离板越远；楔板的厚度越小，定域面越接近于板的表面，如油膜上的彩色条纹。当光线斜入射时，定域面离板较远，不太利于观察。

实际干涉系统中，扩展光源并非无穷大，即 β 可以不为零。这样干涉条纹就不仅仅局限于定域面，而是在定域面附近区域都可以看到干涉条纹，这一区域称作定域深度。由于楔板干涉不像平行平板干涉那样定域在无限远而容易观察，所以用眼睛观察干涉条纹更为方便，一方面是因为眼睛的自动调节功能，可以清晰地将干涉条纹成像于视网膜上，另一方面眼睛本身由于瞳孔的原因可以限制扩展光源的有效尺寸的大小。

10.2.3 典型分振幅干涉仪及其应用

利用光波干涉原理实现精密测量的光学仪器称为干涉仪。各种形式的干涉仪已广泛用来测量长度、角度、表面粗糙度以及光学元件的表面质量等。特别是在长度基准使用稳频激光光源之后，更高精度的测量极大地促进了干涉仪的发展和应用，本节简要介绍几种在精密测量中常用干涉仪的原理及应用。

1. 迈克尔逊干涉仪

首次利用分振幅方法产生相干光束，并利用干涉条纹的移动测量与光程差变化有关的物理量的精密仪器，是迈克尔逊(A. A. Michelson，1852—1931)在1881年首先制成的，后人称为迈克尔逊干涉仪。在科学发展史上，著名的迈克尔逊—莫雷实验(试图用实验测定地球在“以太”中运动的相对速率，来证明“以太”存在的实验)以及用光干涉法进行的各种科学研究和精密测量(如光波的光谱分布、用光波长测定米原器长度等)中，迈克尔逊干涉仪都曾起过非常重要的作用。

1）迈克尔逊干涉仪的结构及原理

迈克尔逊干涉仪的结构及原理图，如图10.20所示。

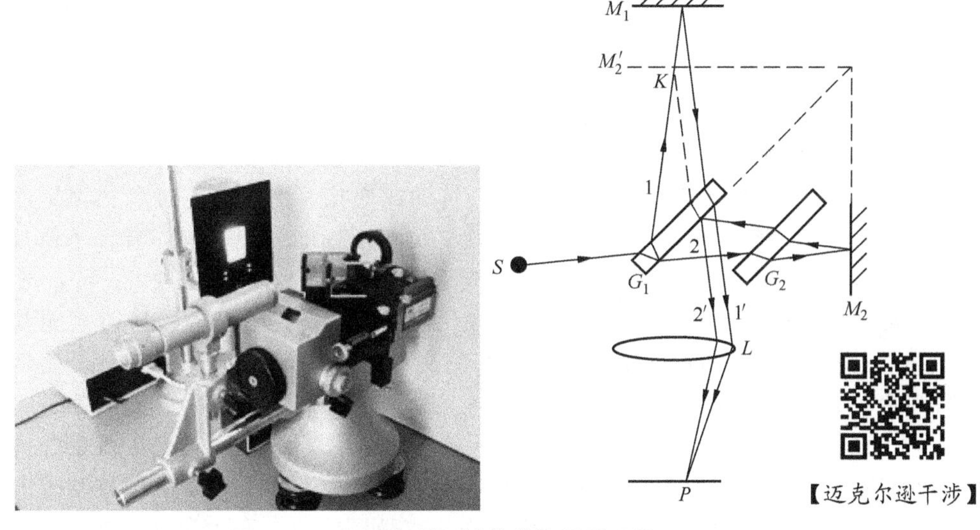

图 10.20　迈克尔逊干涉仪结构及原理图

M_1 和 M_2 为两个平面反射镜(镀银或镀铝)，其中 M_1 可借助于精密螺旋沿导轨前后移动。M_2 固定在仪器基座上，可借助于镜后的三颗微调螺钉改变其和光轴的夹角。G_1、G_2 为两块相同的玻璃板，由同一块平行平板玻璃板切割而得，以保证有相同的厚度与折射率。G_1 的一个表面镀以半透半反膜，称为分光板(分束镜)。G_2 不镀膜，作为补偿板使用。G_1 和 G_2 与 M_1 和 M_2 均成45°角，扩展光源 S 上的一点发出的光在 G_1 的分光面上一部分反射转向 M_1 镜，再由 M_1 反射并穿过 G_1 后进入观察系统；另一部分光线穿过 G_1 和 G_2 后再由 M_2 反射并回穿 G_2 后由 G_1 反射也进入观察系统，如图中的 $1'$ 和 $2'$ 光线，它们都是光源 S 发出的光分解而得，所以是相干光，进入观察系统后形成干涉。

迈克尔逊干涉仪等效于 M_1 和 M_2' 虚平板，M_2' 是 M_2 经 G_1 的分光面形成的虚像。通过调节干涉仪 M_1 和 M_2 的相对位置改变虚平板的厚度和角度从而实现平行平板的等倾干涉或楔形平板的等厚干涉。

2）等厚干涉测量微小角度

固定反射镜 M_1，调整反射镜 M_2，使 M_1 和 M_2' 组成夹角为 θ 的虚楔板，经 G_1 的分光面上反射的光线垂直地入射在虚楔板上，经其上下表面反射后，形成等厚干涉条纹。条纹定位于 M_2' 表面，可通过观察系统 L 对其调焦来观察到。在观察系统的调焦面上，可以看

到一组平行且等间距分布的直条纹，条纹走向垂直于图面，条纹间距为

$$e=\frac{\lambda}{2\sin\theta}\approx\frac{\lambda}{2\theta}$$

在相交处得到零级干涉条纹，通过调整反射镜 M_2，改变虚楔板的夹角为 θ，即可得到不同间距的等厚条纹。同样，可以通过测得等厚干涉条纹的间距来确定反射镜 M_2 角度变化的大小，即 $\theta\approx\lambda/(2e)$。

3）等倾干涉测量微小位移

固定反射镜 M_2，调整反射镜 M_1 沿光轴方向平移，则虚平板的厚度将不断改变其厚度，形成等倾干涉。每增加(或减少)$\lambda/2$，圆环中心处就会“冒出”（或“消失”)一个环条纹，同时环条纹间距随之减小(或增大)，视场中环条纹个数增多(或减少)。因此，根据同心环条纹的“冒出”或“消失”的个数 N，可以判断出 M_1 的移动方向，并可计算出 M_1 的移动量 ΔL 为

$$\Delta L=N\frac{\lambda}{2}$$

4）白光干涉条纹在测量中的应用

用干涉仪测量长度(或长度改变量)时，若采用单色光源，干涉条纹全是一种颜色，且数目也极多。当移动 M_1 时，条纹作相应的移动或变化。由于这一过程在很短的时间内完成，若用眼睛数条纹，其艰巨性与疲劳程度是可想而知的。倘若操作者稍不留神，很容易数错。所以，在实际测量中，常常使用白光干涉条纹。

由前可知，白光的相干性极差，仅当 M_1 和 M'_2构成的虚楔板极薄时才能看到干涉条纹。用白光作光源时，调整 M_1 使其和 M'_2的交线位于视场中央，由于交线处两相干光的光程差为 $\lambda/2$，各色光在此都满足暗纹条件。因此，会看到一条醒目的黑色条纹出现在视场中央，在黑条纹的两侧对称呈现着少数几条彩色条纹。测量时，只需观察并测量这条与众不同的暗条纹的移动情况，就能够比较轻松、准确地判断干涉条纹的移动方向和数出移动数目 N。因此，基于这些优点，白光干涉条纹被广泛应用在干涉仪的测量中。

但是，用白光作光源，干涉仪中必须设置补偿板 G_2。倘若不然，光束 1 将三次经过玻璃板 G_1，而光束 2 只经过一次。这样，当两相干光束 $1'$与 $2'$相遇时，由于经过玻璃层的厚度不等，光程差太大，当超过光源的相干长度时就看不到干涉条纹。要使两相干光束在相遇处的光程基本相等，倘若是单色光，可以用调整空气层厚度来补偿。例如，光束 $1'$经过的光程 nh，可以通过让 $2'$经过的空气层厚度增加$(n-1)h$ 来补偿(n 为玻璃的折射率)。如果是白光，由于玻璃对各色光的折射率不同，使得作补偿用的空气层厚度也不同。所以，不可能用同一厚度的空气层使得白光中所有波长的色光均得到补偿。因此，不设置补偿板 G_2，不同波长的零级暗纹就不可能重合，或者说零级暗纹就存在了“色差”。要得到一条消色差的零级黑条纹作测量基准线，必须要求干涉仪的两相各光束满足两个条件：①两相干光所经过的玻璃层的厚度相同，玻璃具有相同的折射率和色散；②两相干光经过的空气层厚度基本相等。在干涉仪中，若设置补偿板 G_2，以上条件就能够满足，只需调节干涉仪的两臂长度并使之相等，就可以得到消色差的零级黑条纹。

综上所述，迈克尔逊干涉仪具有以下两个特点：①两支相干光束在空间完全分开，有利于在其一臂上安置各种被测样品或附加某种实验装置；②虚平板干涉可以使白光干涉中最醒目的零级黑条纹出现在视场中央，并作为测量基准线，提高了测量的准确度，减轻了操作人员的劳动强度。

2. 斐索干涉仪

等厚干涉型的干涉仪称为斐索干涉仪，常用于检测光学元件的表面质量。

1）激光平面干涉仪

在磨制光学元件时，必须检验光学元件表面的质量。通常先把被检查的表面与一个标准的表面相接触，然后在单色光照射下，从观察两个表面间的空气薄膜所形成的干涉条纹形状来判断其表面是否符合标准。

简单的检验装置如图10.21所示，图中被检验的表面B是一个平面，它与标准样板A间垫一薄片，使A、B两表面之间形成空气薄膜。从单色光源如氦氖激光器S发出的激光经扩束后通过光阑H，其中一部分透过半透明平玻璃板G，并经过透镜L形成平行光，然后在劈状空气膜的两个界面上被反射回来再经透镜会聚，其中一部分光被玻璃板G反射到读数显微镜O中。就可以观察到明暗相间的干涉条纹。如果是一组互相平行的直线条纹，就表明被检验的表面是平整的；如果干涉条纹发生弯曲、畸变(图10.22)，就表明被测表面有缺陷。根据条纹的弯曲、畸变的形状和不规则程度，就可确定被测表面的缺陷所在部位以及它与标准平面相差的程度(以光的波长来计算)，这样就为进一步加工提供了依据，这种检验光学元件质量的光学仪器称为平面干涉仪。

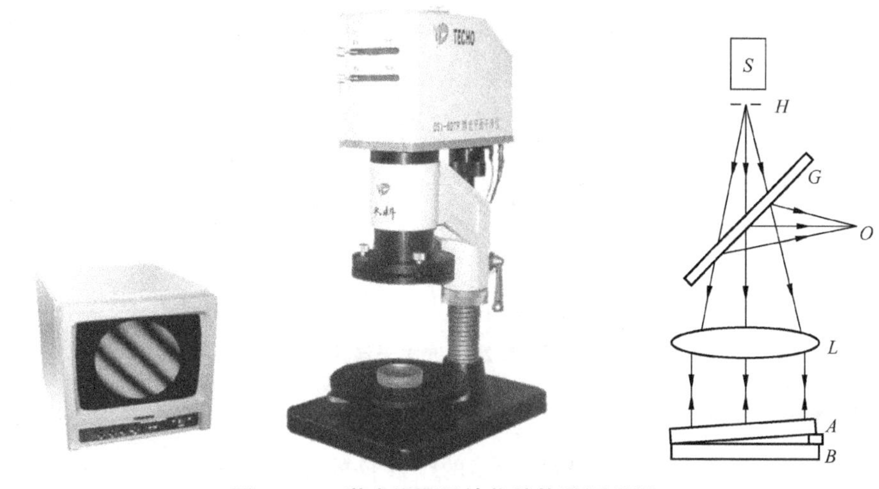

图10.21 激光平面干涉仪结构及原理图

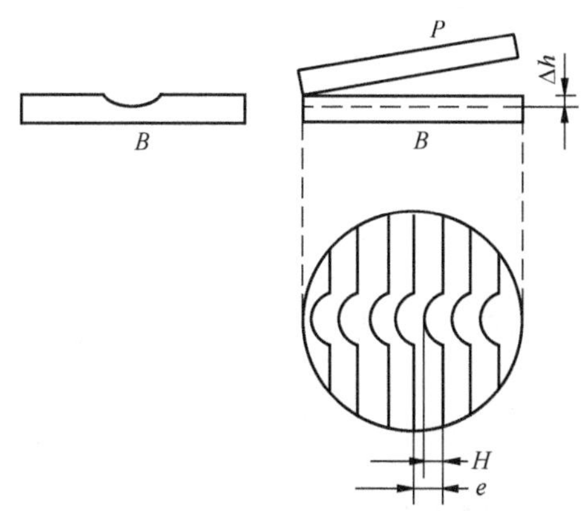

图10.22 等厚条纹检查表面缺陷

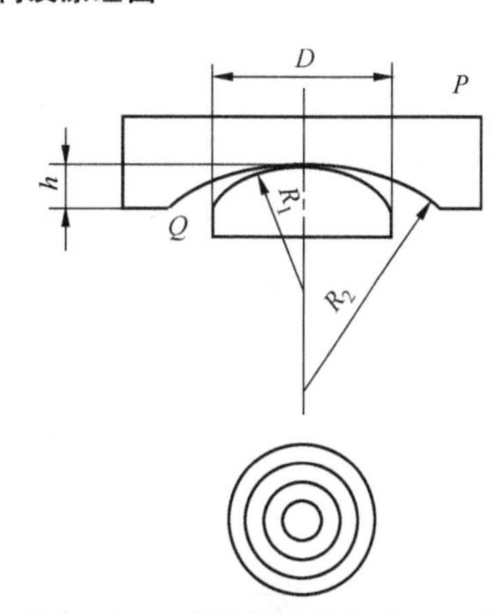

图10.23 球面样板检查球面误差

该方法测得的表面不平度为

$$\Delta h = \frac{H}{e} \cdot \frac{\Delta}{2}$$

如果被测表面是一个凸球面，可把被测凸球面与一个标准凹球面紧密接触，如图 10.23所示。与检查平面平整度的方法一样，通过干涉仪在单色光下进行观察。如果被测球面与标准球面相比还有不规则的偏差，则两球面间的空气隙形成不规则的空气薄膜，从而观察到由于空气薄膜的厚度不同而形成的环形干涉条纹；若条纹不是同心圆，表明被测球面是不规则的，每一暗条纹的出现表明被测表面与标准面之间空气薄膜的厚度增加半个波长，亦即被测表面与标准面的偏差增加半个波长，条纹越多表明偏差越大。例如用氦氖激光为光源的干涉仪进行观察，若在中心处看到 10 个暗条纹，则表明存在着 $10\times\lambda/2=5\times6328\times10^{-10}=3.16\mu\text{m}$ 的偏差，一般许可的偏差为 $0.1\sim0.05\mu\text{m}$。
条纹的圈数与曲率半径误差之间的关系为

$$N = \frac{D^2}{4\lambda} \cdot \Delta k$$

式中

$$\Delta k = \frac{1}{R_1} - \frac{1}{R_2}$$

2）激光球面干涉仪

激光球面干涉仪与平面干涉仪类似，可用于检测球面半径，其装置如图 10.24 所示。

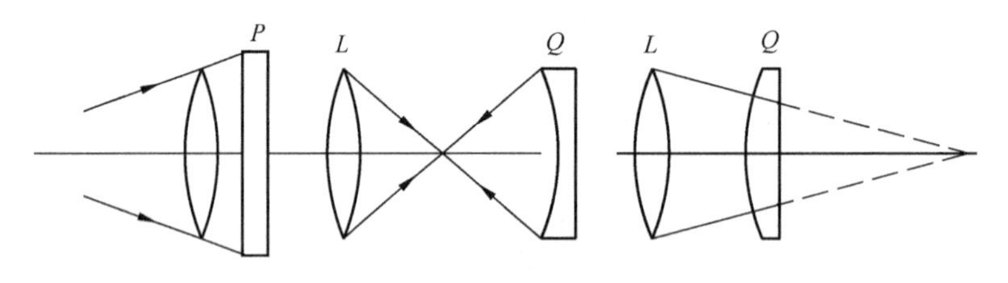

图 10.24　球面干涉仪

3. 泰曼-格林干涉仪

由泰曼（Twyman）设计的用于检测棱镜的干涉仪的光路如图 10.25 所示。将单色光会聚于物 L_1 的焦点处的小孔 S 上，由 L_1 给出一束单色平行光经分光板 G 分成互相垂直的反

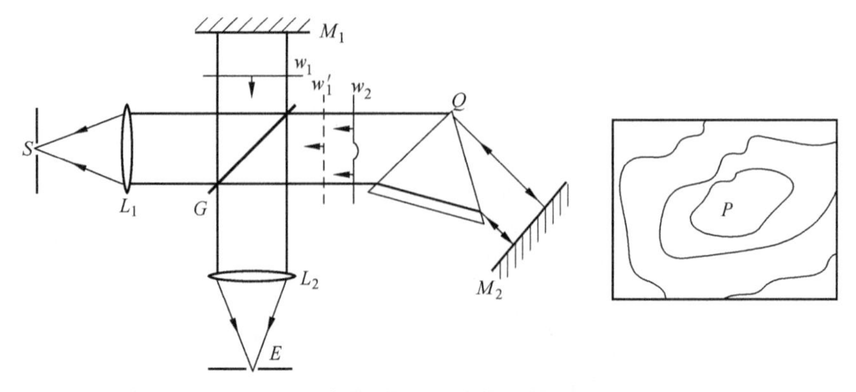

图 10.25　泰曼-格林干涉仪及其干涉图样

射平行光和透射平行光，前者射到反射平面镜 M_1 后，沿原路返回，再经分光板后到投射物镜 L_2；后者经过处于最小偏向角位置的待测棱镜 Q，垂直地射到反射平面镜 M_2 上，经 M_2 反射后再次通过 Q 沿原路返回，并由分光板 G 反射而到投射物镜 L_2。观察者眼睛放在 L_2 的焦点后一点。若棱镜是完善的，就会看到光照度均匀的现场；若棱镜有缺陷(棱镜表面有缺陷、其内部折射率不均匀或兼而有之)，则两次穿过棱镜的平行光的波面的平面性将发生形变，它与由 M_1 反射回的平面波产生干涉，一般得到如图 10.25 所示的干涉图样。这种图样可看做棱镜缺陷分布的“轮廓图”。图中 P 是峰还是谷，可由轻轻地按反射镜 M_2 的支架以增大 GQM_2 的光程，视干涉条纹的移动而定，若此时 P 处的条纹向外扩展则 P 为峰，反之为谷。但是，此处所谓的峰或谷并不一定是棱镜表面的凸起或凹陷，因为泰曼-格林干涉仪中的干涉图样，是反映两次通过棱镜的波面相对于平面波的偏离，所以峰或谷也可能是由棱镜内折射率的不均匀引起的。

4. 马赫-曾德干涉仪

马赫-曾德干涉仪(Mach-zehnder interforometer)也是用分振幅法产生双光束以实现干涉的仪器。光路原理如图 10.26所示。它由两块分光板 G_1、G_2 和两块反射镜 M_1、M_2 组成，四个反射面互相平行，并且其中心分别位于一平行四边形的四个角上。

显然，当四个反射面相互平行时，定域面在无限远处或透镜 L_2 的焦平面上。若在图示平面内转动 M_2 和 G_2，则条纹虚定域于 M_2 和 G_2 之间，干涉条纹的定域面可以任意调节。

马赫-曾德干涉仪常用来测量大型风洞中气流引起的空气密度变化、微小物体的相位变化等。另外在全息技术、光纤光学和集成光学中也有着广泛的用途。

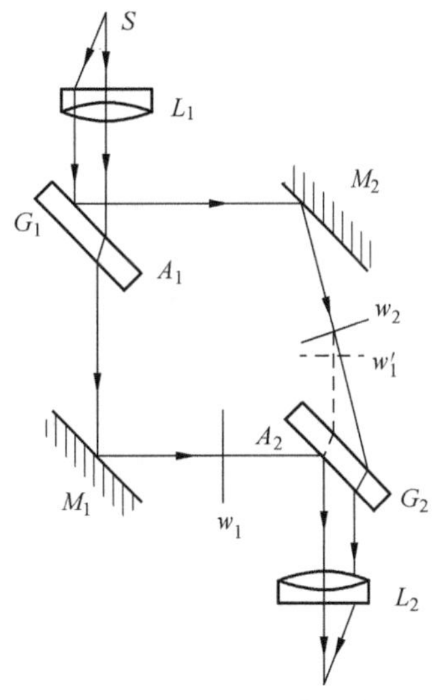

图 10.26 马赫-曾德干涉仪

10.2.4 干涉技术的其他应用

在各种干涉现象中有一个共同的特点，就是相邻干涉条纹的光程差的改变都等于相干光波的波长。光的波长虽短，但干涉条纹的间距或干涉条纹的数目是容易计量的。因此，可以通过条纹的数目或条纹改变的计量获得微小长度或角度的计量。

1. 细丝直径测量

图 10.27 有两块平面玻璃，一端互相接触，另一端夹着待测直径的细丝，细丝与接触棱平行。用单色平行光直接照射在玻璃上。由于楔形空气膜层的干涉，可见到等厚度干涉条纹。

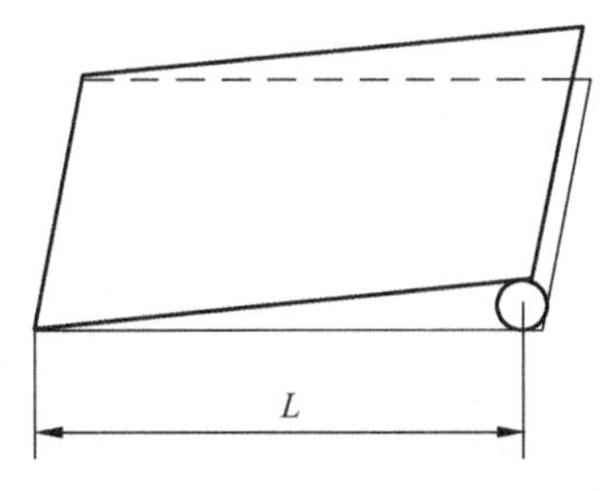

图 10.27 等厚干涉测量细丝直径

由前面知识可知，相邻的亮纹(或暗纹)之间光程差的改变都等于相干光波的波长。在棱边处光程差虽为零，由于一次相位差的变化而呈现出暗纹。

如果从棱边到细丝所在位置共有 N 条暗纹(不包括棱边的暗纹)，则细丝的直径应为

$$D = N \cdot \frac{\lambda}{2n}$$

如果 N 的数目很大，容易数错，可以先测出单位长度内暗纹的数目 n_0，再测出总长 L，则上式变为

$$D = L \cdot \frac{n_0\lambda}{2n}$$

2. 测量长度的微小变化

测量长度的微小改变对任一楔形薄层，当其折射角不变而只增减板的厚度时，等厚干涉条纹并不改变其条纹间的距离，而只发生条纹的移动。当厚度增加 $\lambda/2n$ 时(n 为楔形薄层的折射率)。第 m 级干涉条纹将位移到第 $m-1$ 级干涉条纹的位置上，第 $m+1$ 级移到第 m 级，以此类推，即此时整个干涉图样在薄层表面上向较薄的方向位移了一段由下式决定的距离为

$$l = \frac{\lambda}{2\alpha n}$$

当楔形薄层的厚度减小 $\lambda/2n$ 时，整个干涉图样将向楔形薄层的较厚的方向移动同样一段距离。于是通过测量干涉条纹位移，即可算出楔形板厚度的微小改变，利用这个原理可制成干涉膨胀仪，用它可测量很小的固体样品的热膨胀系数。干涉膨胀仪的主要部分如图 10.28 所示，CC' 为一个热膨胀系数很小，其值为精确测定过的材料制成的环，如熔石英环、铟环等，环放在平面玻璃板 AB 和 $A'B'$ 之间，在环内置待测物体 W，环的两端面和待测样品的上下两表面，都要研磨成完善的光学平面，特别是样品的上表面。样品放在环 CC' 内，使平板 AB 的下表面与样品 W 的上表面间形成一个楔形空气层，以单色光自 AB 板上垂直入射时，在此楔形空气层上将产生等厚干涉条纹，当仪器的温度上升时，由于环 CC' 和样品 W 的热膨胀系数不同，空气层的厚度就会有所改变，因此干涉条纹将移动。若仪器的温度由 t_0 升至 t，通过视场中某一刻线的条纹的数目为 N 个，则楔形空气厚度的增量为

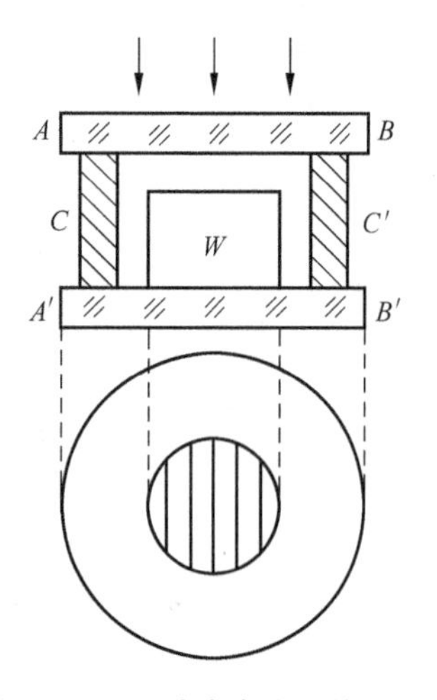

图 10.28　干涉膨胀仪结构原理图

$$\Delta L = N\lambda/2$$

式中，ΔL 包含了环 CC' 的膨胀量，它为温度由 t_0 升至 t 时环 CC' 的长度 $\Delta L'_0$ 与样品的长度 L 之差，即

$$L'_0 - L = N\lambda/2$$

由于 CC' 环的热膨胀系数为已知。可计算出其膨胀量，从 ΔL 中扣除以后便得到样品长度的变化量 $L-L_0$。L_0 和 L 分别为样品在温度 t_0 和 t 时的长度，于是被测物体的热膨胀系数 β 为

$$\beta = \frac{L-L_0}{L_0} \times \frac{1}{t-t_0}$$

3. 干涉法测量温度

传统的测温方法都需要加入一个测温元件(如温度计或热电偶)，使待测元件的温度与测温元件达到热平衡，然后从测温元件读得待测元件的温度。但是，这种热平衡有时难以建立，甚至有时测温元件的加入会破坏原来的温度分布。利用激光干涉的原理，对于透明

平行平板的温度测量可以不必加入任何测温元件，测得的结果准确可靠。例如，在真空室中镀膜的基板温度对于形成薄膜的质量有十分重要的影响，而这些基板往往是用离子轰击的方法来加热。由于在真空中，热平衡难以建立，热电偶的加入也会影响离子轰击的效率，因此传统的测温方法所测得的结果误差极大，甚至根本无法使用。

激光测温法原理图如图10.29所示。由于激光有足够长的相干长度，因而任何厚度的基板都可以测量。设折射率为 n，厚度为 d 的待测基板上、下表面反射光的光程差为 Δ，则它随温度的变化率为

$$\frac{\delta\Delta}{\delta T}=\frac{\delta(2nd)}{\delta T}=2\frac{\delta n}{\delta T}d+2n\frac{\delta d}{\delta T}=2d(\alpha+n\beta)$$

式中，$\frac{\delta n}{\delta T}=\alpha$ 是折射率的温度系数；$\frac{\delta d}{d\delta T}=\beta$ 是膨胀系数，均为已知量。

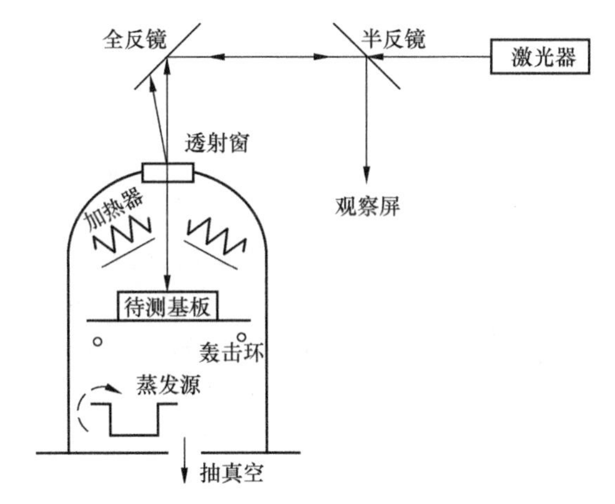

图 10.29　激光测温法原理图

因此条纹移动 m 条对应的温度变化为

$$T-T_0=\frac{m\lambda}{2d(\alpha+n\beta)}$$

10.3　平行平板的多光束干涉及其应用

10.3.1　平行平板多光束干涉

前面讨论平行平板干涉时，不镀膜的平行平板反射系数很低(仅为4%)，所以要实现多光束干涉必须在平板表面镀膜。表(10-1)给出了反射率 $\rho=0.8$，透射率 $\tau=0.2$ 的两面镀膜平板上前10束光的强度(设垂直入射光强为1)。

表 10-1　反射率 $\rho=0.8$ 的平板上的光强

	1	2	3	4	5	6	7	8	9	10
反射光	0.8	0.32	0.21	0.13	0.08	0.05	0.03	0.02	0.01	0.01
透射光	0.2	0.26	0.17	0.10	0.07	0.04	0.03	0.02	0.01	0.01

由表10－1可以看出，这时有许多光束具有可以观察的强度。透射光中各光束的强度分布比较均匀，反射光束中除光束1外，其余各光束的光强也比较均匀。如果使各反射光束或透射光束叠加(例如把它们会聚在透镜焦面上)，则将观察到多光束叠加而产生的干涉现象。

1．干涉场的光强分布

图10.30表示常用的多光束干涉光路系统。平行光以入射角θ_1射到两表面镀了高反射膜的平行平板上。这时的透射光就是许多透过平板的平行光束的叠加，设各光束经透镜到达汇合点P'的复振幅分别为$\widetilde{A}'_1$，$\widetilde{A}'_2$，$\widetilde{A}'_3$，…，且任一对相邻光束的光程差为

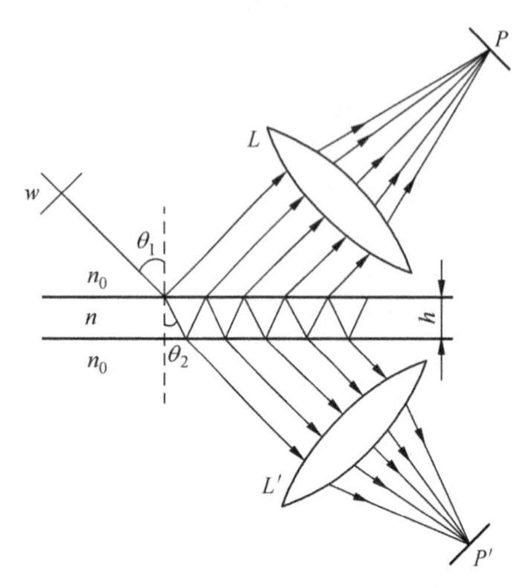

图10.30　在焦平面上产生的多光束干涉

$$\Delta = 2nh\cos\theta_2$$

相位差为

$$\delta = \frac{2\pi}{\lambda}\cdot\Delta = \frac{2\pi}{\lambda}\cdot 2nh\cos\theta_2 \qquad (10-41)$$

设平行平板折射率为n，周围介质折射率为n_0，光束从周围介质进入平行平板时的振幅的反射系数与透射系数分别为r和t，光束在平行平板内的反射和进入周围介质时的振幅的反射系数与透射系数分别为r'和t'，入射光的振幅为A_0，则透射光的复振幅依次为

$$\widetilde{A}'_1 = tt'A_0$$

$$\widetilde{A}'_2 = tt'r'^2 e^{i\delta}A_0$$

$$\widetilde{A}'_3 = tt'r'^4 e^{i2\delta}A_0$$

$$\vdots$$

$$\widetilde{A}'_k = tt'r'^{2(k-1)} e^{i(k-1)\delta}A_0$$

所以，由$\widetilde{A}' = \sum_{k=1}^{\infty}\widetilde{A}'_k$可得，合成波在$P'$点的复振幅为

$$\widetilde{A}' = \frac{tt'}{1-r'^2 e^{i\delta}}A_0 \qquad (10-42)$$

由于各振幅反射系数和透射系数之间满足

$$r = -r' \text{ 和 } tt' = 1-r^2 \qquad (10-43)$$

此外，界面反射率$\rho=r^2$，以及能量关系$\rho+\tau=1$，τ为界面透射率，代入式(10－43)得

$$tt' = 1-r^2 = 1-\rho = \tau$$

所以，透射光在P'点的光强为

$$I' = \widetilde{A}'\cdot\widetilde{A}'^* = \frac{\tau^2}{(1-\rho)^2+4\rho\sin^2\dfrac{\delta}{2}}I_0$$

$$= \frac{1}{1+F\sin^2\dfrac{\delta}{2}}I_0 \qquad (10-44)$$

其中

$$F=\frac{4\rho}{(1-\rho)^2}$$

称为精细度系数。同样方法可求得反射光在 P 点的光强

$$I=\frac{F\sin^2\frac{\delta}{2}}{1+F\sin^2\frac{\delta}{2}}I_0 \tag{10-45}$$

由式(10-44)和式(10-45)可知

$$\frac{I'}{I_0}+\frac{I}{I_0}=1$$

上式表明，反射光和透射光的强度互补。这就意味着对某一反射光，其干涉条纹为亮纹时，与其对应的透射光的干涉条纹则为暗纹。

2. 干涉条纹的特征

由式(10-44)和式(10-45)可知，干涉场的光强取决于反射比 ρ 和相位差 δ，当反射比 ρ 一定时，则仅仅取决于相位差 δ。根据式(10-41)可得，干涉条纹为等倾圆条纹。对于透射光，由光强分布公式(10-44)可知，形成亮条纹和暗条纹的条纹分别为

$$\delta=2m\pi \text{ 和 } \delta=(2m+1)\pi \quad m=0,\pm1,\pm2,\cdots$$

其对应的光强分别为

$$I'_m=I_0 \text{ 和 } I'_m=\frac{1}{1+F}I_0$$

不同反射率 ρ 下透射光干涉条纹的光强分布曲线如图 10.31 所示，当 ρ 增大时，亮纹变得细锐。当 $\rho\to1$ 时，得到背景全暗的极细锐的亮纹，这就是多光束干涉最显著和最重要的特征。

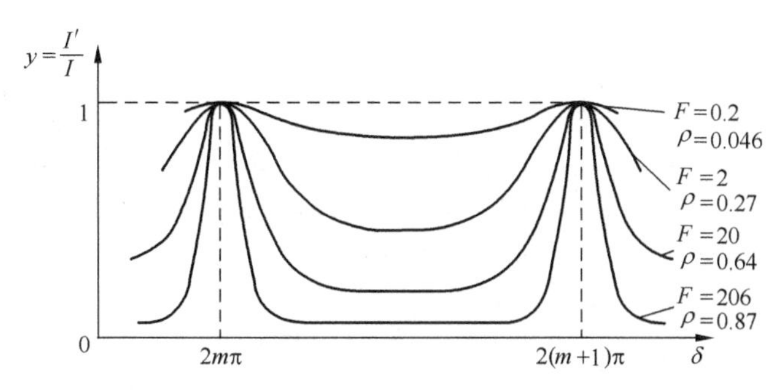

图 10.31　不同反射率 ρ 下透射光干涉条纹的光强分布曲线

3. 干涉条纹锐度和精细度

为表达多光束干涉条纹极为细锐的特点，引入条纹锐度和精细度的概念。

条纹的锐度用干涉条纹的相位半宽度 $\Delta\delta$ 来表示。在多光束干涉中，定义为两个半强度点对应的相位差范围。如图 10.31 所示，对应第 m 级条纹，它们相位分别为 $\delta=2m\pi+\Delta\delta/2$ 和 $\delta=2m\pi-\Delta\delta/2$，将其代入式(10-44)可得

$$\frac{1}{1+F\sin^2\frac{\Delta\delta}{4}}=\frac{1}{2}$$

据此，可求得锐度或条纹的相位半宽度为

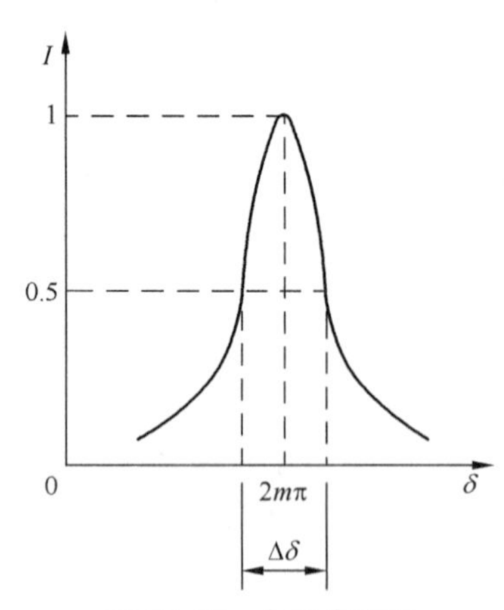

图 10.32　条纹半宽度

$$\Delta\delta = \frac{4}{\sqrt{F}} = \frac{2(1-\rho)}{\sqrt{\rho}}$$

定义条纹的精细度为相邻条纹相位差 2π 与条纹锐度 $\Delta\delta$ 之比，用 s 来表示为

$$s = \frac{2\pi}{\Delta\delta} = \frac{\pi\sqrt{F}}{2} = \frac{\pi\sqrt{\rho}}{1-\rho}$$

由此可见，当 $\rho \to 1$ 时，干涉条纹有很高的精细度，在光学精密测量中非常有用(图 10.32)。

10.3.2　法布里-帕罗干涉仪

利用多光束干涉原理产生十分细锐条纹的重要仪器就是法布里-帕罗干涉仪(F－P 干涉仪)，它是在平板的两个表面镀金属膜或多层电介质膜并使得反射比达到 90％以上来实现多光束干涉。

1. F－P 干涉仪的结构及原理

F－P 干涉仪的结构如图 10.33 所示。仪器主要由两块平板玻璃(或石英板)G_1 和 G_2 组成。平板相对的两个面经过精细加工，其平面度一般达到$\frac{1}{20}\lambda$ 以上，且面上镀多层介质膜(或金属膜)以产生高反射率。为获得等倾干涉条纹，仪器上装有精密的调节装置使两对应平面严格平行，另外为避免 G_1 和 G_2 两板的外表面(非工作面)反射光所造成的干扰，每块板的两表面有一个小的夹角($1'$～$10'$)。由扩展光源 S 发出的光线经透镜 L_1 变为平行光束，透射光在透镜 L_2 的焦平面上形成等倾干涉条纹。

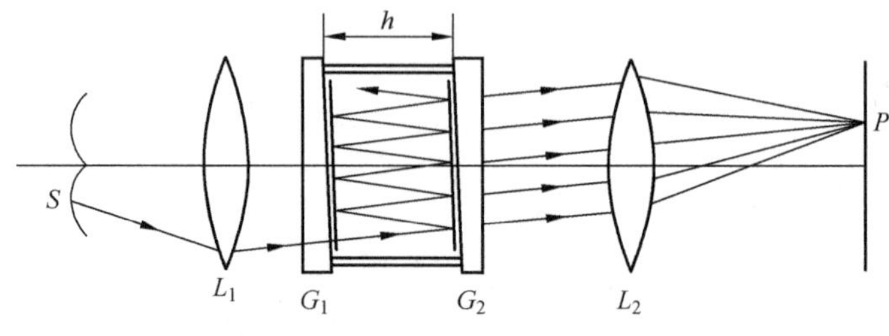

图 10.33　F－P 干涉仪

如果两平板之间的距离可调且保持其平行，称为 F－P 干涉仪；若两平板之间保持平行但其距离为定值(在两板间加上用铟钢制成的平行隔离圈)，则称为 F－P 标准具。

干涉仪两板的内表面镀金属膜时必须考虑光在金属表面发射时的相位变化 φ 和金属的吸收比 α。此时，式(10－44)和式(10－41)写为

$$\frac{I'}{I_0} = \left(1-\frac{\alpha}{1-\rho}\right)^2 \frac{1}{1+F\sin^2\frac{\delta}{2}}$$

$$\delta = \frac{4\pi}{\lambda}\cdot nh\cos\theta + 2\varphi \tag{10-46}$$

且有 $\rho+\tau+\alpha=1$，与无吸收时相比，透射光条纹的峰值位置不变，但其强度却降低了，严重时仅有入射光强的几十分之一。

2. F－P标准具在光谱线的超精细结构研究中的应用

1）测量原理

F－P标准具具有高分辨能力，常用于测量波长相差非常小的两条谱线的波长差，即光谱学的超精细结构。假设扩展照明光源含有两条谱线 λ_1 和 $\lambda_2=\lambda_1+\Delta\lambda$，则通过F－P标准具后，干涉场形成两组条纹，如图10.34所示。实线对应 λ_2，虚线对应 λ_1，考察靠近中心的某一点，则对应于两个波长的干涉级差为

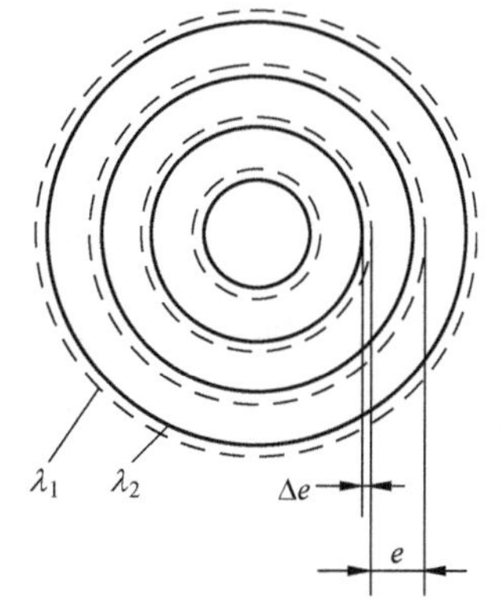

图 10.34 波长 λ_1 和 λ_2 的两组条纹

$$\Delta m=m_1-m_2=\left(\frac{2h}{\lambda_1}+\frac{\varphi}{\pi}\right)-\left(\frac{2h}{\lambda_2}+\frac{\varphi}{\pi}\right)=\frac{2h(\lambda_2-\lambda_1)}{\lambda_1\lambda_2} \tag{10-47}$$

此外，由图10.34可知，把两组条纹的相对位移作为级差的度量

$$\Delta m=\frac{\Delta e}{e}$$

式中，Δe 和 e 分别是两组条纹的位移和同组条纹的间距，所以

$$\Delta\lambda=\lambda_2-\lambda_1=\left(\frac{\Delta e}{e}\right)\frac{\bar{\lambda}^2}{2h} \tag{10-48}$$

式中，$\bar{\lambda}$ 是 λ_1 和 λ_2 的平均波长，可采用分辨率较低的仪器测得；h 为标准具间隔。这样只需测出 Δe 和 e 即可得到 $\Delta\lambda$。

2）F－P标准具的自由光谱区和分辨本领

测量过程中，当 $\Delta e\to e$ 时，$\Delta\lambda=\frac{\bar{\lambda}^2}{2h}$，正好使得两组条纹重叠(越一级重叠)，在观察视场中看到一组条纹，此时对应有 $\frac{\Delta e}{e}=1$。假如 $\Delta\lambda>\frac{\bar{\lambda}^2}{2h}$，在观察视场中看到条纹仍如图10.34分布，却无法判断是否存在越级现象，为了避免出现这种情况，把 $\Delta\lambda=\frac{\bar{\lambda}^2}{2h}$ 作为标准具所能测量的最大波长差，称为标准具常数或标准具的自由光谱区，记作

$$(\Delta\lambda)_{(S.R)}=\frac{\bar{\lambda}^2}{2h} \tag{10-49}$$

通常情况下，标准具的自由光谱区很小。

表示标准具分光特性的另一重要指标是标准具能够分辨的最小波长差 $(\Delta\lambda)_m$，也称作标准具的分辨极限。

在关于光谱仪器的分辨中，常用瑞利判断，可表述为：两个波长的亮纹只有当它们的合成光强曲线中央的极小值低于两边极大值的0.81时才能被分开，如图10.35所示。如果不考虑标准具对光线

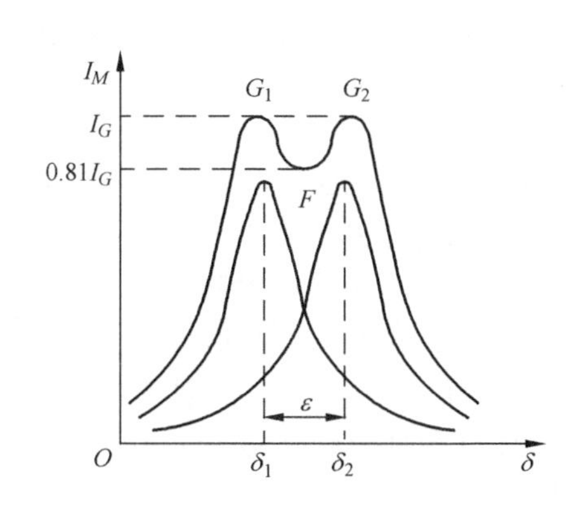

图 10.35 两波长的条纹刚好分辨时的光强分布

的吸收，由式(10-44)可知，对于 λ_1 和 λ_2 很靠近的条纹的合光强为

$$I=\frac{I'}{1+F\sin^2\frac{\delta_1}{2}}+\frac{I'}{1+F\sin^2\frac{\delta_2}{2}} \tag{10-50}$$

式中，δ_1 和 δ_2 是干涉场上同一点处两波长条纹对应的 δ 值，令 $\delta_1-\delta_2=\varepsilon$，则在合光强曲线的 G 点：$\delta_1=2m\pi$，$\delta_2=2m\pi-\varepsilon$；在 F 点：$\delta_1=2m\pi+\frac{\varepsilon}{2}$，$\delta_2=2m\pi-\frac{\varepsilon}{2}$。

把上述两组相位差值代入式(10-50)分别求得 I_G 和 I_F，再利用 $I_F=0.81I_G$，可求出

$$\varepsilon=\frac{4.15}{\sqrt{F}}=\frac{2.07\pi}{s} \tag{10-51}$$

此外，由式(10-46)，当 $2\varphi\ll\frac{4\pi}{\lambda}h\cos\theta$(一般 h 很大)可以忽略时，得到

$$|\Delta\delta|=\frac{4\pi h\cos\theta}{\lambda^2}\Delta\lambda=2m\pi\frac{\Delta\lambda}{\lambda}$$

在两波长的条纹刚好被分辨开时，$\Delta\delta=\varepsilon=\frac{2.07\pi}{s}$。定义标准具的分辨本领 A 为

$$A=\frac{\lambda}{(\Delta\lambda)_m} \tag{10-52}$$

指工作波长 λ 与标准具能够分辨的最小波长差的比值，所以有

$$A=\frac{\lambda}{(\Delta\lambda)_m}=2m\pi\frac{s}{2.07\pi}=0.97ms \tag{10-53}$$

因此，标准具的分辨本领正比于干涉级次 m 和精细度 s。由于标准具有极高的干涉级次和不低的精细度，所以标准具的分辨本领也就很高，把式(10-53)的 $0.97s$ 记作 N，称作有效光束数，则有

$$A=\frac{\lambda}{(\Delta\lambda)_m}=mN \tag{10-54}$$

它与光栅光谱仪的 A 有同样的形式和意义，但参数的含义不相同。

10-1　图10.36表示一双缝实验，波长为 λ 的单色平行光入射到缝宽均为 $b(b\gg\lambda)$ 的双缝上，因而在远处的屏幕上观察到干涉图样。将一块厚度为 l、折射率为 n 的薄玻璃片放在缝和屏幕之间(假设薄玻璃片不吸收光)。

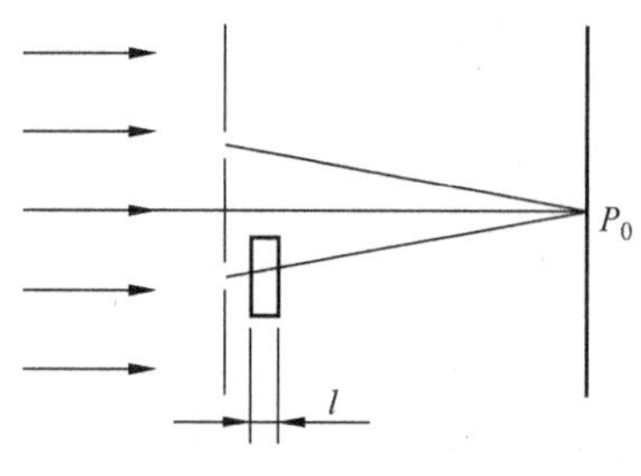

图10.36　习题10-1图

(1) 讨论 P_0 点的光强度特性。

(2) 如果将一个缝的厚度增加到 $2b$，而另一个缝的宽度保持不变，P_0 点的光强发生怎样的变化?

10-2　用 $\lambda=0.5\mu$m 的绿光照射肥皂膜，若沿着与肥皂膜平面成30°角的方向观察，看到膜最亮。假设此时的干涉级次最低，并已知肥皂膜的折射率为1.33，求此膜的厚度。当垂直观察时，应改用多大波长的光照射才能看到膜最亮?

10-3　在等倾干涉系统中，入射光的波长 $\lambda=0.6\mu m$，板厚 $h=1.6mm$，折射率为1.5，透镜焦距 $f'=40mm$。若观察屏上的干涉环中心是暗点，那么观察屏上所看到的第一个暗环的半径 r 是多少？为了在给定的系统参数下看到干涉环，照射在板上的谱线最大允许宽度 $\Delta\lambda$ 又是多少？

10-4　在使用迈克尔逊干涉仪时，看到一个由同心明、暗环所包围的圆形中心暗斑。该干涉仪的一个臂比另一个臂长2cm，且 $\lambda=0.5\mu m$。试求中心暗斑的级数，以及第六个暗环的级数。

10-5　F-P干涉仪的反射振幅系数 $r=0.9$，试求：

(1) 最小分辨本领；

(2) 要能分辨开氢红线 $H_2(0.6563\mu m)$ 的双线（$\Delta\lambda=0.1360\times10^{-4}\mu m$），F-P干涉仪的最小间隔 h 为多大？

10-6　一波长为 $0.55\mu m$ 的绿光入射到间距为0.2mm的双缝上，求离双缝2m远处的观察屏上干涉条纹的间距。若双缝间距增加到2mm，条纹间距又是多少？

10-7　某劈尖形薄膜，厚度为0.05mm，折射率为1.5，当波长为 $0.707\mu m$ 的光以 $30°$ 入射到上表面，求在这个面上产生的条纹数。若以两块玻璃片形成的空气劈尖代替，产生多少条条纹？

10-8　在迈克尔逊干涉仪的一个臂中引入100mm长、充一个大气压空气的玻璃管，用波长为 $0.5850\mu m$ 的光照射。如果将玻璃管内逐渐抽成真空，发现有100条干涉条纹移动，求空气的折射率。

第11章 光的衍射

知识要点	掌握程度	相关知识
光的衍射现象及标量理论	掌握衍射的分类方法； 了解惠更斯-菲涅尔衍射理论的概念； 掌握菲涅尔衍射和夫琅和费衍射的标量计算方法	光波的叠加； 光波的干涉； 机械波； 电磁波
菲涅尔衍射	了解菲涅尔波带法的概念； 掌握菲涅尔波带法的应用； 掌握菲涅尔圆孔衍射的图样及其计算方法	半波带； 干涉原理
夫琅和费衍射	掌握夫琅和费衍射实验装置的结构原理； 理解夫琅和费衍射公式的含义； 掌握夫琅和费矩孔、单缝、圆孔和多缝衍射的光强分布图样及其光强的计算； 掌握夫琅和费衍射亮暗纹间距的计算方法； 掌握多缝衍射的特点及缺级的求解	频率波长的关系； 贝塞尔公式； 黑白光栅
光学成像系统的衍射及其分辨本领	了解光学系统成像的衍射现象； 掌握常见光学系统的分辨本领和计算方法	典型光学系统成像
衍射光栅	掌握光栅的分类； 掌握光栅方程； 掌握色散的概念及计算方法； 掌握光栅的分辨本领； 了解闪耀光栅的特点； 掌握阶梯光栅的光栅方程及其分辨本领； 了解计量光栅的结构； 掌握衍射技术在实际中的应用方法	F－P标准具； 光程差的计算； 光的反射； 莫尔干涉现象

导入案例

我们知道，波能够绕过障碍物产生衍射，并且只在一定条件下，才能明显地观察到波的衍射现象。既然光也是一种波，为什么在日常生活中没有观察到光的衍射现象呢？因为光的波长很短，只有十分之几微米，通常的物体都比它大得多，因此很难看到光的衍射现象，但是当光射向一个针孔、一条狭缝、一根细丝时，可以清楚地看到光的衍射。用单色光照射时效果好一些，如果用复色光，则看到的衍射图案是彩色的。

随着科技与生产的发展，需要对各种金属细丝等微小几何尺寸进行高精度的检测，而传统的光学影像法、接触式测量法等的测量精度均难以满足要求，因此产生了一些新的间接测量方法。例如对金属细丝直径的测量，可根据夫琅和费衍射原理及互补定理，当平行激光束照射细丝时，在接收屏上可以得到明暗相间的衍射条纹。细丝直径发生变化会引起条纹间距和条纹位置的变化(以中心亮点为原点或收缩或扩散)，因此通过测量实现对细丝直径的间接测量，金属细丝直径测量装置如图11.0所示。

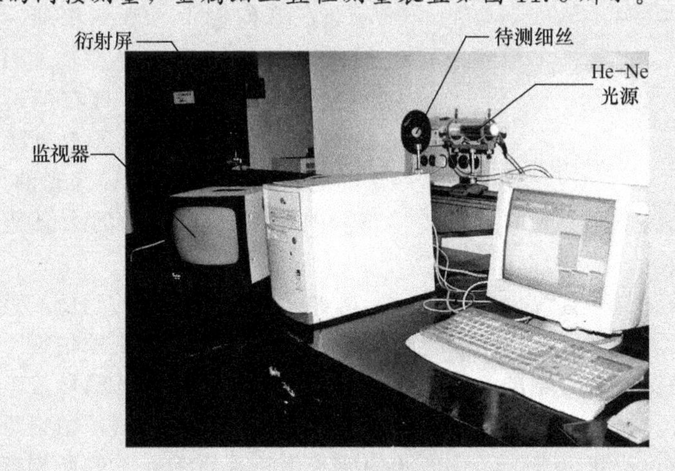

图11.0 导入案例图

不能由反射或折射解释的光线偏离直线传播的现象称为光的衍射现象。衍射现象实质上是光的波动性的表现。任何波动，特别是遇到障碍，使其波面受到限制时，都会表现出衍射现象。波面的受限不仅表现为波面上振幅分布的变化(如圆孔、狭缝或多缝所引起)，也表现为波面的面形发生改变，例如一块透明的高低不平的玻璃板或一块等厚度但折射率分布不均匀的玻璃板所引起的位相调制。

衍射与干涉一样，都是波动的基本属性。声波、水波、无线电波的衍射，早已为人们所知。如声波可以绕过门、窗的边缘，把室外的声音传到室内；水波通过桥洞时，可以弯进洞壁两侧传播；无线电波可以绕过高山峻岭，把电台的节目送到千家万户。这些现象表明：波在前进中遇到障碍物时，能够偏离原来的直线传播方向，绕过障碍物而继续前进，这种现象叫波的衍射。

继光的干涉现象发现之后，光的衍射现象的发现与波动光学的正确解释，进一步揭示了光的波动本性。

11.1　光的衍射现象及其标量理论

11.1.1　光的衍射现象

如图 11.1 所示，从点光源 S 发出的光波，在传播过程中遇到遮光屏 K 时，按照几何光学的观点，光在均匀的介质中沿直线传播，在之后的屏幕 E 上将形成清晰的几何影区，即在影区内(图中的 P_0P''区域)，一片黑暗；而在影区外(图中的 P_0P'区域)，有均匀的光强分布。然而，仔细观察发现：屏幕上的明亮区域比光的直线传播所估计的要大，而且在明亮区域的边缘处有明暗相间的光强分布。同时还发现，光在前进中遇到其他形状的障碍物如圆孔、圆盘、单缝、细丝、多缝时，都会产生类似的现象。而更有意思的是：当障碍物圆盘的半径足够小时，在屏幕上圆盘的几何影中心竟然出现一个亮点。以上这些现象充分表明：光在前进中遇到障碍物时，也会偏离直线传播，且在经过障碍物，进入几何影区时，在几何影区的边缘出现明暗相间的光强分布，这种现象即为光的衍射现象。

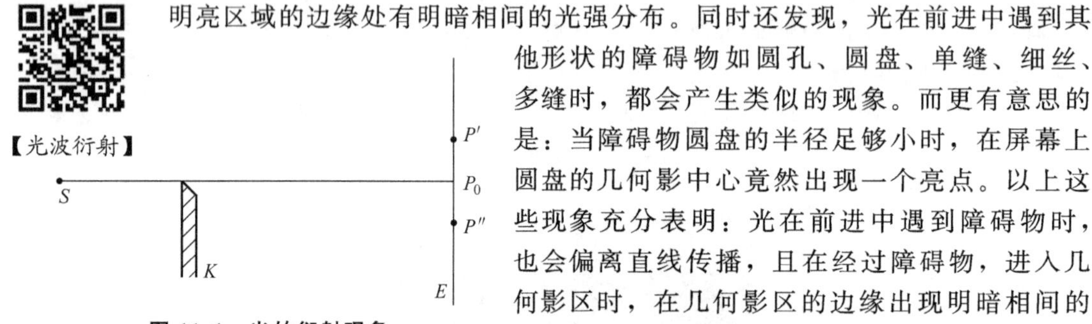

图 11.1　光的衍射现象

无可否认，光的衍射与光的直线传播现象在表现上是矛盾的。但是从波动的观点出发，可以对两者做统一解释。

事实上，机械波也有直线传播的时候。例如，在高大墙壁的一侧，就几乎听不到外面的喧闹声；在海港大堤里边，也难以听到巨大的海浪声。这些现象说明：声波在遇到巨大的障碍物时，也会投射出清楚的“影子”。可见，衍射现象的呈现与否，主要取决于障碍物的线度量值与波长大小的比较。当障碍物的线度与波长可比时，衍射现象才显得比较明显。由于声波的波长达几十米，无线电波的波长可达几百米，它们所遇障碍物的线度，通常总小于波长，因此，声波、无线电波的衍射现象比较常见。但当遇到比波长大得多的巨大的障碍物时，它们的直线传播现象也毫无例外地显示出来。

光波的波长 $4\times10^{-7}\sim7.8\times10^{-7}$m，一般的障碍物或孔、缝的线度都远远大于这个尺度。因此，光波通常呈现的是直线传播，只有在遇到与光波长相同数量级的障碍物或孔、缝时，光的衍射现象才变得比较明显。

光的衍射通常分为两类：菲涅尔衍射和夫琅和费衍射。在菲涅尔衍射中，光源和屏幕相对障碍物的距离 R 和 r，至少有一项为有限远，如图 11.2(a)所示；而在夫琅和费衍射

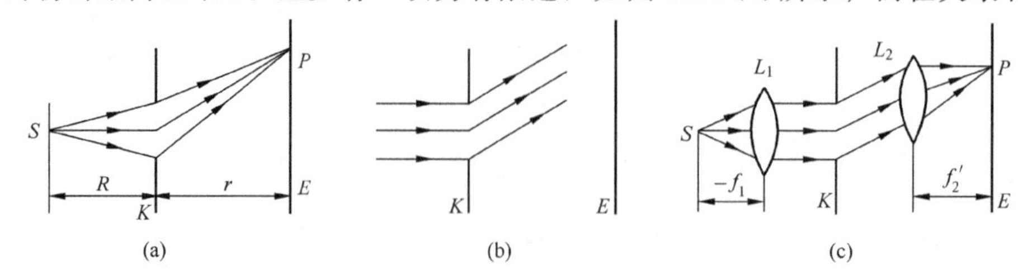

图 11.2　衍射的分类

中，光源和屏幕相对障碍物的距离均为无限远，如图 11.2(b)所示。实验室通常将光源和屏幕分别置于两个会聚透镜的焦平面上［如图 11.2(c)所示］以实现夫琅和费衍射。

11.1.2 光波的标量衍射理论

1. 惠更斯原理

1690 年惠更斯为了描述波在空间传播的机理，提出了一种假设：在波传播的任意时刻，波阵面上的每一点都可以看作发射球面次波的波源，在随后的某一时刻，这些次波波面的包络面，就是该时刻的波阵面，波阵面的法线方向就是波的传播方向。

根据惠更斯原理，从点光源 S 发出的光波，在传播过程中遇到孔径为 a 的小孔衍射屏(见图 11.3 中的 DD')时，小孔处露出的波面上的各点都发射球面次波，这些次波的包迹面即新的波阵面，已经绕过圆孔的边缘，弯进圆孔的几何影区，从而使屏上 P' 点以外的各点光强不一定为零，即发生衍射现象。

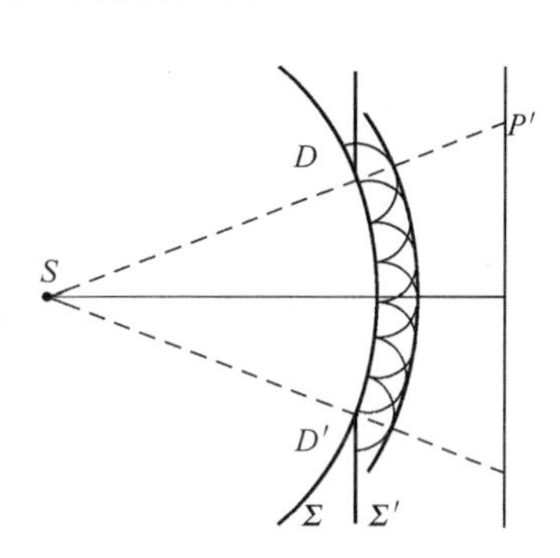

图 11.3 光波通过圆孔时的惠更斯作图法

可见，惠更斯原理成功地定性解释了产生光衍射现象的可能性。但是，它不能描述光衍射现象的细节，如屏幕上出现明暗相间的光强分布的原因和规律。

2. 惠更斯-菲涅尔原理

菲涅尔接受了惠更斯关于“次波”的假设，补充了对次波的相位和振幅的定量描述，增加了次波相干叠加的思想，从而发展成为著名的惠更斯-菲涅尔原理。

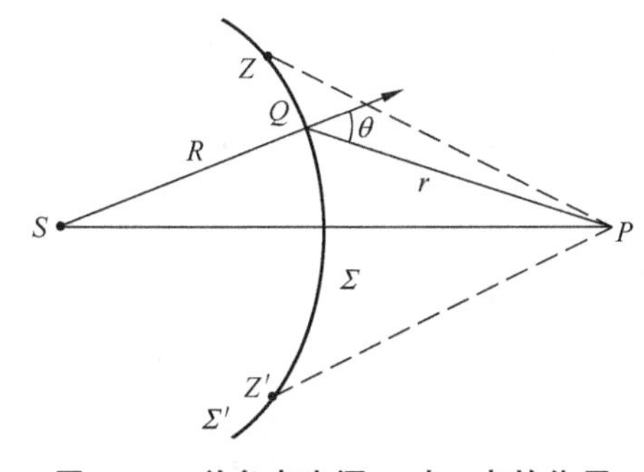

图 11.4 单色点光源 S 对 P 点的作用

惠更斯-菲涅尔原理的具体内容是：从单色点光源 S 发出的某时刻波阵面 Σ 上的各点都是相干次波源，它们将发出相干次波，屏上 P 点的光强取决于这些相干次波在该点的叠加结果，如图 11.4 所示。由于相干次波在屏幕上各点会有不同的叠加结果，因而出现明暗相间的光强分布。

在图 11.4 中，选取 S 和 P 之间的一个波阵面 Σ'，设单色点光源 S 在波面 Σ' 上的任一点 Q 产生的复振幅为

$$\widetilde{E}_Q = \frac{A}{R}\exp(\mathrm{i}kR) \tag{11-1}$$

在 Q 点处取波面元 $\mathrm{d}\sigma$，则 $\mathrm{d}\sigma$ 在 P 产生的复振幅为

$$\mathrm{d}\widetilde{E}(P) = CK(\theta)\,\frac{A\exp(\mathrm{i}kR)}{R}\,\frac{\exp(\mathrm{i}kr)}{r}\mathrm{d}\sigma \tag{11-2}$$

式中，$K(\theta)$表示子波的振幅随面元法线与 QP 夹角 θ 的变化(θ 称为衍射角)，C 为常数。当 $\theta=0$ 时，$K(\theta)$取得最大值。且随着 θ 的增加 $K(\theta)$不断减小。在图 11.4 中，ZZ'范围内($K(\theta)\neq 0$)的波面 Σ 上的面元发出的子波在 P 产生的复振幅总和为

$$\widetilde{E}(P) = \frac{CA\exp(\mathrm{i}kR)}{R}\iint_{\Sigma}\frac{\exp(\mathrm{i}kr)}{r}K(\theta)\,\mathrm{d}\sigma \tag{11-3}$$

上式即为惠更斯-菲涅尔原理的数学表达式。若将波面选取为 S 和 P 之间的任意一个曲面或平面，假设该波面的复振幅分布为 $\widetilde{E}(Q)$，则式(11－3)可写为

$$\widetilde{E}(P)=C\iint_{\Sigma}\widetilde{E}(Q)\frac{\exp(\mathrm{i}kr)}{r}K(\theta)\mathrm{d}\sigma \tag{11-4}$$

上式为惠更斯-菲涅尔原理的推广。

3. 菲涅尔-基尔霍夫衍射公式

利用式(11－4)对一些简单形状孔径的衍射现象计算时，计算得出的衍射光强分布与实际结果相符合，但该原理本身并不严格，如倾斜因子的引入没有理论根据，同时也没有准确给出倾斜因子 $K(\theta)$ 和常数 C 的具体数学表达式。基尔霍夫在该理论的基础上，从波动微分方程出发，利用场论中的格林定理和电磁场的边值条件，得到了较完善的数学表达式，即菲涅尔-基尔霍夫衍射公式，该数学式为

$$\widetilde{E}(P)=\frac{A}{\mathrm{i}\lambda}\iint_{\Sigma}\frac{\exp(\mathrm{i}kl)}{l}\frac{\exp(\mathrm{i}kr)}{r}\left[\frac{\cos(n,r)-\cos(n,l)}{2}\right]\mathrm{d}\sigma \tag{11-5}$$

菲涅尔-基尔霍夫衍射公式确定了倾斜因子 $K(\theta)$ 和常数 C 的具体形式。倾斜因子 $K(\theta)$ 的具体形式 $K(\theta)=\frac{1}{2}[\cos(n,l)-\cos(n,r)]$（式中参量的含义见图 11.5），表示子波的振动在各个方向不相同，其大小在 0 和 1 之间。当光源远离孔径时，入射光可以看做是垂直入射到孔径的平面波，则对孔径上各点均有 $\cos(n,l)=-1$，$\cos(n,r)=\cos\theta$，如图 11.6 所示。因而

$$K(\theta)=\frac{1+\cos\theta}{2}$$

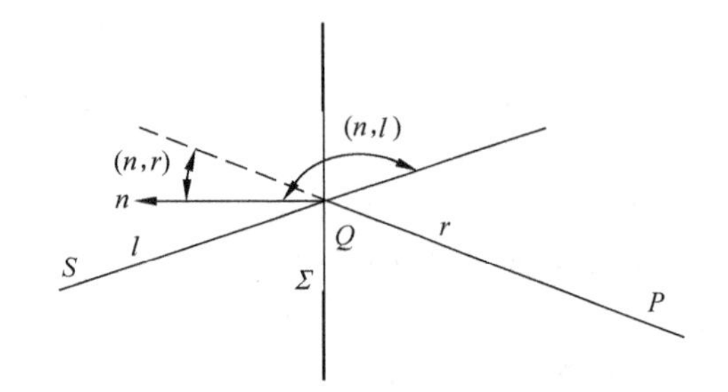

图 11.5　球面波在孔径 Σ 上的衍射

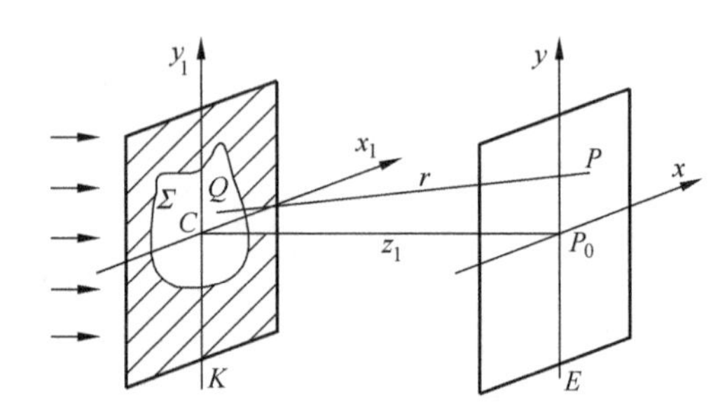

图 11.6　孔径 Σ 的衍射

4. 菲涅尔-基尔霍夫衍射公式的近似

菲涅尔-基尔霍夫衍射公式(11－5)在实际计算时，被积函数较为复杂，即使很简单的衍射也很难求取积分，因此可以根据实际情况对其做出近似处理。

1) 初步近似

考虑平面波的衍射时(图 11.6)，通常衍射孔径和在观察屏观察的范围均远小于观察屏到孔径的距离，因此可以作出如下近似：

(1) 取 $\cos(n,r)=\cos\theta\approx1$，因此倾斜因子 $K(\theta)=\frac{1+\cos\theta}{2}\approx1$；

(2) 孔径范围内各点到观察屏上 P 的距离 r 变化不大，且 r 的变化对各子波源发出的

球面子波在 P 的振幅影响不大，所以取 $r\approx z_1$。但式中复指数的 r 对相位的影响不可忽略。据此，式(11－5)可写为

$$\widetilde{E}(P)=\frac{1}{\mathrm{i}\lambda z_1}\iint_{\Sigma}\widetilde{E}(Q)\exp(\mathrm{i}kr)\mathrm{d}\sigma \tag{11-6}$$

式中，$\widetilde{E}(Q)=\dfrac{A}{l}\exp(\mathrm{i}kl)$。

2）菲涅尔近似和菲涅尔衍射计算公式

在图 11.6 中，r 可以写为

$$r=\sqrt{z_1^2+(x-x_1)^2+(y-y_1)^2}=z_1\sqrt{1+\left(\frac{x-x_1}{z_1}\right)^2+\left(\frac{y-y_1}{z_1}\right)^2}$$

式中，$(x_1,\ y_1)$和$(x,\ y)$分别为孔径上 Q 点和观察屏上 P 点的坐标值。对上式做二项式展开可得

$$r=z_1\left\{1+\frac{1}{2}\left[\frac{(x-x_1)^2+(y-y_1)^2}{z_1^2}\right]-\frac{1}{8}\left[\frac{(x-x_1)^2+(y-y_1)^2}{z_1^2}\right]^2+\cdots\right\}$$

当 z_1 大到使上式第三项以后各项对相位 kr 的作用远小于 π 时，即

$$z_1^3\gg\frac{\pi}{4\lambda}\left[(x-x_1)^2+(y-y_1)^2\right]_{\max}^2 \tag{11-7}$$

则第三项以后可以忽略，因此得

$$r=z_1\left\{1+\frac{1}{2}\left[\frac{(x-x_1)^2+(y-y_1)^2}{z_1^2}\right]\right\}=z_1+\frac{x^2+y^2}{2z_1}-\frac{xx_1+yy_1}{z_1}+\frac{x_1^2+y_1^2}{2z_1} \tag{11-8}$$

该近似称为菲涅尔近似，观察屏安置于这一近似成立的区域(菲涅尔区)内所观察到的衍射现象即称为菲涅尔衍射。由式(11－8)可得出菲涅尔衍射计算公式

$$\widetilde{E}(x,\ y)=\frac{\exp(\mathrm{i}kz_1)}{\mathrm{i}\lambda z_1}\iint_{\Sigma}\widetilde{E}(x_1,\ y_1)\exp\left\{\frac{\mathrm{i}k}{2z_1}\left[(x-x_1)^2+(y-y_1)^2\right]\right\}\mathrm{d}x_1\mathrm{d}y_1 \tag{11-9}$$

由于孔径 Σ 以外的 $\widetilde{E}(x_1,\ y_1)=0$，将积分范围扩展到整个 x_1y_1 平面可得

$$\widetilde{E}(x,y)=\frac{\exp(\mathrm{i}kz_1)}{\mathrm{i}\lambda z_1}\iint_{-\infty}^{\infty}\widetilde{E}(x_1,\ y_1)\exp\left\{\frac{\mathrm{i}k}{2z_1}\left[(x-x_1)^2+(y-y_1)^2\right]\right\}\mathrm{d}x_1\mathrm{d}y_1 \tag{11-10}$$

上式也可写作

$$\widetilde{E}(x,\ y)=\frac{\exp(\mathrm{i}kz_1)}{\mathrm{i}\lambda z_1}\widetilde{E}(x_1,\ y_1)*\exp\left[\frac{\mathrm{i}k}{2z_1}(x_1^2+y_1^2)\right] \tag{11-11}$$

式中，“*”表示卷积运算。

利用式(11－8)，式(11－10)又可写作

$$\widetilde{E}(x,\ y)=\frac{\exp(\mathrm{i}kz_1)}{\mathrm{i}\lambda z_1}\exp\left[\frac{\mathrm{i}k}{2z_1}(x^2+y^2)\right]\iint_{-\infty}^{\infty}\widetilde{E}(x_1,\ y_1)\exp\left[\frac{\mathrm{i}k}{2z_1}(x_1^2+y_1^2)\right]$$
$$\times\exp\left[-\mathrm{i}2\pi\left(\frac{x}{\lambda z_1}x_1+\frac{y}{\lambda z_1}y_1\right)\right]\mathrm{d}x_1y_1 \tag{11-12}$$

3）夫琅和费近似和夫琅和费衍射计算公式

在菲涅尔近似表达式(11－8)中，第二项和第四项分别取决于观察屏上的考察范围和衍射孔径的线度相对于 z_1 的大小，当 z_1 很大而使得第四项对相位 kr 的影响远小于 π 时，即

$$k\frac{(x_1^2+y_1^2)_{\max}}{2z_1}\ll\pi$$

或

$$z_1\gg\frac{(x_1^2+y_1^2)_{\max}}{\lambda}\tag{11-13}$$

时，第四项即可以忽略。而菲涅尔近似中的第二项也是一个比 z_1 小得多的量，但比第四项要大得多，原因在于随着 z_1 的增大，衍射范围也随着变大而使得相应的考查范围变大。所以，式(11－8)变为

$$r\approx z_1+\frac{x^2+y^2}{2z_1}-\frac{xx_1+yy_1}{z_1}\tag{11-14}$$

这一近似称为夫琅和费近似，在这一近似成立的区域(夫琅和费区)内所观察到的衍射现象即称为夫琅和费衍射。由式(11－14)可得出夫琅和费衍射计算公式

$$\widetilde{E}(x,y)=\frac{\exp(\mathrm{i}kz_1)}{\mathrm{i}\lambda z_1}\exp\left[\frac{\mathrm{i}k}{2z_1}(x^2+y^2)\right]\iint_{\Sigma}\widetilde{E}(x_1,y_1)\exp\left[-\frac{\mathrm{i}k}{z_1}(xx_1+yy_1)\right]\mathrm{d}x_1y_1\tag{11-15}$$

由于孔径 Σ 以外的 $\widetilde{E}(x_1,y_1)=0$，将积分范围扩展到整个 x_1y_1 平面可得

$$\widetilde{E}(x,y)=\frac{\exp(\mathrm{i}kz_1)}{\mathrm{i}\lambda z_1}\exp\left[\frac{\mathrm{i}k}{2z_1}(x^2+y^2)\right]\iint_{-\infty}^{\infty}\widetilde{E}(x_1,y_1)\exp\left[-\mathrm{i}2\pi\left(\frac{x}{\lambda z_1}x_1+\frac{y}{\lambda z_1}y_1\right)\right]\mathrm{d}x_1y_1\tag{11-16}$$

11.2 菲涅尔衍射

在菲涅尔衍射中可以采用式(11－9)或式(11－10)来计算衍射图样，也可以采用一些定性或半定量的方法，如菲涅尔波带法，来求得衍射图样。

11.2.1 菲涅尔波带法

现在考察平面波垂直照射圆孔衍射的情况，如图 11.7 所示。考虑轴上一点 P 的合成振幅。平面波到达衍射屏时，穿过小孔 Σ 的仍是平面波，由于其对称性，可以把它分为许多圆环，圆环上各点到点 P 的距离相等，它们发出的次波到 P 点是同相位、同振幅的。据此，菲涅尔做出如下选取：

$PA_1=r_1=r_0+\lambda/2$　　它所包围的环为第一带；

$PA_2=r_2=r_0+\lambda$　　A_1 和 A_2 所包围的环为第二带；

$PA_3=r_3=r_0+3\lambda/2$　　A_2 和 A_3 所包围的环为第三带；

$PA_4=r_4=r_0+2\lambda$　　A_3 和 A_4 所包围的环为第四带；

⋮　　⋮

$PA_k=r_k=r_0+k\lambda/2$　　A_{k-1} 和 A_k 所包围的环为第 k 带；

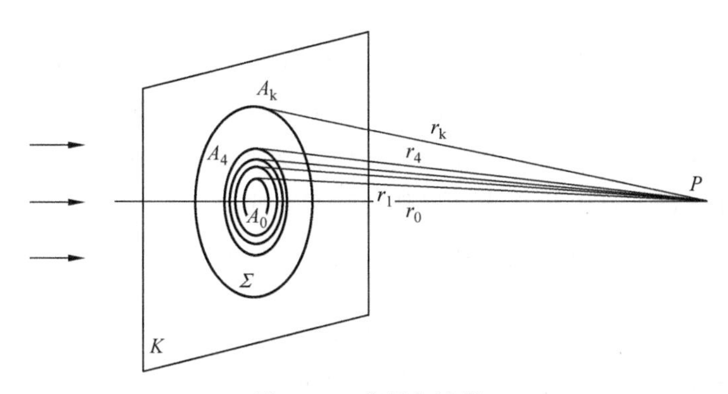

图 11.7 菲涅尔波带

由于各带至 P 点的距离相差半个波长，故这种环带称为菲涅尔半波带。于是第 j 波带在 P 点产生的振幅为

$$|\widetilde{E}_j| = C\frac{A_j}{r_j}\frac{1+\cos\theta}{2} \tag{11-17}$$

式中，C 为常数；A_j是第 j 波带的面积；r_j是第 j 波带到 P 点的距离。由图 11.7 可知，A_j是波面上半径分别为 ρ_j 和 ρ_{j-1} 的两个圆的面积之差，且

$$\rho_j = \sqrt{(r_0+j\lambda/2)^2 - r_0^2} = \sqrt{j\lambda r_0}\sqrt{1+j\lambda/(4r_0)}$$

当 $r_0 \gg \lambda$ 时

$$\rho_j \approx \sqrt{j\lambda r_0} \tag{11-18}$$

因此

$$A_j = \pi\rho_j^2 - \pi\rho_{j-1}^2 \approx \pi\lambda r_0 \tag{11-19}$$

上式表明各波带的面积近似相等。所以各波带在 P 点产生的振幅就只与各波带到 P 点的距离和倾斜因子有关。随着波带序数 j 的增加，距离 r_j和倾角 θ 也增大，因此各波带在 P 点产生的振动的振幅将随之单调减小，即 $|\widetilde{E}_1| > |\widetilde{E}_2| > |\widetilde{E}_3| > \cdots$。再考虑各相邻波带到达 P 点的光程差为半波长，则相应的相位差为 π，所以各波带在 P 点产生的复振幅总和为

$$\widetilde{E} = |\widetilde{E}_1| - |\widetilde{E}_2| + |\widetilde{E}_3| - |\widetilde{E}_4| + \cdots - (-1)^k|\widetilde{E}_k| \tag{11-20}$$

由于 $|\widetilde{E}_1|$，$|\widetilde{E}_2|$，$|\widetilde{E}_3|$，…单调减小，且变化缓慢，所以可近似有

$$|\widetilde{E}_2| = \frac{|\widetilde{E}_1|}{2} + \frac{|\widetilde{E}_3|}{2},\ |\widetilde{E}_4| = \frac{|\widetilde{E}_3|}{2} + \frac{|\widetilde{E}_5|}{2}$$

而当波带数 k 足够大时，$|\widetilde{E}_{k-1}|$ 和 $|\widetilde{E}_k|$ 相差很小，所以式(11-20)可写为

$$\widetilde{E} = \frac{|\widetilde{E}_1|}{2} \pm \frac{|\widetilde{E}_k|}{2} \tag{11-21}$$

式中，k 为奇数时取“+”号，k 为偶数时取“-”号。

由式(11-21)可知，P 点的振幅和光强取决于波带数 k。当衍射孔包含的波带数 k 为奇

数时，$\widetilde{E}=\frac{|\widetilde{E}_1|}{2}+\frac{|\widetilde{E}_k|}{2}$，$P$ 点的振幅和光强较大；当波带数 k 为偶数时，$\widetilde{E}=\frac{|\widetilde{E}_1|}{2}-\frac{|\widetilde{E}_k|}{2}$，$P$ 点的振幅和光强则较小。若缓慢增大或减小衍射孔径，则 P 点将出现明暗交替变化。

而对于确定的衍射孔径和光波波长，波带数 k 又取决于衍射屏到观察屏的距离，当观察屏沿着光轴作平移时，P 点将同样会出现明暗交替变化。

当圆孔变得非常大或者不存在圆孔衍射屏时，$|\widetilde{E}_k|\to 0$，则

$$\widetilde{E}=\frac{|\widetilde{E}_1|}{2} \tag{11-22}$$

上式表明，此时 P 点的振幅和光强为定值，即振幅为第一波带产生的复振幅的 1/2，光强为第一波带产生的光强的 1/4。

由此可见，在圆孔所包含的波带数很大时，圆孔的大小不再影响 P 点的光强。该结论与光的直线传播定律相吻合。

从式(11-20)中知道，相差半个波长的两相邻波带对观察屏中心的光强有相互抵消的作用，若制作一种光阑，使得奇数波带通过而阻挡偶数波带(或使偶数波带通过而阻挡奇数波带)，该光阑称作菲涅尔波带片。在上述圆孔衍射中，通过光阑的各波带在 P 点产生的复振幅将同相位，P 点的复振幅和光强将大大增加。例如，某光阑(菲涅尔波带片)包含了 20 个波带，并让 10 个奇数波带通过，而 10 个偶数波带被阻挡，则 P 点的振幅为

$$\widetilde{E}=|\widetilde{E}_1|+|\widetilde{E}_3|+|\widetilde{E}_5|+\cdots+|\widetilde{E}_{19}|\approx 10|\widetilde{E}_1|=20|\widetilde{E}_\infty|$$

式中，$|\widetilde{E}_\infty|$ 是波面无穷大即光阑不存在时 P 点的振幅。

P 点的光强为

$$I\approx(20|\widetilde{E}_\infty|)^2=400I_\infty$$

即该状态下的光强为光阑不存在时的 400 倍。

此外，由于菲涅尔波带片具有类似于透镜的聚光作用，且满足物距、像距和焦距的关系式，所以，菲涅尔波带片也称为菲涅尔透镜。

11.2.2 菲涅尔圆孔和圆屏衍射

【菲涅尔圆孔衍射图样】

1. 菲涅尔圆孔衍射图样

上面讨论了在观察屏上轴上点 P 的光强，对于观察屏上的轴外点的光强可以采用同样的方法来分析，如图 11.8 所示。

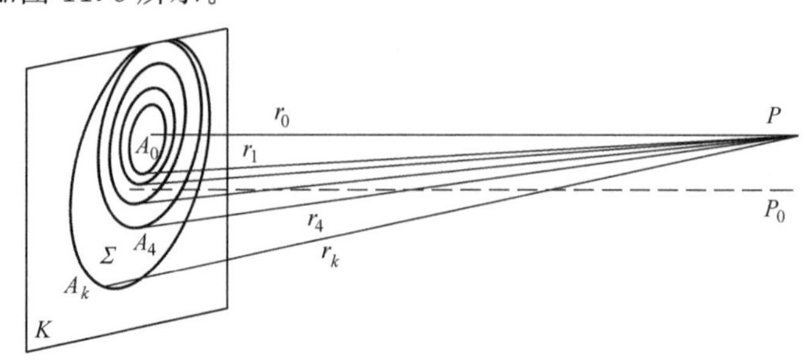

图 11.8 轴外点作的波带

考察轴外点 P，此时以 P 点为中心，分别以 $r_0+\lambda/2$，$r_0+\lambda$，…为半径(r_0 为 P 到衍射屏的距离)在圆孔露出的波面 Σ 上作波带。这些波带在 P 点产生的光强不仅取决于波带的数目，也取决于每个波带所露出的面积。可以推断，随着 P 点远离中心点 P_0 逐渐向外，其光强将会时大时小的变化。由于衍射装置的对称性，所以，圆孔的菲涅尔衍射图样是一组亮暗交替的同心圆环，其中心可能是亮点也可能是暗点。由波带数的奇偶性决定。

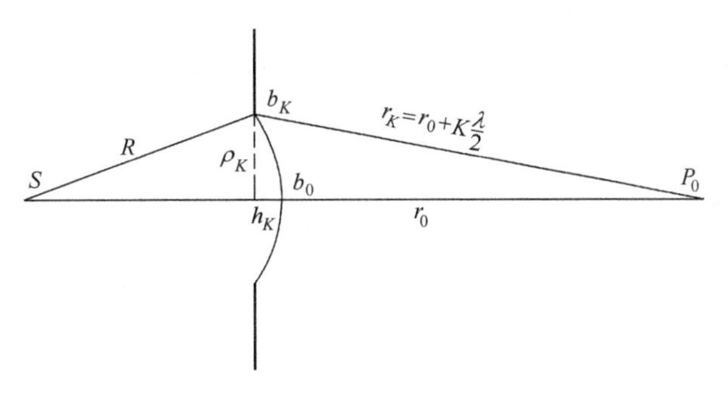

图 11.9　波带数的关联因素

现考虑波带数 K 与哪些因素有关，如图 11.9 所示。

设圆孔的半径为 ρ_K，光波在圆孔处露出的球波面的矢高为 h_K。由图 11.9 的几何关系，可得

$$\rho_K^2 = R^2-(R-h_K)^2 = \left(r_0+\frac{K\lambda}{2}\right)^2-(r_0-h_K)^2$$

整理上式可得

$$2h_K(R+r_0) = K\lambda\left(r_0+\frac{K\lambda}{4}\right)$$

由于 $r_0 \gg \lambda$，上式右边末项可略去，所以

$$h_K = \frac{Kr_0\lambda}{2(R+r_0)}$$

又

$$\rho_K^2 = R^2-(R-h_K)^2 = 2Rh_K-h_K^2$$

通常 $h_K \ll R$，上式近似为

$$\rho_K^2 = 2Rh_K$$

将 h_K代入上式可得

$$\rho_K^2 = \frac{KRr_0\lambda}{(R+r_0)}$$

则波带数 K 的计算公式为

$$K = \rho_K^2\frac{R+r_0}{Rr_0\lambda} \tag{11-23}$$

当平行光入射到圆孔障碍屏(也称为衍射屏)时，$R\to\infty$，则有

$$K = \frac{\rho_K^2}{r_0\lambda}$$

由式(11－23)可知，波带数 K 与 λ、R、r_0 和 ρ_K 有关。当光波长 λ 和圆孔的大小 ρ_K 以及位置参量 R 确定时，K 只取决于 P_0 点的位置参量 r_0。对于 r_0 满足 K 为奇数的一些点，合振幅较大，为亮点；而满足 K 为偶数的一些点，合振幅较小，为暗点。若把观察屏幕沿光轴方向移动，可见轴上点的亮暗在不断变化。当 λ、R 和 r_0 确定时，K 只随 ρ_K 变化而变，改变衍射屏上圆孔的半径，轴上某确定点的亮暗也随之改变。

例 11.1　由点光源 S 发出波长为 5200×10^{-10} m 的单色光，投射在直径为 4.2mm 的小孔衍射屏上，若衍射屏距光源 6m，距观察屏幕 5m。试问，在观察屏幕上呈现的衍射图样中，中央亮点的光强度与去掉衍射屏时该点的光强度相比，是增强还是减弱？

解 在菲涅尔圆孔衍射中，轴上点的合振幅取决于小孔露出的波带数 K 的奇偶性。K 值由式(11－23)确定，即

$$K=\rho_K^2\frac{R+r_0}{Rr_0\lambda}=2.1^2\times\frac{6000+5000}{6000\times5000\times5200\times10^{-7}}=3$$

由于 K 为奇数，由式(11－21)可知中央亮点的合振幅为

$$\widetilde{E}=\frac{|\widetilde{E}_1|}{2}+\frac{|\widetilde{E}_3|}{2}$$

若去掉衍射屏，则中央亮点的合振幅为

$$\widetilde{E}=\frac{|\widetilde{E}_1|}{2}$$

可见，设置小孔衍射屏与去掉衍射屏相比，中央亮点的光强是增强了。若认为 $|\widetilde{E}_1|\approx|\widetilde{E}_3|$，则以上两种情况下中央亮点的光强度之比为

$$\frac{I}{I'}=\frac{|\widetilde{E}|^2}{(|\widetilde{E}|/2)^2}=\frac{4}{1}$$

2. 菲涅尔圆屏衍射

用一个很小的不透明的圆屏代替上述的衍射孔即为菲涅尔圆屏衍射装置。观察屏上轴上点 P_0 的光强同样可以采取菲涅尔波带法进行分析。以 P_0 点为中心，分别作出 $r_0+\lambda/2$，$r_0+\lambda$，…，为半径(r_0 为 P 到衍射屏的距离)的波带。按照式(11－23)可知，全部波带在 P_0 点产生的复振幅应为第一波带在 P_0 点产生的复振幅的一半，而光强等于第一波带在 P_0 点产生的光强的 1/4。所以，P_0 点必为亮点。轴外点可采用与圆孔衍射类似的方法得出。因此，圆屏的菲涅尔衍射图样为中心为亮点，周围为明暗相间的圆环条纹。

11.3 夫琅和费衍射

11.3.1 夫琅和费衍射系统和衍射公式的意义

1. 夫琅和费衍射系统

夫琅和费衍射系统如图 11.10 所示。

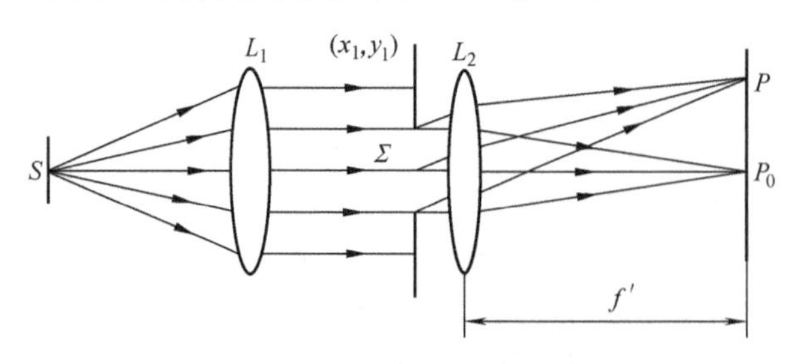

图 11.10 夫琅和费衍射装置

在夫琅和费衍射中，根据式(11－13)，要求衍射屏距观察屏很远，假如入射光的波长 $\lambda=600\text{nm}$，衍射孔径 $(x_1^2+y_1^2)_{\max}=60\text{mm}^2$，则可以求得 $z_1\gg10\text{m}$。因此在该条件下很难去观察衍射现象。在图 11.10 中，通过透镜的聚光作用来实现就非常方便。

令
$$C=\frac{\exp(\mathrm{i}kz_1)}{\mathrm{i}\lambda z_1}\exp\left[\frac{\mathrm{i}k}{2z_1}(x^2+y^2)\right]$$

则式(11-13)可写为

$$\begin{aligned}\widetilde{E}(x, y) &= C\iint_{\Sigma}\widetilde{E}(x_1, y_1)\exp\left[-\frac{\mathrm{i}k}{z_1}(xx_1+yy_1)\right]\mathrm{d}x_1y_1 \\ &= C\iint_{\Sigma}\widetilde{E}(x_1, y_1)\exp\left[-\mathrm{i}k\left(\frac{x}{z_1}x_1+\frac{y}{z_1}y_1\right)\right]\mathrm{d}x_1y_1\end{aligned} \tag{11-24}$$

在无透镜时，夫琅和费衍射的观察点 P' 在无限远处，加入透镜后，观察点变为透镜的后焦平面上的 P 点，如图 11.11 所示。

由图可知

$$\frac{x'}{z_1}=\theta=\frac{x}{f'} \tag{11-25}$$

式中，是在近轴情况下，由于透镜靠近衍射屏，所以 $f'\approx z_1$，$x'\approx x$，并将式(11-25)代入式(11-24)可得

$$\widetilde{E}(x, y) = C\iint_{\Sigma}\widetilde{E}(x_1, y_1)\exp\left[-\mathrm{i}k\left(\frac{x}{f'}x_1+\frac{y}{f'}y_1\right)\right]\mathrm{d}x_1y_1 \tag{11-26}$$

式中，$C=\dfrac{\exp\left[\mathrm{i}k\left(f'+\dfrac{x^2+y^2}{2f'}\right)\right]}{\mathrm{i}\lambda f'}$。

2. 夫琅和费衍射公式的意义

由式(11-26)可知，有两个复指数因子与透镜的焦距有关，这两个因子所包含的意义各不相同，如图 11.12 所示。

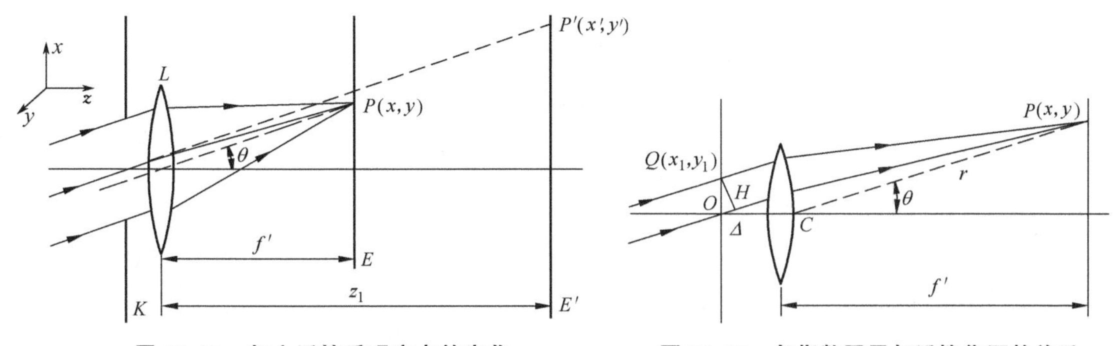

图 11.11 加上透镜后观察点的变化　　图 11.12 复指数因子与透镜焦距的关系

先考虑第一个复指数因子 $\exp\left[\mathrm{i}k\left(f'+\dfrac{x^2+y^2}{2f'}\right)\right]$。在菲涅尔近似中，衍射孔径面的坐标原点 O(当透镜紧靠衍射屏时，可以认为 O 与透镜的中心 C 重合)到观察屏 P 点距离为

$$r=|CP|=\sqrt{f'^2+(x^2+y^2)}\approx f'+\frac{x^2+y^2}{2f'}$$

式中，r 即为 C 点到观察屏 P 点的光程，kr 就是 C 点所发出的子波到观察屏 P 点的相位差，即相位延迟。

再考虑第二个复指数因子 $\exp\left[-\mathrm{i}k\left(\dfrac{x}{f'}x_1+\dfrac{y}{f'}y_1\right)\right]$。在图 11.12 中，衍射屏上 Q 点和 O 点所发出的子波到观察屏 P 点的光程差为

$$\Delta = |OH| = |OP| - |QP| = x_1\sin\theta_x + y_1\sin\theta_y = \frac{x}{f'}x_1 + \frac{y}{f'}y_1$$

则其相应的相位差为

$$\delta = k\Delta = k\left(\frac{x}{f'}x_1 + \frac{y}{f'}y_1\right) = \frac{2\pi}{\lambda}\left(\frac{x}{f'}x_1 + \frac{y}{f'}y_1\right)$$

此式正好是第二个复指数因子中的相位因子，它表示了衍射孔径上各点子波的相位差。

11.3.2 夫琅和费矩孔衍射

1. 光强分布计算公式

夫琅和费矩孔衍射装置如图 11.13 所示。

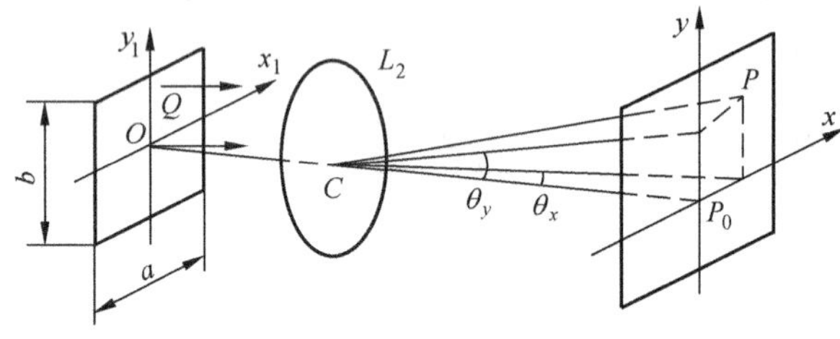

图 11.13 夫琅和费矩孔衍射装置

选取矩孔中心作为坐标原点 O，并设矩孔的长和宽分别为 a 和 b，用单位平行波照射矩孔，即

$$\widetilde{E}(x', y') = \begin{cases}1\\0\end{cases}$$

式中，“1”表示矩孔以内的振幅；“0”表示矩孔以外的振幅。

同时，设 $l=x/f'$ 和 $m=y/f'$，则观察屏上 P 点的复振幅为

$$\widetilde{E}(x, y) = C\int_{-\frac{a}{2}}^{\frac{a}{2}}\exp(-\mathrm{i}klx_1)\mathrm{d}x_1\int_{-\frac{b}{2}}^{\frac{b}{2}}\exp(-\mathrm{i}kmy_1)\mathrm{d}y_1 = Cab\frac{\sin\frac{kla}{2}}{\frac{kla}{2}}\frac{\sin\frac{kmb}{2}}{\frac{kmb}{2}} \tag{11-27}$$

对于观察屏上的 P_0 点，$x=y=0$，该点的复振幅为 $\widetilde{E}_0=Cab$，所以，P 点的复振幅为

$$\widetilde{E} = \widetilde{E}_0\left(\frac{\sin\frac{kla}{2}}{\frac{kla}{2}}\right)\cdot\left(\frac{\sin\frac{kmb}{2}}{\frac{kmb}{2}}\right) \tag{11-28}$$

P 点的光强为

$$I = I_0\left(\frac{\sin\frac{kla}{2}}{\frac{kla}{2}}\right)^2\cdot\left(\frac{\sin\frac{kmb}{2}}{\frac{kmb}{2}}\right)^2 \tag{11-29}$$

设 $\alpha=\frac{kla}{2}=\frac{\pi}{\lambda}a\sin\theta_x$，$\beta=\frac{kmb}{2}=\frac{\pi}{\lambda}b\sin\theta_y$，则式(11－29)可写为

$$I = I_0\left(\frac{\sin\alpha}{\alpha}\right)^2\cdot\left(\frac{\sin\beta}{\beta}\right)^2 \tag{11-30}$$

式(11－30)即为夫琅和费矩孔衍射的光强分布计算公式，式中前半部分依赖于坐标 x 和方向余弦 l，后半部分依赖于坐标 y 和方向余弦 m，表明了观察屏上 P 点的光强与它的两个坐标有关。

2. 光强分布特点

观察屏上 P 点的光强与它的两个坐标有关，所以只需讨论 x 轴上的点的光强分布，然

后再按同样方法考虑整个矩孔。在 y 轴上则有 $\beta\to 0$，$\dfrac{\sin\beta}{\beta}\to 1$，所以光强分布计算式(11-30)变为

$$I = I_0\left(\frac{\sin\alpha}{\alpha}\right)^2 \tag{11-31}$$

对应的光强分布曲线如图 11.14 所示。

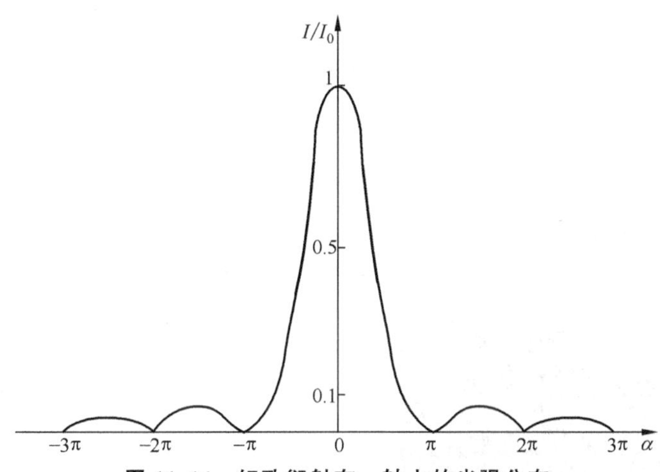

图 11.14　矩孔衍射在 x 轴上的光强分布

当 $\alpha=0$，即衍射角 $\theta_x=0$ 时，I 有主极大，$I_{\max}=I_0$。表明抵达 P_0 点的衍射光具有相同的相位，因此，这个零级衍射斑中心就是几何光学的像点。

当 $\alpha=\pm\pi$，$\pm 2\pi$，$\pm 3\pi$，…时，I 有极小，$I_{\min}=0$。所以，满足暗点(零光强点)的条件是

$$a\sin\theta_x = n\lambda\,(n=\pm 1,\pm 2,\pm 3,\cdots)$$

将 $\sin\theta_x=l=x/f'$ 代入上式得

$$a\frac{x}{f'} = n\lambda \quad 或 \quad x = \frac{n\lambda f'}{a} \tag{11-32}$$

据此可知，相邻两暗点之间的距离与矩孔的宽度 a 成反比，且暗点间距为 $e=\dfrac{\lambda f'}{a}$。而在相邻两暗点之间还有一些次极大，次极大的位置由下式确定

$$\frac{\mathrm{d}}{\mathrm{d}\alpha}\left(\frac{\sin\alpha}{\alpha}\right)^2 = 0 \ 或\ \tan\alpha = \alpha \tag{11-33}$$

满足此方程的前几个次极大的 α 值及其相应的光强，见表 11-1。

表 11-1　在 x 轴上前几个的位置与光强

极大序号	α	$\frac{I}{I_0}=\left(\frac{\sin\alpha}{\alpha}\right)^2$
0	0	1
1	$1.430\pi=4.439$	0.04718
2	$2.459\pi=7.725$	0.01694
3	$3.470\pi=10.90$	0.00834
4	$4.479\pi=14.07$	0.00503

注：次极大不在两暗点的正中间。

矩孔衍射在 y 轴上的光强分布由式 $I=I_0\left(\frac{\sin\beta}{\beta}\right)^2$ 决定。若矩孔的 a 和 b 相等时，那么沿 x 轴和 y 轴相邻暗点的间距相同，如图 11.15 所示；若 $a>b$，则沿 x 轴比沿 y 轴的暗点间距要密集。在 x 轴和 y 轴外的各点的光强可以根据其坐标由式(11－30)计算得出。图 11.16 给出了一些亮斑的光强极大点的位置和相对光强。从图 11.15 可以看出，中央亮斑的光强最大，其余亮斑的光强远小于中央亮斑，绝大多数光能都集中于中央亮斑内，可以认为它是衍射扩展的主要范围，其边缘在 x 轴和 y 轴上分别由条件

$$a\sin\theta_x=\pm\lambda;\quad b\sin\theta_y=\pm\lambda$$

来决定。则中央亮斑的角半宽度为

$$\Delta\theta_x=\frac{\lambda}{a};\quad \Delta\theta_y=\frac{\lambda}{b}$$

相应的中央亮斑的半宽尺寸为

$$\Delta x_0=\frac{\lambda}{a}f';\quad \Delta y_0=\frac{\lambda}{b}f'$$

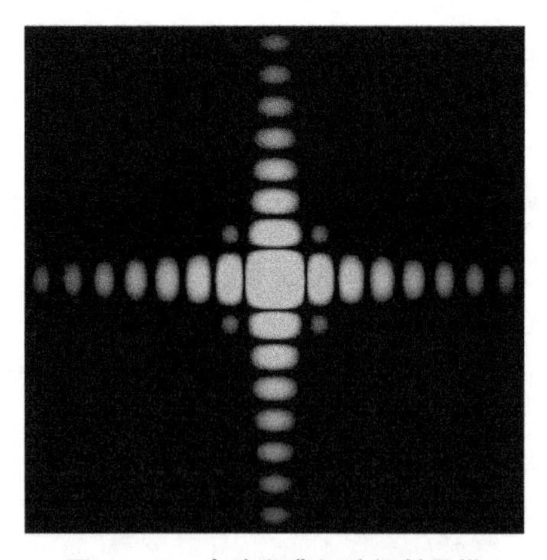

图 11.15 夫琅和费矩孔衍射图样

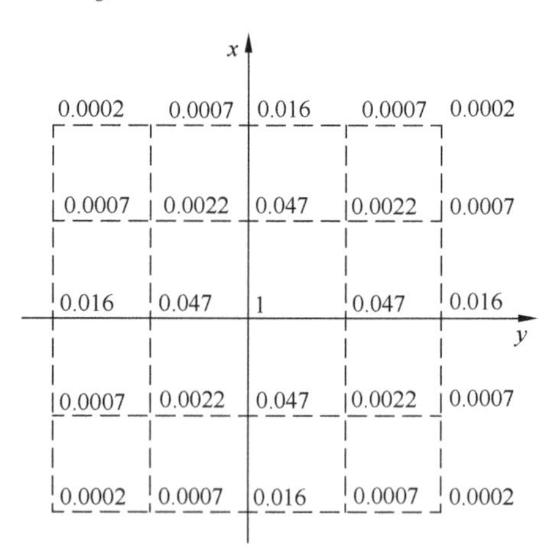

图 11.16 矩孔衍射图样中一些亮斑的光强

由于中央亮斑集中了绝大多数光能，它的角半宽度的大小可以作为衍射强弱的标志。对于给定波长，$\Delta\theta$ 与缝宽成反比，即在波前对光束限制越大，衍射场就越弥散；反之，当缝宽很大时，光束几乎为自由传播时 $\Delta\theta\to 0$。表明衍射场基本集中在沿直线传播方向上，在透镜焦平面上衍射斑收缩为几何像点。$\Delta\theta$ 与波长 λ 成正比，波长越长，衍射效应就越显著；波长很短时衍射效应可以忽略，因此说几何光学是波动光学当 $\lambda\to 0$ 时的极限。

11.3.3 夫琅和费单缝衍射

如果让上述矩孔的一个方向的宽度远远大于另一个方向的宽度(如 $b\gg a$)，则矩孔就变成了单缝，单缝衍射装置如图 11.17 所示。

由式(11－30)可知，单缝衍射在 y 方向的衍射效应可以忽略，衍射图样只分布在 x 轴上，因此，单缝衍射的光强分布表达式为

$$I=I_0\left(\frac{\sin\alpha}{\alpha}\right)^2 \tag{11-34}$$

式中，$\alpha=\frac{kla}{2}=\frac{\pi}{\lambda}a\sin\theta$，其中 θ 为衍射角；$\left(\frac{\sin\alpha}{\alpha}\right)^2$ 为单缝衍射因子。

类似于矩孔衍射图样分析，可知在单缝衍射图样中，其暗点间距为

$$e = \frac{\lambda f'}{a}$$

中央亮斑的角半宽度 $\Delta\theta$ 和半宽尺寸 Δx_0 分别为

$$\Delta\theta = \frac{\lambda}{a}; \quad \Delta x_0 = \frac{\lambda}{a} f'$$

在中央亮斑上集中了绝大部分能量，其亮斑宽度为其余亮斑宽度的两倍。

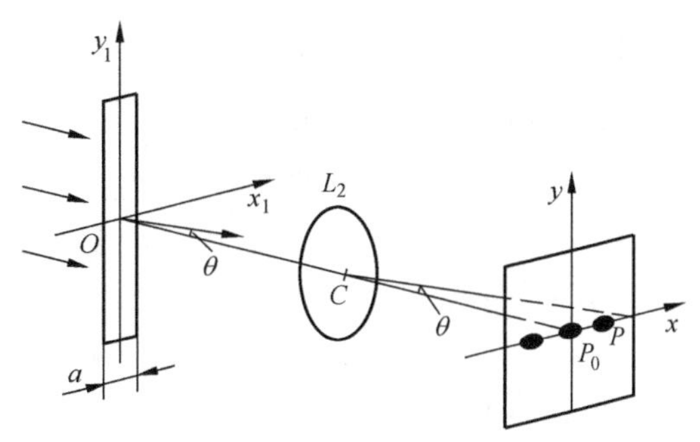

图 11.17 夫琅和费单缝衍射装置

现将图 11.17 中的光源换成线光源(取向与单缝平行)，如图 11.18 所示。

在图 11.18 衍射装置中，观察屏上将得到一些与单缝平行的直线衍射条纹，它们是线光源上各个不相干点光源所产生的衍射图样的综合。

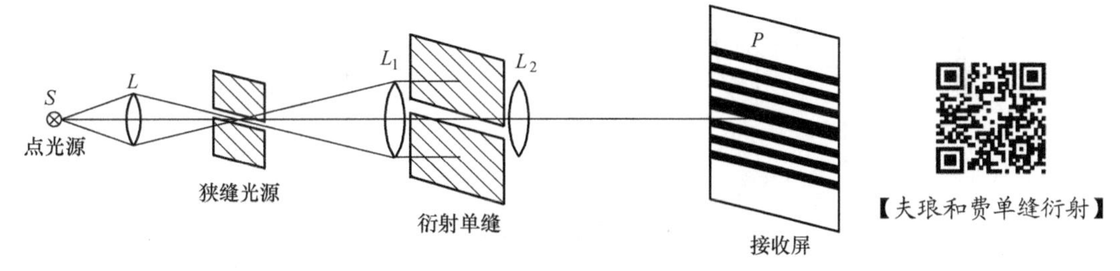

【夫琅和费单缝衍射】

图 11.18 线光源照明的夫琅和费单缝衍射装置

例 11.2 在夫琅和费单缝衍射实验中，若缝宽 a 为 5λ，衍射屏后所放置的透镜焦距 f' 为 400mm，求：

(1) 中央亮纹和第一级亮纹的宽度；

(2) 第一级亮纹的光强和中央亮纹的光强之比。

解 (1) 由公式(11-32)可知，观察屏幕上第一级暗纹和第二级暗纹曲线位置分别为

$$x_1 = \frac{\lambda f'}{a}, \quad x_2 = \frac{2\lambda f'}{a}$$

因此，中央亮纹的宽度为

$$\Delta x_0 = 2x_1 = 2\frac{\lambda f'}{a} = 2 \times \frac{400\lambda}{5\lambda} = 160\text{mm}$$

第一级亮纹的宽度为

$$\Delta x_1 = x_2 - x_1 = \frac{\lambda f'}{a} = \frac{400\lambda}{5\lambda} = 80\text{mm}$$

可见，各级亮纹的宽度为中央亮纹宽度的一半。

(2) 由光强公式(11-34)可得

$$\frac{I_1}{I_0} = \left(\frac{\sin\alpha}{\alpha}\right)^2$$

对于第一级亮纹查表 11.1 可知，$\alpha=1.430\pi$，代入上式

$$\frac{I_1}{I_0} = \left(\frac{\sin\alpha}{\alpha}\right)^2 = \left(\frac{\sin 1.430\pi}{1.430\pi}\right)^2 = 0.047$$

由此可见，第一级亮纹的光强只是中央亮纹光强的 4.7%。

11.3.4 夫琅和费圆孔衍射

夫琅和费圆孔衍射实验装置也采用图11.13所示系统，将衍射孔径换为圆形孔。假设圆孔半径为a，圆孔中心O位于光轴上。由于圆孔的对称性，在计算衍射光强时采用极坐标更为方便，圆孔上的某点Q在直角坐标系下的坐标值为(x_1, y_1)，在极坐标下的坐标值为(r_1, ψ_1)，如图11.19所示。两种坐标系有如下换算关系：

$$x_1 = r_1\cos\psi_1 \quad y_1 = r_1\sin\psi_1$$

同样，将观察屏上任一点P的位置用(r, ψ)表示，其和直角坐标关系为

$$x = r\cos\psi; \quad y = r\sin\psi$$

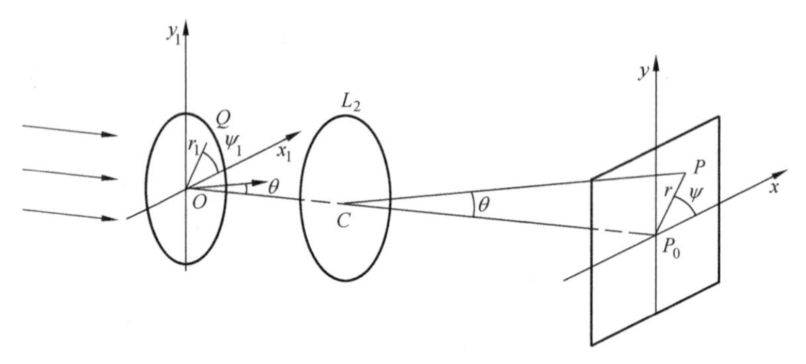

图11.19 计算圆孔衍射光强的极坐标系

计算圆孔衍射时，积分域Σ是圆孔面积，极坐标表示时为

$$d\sigma = r_1 dr_1 d\psi_1$$

又

$$\frac{x}{f'} = \frac{r\cos\psi}{f'} = \theta\cos\psi; \quad \frac{y}{f'} = \frac{r\sin\psi}{f'} = \theta\sin\psi$$

式中，θ为衍射角。把这些相互关系代入式(11-26)，可得P点的复振幅为

$$\begin{aligned}\widetilde{E}(P) &= C\int_0^a\int_0^{2\pi}\exp[-ik(r_1\theta\cos\psi_1\cos\psi + r_1\theta\sin\psi_1\sin\psi)]r_1 dr_1 d\psi \\ &= C\int_0^a\int_0^{2\pi}\exp[-ikr_1\theta\cos(\psi_1 - \psi)]r_1 dr_1 d\psi \end{aligned} \tag{11-35}$$

由于圆对称，所以积分结果与ψ无关，令$\psi=0$。

根据贝塞尔函数性质

$$\frac{1}{2\pi}\int_0^{2\pi}\exp(-ikr_1\theta\cos\psi_1)d\psi_1 = J_0(kr_1\theta)$$

上式为零阶贝塞尔函数，于是式(11-35)可写作

$$\begin{aligned}\widetilde{E}(P) &= 2\pi C\int_0^a J_0(kr_1\theta)r_1 dr_1 = \frac{2\pi C}{(k\theta)^2}\int_0^{ka\theta}(kr_1\theta)J_0(kr_1\theta)d(kr_1\theta) \\ &= \frac{2\pi C}{(k\theta)^2}[kr_1\theta J_1(kr_1\theta)]_{r=0}^{r_1=a} = \pi a^2 C\frac{2J_1(ka\theta)}{ka\theta}\end{aligned} \tag{11-36}$$

式中利用了贝塞尔函数的递推关系：

$$\frac{d}{dZ}[ZJ_1(Z)] = ZJ_0(Z)$$

所以，P 点的光强为

$$I=(\pi a^{2})|C|^{2}\left[\frac{2J_{1}(ka\theta)}{ka\theta}\right]^{2}=I_{0}\left[\frac{2J_{1}(Z)}{Z}\right]^{2} \tag{11-37}$$

式中，$I_0=(\pi a^2)|C|^2$表示观察屏中央点 P_0 的光强；$J_1(Z)$为一阶贝塞尔函数；$Z=ka\theta$。该式即为圆孔衍射光强分布公式。

由式(11－37)可知，观察屏上 P 点的光强与该点所对应的衍射角 θ 有关($\theta=r/f'$)，这样，在 θ(或 r)相等处光强相同，因此圆孔衍射图样是圆环条纹，如图 11.20 所示。光强分布曲线如图 11.21 所示。

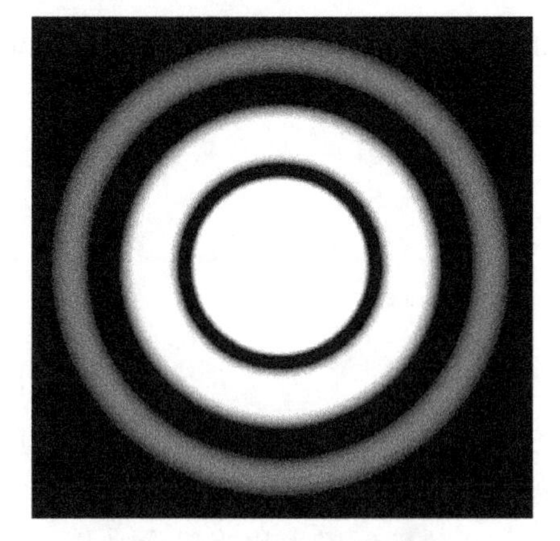

图 11.20 圆孔衍射图样

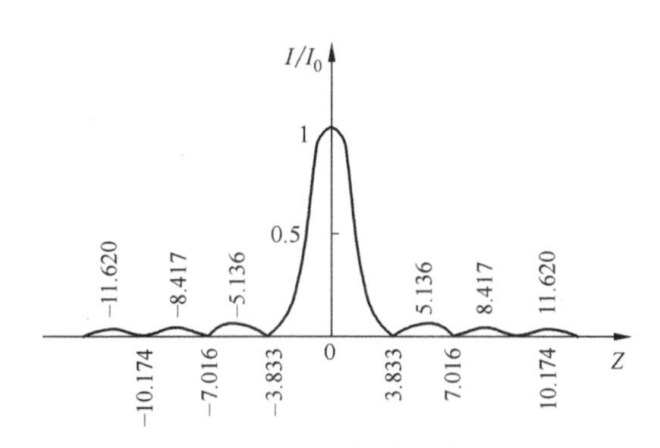

图 11.21 圆孔衍射光强分布曲线

当 $Z=0$ 时(对应于观察屏上的 P_0 点)，$\frac{I}{I_0}=1$，有极大值，即中央极大。

当 Z 满足 $J_1(Z)=0$ 时，$\frac{I}{I_0}=0$，有极小值。这些 Z 值决定了衍射暗环的位置，而在相邻两暗环中间必然还存在次极大，其位置由$\frac{d}{dZ}[ZJ_1(Z)]=-\frac{J_2(Z)}{Z}=0$(或者 $J_2(Z)=0$)来决定。表 11－2 中给出了前几个衍射亮环和暗环所对应的 Z 值和光强。

表 11－2 圆孔衍射光强分布的前几个极大和极小

极大和极小	Z	$\frac{I}{I_0}=\left[\frac{2J_1(Z)}{Z}\right]^2$
中央亮斑	0	1
第一级暗纹	$1.220\pi=3.833$	0
第一级亮纹	$1.635\pi=5.136$	0.0175
第二级暗纹	$2.233\pi=7.016$	0
第二级亮纹	$2.679\pi=8.417$	0.0042
第三级暗纹	$3.238\pi=10.174$	0
第三级亮纹	$3.699\pi=11.620$	0.0016

从图 11.21 和表 11－2 中可以看出，相邻两条亮纹或两条暗纹间的距离并不相等，中央极大的光强远远大于次极大，说明在圆孔衍射中，光能也是主要集中在中央亮斑内，该

亮斑称作艾里(Airy)斑。其半径 r_0 由对应第一个光强为零的 Z 决定

$$Z=\frac{kar_0}{f'}=1.22\pi$$

因此

$$r_0=1.22f'\frac{\lambda}{2a} \tag{11-38}$$

角半径为

$$\theta_0=\frac{r_0}{f'}=\frac{0.61\lambda}{a}$$

此式表明衍射斑的大小与圆孔的半径成反比，而与光波的波长成正比。和矩孔、单缝衍射完全一致。

而对于其他级次的亮暗条纹的半径 r 则可由下式计算得出：

$$r=\frac{Zf'}{ka}=\frac{Z\lambda f'}{2\pi a} \tag{11-39}$$

只需在表 11-2 中查出相应的 Z 值即可。

11.3.5 夫琅和费多缝衍射

夫琅和费多缝衍射装置如图 11.22 所示。光源 S 是位于透镜 L_1 的物方焦平面上且垂直于图面的线光源；衍射屏 G 上多个缝宽为 a 和间距为 d 的狭缝(缝的长度远大于宽度)；由于它能对入射光的振幅进行周期性空间调制，因此，这种衍射屏也称为黑白光栅，d 称作光栅常数，属于振幅型光栅。观察屏位于透镜 L_2 的像方焦平面。假设多缝的方向为 y_1 方向，则在观察屏上可以看到沿 x 方向且平行于 y 方向的亮暗相间的衍射条纹。

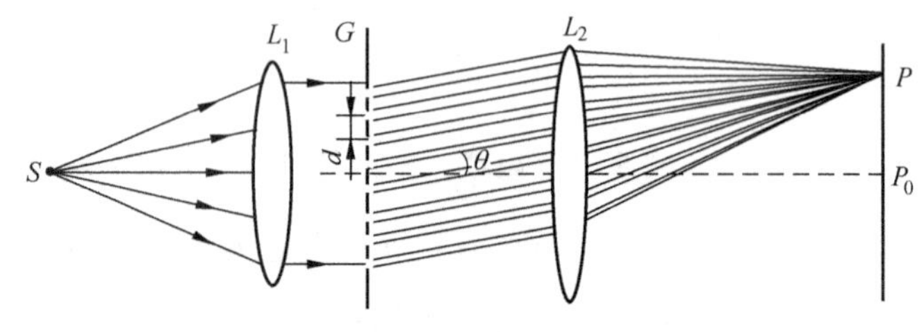

图 11.22　夫琅和费多缝衍射装置

1. 多缝衍射光强分布公式

在图 11.22 中，多缝按照光栅常数 d 把入射光波面分为 N 个部分，每部分成为一个单缝衍射。由于各单缝衍射场的相干性，多缝衍射在观察屏的复振幅就是所有单缝夫琅和费衍射复振幅的叠加。

设最边缘的单缝夫琅和费衍射在观察屏上任意点 P 的复振幅为

$$\widetilde{E}(P)=A\left(\frac{\sin\alpha}{\alpha}\right)$$

式中，A 为常数，且各个单缝在 P 点的衍射光强不变(衍射屏在自身的平面内平移不改变衍射图样的位置和形状，这是夫琅和费衍射的特点之一)。相邻单缝在 P 点产生的相位差为

$$\delta=\frac{2\pi}{\lambda}d\sin\theta \tag{11-40}$$

则 P 的复振幅就是 N 个振幅相同、相邻相位差相等的多光束干涉的结果。

$$\widetilde{E}(P)=A\left(\frac{\sin\alpha}{\alpha}\right)[1+\exp(\mathrm{i}\delta)+\exp(\mathrm{i}2\delta)+\cdots+\exp[\mathrm{i}(N-1)\delta]]$$

$$=A\left(\frac{\sin\alpha}{\alpha}\right)\left(\frac{\sin\frac{N}{2}\delta}{\sin\frac{\delta}{2}}\right)\exp\left[\mathrm{i}(N-1)\frac{\delta}{2}\right]$$

因此 P 的光强即为

$$I(P)=I_0\left(\frac{\sin\alpha}{\alpha}\right)^2\left(\frac{\sin\frac{N}{2}\delta}{\sin\frac{\delta}{2}}\right)^2 \tag{11-41}$$

式中，$I_0=|A|^2$是单缝在 P_0 的光强。

由式(11－41)可知，多缝衍射在观察屏上光强的分布取决于两个因子：单缝衍射因子 $\left(\frac{\sin\alpha}{\alpha}\right)^2$和多光束干涉因子$\left(\frac{\sin\frac{N}{2}\delta}{\sin\frac{\delta}{2}}\right)^2$，揭示出多缝衍射的实质是单缝衍射和多光束干涉两种效应的综合结果。单缝衍射因子由单缝本身的性质(包括缝宽以及单缝范围内引入的振幅和相位的变化)所决定；多光束干涉因子则取决于狭缝的周期性排列，与单缝性质无关。因此，如果有 N 个性质相同的缝(或其他形状)在同一方向做周期性排列，它们的夫琅和费衍射光强分布式中都必然有这个多光束干涉因子。所以，只需把单个衍射孔的衍射因子求出，再乘以多光束干涉因子，即可得到该种孔径的衍射光强分布。

2. 多缝衍射图样

多缝衍射图样中亮纹和暗纹的位置可以通过分析上述两个因子的极大值和极小值条件得出。由多光束干涉因子可知，当

$$\delta=\frac{2\pi}{\lambda}d\sin\theta=2m\pi \quad m=0,\pm1,\pm2,\pm3,\cdots$$

或

$$d\sin\theta=m\lambda \quad m=0,\pm1,\pm2,\pm3,\cdots \tag{11-42}$$

时，P 的光强有极大值，其值为$\left(\frac{\sin\frac{N}{2}\delta}{\sin\frac{\delta}{2}}\right)^2=N^2$并称它们为主极大，$m$ 为主极大的级次，通常称式(11－42)为光栅方程。当 $N\frac{\delta}{2}$为 π 的整数倍，而$\frac{\delta}{2}$不是 π 的整数倍时，即

$$\frac{\delta}{2}=\left(m+\frac{m'}{N}\right)\pi \quad m=0,\pm1,\pm2,\pm3,\cdots \quad m'=1,2,3,\cdots,(N-1)$$

或

$$d\sin\theta=\left(m+\frac{m'}{N}\right)\lambda \quad m=0,\pm1,\pm2,\pm3,\cdots \quad m'=1,2,3,\cdots,(N-1) \tag{11-43}$$

时，P 的光强有极小值，其值为 0。可以看出，在两个相邻主极大之间有 $N-1$ 个零值，

相邻两个零值之间（$\Delta m'=1$）的角距离 $\Delta\theta$，由式（11－43）可得

$$\Delta\theta=\frac{\lambda}{Nd\cos\theta} \tag{11-44}$$

主极大与其相邻的一个零值之间的角距离也是 $\Delta\theta$。因此上式也表示主极大的半角宽度。当 θ 较小时，主极大半角宽度为

$$\Delta\theta\approx\frac{\lambda}{Nd} \tag{11-45}$$

上式表明，缝数 N 越大，主极大的宽度越窄，反映在观察屏上的主极大亮纹越亮也越细。

在相邻两个零值之间也应有一个极大值，它们的光强比主极大弱得多，称作次极大。显然，次极大的宽度也随缝数 N 增大而减小。因此，当 N 很大时，它们将形成衍射图样一个弱光强的背景光。

图 11.23 给出了四缝衍射光强分布曲线。图中上面曲线是对应于四缝的干涉因子的光强分布曲线，中间曲线是单缝衍射因子的光强分布曲线；将两个因子相乘即为下面的四缝衍射光强分布曲线。可见，各级主极大的光强受到单缝衍射因子的调制，各级主极大的光强为

$$I=N^2I_0\left(\frac{\sin\alpha}{\alpha}\right)^2$$

它们是单缝衍射在各级主极大位置产生的光强的 N^2 倍，中央主极大光强为 N^2I_0。

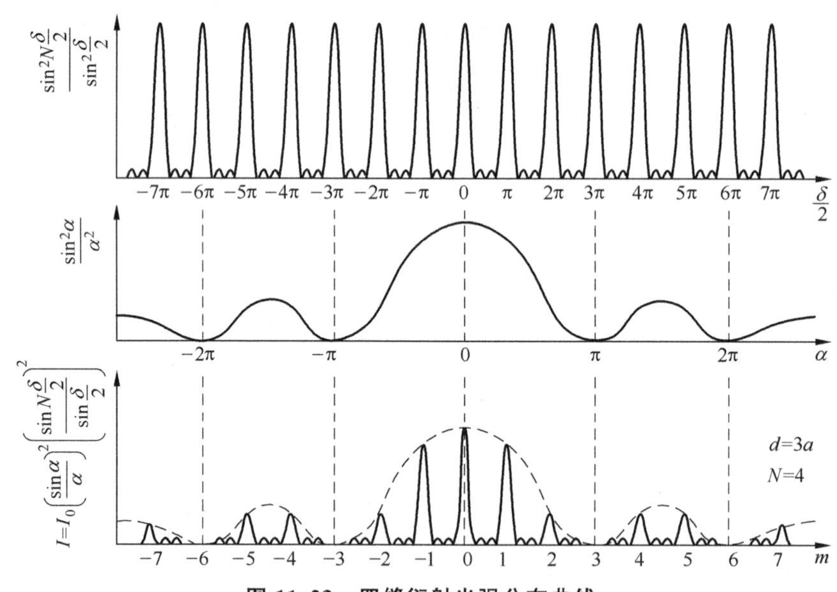

图 11.23　四缝衍射光强分布曲线

值得注意的是，由于多缝衍射光强取决于多光束干涉因子和单缝衍射因子，所以，当干涉因子的主极大值正好与衍射因子的某级极小值重合时，这些主极大值就被调制为零，对应级次的主极大就会消失，把这种现象称作缺级。由于干涉主极大的位置由 $d\sin\theta=m\lambda$ 决定（$m=0$，±1，±2，±3，…），而衍射因子的极小的位置由 $a\sin\theta=n\lambda$ 决定（$n=0$，±1，±2，±3，…），因此，多缝衍射缺级的条件是

$$m=n\left(\frac{d}{a}\right) \tag{11-46}$$

从图 11.23 的 4 缝衍射光强分布曲线上可以看出，由于 d 等于 $3a$，所以 m 等于 $3n$，因此在 m 为 3 的整数倍的地方就会出现缺级，图中的 m 等于 ±3 和 m 等于 ±6。

综上所述，在夫琅和费多缝衍射中，缝间距(光栅常数)d 决定了各级主极大的位置；单缝衍射因子仅仅影响各主极大之间的光强分配。随着缝数 N 增大，衍射图样最显著的变化就是观察屏上的亮纹慢慢变成亮线，如图 11.24 所示。

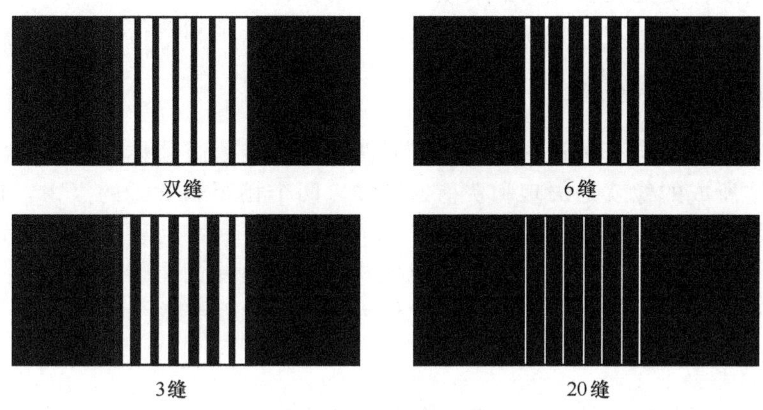

图 11.24 多缝衍射图样

11.4 光学成像系统的衍射和分辨率

11.4.1 光学成像系统的衍射

某成像系统如图 11.25 所示，S 为一点物，L 表示成像系统，S'为 S 经成像系统所成的像，D 为系统的孔径光阑。

假设该成像系统不存在像差，并忽略其衍射作用，则像 S'为点像。若用波动光学来解释这一过程，就是成像系统 L 将点物 S 所发出的发散球面光波变为会聚于 S' 的会聚球面波，由于孔径光阑 D 的存在，将对会聚球面波起到一种限制作用，使得光学系统所成的像 S'是会聚球面波在孔径光阑上的衍射斑。图 11.25 中的孔径光阑面上建立坐标系 x_1Oy_1，在像平面上建立坐标系 $xS'y$，两坐标系的原点 O 和 S'的均位于光轴上。采用菲涅尔近似计算公式，由式(11-9)可得像面上的复振幅分布为

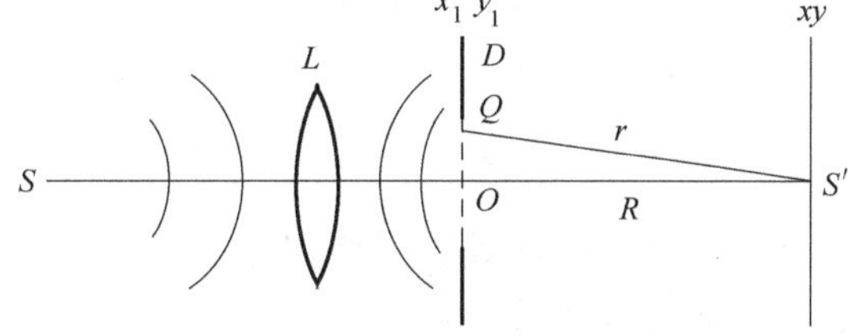

图 11.25 成像系统对近处点物成像

$$\widetilde{E}(x, y) = \frac{\exp(\mathrm{i}kR)}{\mathrm{i}\lambda R}\iint_{\Sigma}\widetilde{E}(x_1, y_1)\exp\left\{\frac{\mathrm{i}k}{2R}\left[(x-x_1)^2+(y-y_1)^2\right]\right\}\mathrm{d}x_1\mathrm{d}y_1 \tag{11-47}$$

由于孔径光阑受会聚球面波照射，在菲涅尔近似下，孔径面上的复振幅为

$$\widetilde{E}(x_1, y_1) = \frac{A}{R}\exp(-\mathrm{i}kR)\exp\left[-\frac{\mathrm{i}k}{2R}(x_1^2+y_1^2)\right]$$

将上式代入式(11-47)可得

$$\widetilde{E}(x, y)=\frac{A'}{\mathrm{i}\lambda R}\exp\left[\frac{\mathrm{i}k}{2R}(x^2+y^2)\right]\iint_{\Sigma}\exp\left[-\mathrm{i}k\left(\frac{x}{R}x_1+\frac{y}{R}y_1\right)\right]\mathrm{d}x_1\mathrm{d}y_1 \quad (11-48)$$

式中，$A'=A/R$ 是入射波在光阑面上的振幅。比较式(11-48)和夫琅和费衍射式(11-26)，积分的指数部分完全一样，仅仅是由 R 代替了 f'。这说明在像面上观察到的近处点物的衍射像也是孔径光阑的夫琅和费衍射图样。

综上所述，成像系统对点物在它像面上所成的像是夫琅和费衍射图样。

11.4.2 光学成像系统的分辨率

光学成像系统的分辨率是指它所能分辨开两个靠近点物或物体细节的能力。在光学成像系统中，点物所成的像就是夫琅和费衍射图样，两个相距非常近的点物，它们的像就可能出现重叠而无法区分，即无法分辨两个点物。那么，到底在何种条件下可以分辨？瑞利判断指出：当一个点物衍射图样的中央主极大与相近的另一点物衍射图样的第一极小重合时，系统恰好可以分辨开两个点物，并以此作为光学成像系统的分辨极限。

1. 眼睛的分辨率

当用眼睛观察远处的物体时，网膜上的像即为自物体发出的光通过眼睛瞳孔而形成的夫琅和费圆孔衍射图样。若此时瞳孔的直径为 d，光在眼内的波长为 λ'，则眼睛的最小分辨角由式(11-39)可得

$$\theta_0=\frac{1.22\lambda'}{d}=\frac{1.22\lambda_0}{nd} \quad (11-49)$$

式中，λ_0 为与 λ' 相对应的光波在真空中的波长；n 为眼睛内的折射率。

对于远处相互靠近的两点物，若其对眼睛的张角 θ_1 大于和等于此式所决定的 θ_0。则人可认出有两个点物，反之则认不出有两个点物，即不能分辨。由于人眼的焦距很小，只有20mm 左右，所以即使在明视距离(眼睛前 250mm)处的物体进行观察也可用上式估计其最小分辨角。如在正常照度(约 50lx)下，人眼瞳孔的直径为 2～3mm，且人眼对波长 $\lambda=555\text{nm}$ 的光线最敏感。由式(11-49)可得，此时人眼的最小分辨角为

$$\theta_1=\frac{1.22\lambda_0}{nd}=\frac{1.22\times 555\times 10^{-6}}{1.336\times 2}\approx 2.5\times 10^{-4}\ (\text{rad})$$

若物体放在明视距离处，则相距为 $250\theta_1\approx 6.3\times 10^{-2}\text{mm}$ 的两点可被分辨开，小于此距离的两物点则不能被分辨。

由眼镜光学系统可知，人眼最小分辨角约为 $1'(2.9\times 10^{-4}\text{rad})$，与上面计算的结果正好相符。而使用瑞利判断的前提条件是无像差系统，这实际上表明了人眼光学系统的成像在瞳孔直径不大于 2mm 时是相当完善的。

2. 望远镜的分辨率

望远镜通常用于观察远处的物体且优质的望远物镜对像差校正的也相当好。若望远镜物镜的通光孔径的直径为 D，根据瑞利判断，望远镜的最小分辨率为

$$\alpha=\theta_0=\frac{1.22\lambda}{D} \quad (11-50)$$

此式表明，望远物镜直径 D 越大，分辨率越高。为了提高天文望远镜的分辨率，其物镜的直径通常都做得很大(现今较先进的光学望远物镜的直径可达 16m)。

3. 照相物镜的分辨率

大多数照相物镜都是用于对距离比其焦距大许多倍的物体成像，例如，一般民用照相物镜的焦距不过5～10cm，而被拍照的物体常是2m以外。这样只要照相物镜的像差已校正到某一允限范围之内，则在感光乳剂面上所得的“像”也同样是由物镜圆通光孔产生的夫琅和费衍射图样。物镜的最小分辨角，可用式(11-50)来计算。但照相机的分辨本领不仅取决于照相物镜的最小分辨角，而且也与所用的感光乳剂的结构和性质有关。这样，虽然照相物镜的通光孔径比眼睛瞳孔大许多倍，然而却不能无条件地说照相机的分辨本领比眼睛的分辨本领好。为充分地利用照相物镜的分辨本领，要求感光乳剂对于相差不多的光强度有足够灵敏的变黑的反应，即有较高的反衬灵敏度。例如，达到眼睛能认出相差为20%的两个光强度的程度。此外，乳剂的结构应该足够的细致，以至于乳剂面上的感光元的大小和相邻两感光元间的距离都小于物镜所产生的艾里斑的直径。当乳剂满足这两方面的要求时，则照相机的分辨本领就只决定于物镜的分辨本领。

孔径为 D 的优良照相物镜，其所能分辨的最靠近的两物点在感光胶片上的距离应为

$$\varepsilon' = f'\theta_0 = 1.22 f' \frac{\lambda}{D}$$

式中，f'为物镜的焦距。通常照相物镜的分辨率以像面上每毫米能分辨的直线数 N 来表示。

$$N = \frac{1}{\varepsilon'} = \frac{1}{1.22\lambda} \frac{D}{f'}$$

如果取 $\lambda = 555\text{nm}$，则 N 可以表示为

$$N \approx 1475 \frac{D}{f'}$$

式中，D/f'为物镜的相对孔径。由此可见，物镜的相对孔径越大其分辨率越高。

4. 显微镜的分辨率

显微镜物镜的成像如图11.26所示。点物 S_1 和 S_2 位于物镜前焦点附近，物镜的孔径为 D，其像分别为远离物镜的 S'_1 和 S'_2，且 S'_1 和 S'_2 为夫琅和费衍射图样。所以，艾里斑半径为

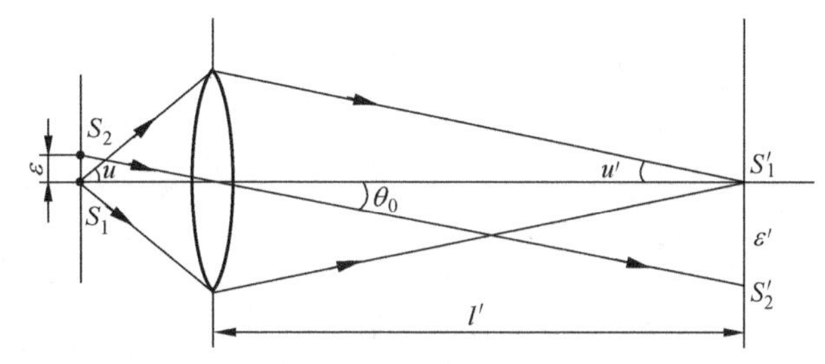

图 11.26 显微镜物镜的成像(忽略符号)

$$r_0 = l'\theta_0 = 1.22 \frac{l'\lambda}{D} \tag{11-51}$$

若两衍射图样的中心 S'_1 和 S'_2 之间的距离 $\varepsilon' = r_0$，根据瑞利判断，两衍射图样正好可以分辨，此时对应两点物 S_1 和 S_2 之间的距离 ε 就是物镜的最小分辨距离，即物镜的分辨率。由于显微镜物镜成像满足阿贝(Abbe)正弦条件

$$n\varepsilon \sin u = n'\varepsilon' \sin u'$$

式中，n 和 n' 分别为物像方空间的折射率。对于显微系统 $n'=1$，且当 $l' \gg D$ 时

$$\sin u' \approx u' = \frac{D}{2l'}$$

把上述分析结果都代入到式(11－51)中，可得

$$\varepsilon = \frac{0.61\lambda}{n\sin u} \tag{11-52}$$

式中，$n\sin u$ 称为物镜的数值孔径，用 NA 表示。

综上，可以采用增大数值孔径或减小波长的方法来提高显微镜的分辨率。增大数值孔径有两种方法：一是减小物镜焦距，以增大物方孔径角 u；二是采用浸液物镜以增大物方折射率(可以增大到 1.5 左右)。减小波长时，如果物体本身不发光，可采用短波长的光照明，如在显微镜照明设备中加上紫色滤光片。现代电子显微镜就是利用电子束的波动性进行成像的，由于电子束的波长(在百万伏的加速电压下电子束的波长可达 10^{-3} nm 数量级)远小于光波波长，因此电子显微镜比一般显微镜的分辨率要提高千倍以上。

11.5 衍射光栅

11.5.1 衍射光栅概述

衍射光栅是利用光的衍射原理使光波发生色散的光学元件，它由大量相互平行、等宽、等距的狭缝(或刻痕)构成。衍射光栅通过有规律的结构，使入射光的振幅或相位(或二者)同时受到空间调制，衍射光栅是非常重要的光学元件，在光学上的最重要应用是作为分光器件，常被用于单色仪和光谱仪。

衍射光栅的夫琅和费衍射图样称作光栅光谱，它是在焦平面上产生的又亮又细的条纹，条纹的位置随着照射波长而改变，因此包含不同成分波长的复色光波经过光栅后，每一波长均形成各自的一套条纹，且彼此相互错开，并以此来区分照明光波的光谱组成，即为光栅的分光作用。

衍射光栅的种类很多，分类方法各不相同。按工作方式可分为平面光栅和凹面光栅；按对光波的调制方式分为振幅型光栅和相位型光栅；按对入射光波调制的空间分为二维平面光栅和三维体积光栅；按光栅的制作方式分为机刻光栅、复制光栅和全息光栅。前面在 11.3.5 小节中所讲述的黑白光栅(多缝衍射)属于振幅型平面光栅。透射光栅是在光学玻璃上刻划出一道道等间距的刻痕，刻痕处不透光，而未刻处则是透光的狭缝；反射光栅是在金属反射镜表面刻划出一道道等间距的刻痕，刻痕上发生漫反射，而未刻处在反射光方向上发生衍射，相当于一组衍射狭缝，如图 11.27 所示。

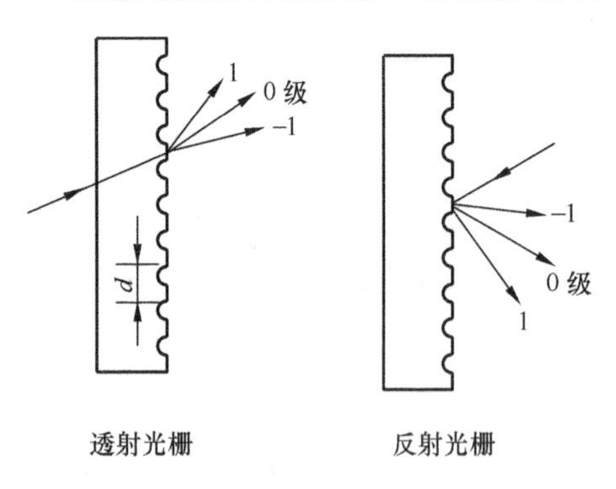

图 11.27 透射光栅和反射光栅

11.5.2 光栅的分光性能

1. 光栅方程

决定主极大位置的式(11－42) $d\sin\theta = m\lambda\ (m=0, \pm 1, \pm 2, \pm 3, \cdots)$ 称为光栅方程，

它是设计和应用光栅的基本公式。此式是正入射时的方程，这时 $\sin\theta$ 不可能大于1，所以可得到的最大衍射级次 m 必然小于 d/λ。级次 m 决定于相邻光束的光程差，在正入射时，因相邻缝上的子波源同位相，最大的光程差不会大于 d。当采用倾斜照明时，设照明平行光与光栅表面法线的倾斜角为 i(见图 11.28)。此时光栅各缝之间引入一个附加的光程差 $d\sin i$，并使在 θ 方向衍射的相临光束的光程差 $\Delta = d\sin i \pm d\sin\theta$。因此，光栅方程的普遍形式为

$$d(\sin i \pm \sin\theta) = m\lambda \quad (m = 0, \pm 1, \pm 2, \pm 3, \cdots) \tag{11-53}$$

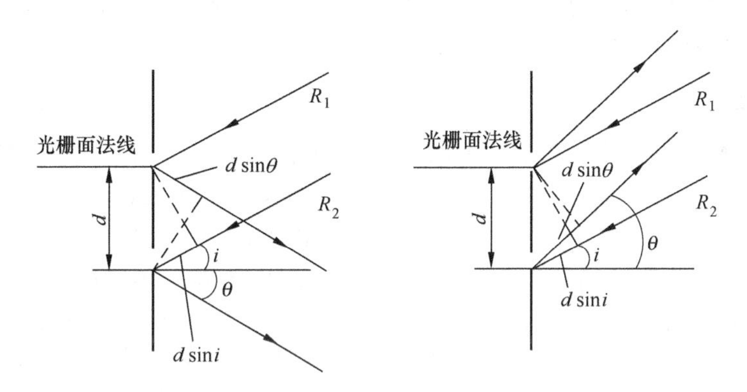

图 11.28　光束斜入射反射光栅上发生的衍射

当衍射光与入射光在光栅面法线的同侧时取正号，异侧取负号。该式同时也适用于透射光栅。此外，倾斜照明时使可能的最高级次提高到 $2d/\lambda$。在光谱仪中常常在倾斜照明下使用光栅。

2. 光栅的色散

由光栅方程可知，除零级外，不同波长 λ 的同一级主极大的衍射角 θ 不同，这种现象称为色散。若用与光栅刻线平行的、含有不同波长的线光源照明光栅，衍射图样中将会在各级次出现各种颜色的亮线，称为光谱线。光栅具有分光能力，可以把光源中不同波长成分在空间分开，如白光经光栅产生的光谱只有零级重合，其他各级均彼此分开，如图 11.29 所示。波长越长衍射谱线间隔越大，谱线级次越高色散也越大，并且存在越级现象。

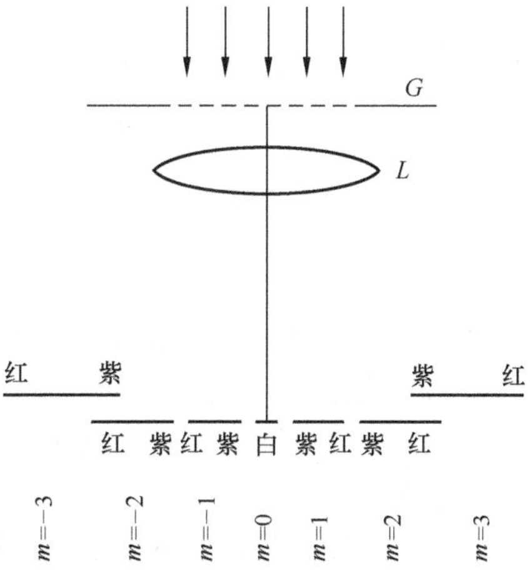

通常用角色散或线色散表示不同波长谱线的分开程度。

单位波长差(波长单位通常用埃，1Å＝0.1nm)的两谱线在空间分开的角度，称为角色散，由光栅方程得

图 11.29　可见光区的光栅光谱

$$\frac{\mathrm{d}\theta}{\mathrm{d}\lambda} = \frac{m}{d\cos\theta} \tag{11-54}$$

此时表明，角色散与光栅常数 d 成反比，与级次 m 成正比

单位波长差的两谱线在观察面上的分开距离，称为线色散。设透镜焦距为 f'，则线色散为

$$\frac{\mathrm{d}l}{\mathrm{d}\lambda}=f'\frac{\mathrm{d}\theta}{\mathrm{d}\lambda}=f'\frac{m}{d\cos\theta} \tag{11-55}$$

色散是光谱仪的一个重要指标。实用光栅光谱仪中，都采用光栅常数 d 很小的密光栅，(例如每毫米 600、1200、1800 及 2400 线对的光栅)。并配以长焦距($f'=1\text{m}$ 以上)透镜来获指较大的线色散。级次 m 可依靠倾斜照明有所提高，但仍然有限，通用 $m<3$。

当观测光谱的角度 θ 不大时，根据式(11－54)，可以近似认为色散与 θ 无关，此时色散是均匀的，这种光谱称为匀排光谱。在测量波长时可进行线性内插，这也是光栅光谱仪优于棱镜光谱仪的特点之一。

3. *光栅的色分辨本领*

光谱的分辨本领是指可分辨两个很靠近的谱线的能力，又称为色分辨本领。通常即使光栅有了很大的色散，也不一定可以分辨两条任意靠近的光谱线，因为还受到谱线半角宽度的限制，如图 11.30 所示。当一条谱线的极大位置正好与另一条谱线的极小相重合时，在两谱线间凹陷处的合成光强为峰值光强的 81%，根据瑞利判断，刚好为人眼所分辨，此时所对应的波长差 $\Delta\lambda$ 为光栅能分辨的最小波长差。因此，光栅的分辨本领定义为

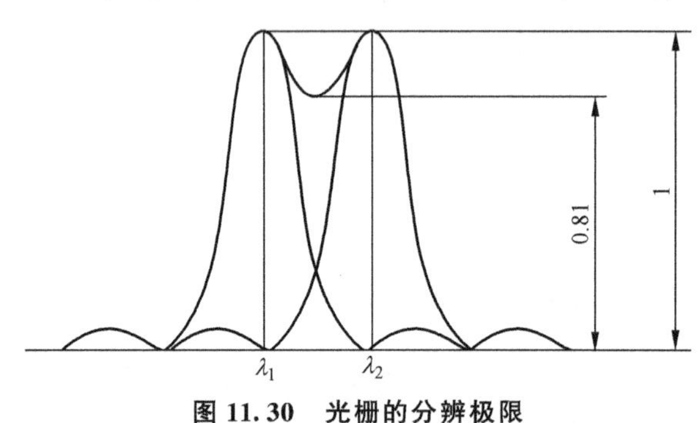

图 11.30　光栅的分辨极限

$$A=\frac{\lambda}{\Delta\lambda}$$

由式(11－44)，谱线的半角宽度为

$$\Delta\theta=\frac{\lambda}{Nd\cos\theta}$$

再根据角色散式(11－54)，与角半宽度 $\Delta\theta$ 对应的波长差为

$$\Delta\lambda=\left(\frac{\mathrm{d}\lambda}{\mathrm{d}\theta}\right)\Delta\theta=\frac{d\cos\theta}{m}\cdot\frac{\lambda}{Nd\cos\theta}=\frac{\lambda}{mN} \tag{11-56}$$

所以，光栅的分辨本领

$$A=\frac{\lambda}{\Delta\lambda}=mN \tag{11-57}$$

与法布里-珀罗干涉仪的分辨本领公式(10－54)有相似的形式。二者相比，光栅是依靠缝数 N 的提高来获得很高的分辨率，而 F－P 则是因 m 很大而得到高分辨率的。F－P 可以较方便地通过增大间隔来增大 m，从而提高分辨率，通常它比光栅高出 1～2 个数量级的分辨率。

式(11－57)表明分辨率与光栅常数 d 无关，这点很容易理解。因为 m 大则色散大，而 N 大则谱线窄，二者共同影响光栅的分辨率。由前文分析可知，光栅常数 d 对色散和谱线宽度正好起了相反的作用，因此并不影响分辨率。

由于光栅表面的质量、刻线间距的均匀性、谱线成像质量以及光源宽度等影响，光栅的实际分辨率都要低于由式(11－57)决定的理论计算值。

通常情况下，d 小 N 大表示光栅精密，但在实际使用时，却不能一味追求刻线密度高的光栅，而应根据所分析的工作波段作出适当选择。如分析的波长 $\lambda=3\mu m$(红外)附近，如果选用每毫米1000线对的光栅，光栅常数 $d=1\mu m$，则 $\lambda/d>1$ 将使得除了 $m=0$ 外，其他任何 θ 都不能满足光栅方程 $d\sin\theta=m\lambda$。在观察屏上除了零级接收不到任何光谱。因此必须选用 $d>\lambda$ 的光栅。当然 d 也不能太大，否则，一级谱线的衍射角太小也不便于测量。由于高级次谱线通常比低级次谱线有较大的角色散，其光谱谱线强度较弱，所以，通常能采用低级次谱线尽量不用高级次谱线。

实际使用光谱仪时，常将谱线记录在照相底片上然后再进行分析，因此就要求仪器的分辨率与底片的分辨率相匹配。这就要求光栅有一定的线色散，若色散过小，仪器可以分辨的两条谱线，在记录底片上也可能无法分辨。总之，角色散、线色散和角分辨率三个光栅性能指标各有所用，彼此不能替代。

例 11.3 现用光栅光谱仪分析波长 $\lambda=900nm$ 附近，相隔约为0.05nm的若干谱线，已知光谱仪的透镜焦距 $f'=800mm$，照相底片的分辨率为每毫米150线对。若底片上记录的一级谱线正好可以分辨，试确定光栅常数 d 和光栅有效宽度 D。

解 光波的波长 λ 和波长间隔 $\Delta\lambda$ 决定了光栅的分辨本领，又因为记录一级谱线，所以，由式(11-57)可得

$$N=A=\frac{\lambda}{\Delta\lambda}=1.8\times10^{4}$$

由于底片的最小分辨距离为 $\Delta l=1/150mm$，透镜焦距 $f'=800mm$，根据式(11-55)可得

$$d=\frac{mf'\Delta\lambda}{\Delta l\cos\theta}\approx\frac{f'\Delta\lambda}{\Delta l}=6\times10^{-3}mm$$

光栅的有效宽度为

$$D=Nd\approx110mm$$

4. 光栅的自由光谱范围

由图11.29可以看出，在可见光区，从2级光谱开始，发生了相邻光谱间的重叠现象，这是因为衍射现象与波长有关的缘故。

当波长 λ 的 $m+1$ 级谱线和波长 $\lambda+\Delta\lambda$ 的 m 级谱线重叠时，波长在 λ 到 $\lambda+\Delta\lambda$ 之间的谱线不会出现重叠。因此，光谱不重叠区的 $\Delta\lambda$ 可由时 $m(\lambda+\Delta\lambda)=(m+1)\lambda$ 确定

$$\Delta\lambda=\frac{\lambda}{m}\tag{11-58}$$

由前分析可知，在衍射光栅中使用的光谱级数 m 一般都很小，所以其自由光谱范围 $\Delta\lambda$ 比较大。这点与F-P形成了鲜明的对比。

11.5.3 闪耀光栅

前面讨论的最简单的黑白型或振幅型光栅，存在一个明显的缺点，即无色散的零级主极大占有总能量的很大一部分，而在光谱分析所使用的较高级次上却只有很小的光强。造成这种光强分布的原因在于，单缝衍射因子的中央主极大与多缝干涉因子的零级主极大正好重合。这一缺点可以用相位型光栅来解决。相位型光栅是指光栅各部分均匀透明(或均匀反射)，但其光学厚度(几何厚度或折射率)有规则变化而使相位得到空间周期性的调制。

通常在光谱仪中采用的闪耀光栅就是一种相位光栅。

闪耀光栅的基本设计思想是，在每个单缝处给入射波面引入一个附加的相位变化，从而使单缝衍射因子所产生的中央主极大偏离多缝干涉因子的零级主极大，并与所要求的某一级次的主极大重合。

透射振幅型光栅和反射型光栅如图 11.27 所示。这两种光栅对光栅刻槽的均匀性要求非常高，这就对光栅刻划机、刻划工艺和环境条件提出了非常严格的要求，因而采用此方法制作的光栅(母光栅)价格昂贵，一般不直接使用在仪器上，实际上，大量使用的是从母光栅上模拟下来的复制光栅。

反射闪耀光栅的刻槽形状如图 11.31(a)所示。在玻璃平板或以玻璃为基底的金属膜层上，用金刚石刀在其上刻划出一系列锯齿状槽面，槽面与光栅平面的夹角，即槽面法线与光栅面法线之间的夹角 γ，称为闪耀角。下面以反射闪耀光栅说明闪耀光栅的衍射特点。

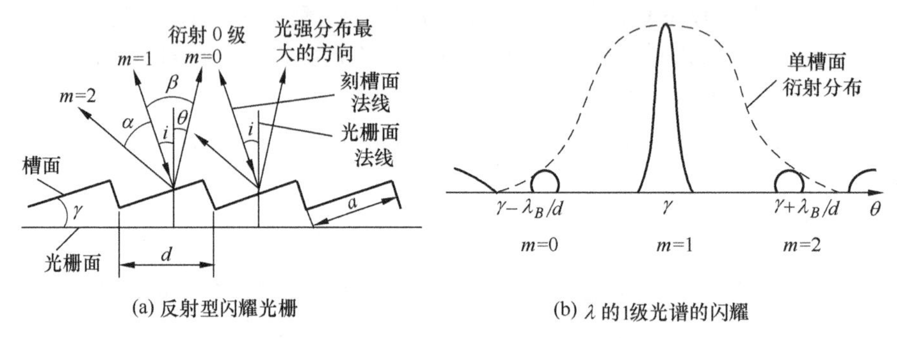

(a) 反射型闪耀光栅　　(b) λ 的1级光谱的闪耀

图 11.31　闪耀光栅及 λ_B 的 1 级光谱的闪耀

当入射光垂直于光栅刻槽面(光谱仪中称为自准直入射)时，单个刻槽表面衍射的中央主极大的方向对应于入射光的反方向(刻槽面的几何光学的反射方向)，而对光栅平面，入射光以角度 $i=\gamma$ 入射，刻槽面间干涉各级主极大则有光栅方程来确定，即

$$\Delta = d(\sin i + \sin\theta) = m\lambda \tag{11-59}$$

$$2d\sin\gamma = m\lambda \tag{11-60}$$

由于衍射光的方向与入射光的方向在光栅面同侧，所以光栅方程中取正号。式(11－60)表示单个刻槽面衍射的中央主极大与刻槽面间干涉的 m 级主极大(即 m 级谱线)重合的条件。当 $m=1$ 时，入射光波长为 λ_B

$$2d\sin\gamma = \lambda_B \tag{11-61}$$

则波长为 λ_B 的 1 级光谱获得闪耀，并获得最大光强。波长 λ_B 称为 1 级闪耀波长。由于闪耀光栅的槽面宽度 $a\approx d$，所以波长 λ_B 的其他级次的光谱都几乎和单个槽面衍射的极小位置重合，使得这些级次的光谱强度很小，即大部分能量(80%以上)集中于 1 级光谱上，如图 11.31(b)所示，其他光谱所占能量极少。

式(11－61)表明，对波长 λ_B 的 1 级光谱闪耀的光栅，也对 $\lambda_B/2$ 与 $\lambda_B/3$ 的 2 级和 3 级光谱闪耀。在实际使用时，根据 λ_B 确定 γ，由于中央衍射有一定的宽度，所以闪耀波长附近的谱线也有相当大的强度，因而闪耀光栅可用于一定波长的范围。

11.5.4　阶梯光栅

这种光栅由许多等厚玻璃(或石英)平板叠在一起，并在一端错开相同距离形成阶梯

状，由于入射光波在各处经历不同玻璃厚度，使相位受到调制而产生衍射。其作用是通过阶梯增大光程差。阶梯光栅分为透射式阶梯光栅和反射式阶梯光栅。

1. 透射式阶梯光栅

透射式阶梯光栅的结构如图 11.32(a)所示。

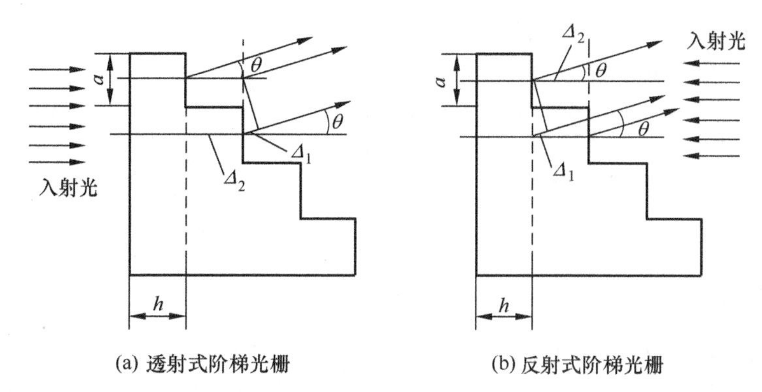

(a) 透射式阶梯光栅　　(b) 反射式阶梯光栅

图 11.32　阶梯光栅

在透射式阶梯光栅中，光程差由两部分组成，偏转 θ 产生的光程差 Δ_1 为

$$\Delta_1 = a\sin\theta = a\theta$$

而玻璃厚度所产生的光程差 Δ_2 为

$$\Delta_2 = h(n-1)$$

透射式阶梯光栅总的光程差为

$$\Delta = \Delta_1 + \Delta_2 = h(n-1) + a\theta$$

所以，透射式阶梯光栅的光栅方程为

$$h(n-1) + a\theta = m\lambda \tag{11-62}$$

由上可知，透射式阶梯光栅大大地增加了光程差，从而使得光谱的级次 m 得到极大提高，有效地提高了光栅的分辨本领。

2. 反射式阶梯光栅

反射式阶梯光栅的结构如图 11.32(b)所示。

在反射式阶梯光栅中，光程差由两部分组成，偏转 θ 产生的光程差 Δ_1 为

$$\Delta_1 = a\sin\theta = a\theta$$

而玻璃厚度所产生的光程差 Δ_2 为

$$\Delta_2 = 2h$$

反射式阶梯光栅总的光程差为

$$\Delta = \Delta_2 - \Delta_1 = 2h - a\theta$$

所以，反射式阶梯光栅的光栅方程为

$$2h - a\theta = m\lambda \tag{11-63}$$

同样，反射式阶梯光栅也可以获得很高的光栅的分辨本领。

例 11.4　某阶梯光栅有 20 个阶梯，已知厚度 $h=10\text{mm}$，折射率 $n=1.5$，入射光波波长 $\lambda=500\text{nm}$，分别求出透射光和反射光在法线方向上的衍射级次和分辨本领。

解　(1) 透射光在法线方向上的衍射级次和分辨本领。

由式(11－62)可得衍射级次为

$$m=\frac{(n-1)h}{\lambda}=\frac{(1.5-1)\times 10\times 10^{-3}}{500\times 10^{-9}}=10^4$$

由式(11－57)可得分辨本领为

$$A=mN=10^4\times 20=2\times 10^5$$

(2) 反射光在法线方向上的衍射级次和分辨本领

由式(11－63)可得衍射级次为

$$m=\frac{2h}{\lambda}=\frac{2\times 10\times 10^{-3}}{500\times 10^{-9}}=4\times 10^4$$

由式(11－57)可得分辨本领为

$$A=mN=4\times 10^4\times 20=8\times 10^5$$

11.5.5 计量光栅

光栅常数相差不大的两块光栅叠合在一起，并使光栅的栅线成一定夹角，便组成一块计量光栅。在光的照射下，计量光栅上可以视察到一种明暗相间、等间隔分布的条纹，称为莫尔条纹，如图 11.33 所示，故又称为莫尔光栅。当计量光栅的两块光栅沿垂直栅线的方向作相对移动时，莫尔条纹随之作相应移动，但条纹间距不变。改变两光栅栅线之间的夹角，莫尔条纹随夹角的增大而变密，利用光电转换技术，把莫尔条纹中亮暗变化的光信号转换成电脉冲信号，再通过数字显示，可以测量出两块光栅的相对移动量或相对转动量。该计量技术常称为计量光栅技术或莫尔条纹技术。这种技术已在长度(角度)计量、速度、加速度以及振动测量等方面获得广泛应用。

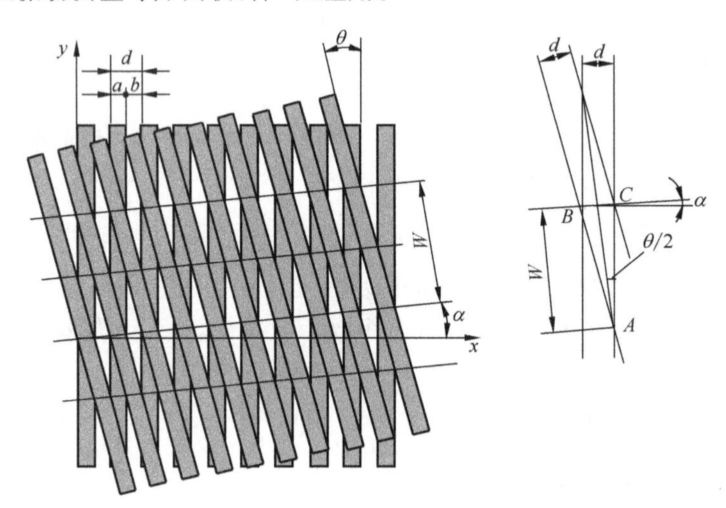

图 11.33 计量光栅

计量光栅大多是用粗光栅组合而成。粗光栅每毫米的刻线数一般在 100 条以下，因而光栅常数较大。解释计量光栅上的莫尔条纹时，可以不必考虑光的衍射效应，用几何光学理论即可得到和实验结果相符的结论。在如图 11.33 中，当两块光栅的栅线以 θ 角相互重叠时，两块光栅的透光部分的相互重叠形成明纹，一块光栅的透光部分与另一块光栅的不透光部分的重叠而形成暗纹，从而出现明暗相间的莫尔条纹。若两块光栅的光栅常数 d 相同，莫尔条纹则垂直于两光栅栅线夹角 θ 的角平分线，当 θ 角很小时，莫尔条纹近似垂直

于光栅栅线。莫尔条纹相邻交叉点之间的距离定义为莫尔条纹的宽度，用 W 表示。由图 11.33 的几何关系

$$W=\frac{d}{2\sin\frac{\theta}{2}}\approx\frac{d}{\theta} \tag{11-64}$$

上式表明，莫尔条纹的宽度 W(也称节距)与光栅常数 d(也称栅距)和两光栅栅线之间的夹角 θ 有关。当光栅常数 d 给定时，栅线夹角 θ 越小，莫尔条纹就越宽。因此，调整两光栅栅线的夹角 θ，可以得到所需宽度的莫尔条纹。

当一块光栅沿其自身平面相对另一块光栅向右移动时，莫尔条纹向上作相应移动，两者的移动方向垂直。光栅每移动一个栅距 d，莫尔条纹便相应移动一个节距 W，条纹处便产生一次亮暗交替的变化。因此，测出光栅上某一固定条纹的亮暗变化的次数 N，即可以计算出两光栅相对移动的距离 Nd，这就是莫尔条纹技术测量位移的基本原理。

利用莫尔条纹技术作精密测量，有如下特征：

(1) 由式(11-64)可知，尽管光栅常数 d 很小，但适当调整两栅线的夹角 θ，就可以得到较宽的莫尔条纹，在测量上起到放大作用。例如，某计量光栅的光栅常数 $d=0.02\text{mm}$，两栅线的夹角 $\theta=0.01\text{rad}$，由式(11-64)可得 $W=2\text{mm}$，这相当于对被测量放大了 100 倍做测量，因而既便于测量，又可提高测量精度。

(2) 莫尔条纹技术便于和光电技术相结合，对长度(位移)、角度及其他相应量进行自动计数测量，实现数字化显示和记录。

(3) 在莫尔条纹技术中，由于光电元件接收的不只是固定一处的条纹，而是一定长度范围内刻线产生的条纹，这对光栅在加工时产生的刻线误差起到了一个平均作用，它降低了刻线的局部质量误差对测量精度造成的直接影响，有可能得到比光栅刻线更高的测量精度。

鉴于以上特征，目前很多计量仪器(如万能工具显微镜、投影仪)以及机床加工中都广泛应用了莫尔条纹技术，该技术已在长度测量、角度测量、坐标测量、齿轮检验、速度和加速度测量、振动测量等方面得到了广泛应用，大大提升了计量过程自动化水平。

11.6 衍射技术在工程中的应用

11.6.1 微孔直径测量

用夫琅和费圆孔衍射可以对微孔直径作精密测量。根据圆孔衍射的各级亮(暗)环的半径公式(11-39)可得第 m 级条纹的直径为

$$x_m=2r=\frac{Zf'}{ka}=\frac{Z\lambda f'}{\pi a}=\frac{2Z\lambda f'}{\pi D}$$

式中，D 为微小圆孔的直径。所以微孔直径为

$$D=\frac{2Z\lambda f'}{\pi x_m} \tag{11-65}$$

实验中只要测量微孔的夫琅和费衍射图样中第 m 级亮(暗)环的直径 x_m，由表 11-2 查出该级亮(暗)环所对应的系数 Z，已知光波波长 λ 和透镜焦距 f' 值，代入式(11-65)，即可算出微孔的直径 D。

例如，已知入射光波波长 $\lambda=0.6328\mu m$，透镜焦距 $f'=500mm$，若实验测得第三环的暗纹直径为 $x_3=10.25mm$。并从表 11－2 中查出，第三环时 $Z=3.238\pi$，将上述数据代入式(11－65)可得微孔直径为

$$D=\frac{2Z\lambda f'}{\pi x_m}=\frac{2\times 3.238\pi\times 0.6328\times 10^{-3}\times 500}{\pi\times 10.25}=0.1999(\text{mm})$$

对于衍射法测量微孔直径的精度可对式(11－65)两边分别对 D 和 x_m 作微分求得，即

$$dD=\frac{D}{x_m}dx_m \quad 或 \quad dx_m=\frac{x_m}{D}dD$$

式中省略了负号。由于 $x_m\gg D$，所以 $\frac{x_m}{D}\gg 1$，即圆孔直径 D 的微小变化，会引起衍射环直径 x_m 较大变化。利用上述例子数据，可得

$$dx_m=51.28dD$$

上式表明，衍射法测量微孔直径，相当于把微孔的直径的变化放大了 50 多倍进行测量。实验中若使用测微目镜，x_m 的测量精度可达 0.01mm，则微孔直径的测量精度可达 $0.2\mu m$。可见，用圆孔衍射法测量微孔直径，可以达到很高的灵敏度和测量精度，而且孔径越小，测量精度就越高。通常，直径在 0.5mm 以下的微孔，用圆孔衍射法测量，可以得到比较可信的测量结果。

11.6.2 细狭缝宽(细丝直径)测量

在计量工程中，以单狭缝形式出现并需要测量的情况比较少见。但可以把需要测量位移的对象和一个标准的直边相联系，用另一个标准的不动的直边和被测对象一起形成单缝。这样，单缝宽度的变化即反映被测位移的大小。也就是，可以把单缝作为一种传感器，用它不仅可以测量位移的变化，还可以测量其他参数，如微振动、热膨胀、材料变形等。

下面导出这种测量所依据的原理公式。由单缝衍射暗纹间距公式 $e=\frac{\lambda f'}{a}$，相对中央明纹对称的第 m 级暗纹之间的距离为

$$x_m=\frac{2m\lambda}{a}f'$$

可得缝宽 a 的测量原理公式

$$a=\frac{2m\lambda}{x_m}f' \tag{11-66}$$

实验装置一旦确定，光波波长 λ 和透镜焦距 f' 即为已知，只需测量某 m 级暗纹的距离 x_m，然后把已知数据代入式(11－66)，即可算出缝宽 a，继而推算出被测量的大小。若采用亮纹测量，则 m 值由表 11－1 查出即可。

上述方法的测量精度，可对式(11－66)两边分别对 a 和 x_m 作微分求得，即

$$da=\frac{a}{x_m}dx_m \quad 或 \quad dx_m=\frac{x_m}{a}da$$

式中省略了负号。由于 $x_m\gg a$，所以 $\frac{x_m}{a}\gg 1$，即缝宽 a 的微小变化，会引起衍射条纹距离 x_m 较大变化。例如，已知入射光波波长 $\lambda=0.6328\mu m$，透镜焦距 $f'=500mm$，若实验测得第 3 级的两暗纹间距离为 $x_3=10.25mm$。又 $m=3$，都代入式(11－66)，可得缝

宽为

$$a=\frac{2m\lambda}{x_m}f'=\frac{2\times3\times0.6328\times10^{-3}}{10.25}\times500\text{mm}=0.185\text{mm}$$

$$\mathrm{d}a=\frac{0.185}{10.25}\mathrm{d}x_m=\frac{1}{55}\mathrm{d}x_m$$

若 x_m 的测量精度 $\mathrm{d}x_m=0.1\text{mm}$，则缝宽 a 的测量精度为

$$\mathrm{d}a=\frac{1}{55}\mathrm{d}x_m=\frac{0.1}{55}\text{mm}=0.0018\text{mm}$$

由此可见，一个狭窄的单缝，由于衍射效应可得到比缝宽大得多的衍射图样，而衍射条纹的位置又与缝宽 a 有关，因此，通过对衍射条纹位置的测量，可间接测量出缝宽以及与缝宽相关的其他参量，从而得到较高的测量精度和灵敏度。

单缝衍射测量法若与光电技术相结合，可对诸如位移、振动等参量作自动测量。以测量微弱振动为例，如图 11.34 所示，让待测振动体 A 和一直边刚性连接，再与和振动无关的另一固定直边形成单缝。测量时，让振动方向和缝宽同向。在此装置中，由于振动体 A 的微振动，使缝宽出现周期性的改变，屏幕上某处也随之出现周期性的亮暗变化。当位于该处的光电接收器 Q_1、Q_2 接收到光信号的这种周期性变化时，信号变化的幅度即同步地反映出微振动振幅的变化幅度，再通过某种显示装置把它显示出来。

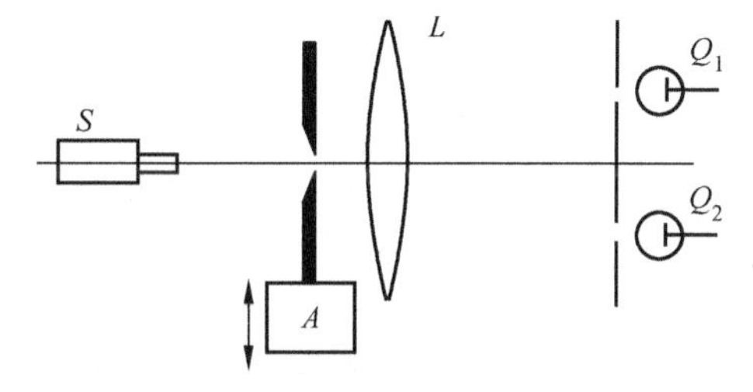

图 11.34　衍射法测量微弱振动

根据衍射互补原理，可以用于测量单缝缝宽的方法同样适合于测量细丝直径，用此法测量细丝直径，不但可以获得很高的测量精度，而且可以实现非接触测量。

衍射法测量缝宽或细丝直径，缝宽和细丝的直径越小，测量精度就越高。所以，衍射法一般多用于测量 0.1mm 以下的缝宽与丝径。

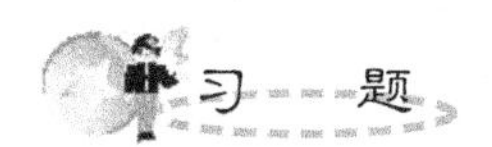

习　题

11-1　一台显微镜的数值孔径 $NA=0.9$，试确定：(1)显微镜的最小分辨距离是多少？(2)利用浸液物镜使数值孔径增大到 1.5，利用紫色滤光片使波长减小为 400nm，其分辨本领提高了多少倍？(3)若按(2)中获得的分辨本领，则显微镜的放大率至少设计为多大？

11-2　波长为 500nm 的平行光垂直照射在宽度为 0.025mm 的单缝上，以焦距为 500mm 的会聚透镜将衍射光聚焦于焦面上进行观察，试求：(1)单缝衍射中央亮纹的半宽度为多少？(2)第一亮纹和第二亮纹到衍射场中心的距离分别是多少？(3)假设衍射场中心的光强为 I_0，第一亮纹和第二亮纹的强度又是多少？

11-3　在双缝夫琅和费衍射实验中，所用光波的波长为 600nm，透镜焦距为 500mm。观察到两相邻亮条纹之间的距离为 1.5mm，并且第 4 级亮纹缺级。试求：(1)双缝的缝距和缝宽各是多少？(2)第一，二，三级亮纹的相对强度各为多少？(3)若 $d=10a$，第一，二，三级亮纹的相对强度又各为多少？这个结果说明了什么？

11-4　钠黄光包含589.6nm和589nm两种波长，问要在光栅的一级光谱中分开这两种波长的谱线，光栅至少应有多少条缝？

11-5　波长范围从390nm到780nm的白光垂直入射到每毫米600条缝的光栅上。(1)求白光第一级光谱的角宽度。(2)白光的第二级光谱和第三级光谱是否会重叠？说明原因。

11-6　一块闪耀光栅宽260mm，每毫米有300个刻槽，闪耀角为$77°12'$。(1)求光束垂直槽面入射时，对波长500nm的光的分辨本领；(2)光栅的自由光谱范围有多大？

11-7　某阶梯光栅由20块玻璃板叠成。玻璃板厚度为10mm，玻璃折射率为1.5，阶梯高度0.1mm。以波长500nm的单色光垂直照射，试计算：(1)入射光方向上干涉主极大的级数；(2)光栅的角色散和分辨本领(假定折射率几乎不随波长变化)。

第12章 光的偏振

知识要点	掌握程度	相关知识
光的偏振	了解偏振的概念； 掌握偏振光的而产生方法； 掌握马吕斯定律	光波的直线传播； 晶体光学
偏振器件	了解常用偏振器件结构原理及孔径角限制； 掌握光束通过波片后的偏振态的变化； 了解波片的常用制作材料； 了解补偿器的原理	晶体； 波的偏振态
偏振光	掌握偏振光描述方法； 了解偏振光的旋向的判断； 掌握偏振光通过波片后偏振态的结果计算	波的叠加； 圆及椭圆方程； 波片波长的关系
偏振光的干涉	了解偏振光的干涉现象； 掌握偏振光的干涉的计算； 掌握白光干涉计算方法； 了解会聚偏振光的干涉装置及计算方法； 了解偏振光应用	光的叠加； 光的干涉； 应力计算

导入案例

偏振的原理在科技生产中有着广泛而重要的应用。光在晶体中的传播与偏振现象密切相关，利用偏振现象可了解晶体的光学特性，制造用于测量的光学器件，以及提供诸如岩矿鉴定、光测弹性及激光调制等技术手段。

生活中光的偏振现象也应用广泛，如在拍摄日落时的水面、池中的游鱼、玻璃橱窗里的陈列物等景像时，由于反射光的干扰，常使景像不清楚，如果在照相机镜头前装一片偏振滤光片，让它的透振方向与反射光的偏振方向垂直，就可以减弱反射光而使图像清晰。因此照相技术中常用于消除不必要的反射光或散射光，如图 12.0 所示以一个塑料饭盒为例子，偏振后的效果非常明显。

另外如立体电影、偏光太阳镜等也是光的偏振的典型应用。

【偏振镜使用前后对比】

【反射光的干扰】

(a) 未加偏振镜的效果

(b) 加偏振镜后的效果

图 12.0　导入案例图

光的干涉和衍射现象表明光是一种波动，但这些现象还不能说明光是纵波还是横波。若为纵波，在光的传播方向上就不可能出现任何不对称性；若是横波，在垂直于波的传播方向上将有可能出现光振动的不对称性，光的偏振现象恰恰证明光是横波。光的偏振现象所显示出的光的横波性，和光的电磁理论完全一致的。本章主要讨论和分析有关偏振的一些实验事实和基本理论、光在界面反射中的偏振现象和光通过各向异性晶体中出现双折射时的偏振现象，并给出常用晶体光学元件，最后简要讨论晶体的电光效应。

12.1　偏振光概述

12.1.1　光的横波性

横波与纵波的传播是完全不同的。例如，在波的传播方向上，如果放置一个狭缝，如图 12.1 所示。对横波来说，当缝长方向与质点的振动方向平行时如图 12.1(a)所示，横波可以穿过狭缝，继续向前传播；但当缝长方向与振动方向垂直如图 12.1(b)所示，横波就不能穿过。对纵波来说，无论缝的方向如何都能穿过如图 12.1(c)所示。振动方向对于传播方向的不对称性称作偏振，它是横波区别于纵波的一个最明显的标志，只有横波才有偏振现象。

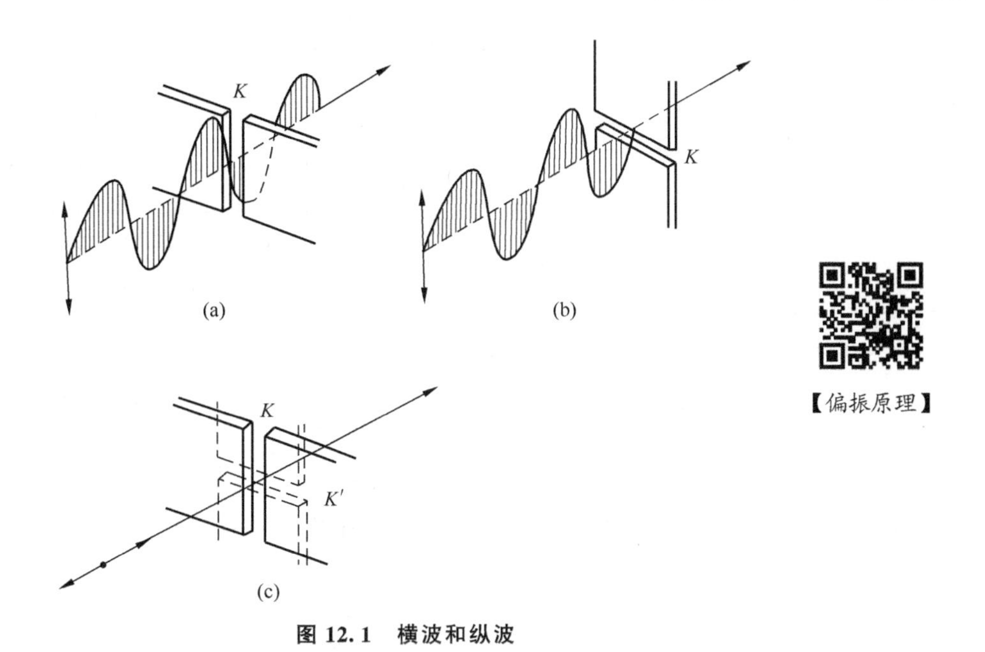

(a) (b) (c)

图 12.1　横波和纵波

光波是电磁波，光波的传播方向就是电磁波的传播方向，光波中应含有电振动矢量 $\boldsymbol{E}$ 和磁振动矢量 $\boldsymbol{H}$，$\boldsymbol{E}$ 和 $\boldsymbol{H}$ 都与传播速度 V 垂直，因此光波是横波。

事实证明，产生感光和其他许多作用的是光波中的电矢量 $\boldsymbol{E}$，所以讨论光的作用时，只需考虑电矢量 $\boldsymbol{E}$ 的振动，$\boldsymbol{E}$ 称为光矢量，$\boldsymbol{E}$ 的振动称为光振动。

既然光是横波，而且具有偏振性，但是通常光源发出的光却无法直接显示出偏振现象，其原因就在于光源发光是由大量的分子和原子在发光。而每个分子或原子发光时，光振动的方向和初相位大多不相同并且紊乱无规地变化着。如果迎着光传播的方向看去，一束光里光矢量的振动应该在垂直于光线的平面内的所有方向，如果没有一个方向上的振动占优势，如图 12.2(a)所示，这就是自然光。

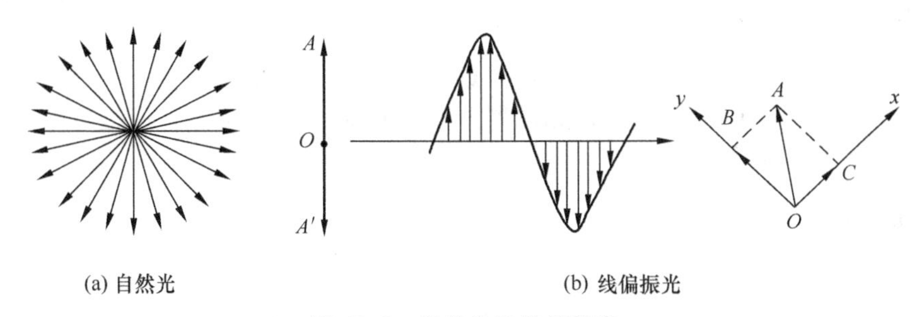

(a) 自然光　　(b) 线偏振光

图 12.2　自然光和线偏振光

自然光经由物质吸收、反射或折射后，有时只剩下某一个方向的光振动。所剩下的只沿着一个方向振动的光称作线偏振光。沿着线偏振光传播的方向看去，各点的光振动都在同一平面内，如图 12.2(b)所示，故线偏振光也称平面偏振光。线偏振光的光矢量 OA，可以按平行四边形法则在垂直于传播方向的平面内可分解为两个相互垂直的分振动，即图 12.2(b)中的 OB 和 OC。如果其中一个分振动在传播过程中完全受到阻挡，另一个与之垂直的分振动可以继续传播。

上述分解的法则也可以运用于自然光的每一个光振动上，它们分解为两个相互垂直方向振幅恰好相等的振动，可用图 12.3(a)、(b)表示光线传播方向与光振动方向的关系。图 12.3(a)表示沿着光线传播路径上的，两个相互垂直的光矢量分量，图 12.3(b)是迎着光线传播方向看，两个相互垂直的光矢量。而线偏振光光矢量的振动方向与光线传播方向间的关系，如图 12.3(c)、(d)或图 12.3(e)、(f)所示。

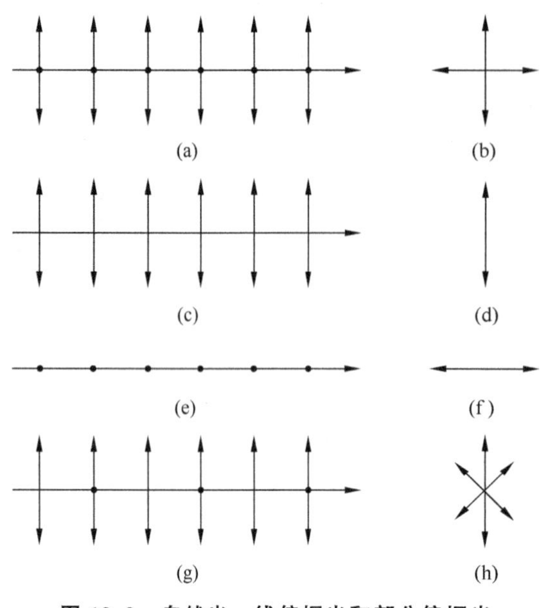

图 12.3　自然光、线偏振光和部分偏振光

上面讲述的偏振光都是指仅有一个振动方向的偏振光，而实际遇到的偏振光往往达不到这样的程度，大多是除了一个特别显著(占优势)的振动方向以外，还同时兼有一些其他振动方向的成分，如图 12.3(g)、(h)所示。这种偏振光称作部分偏振光。

光矢量和光的传播方向所构成的平面称为偏振光的振动面。

设部分偏振光振动占优势的方向的光强为 $I_{\max}$，与其振动方向相垂直的处于劣势的振动光强为 $I_{\min}$，用下式来度量偏振的程度，并称 P 为偏振度。

$$P=\frac{I_{\max}-I_{\min}}{I_{\max}+I_{\min}} \tag{12-1}$$

显然，当 $I_{\min}=0$ 时，$P=1$ 是完全线偏振光；当 $I_{\min}=I_{\max}$ 时，$P=0$ 是自然光；而当 $I_{\min}\neq 0$ 时，$P<1$ 则是部分偏振光。且偏振度越大，其光束的偏振程度越高。

12.1.2　偏振光的产生方法

一般光源发出的光不是偏振光，需要通过一定的途径或方法来得到线偏振光。获取偏振光的过程称做起偏，而把获得偏振光的器件称为起偏器或偏振器。通过下述几种方法可以从自然光获取线偏振光。

1. 反射及折射产生线偏振光

自然光照射到玻璃、油漆、水面等介质表面上反射时，反射光和折射光都是部分偏振光。如图 12.4 所示，当自然光由折射率为 n_1 的介质以入射角为 i_1 照射到折射率为 n_2 的介质表面，其折射角为 i_2。调节入射自然光的投射方向，改变入射角的大小时得到一个特殊的位置，此时反射光线恰好垂直于折射光线，而此时反射光成为线偏振光，其振动面垂直于入射面，透射光为部分线偏振光。设此时对应的入射

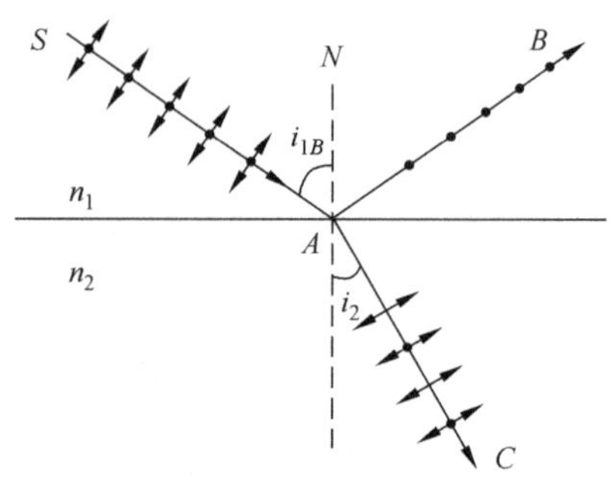

图 12.4　自然光在介质表面的反射和折射

角为 i_{1B}，由于反射光线与折射光线垂直，因此

$$i_{1B}+i_2=90°$$

根据上式和折射定律可得

$$n_1\sin i_{1B}=n_2\sin i_2=n_2\cos i_{1B}$$

所以

$$\tan i_{1B}=\frac{n_2}{n_1}$$

即入射角为

$$i_{1B}=\arctan\left(\frac{n_2}{n_1}\right) \tag{12-2}$$

上述规律是布儒斯特在1812年发现的，因此称为布儒斯特定律。由式(12－2)所决定的入射角称作布儒斯特角或起偏角。

当只用一块玻璃片，使自然光沿布儒斯特角 $i_{1B}=56°19'$入射，反射光就是线偏振光。但是它的强度太小(约为入射光的7.5%)，实用价值不大，透射光强度虽然大些，但其中的垂直振动仍嫌过强。若采用一些薄玻璃片叠放起来成为所谓“玻璃片堆”，各界面上的入射角都为布儒斯特角，所以每次反射部位透射光中的垂直振动被削弱。当玻璃片足够多(图12.5)时，最后的出射光就是线偏振光。

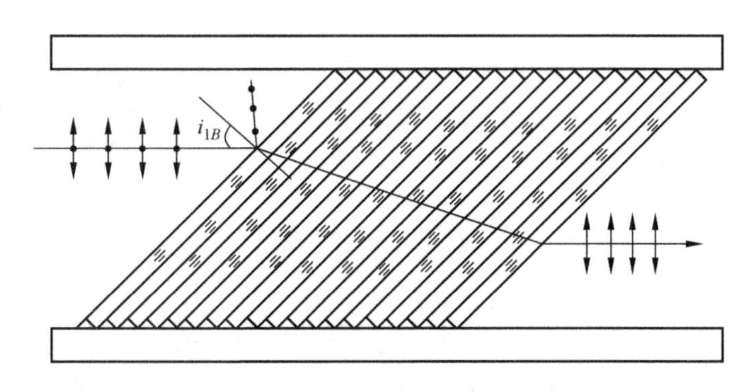

图12.5 “玻璃片堆”产生线偏振光

根据玻璃片堆制成的非常有用的一种光学器件称作偏振分光镜，如图12.6(a)所示。将一立方棱镜沿对角面切开，在两个切面上交替镀上高折射率膜层(如ZnS)和低折射率膜

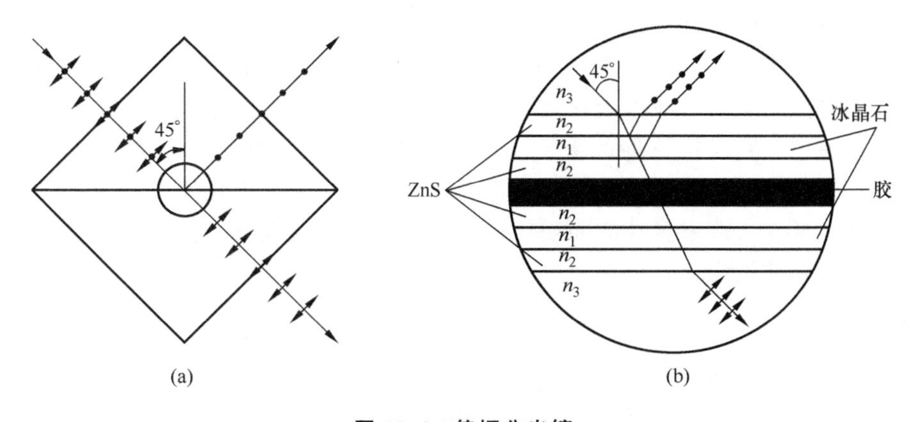

图12.6 偏振分光镜

层(如冰晶石)，再胶合成立方棱镜。棱镜中的高折射率膜层相当于图 12.5 中的玻璃片，低折射率膜层则相当于玻璃间的空气夹层，膜层放大图如图 12.6(b)所示。为使透射光获得最大的偏振度，应合适选择膜层的折射率，并使光线在膜层界面上的入射角等于布儒斯特角。

2. 二向色性产生偏振光

所谓二向色性是指某些各向异性晶体对于光的吸收本领除了随波长改变外，还随光矢量相对晶体的方位而变化。这种材料的晶体内部有一个特殊方向，称为主轴或光轴，是由它的原子配置决定的。入射光波的电矢量垂直于主轴时，被强烈地吸收，晶体越厚，吸收越完全。如图 12.7 所示。在天然晶体中，电气石具有很强的二向色性，当自然光入射时，1mm 厚的电气石几乎将一个方向振动的光全部吸收掉，使透射光成为振动方向与该方向垂直的线偏振光，并且由于选择吸收，而使出射光呈蓝色。

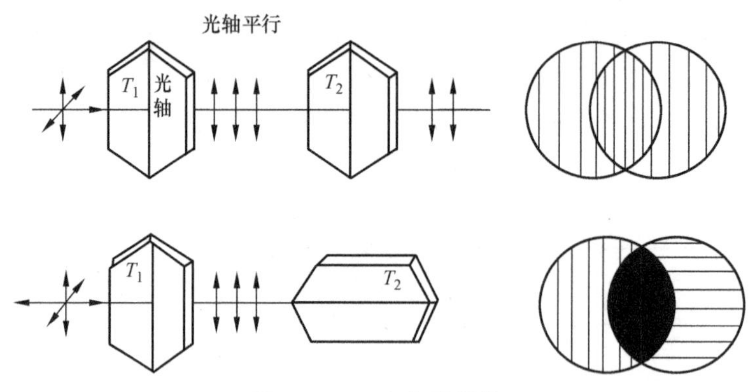

图 12.7 二向色性晶体

此外，一些各向同性介质在受到外界作用时也会产生各向异性，并具有二向色性。利用这一特性获取偏振光的器件称作人造偏振片。常用的人造偏振片分为 H 型和 K 型两种。H 型偏振片的人造偏振器是把聚乙烯醇薄膜浸泡在碘溶液中，从而形成碘链，然后在较高温度下拉伸成 4～5 倍，再烘干制成。拉伸的作用是使碘-聚乙烯醇分子形成的碘链沿拉伸方向规则排列成一条条导电的长碘链。当光入射时，由于碘中的传导电子能够沿着长链运动，因此入射光波中平行于长链方向的电场分量驱动链中电子，对电子做功而被强烈吸收；而垂直于长链方向的分量不对电子做功而透过，这样得到的透射光成为线偏振光，其光矢量垂直于拉伸方向。H 型偏振片在整个可见光范围内偏振度可达 98%，但透明度低，在最佳波段上自然光入射时最大透射比为 42%，且对各色可见光有选择吸收。K 型偏振片可用于高温环境中。它是把拉伸的聚乙烯醇薄膜在氯化氢催化剂中加热脱水并定型制成的，同样具有极强的二向色性，且光化学性稳定，在强光照射下也不会褪色，但膜片略微变黑，透明度较低。人造偏振片的面积可以做得很大，厚度很薄，并且造价低廉，因而尽管透射率较低且随波长变化，仍获得广泛的应用。

3. 双折射晶体产生偏振光

当一束单色光在各向同性介质(如玻璃和空气)的界面折射时，折射光线只有一束，遵守折射定律。但是，当一束单色光在某种晶体的界面折射时，却可以产生两束折射光线，这种现象称为双折射。比如，方解石晶体和石英晶体等一般都会产生双折射现象。

方解石又名冰洲石，化学成分为碳酸钙($CaCO_3$)。天然方解石的外形为平行六面体(图 12.8)，每个表面都是锐角为 78°8′、钝角为 101°52′的平行四边形。六面体共有八个顶角，其中两个顶角由三面钝角组成，称为钝隅，其余六个顶角均由一个钝角和两个锐角组成。通过钝隅的直线就是光轴方向。

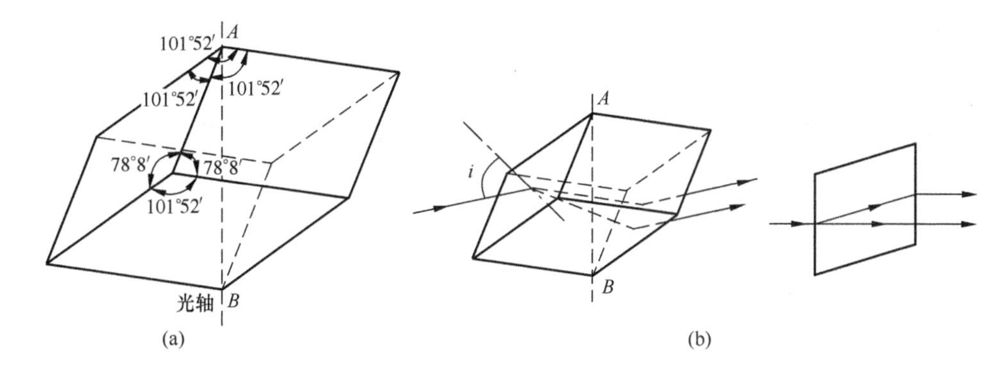

图 12.8 双折射晶体产生偏振光

如果有一细光束投射到方解石晶体上，折射后在方解石内分为两个传播方向不同的光束。如果方解石足够厚，这两光束出射后就会在空间上完全分开。两者的出射方向均与入射方向平行，如图 12.9 所示。即使入射光束垂直地照射到晶体的天然界面上，也就是说 $i=0$ 时，折射光也会被分为两束光线。其中的一束光线的折射角为零，满足折射定律；而另一束的折射角则不为零。具体来讲，对于双折射产生的两束光线，不论入射角的大小如何改变，有一束折射光线始终遵守折射定律，把这束光线称为“寻常光”，用符号 o 来表示；另外一束折射光线不满足折射定律，被称为“非常光”，用符号 e 表示。o 光和 e 光在晶体内部具有不同的折射角，所以两者就有不同的折射率。实验证明，不论入射光线的方向如何改变，寻常光的折射率是不变的，而非常光的折射率则与入射光线的方向有关。由于折射率决定了光的传播速度，因此寻常光在晶体中所有方向具有相同的传播速度，非常光在晶体中不同方向的传播速度是不同的。

实验研究表明，在方解石晶体内部存在有一确定的方向，沿着这个方向，o 光和 e 光具有相同的折射率和相同的传播速度。如图 12.8 中的 AB 两点的连线方向，将该方向称为晶体的光轴。任何与该方向平行的直线，均可以作为光轴(该光轴与几何光学中光轴的概念不同)。显然，当光束沿光轴方向传播时，将不会发生双折射现象。

方解石晶体只有一个方向不产生双折射，因此光轴方向只有一个，通常称该类晶体为单轴晶体。除了方解石外，常见的单轴晶体还有石英、红宝石、铌酸锂、碘酸锂、磷酸二氢氨(ADP)、磷酸二氢钾(KDP)等。还有一些晶体，有两个光轴，其方向互成一定的角度，这类晶体称为双轴晶体，如蓝宝石、云母、铌酸钡钠等。

由光轴与晶体中任一已知光线构成的平面称为该光线(o 光或 e 光)在晶体中传播时的主平面。对于单轴晶体，通常情况下，o 光主平面和 e 光主平面是不会重合，任意两主平面的交线就是光轴。若光线在光轴和晶体表面法线组成的平面内入射，则 o 光和 e 光均在该平面内，该平面即为晶体的主截面。实际应用中均选择入射面与主截面重合，以期研究的双折射现象时有所简化。如果方解石天然晶体的各条棱长度相等，则通过组成钝隅的任一条棱的对角面即为其主截面。方解石天然晶体的主截面为与晶面成夹角为 79°53′和 109°7′的平行四边形。

当用检偏器来检验 o 光和 e 光的偏振状态时可以发现，o 光和 e 光都是线偏振光。且 o 光的光矢量与 o 光主平面垂立，即与光轴垂直；e 光的光矢量在 e 光主平面内，因而与光轴的夹角随着传播方向而变化。

12.1.3 马吕斯定律

一束自然光通过上述偏振元件都能产生线偏振光，出射线偏振光的光矢量的振动方位由偏振器决定，把偏振器允许透过的光矢量的方向称为偏振器的透光轴。如果两个偏振元件 P_1 和 P_2 按图 12.9 放置，前者 P_1 用来产生偏振光(起偏器)，后者用来检验偏振光(检偏器)。当它们相对转动时，透射光强随着两偏振片透光轴的夹角 θ 而变化。当两个偏振片的透光轴相互垂直时，透射光强为零。假设通过起偏器产生的线偏振光的振幅为 E，则该偏振光的光强为 $I_0=E^2$。线偏振光的振幅 E 可以分解为 $E\cos\theta$ 和 $E\sin\theta$ 两个互相垂直的分量，其中 $E\cos\theta$ 分量平行于检偏器的透光轴，而 $E\sin\theta$ 分量则垂直于该透光轴，故两个分量中只有 $E\cos\theta$ 分量才能通过检偏器，因此光电探测器检测到的光强为

$$I = (E\cos\theta)^2 = I_0\cos^2\theta \tag{12-3}$$

上式称为马吕斯定律。

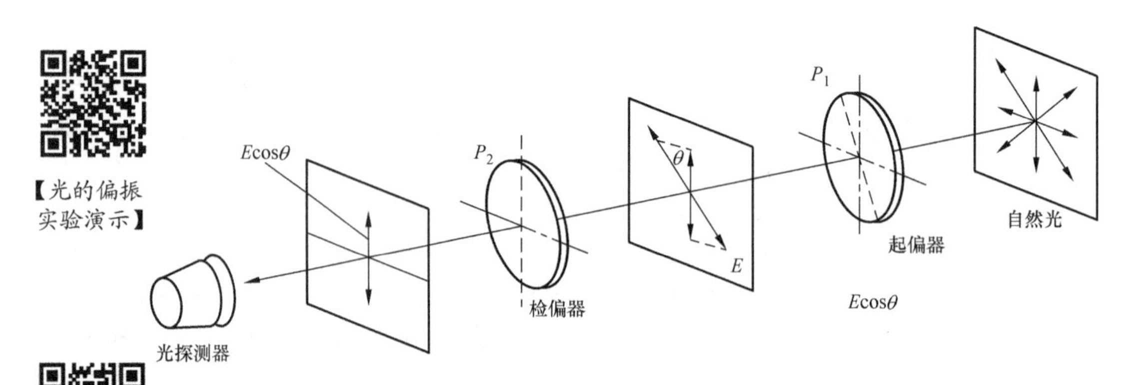

图 12.9　马吕斯定律

【马吕斯定律】

由马吕斯定律可知，当两偏振器透光轴平行($\theta=0$)时，透射光强最大($I=I_0$)；当两偏振器透光轴互相垂直($\theta=90°$)时，如果偏振器是理想的，则透射光强最小($I=0$)，没有光从检偏器出射，称此时检偏器处于消光位置，同时说明从起偏器出射的光是完全线偏振光；当两偏振器相对转动时，随着 θ 的变化，可以连续改变透射光强。因此按此安置两偏振器时也可用作连续可调的减光装置。

实际的偏振器件往往并不都是理想的，自然光通过起偏器后得到的不是完全的线偏振光，而是部分偏振光。即使两个偏振器的透光轴相互垂直，透射光强也不可能为零。当它们相对转动时，最小透射光强与最大透射光强之比称为偏振器的消光比。人造偏振片的消光比约为 10^{-3}。消光比和最大透射比(透过的最大光强与入射光强之比)是衡量偏振器件性能的重要参数。消光比越小，最大透射比越大，说明偏振器件的质量越好。

12.2 晶体偏振器件

各种偏振棱镜都是基于晶体的双折射性质，下面介绍几种常用的偏振器件。

12.2.1 偏振起偏棱镜

1. 尼科耳棱镜

尼科耳棱镜的制法大致如图 12.10 所示。取一块长度约为宽度三倍的优质方解石晶体，将两端磨去约 3°，使其主截面的角度由 70°53′变为 68°，然后将晶体沿着 $ABCD$ 切开，$ABCD$ 面垂直于主截面及两端面，把切开面磨成光学平面，再用加拿大树胶胶合起来，并将周围涂黑，就成为尼科耳棱镜。

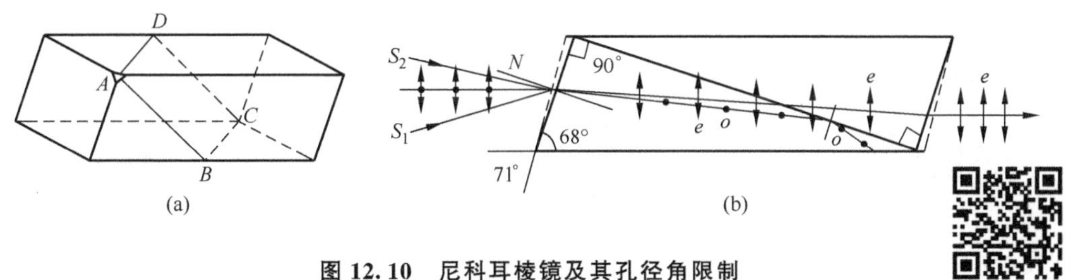

图 12.10 尼科耳棱镜及其孔径角限制

【尼克尔棱镜】

加拿大树胶是一种各向同性的物质，它的折射率 n_B 比寻常光的折射率小，但比非常光的折射率要大。例如，对于 $\lambda=589.3\text{nm}$ 的钠黄光来说，$n_o=1.6584$，$n_B=1.55$，$n_e=1.5159$，因此，o 光和 e 光在胶合层反射的情况是不同的。对于 o 光来说，它是由光密介质(方解石)射到光疏介质(胶层)，在这个条件下有可能发生全反射。发生全反射的临界角为

$$i_m=\arcsin\frac{n_B}{n_o}=\arcsin\frac{1.55}{1.6584}\approx 69^\circ$$

当自然光沿棱镜的纵长方向入射时，入射角 $i=22^\circ$，o 光的折射角 $i'=13^\circ$，因此在胶层的入射角约为 77°，比临界角大，就发生全反射，被棱镜壁全部吸收。对于 e 光来说，由于 $n_e<n_B$，所以不发生全反射，可以透过胶层从棱镜的另一端射出。显然，所透出的偏振光的光矢量与入射面平行。

尼科耳棱镜的孔径角约为±14°。如图 12.10(b)所示，当入射光在 S_1 一侧超过 14°时，o 光在胶层上的入射角就小于临界角，不发生全反射；当入射光 S_2 一侧超过 14°时，由于 e 光的折射率增大而与 o 光同时发生全反射，结果没有光从棱镜射出。因此尼科耳棱镜不适用于高度会聚或发散的光束。另外，晶莹纯粹的方解石天然晶体都比较小，制成的尼科耳棱镜的有效使用截面都很小，价格却十分昂贵。但由于它对可见光的透明度很高，并且能产生完善的线偏振光，所以尽管有上述缺点，对于可见的平行光束(特别是激光)来说，尼科耳棱镜仍然是一种比较优良的偏振器。

2. 格兰-汤姆逊(Glan - Thompson)棱镜

尼科耳棱镜的出射光束与入射光线不在同一条直线上，在仪器上使用时会带来很大不便。例如，当尼科耳棱镜作为检偏器绕光的传播方向旋转时，出射光束也随之转动形成一个圆环，而发生相对位置的改变。格兰棱镜是为改进尼科耳棱镜这个缺点而设计的。

格兰-汤姆逊棱镜由两块方解石直角棱镜沿斜面相对胶合而成，光轴取向垂直于图面并相互平行，如图 12.11 所示。当光垂直于棱镜端面入射时，o 光和 e 光均不发生偏折，它们在斜面上的入射角就等于棱镜斜面与直角面的夹角 θ。制作时应使胶合剂的折射率 n_g 大于并接近非常光的折射率但小于寻常光折射率，并选取 θ 角大于 o 光在胶合面上的临界角。这样，o 光在胶合面上将发生全反射，并被棱镜直角面上的涂层吸收；而 e 光由于折射率几乎不变而无偏折地从棱镜出射。

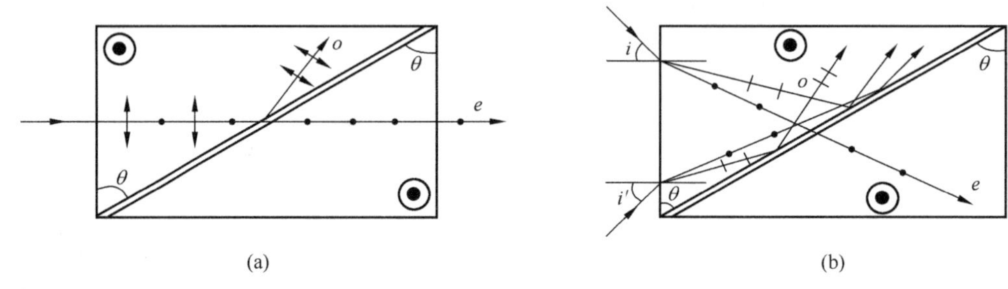

图 12.11 格兰-汤姆逊棱镜及其孔径角限制

当入射光束不是平行光或平行光非正入射偏振棱镜时，棱镜的全偏振角或孔径角受到限制。如图 12.11(b)所示，当上偏角 i 大于某一值时，光在胶合面上的入射角将会小于临界角，导致 o 光不发生全反射而部分地透过棱镜。当下偏角 i' 大于某值时，由于 e 光折射率增大而与 o 光均发生全反射，结果没有光从棱镜射出。因此这种棱镜不宜用于高度会聚或发散的光束。对于给定的晶体，孔径角与使用波段、胶合剂折射率和棱镜底角有关。例如，对于 $\lambda=589.3\text{nm}$ 的钠黄光，方解石的 $n_o=1.6584$，$n_e=1.5159$，加拿大树胶的 $n_B=1.55$。在方解石和树胶界面上 o 光的临界角为 69°，若选取棱镜的底角 $\theta=73°$（大于 69°），则由 $\tan\theta=3.27$，可定出棱镜的长宽比为 3.27∶1，求得相应的孔径角约为 13°；若选 $\theta=81°$，则棱镜长宽比为 6.31∶1，孔径角接近 40°。表明较大的孔径角须以增加棱镜材料为代价。若方解石棱镜改用甘油($n_B=1.474$，近紫外波段也透明)胶合，对于 He - Ne 激光，在大致相同的棱镜长宽比($\tan\theta=\tan72.9°=3.25$)时，可获得孔径角约为 32°。

3. 格兰-付科(Glan - Foucault)棱镜

将格兰-汤姆逊棱镜中的加拿大树胶用空气薄层代替，成为格兰-付科棱镜。这种棱镜适用于紫外波段，并能承受强光照射，避免了树胶强烈吸收紫光的缺点。但它的孔径角不大，对于 $\lambda=632.8\text{nm}$ 的激光，棱镜长宽比为 0.83 时，其孔径角约为 8°，透射率也不高。图 12.12 中给出的两种制造方式，其光的透射率有很大不同。在图 12.12(a)中透射光为垂直于入射面的振动分量，由于反射率大于透射率，透射光强下降，从棱镜出射的光只有入射光的约 0.56 倍。若取图 12.12(b)的形式，其透射光为平行于入射面振动分量，反射损失小，可以获得透射比在 0.86 左右。目前较多采用该种形式。

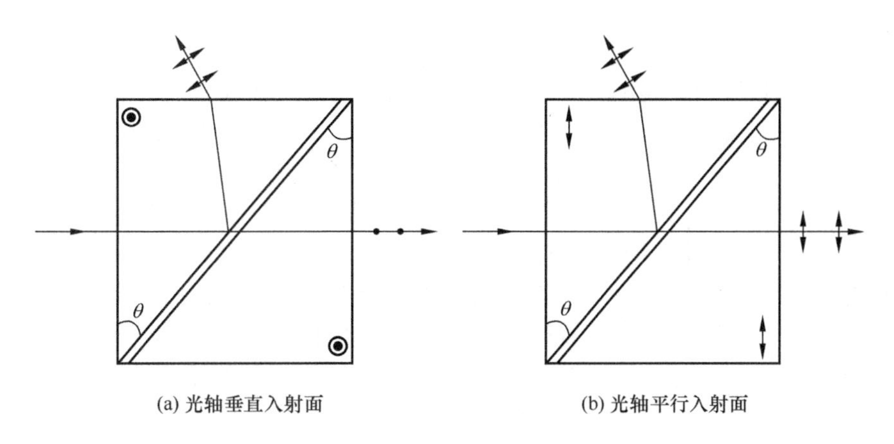

(a) 光轴垂直入射面　　(b) 光轴平行入射面

图 12.12　格兰-付科棱镜

12.2.2　偏振分束棱镜

偏振分束棱镜利用晶体的双折射现象，以及光的折射角与光振动方向有关的原理，改变振动方向互相垂直的两束线偏振光的传播方向，从而获得两束分开的线偏振光。偏振分束棱镜故也称为双像棱镜，常用于偏振光干涉系统中，大多用在比较振动方向互相垂直的两束线偏振光强度的光度学测量中，也可用作起偏器。偏振分束棱镜一般采用方解石或石英为材料，两半棱镜光轴取向互相垂直。

1. 渥拉斯顿(Wollaston)棱镜

渥拉斯顿棱镜能产生两束相互分开的、光矢量互相垂直的线偏振光，如图 12.13 所示。它由两块直角方解石棱镜胶合成的。这两个直角棱镜的光轴互相垂直，又都平行于各自的表面。

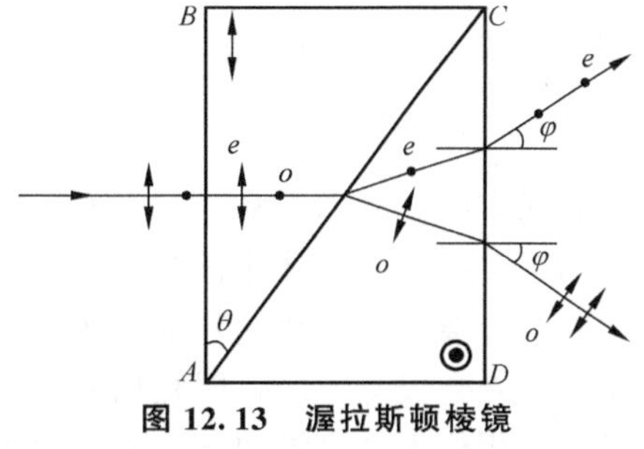

图 12.13　渥拉斯顿棱镜

当一束很细的自然光垂直地入射到 AB 面上时，由第一块棱镜产生的 o 光和 e 光不分开，但以不同的速度前进。由于第二块棱镜的光轴相对于第一块棱镜转过 90°，因此在界面 AC 处，o 光和 e 光发生了转化。光矢量垂直于图面的偏振光在第一块棱镜里面是 o 光，传播到第二块棱镜时就变成 e 光，由于方解石的 n_o 大于 n_e，这束光在通过界面时是从光密介质进入光疏介质，因此将远出界面法线方向传播；而光矢量平行于图面的那束光，在第一块棱镜里面是 e 光，传播到第二块棱镜里就变成了 o 光。因此它通过界面时是从光疏介质进入光密介质，将靠近法线传播。这样，从渥拉斯顿棱镜射出的是两束有一定夹角的光矢量相互垂直的线偏振光。当棱镜顶角 θ 不很大时，这两束光基本上是对称地分开，应用折射定律得出它们与出射面法线的夹角大约为

$$\varphi = \arcsin[(n_o - n_e)\tan\theta] \tag{12-4}$$

制造渥拉斯顿棱镜的材料也可以采用水晶。水晶比方解石容易加工成更完善的光学平学平面，但经棱镜所分出的两束光的夹角要小得多。

2. 洛匈(Rochon)棱镜

图 12.14 所示是洛匈棱镜的一种。当平行自然光垂直入射棱镜时，光在第一块棱镜中沿着光轴方向传播，因此不产生双折射，o 光和 e 光都以 o 光速度沿同一方向行进。进入第二块棱镜后，由于光轴转过 90°，所以平行于图面振动的 e 光在第二块棱镜中变为 o 光，这束光在两块棱镜中速度不变，故无偏折地射出棱镜；光矢量垂直于图面 o 光传播到第二块棱镜时就变成 e 光，由于石英的 n_o 小于 n_e，因而在斜面上折射光线偏向法线，最后得到两束分开的振动方向互相垂直的线偏振光。

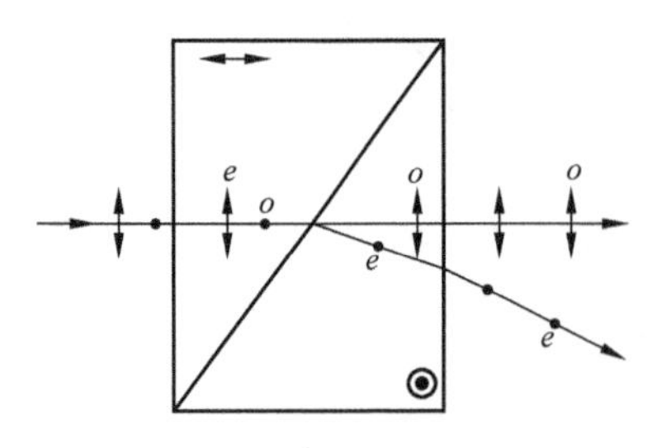

图 12.14　洛匈棱镜(石英)

洛匈棱镜只允许光从左方射入棱镜。这种棱镜能使 o 光无偏折地出射，因此白光入射时，能得到无色散的线偏振光(把另一束光挡掉)，这是非常有利的。洛匈棱镜也可用方解石制成，或者用玻璃-晶体制成。

12.2.3　波片

波片也称为相位延迟器，可使偏振光的两个互相垂直的线偏振光之间产生一个相对的相位延迟，从而改变光的偏振态。在偏振技术中有着重要作用。

波片是透明晶体制成的平行平面薄片，其光轴与表面平行。当一束线偏振光垂直入射到由单轴晶体制成的波片时，在波片中分解成沿原方向传播但振动方向互相垂直的 o 光和 e 光，相应的折射率为 n_o、n_e。由于两光在晶片中的速度不同，当通过厚度为 d 的晶片后产生的光程差为

$$\Delta = (n_o - n_e) \cdot d \tag{12-5}$$

相应的相位差(相位延迟量)为

$$\delta = \frac{2\pi}{\lambda}(n_o - n_e) \cdot d \tag{12-6}$$

这样，两束振动方向互相垂直且有一定相位差的线偏振光相叠加，一般得到椭圆偏振光。

通常情况下把晶体中波速快的光矢量的方向称为快轴，与之相垂直的光矢量称为慢轴。在制造波片时会相应地标出快(或慢)轴。对于正单轴晶体，o 光比 e 光速度快，因此，快轴是 o 光光矢量方向，即光轴方向，e 光光矢量方向为慢轴；负单轴晶体正好相反。波片产生的相位差 δ 是慢轴方向光矢量相对于快轴方向光矢量的相位延迟量。下面介绍几种典型的波片。

1. 1/4 波片

如果波片产生的光程差为

$$\Delta = (n_o - n_e) \cdot d = \left(m + \frac{1}{4}\right) \cdot \lambda \tag{12-7}$$

式中，m 为整数，这样的波片称作 1/4 波片。此时对应的相位差和波片厚度分别为

$$\delta = \frac{(2m+1)\pi}{2} \quad d = \frac{(2m+1)}{|n_o - n_e|} \cdot \frac{\lambda}{4} \tag{12-8}$$

由于 1/4 波片产生了 $\pi/2$ 奇数倍的相位差，使得入射的线偏振光变成了椭圆偏振

光。当入射的线偏振光的光矢量与波片的快慢轴成±45°角时，通过 1/4 波片后得到圆偏振光。

2. 1/2 波片(半波片)

如果波片产生的光程差为

$$\Delta=(n_o-n_e)\cdot d=\left(m+\frac{1}{2}\right)\cdot\lambda \tag{12-9}$$

式中，m 为整数，这样的波片称作 1/2 波片(半波片)。此时对应的相位差和波片厚度分别为

$$\delta=(2m+1)\pi \quad d=\frac{(2m+1)}{|n_o-n_e|}\cdot\frac{\lambda}{2} \tag{12-10}$$

由于半波片产生了 π 奇数倍的相位差，圆偏振光通过半波片后仍为圆偏振光，但旋转方向改变。线偏振光通过半波片后仍然是线偏振光，但光矢量的方向改变。设入射的线偏振光的光矢量与波片的快轴(慢轴)的夹角为 α，通过半波片后光矢量向着快轴的方向转过了 2α 角。

3. 全波片

如果波片产生的光程差为

$$\Delta=(n_o-n_e)\cdot d=m\lambda \tag{12-11}$$

式中，m 为整数，这样的波片称作全波片。此时对应的相位差和波片厚度分别为

$$\delta=2m\pi \quad d=\frac{m}{|n_o-n_e|}\cdot\lambda \tag{12-12}$$

由于全波片产生了 2π 整数倍的相位差，因此不改变入射光的偏振状态。全波片多用于应力测量仪，可以增加因应力所引起的光程差数值，从而使得干涉随内应力的变化变得更为灵敏。

值得注意的是，所谓的 1/4 波片、半波片和全波片都是针对某一特定波长而言的，即针对某一特定波长的入射光产生某一特定的相位变化。原因在于一个波片所产生的光程差 $(n_o-n_e)\cdot d$ 是相对某一特定的波长而言的。假如波片产生的光程差 Δ 等于 560nm，那么对波长 λ 等于 560nm 的入射光来说，它是全波片。这种波长的线偏振光通过以后仍为线偏振光。但对其他波长来说，它就不是全波片，其他波长的线偏振光通过以后一般得到椭圆偏振光。

目前制造波片的材料多为云母，云母容易被解理成各种所需厚度的薄片。一般云母的 1/4 波片(对黄绿光)厚度约为 0.035mm。云母不易在整片上得到相同的消光比，对此有要求时，可选用石英波片，一块 1/4 石英波片(对 λ=632.8nm)厚度约为 0.017mm，由于太薄不易加工，通常用两个厚度适当的石英片按其快轴相互垂直粘合在一起进行抛光研磨，直到两石英片厚度差等于 1/4 石英波片的厚度，采用该制作方法还可以起到消除材料的旋光性和二向色性的作用。另外也可以采用经过拉伸的聚乙烯醇薄膜等非晶材料制造大面积波片。在需要消色差的场合，可选用具有正、负双折射材料制成的组合波片。

12.2.4 补偿器

波片只能产生固定的相位差，补偿器可以产生连续变化的相位差。巴俾涅补偿器就是其中的一种。

巴俾涅补偿器的结构原理与渥拉斯顿棱镜相似，通常由两块楔形角 α 很小的石英楔板组成。其光轴互相垂直，如图 12.15(a)所示。当光垂直入射时，由于 α 角只有 $2^\circ \sim 3^\circ$，厚度也不大，所以两个相互垂直的分量的传播方向基本一致。两个分量之间的相位差近似地为

$$\delta = \frac{2\pi}{\lambda}[(n_e d_1 + n_o d_2) - (n_o d_1 + n_e d_2)]$$

$$= \frac{2\pi}{\lambda}(n_e - n_o)(d_1 - d_2) \tag{12-13}$$

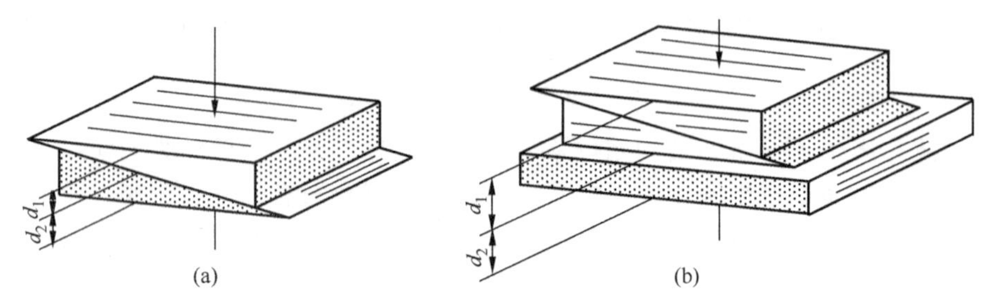

图 12.15　补偿器结构图

当用微动螺杆推动补偿器或促使任何一个石英楔板水平地移功时，就能够得到任何需要的相位差，从而获得各种偏振态的椭圆偏振光。

巴俾涅补偿器只能用于光束很细的场合，否则光束的不同部位的相位差 δ 也不相同。索累补偿器可以克服这一缺点，如图 12.15(b)。采用石英做成(对于红外波段的入射光也使用 MgF_2 和 CdS)，它包含有两个楔板和一个平行平板，楔板和平板的光轴取向相互垂直，而 d_1 对应于两楔板的总厚度。如果在微动螺旋带动下，使石英楔板沿斜面滑移，则这块组合楔板的厚度 d_1 将连续地发生变化。这样，就可以使相位差 δ 具有连续变化的性质，而各通光部位的补偿量处处相等。

12.3　圆偏振光和椭圆偏振光

由 12.2 节可知，线偏振光经波片后，分解为两束线偏振光，假设这两束线偏振光射到波片表面时，光振动的初相位为零。则这两束光的光振动可写为

$$E_x = a_1 \cos\left(\omega t - \frac{2\pi}{\lambda} n_o d\right) \tag{12-14}$$

$$E_y = a_2 \cos\left(\omega t - \frac{2\pi}{\lambda} n_e d\right) \tag{12-15}$$

令 $\alpha_1 = -\frac{2\pi}{\lambda} n_o d$，$\alpha_2 = -\frac{2\pi}{\lambda} n_e d$，则式(12-14)和式(12-15)可写为

$$E_x = a_1 \cos(\omega t + \alpha_1) \tag{12-16}$$

$$E_y = a_2 \cos(\omega t + \alpha_2) \tag{12-17}$$

由于 E_x 和 E_y 分别在 x 方向和 y 方向，所以这两束光的振动必须按叠加原理作矢量相加。合矢量的大小和方向都随时间改变而变化，合矢量末端的运动轨迹可由式(12-16)和式(12-17)中消去时间参数 t 得到。将式(12-16)和式(12-17)分别乘以 $\cos\alpha_2$ 和 $\cos\alpha_1$，然后再相减，得到

$$\frac{E_x}{a_1}\cos\alpha_2 - \frac{E_y}{a_2}\cos\alpha_1 = \sin\omega t\sin(\alpha_2 - \alpha_1) \tag{12-18}$$

再将式(12-16)和式(12-17)分别乘以 $\sin\alpha_2$ 和 $\sin\alpha_1$，变形后再相减，得到

$$\frac{E_x}{a_1}\sin\alpha_2 - \frac{E_y}{a_2}\sin\alpha_1 = \cos\omega t\sin(\alpha_2 - \alpha_1) \tag{12-19}$$

将式(12-18)和式(12-19)平方后相加消去 t，即可得出合矢量末端的轨迹方程为

$$\frac{E_x^2}{a_1^2} + \frac{E_y^2}{a_2^2} - 2\frac{E_xE_y}{a_1a_2}\cos(\alpha_2 - \alpha_1) = \sin^2(\alpha_2 - \alpha_1) = \sin^2\delta \tag{12-20}$$

式中，$\delta=\alpha_2-\alpha_1=\frac{2\pi}{\lambda}(n_o-n_e)\cdot d$。通常情况下，该方程式是椭圆方程式，表示合矢量末端的轨迹为一椭圆。这椭圆内接于边长为 $2a_1$ 和 $2a_2$ 的长方形，且各边与坐标轴平行，如图 12.16 所示。椭圆的长轴和 x 轴的夹角 ψ 由下式决定

$$\tan2\psi = \frac{2a_1a_2}{a_1 - a_2}\cos\delta \tag{12-21}$$

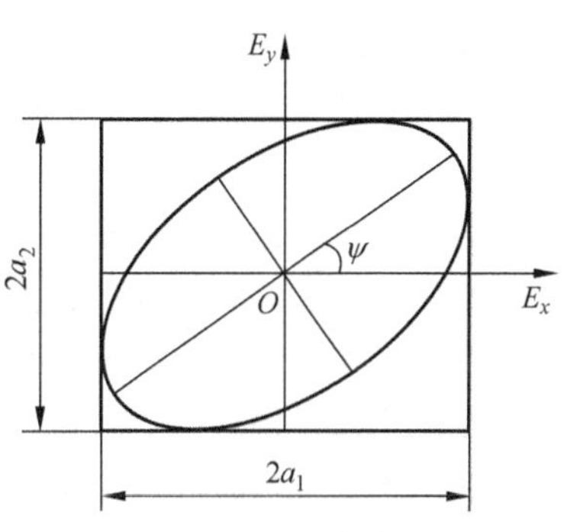

图 12.16 偏振椭圆

把合矢量末端以角频率 ω 旋转，其矢量末端运动轨迹为椭圆的光称作椭圆偏振光。因此，使两个频率相同，振动方向相互垂直且有一定相位差的光波叠加，一般可以得到椭圆偏振光。

由式(12-20)可知，椭圆偏振光的椭圆形状取决于两叠加光束的振幅比 a_2/a_1 和相位差 $\delta=\alpha_2-\alpha_1$，δ 表示了 E_y 相对于 E_x 的相位差，根据这二者所得出的合振动的不同偏振状态如图 12.17 所示。

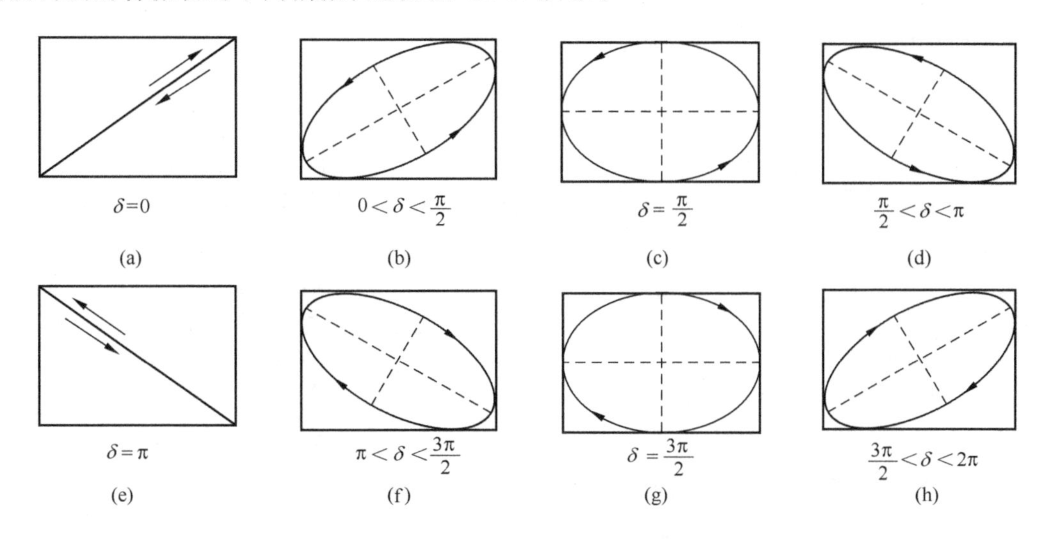

图 12.17 相位差 δ 取值不同时的椭圆偏振

由上图可知，随着相位差 δ 的变化椭圆偏振光的椭圆形状出现不同的变化。

(1) 当 $\delta=0$ 或 $\delta=2\pi$ 的整数倍时，由式(12-20)可得

$$E_y = \frac{a_2}{a_1}E_x \tag{12-22}$$

表示合矢量末端的运动轨迹为经过坐标原点且其斜率为 a_2/a_1 的一条直线，其合成光波为线偏振光，如图 12.17(a)所示。

(2) 当 $\delta=\pm\pi$ 的奇数倍时，由式(12－20)可得

$$E_y=-\frac{a_2}{a_1}E_x \tag{12-23}$$

表示合矢量末端的运动轨迹为经过坐标原点且其斜率为 $-a_2/a_1$ 的一条直线，其合成光波仍为线偏振光，如图 12.17(e)所示。

(3) 当 $\delta=\pm\frac{\pi}{2}$ 的奇数倍时，由式(12－20)可得

$$\frac{E_x^2}{a_1^2}+\frac{E_y^2}{a_2^2}=1 \tag{12-24}$$

上式为一个正椭圆方程，椭圆的长轴和短轴分量分别位于 x、y 坐标轴上，表示合成光波是椭圆偏振光，如图 12.17(c)、(g)所示。当同时满足 $a_1=a_2=a$ 时，则有

$$E_x^2+E_y^2=a^2 \tag{12-25}$$

此时，合矢量末端的运动轨迹为圆，合成光波为圆偏振光。

(4) 当 δ 为其他取值时，由式(12－20)可知，合成光波为任意取向的椭圆偏振光，如图 12.17(b)、(d)、(f)、(h)所示。且其长轴的方位由式(12－21)决定。

椭圆(或圆)偏振光分为右旋和左旋。规定当对着光的传播方向(即沿 z 方向)看去，合矢量顺时针方向旋转时为右旋偏振光，反之为左旋。偏振光的旋向由两叠加光波的相位所决定，当 $\sin\delta$ 大于 0 时为左旋；反之，当 $\sin\delta$ 小于 0 时为右旋。

上述分析的是两光波传播路程上某一点 P 的合成光矢量的运动情况。如果要考察某一时刻传播路程上各点的合成光矢量位置，容易看出它们的末端构成一条螺旋线，螺旋线的空间周期等于光波波长，同时各点光矢量的方向和大小不同，在与传播方向垂直的平面上的投影为一个椭圆，如图 12.18 所示。

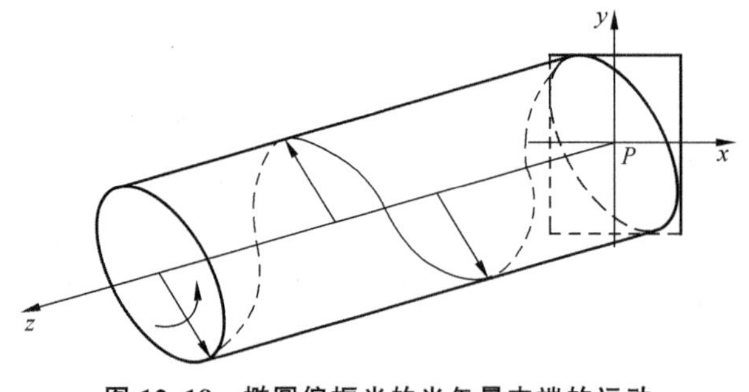

图 12.18　椭圆偏振光的光矢量末端的运动在空间形成螺旋线轨迹

例 12.1　一束右旋圆偏振光垂直入射到一块石英 1/4 波片，波片光轴沿 x 方向，试确定透射光的偏振状态；若将 1/4 波片换为 1/8 波片，透射光的偏振状态会如何变化？

解　右旋圆偏振光可以视为光矢量沿 y 轴的线偏振光与之相位差为 $\pi/2$ 的光矢量沿 x 轴的线偏振光的合成。

(1) 圆偏振光通过 1/4 波片后，光矢量沿 y 轴的线偏振光(o 光)对光矢量沿 x 轴的线偏振光(e 光)的相位差为

$$\frac{\pi}{2}+\frac{\pi}{2}=\pi$$

所以，透射光为线偏振光，光矢量方向与 x 轴的夹角为$-45°$。

(2) 圆偏振光通过 1/8 波片后，o 光对 e 光的相位差为

$$\frac{\pi}{2}+\frac{\pi}{4}=\frac{3\pi}{4}$$

因此，透射光为右旋圆偏振光。

12.4 偏振光的干涉

由光的干涉一章我们知道，各相干光束的振动方向均相同，即干涉现象是偏振光束叠加形成的，实际是偏振光波的干涉叠加。如果两束光波的振动方向垂直，则不能产生干涉现象。在自然光的干涉中，未涉及光波的偏振性，一方面是因为实际的相干光束，都由同一入射波列分解而形成，它们必然有相同的偏振方向；另一方面是自然光可以看做振动方向无规则分布的偏振光集合，自然光干涉条纹是无数偏振光干涉条纹的叠加，这种叠加是不相干的强度相加。除了振动方位不同，各偏振光束在干涉装置中的相位变化完全相同。因此，干涉场中任一方位偏振光的干涉条纹分布和自然光的分布一样。

自然光通过起偏器后获得线偏振光，再进入晶片，在晶片中产生的两个光波具有相同的频率，从晶片出射时保持恒定的相位差，但这两个光波的振动方向互相垂直，因此不能产生干涉现象。要想得到偏振光干涉，必须使从晶片出射的这两个光波同时通过一检偏器，在检偏器透光轴上投影的两分量，此时具有相同的振动方向，满足光波干涉的条件。因此偏振光干涉装置的基本元件应包括起偏器、晶片和检偏器。偏振光干涉的应用很广，在物质结构应力测量、物质微观结构研究、材料物性分析、精密测量和信息记录等方面都得到应用。

12.4.1 平行偏振光干涉

平行偏振光干涉如图12.19所示。

平行偏振光垂直通过放在两偏振器之间的平行平面晶片。设晶片的快轴和慢轴分别沿x、y坐标轴，起偏器P_1和检偏器P_2的透光轴与x轴的夹角分别为α和β。若透过起偏器

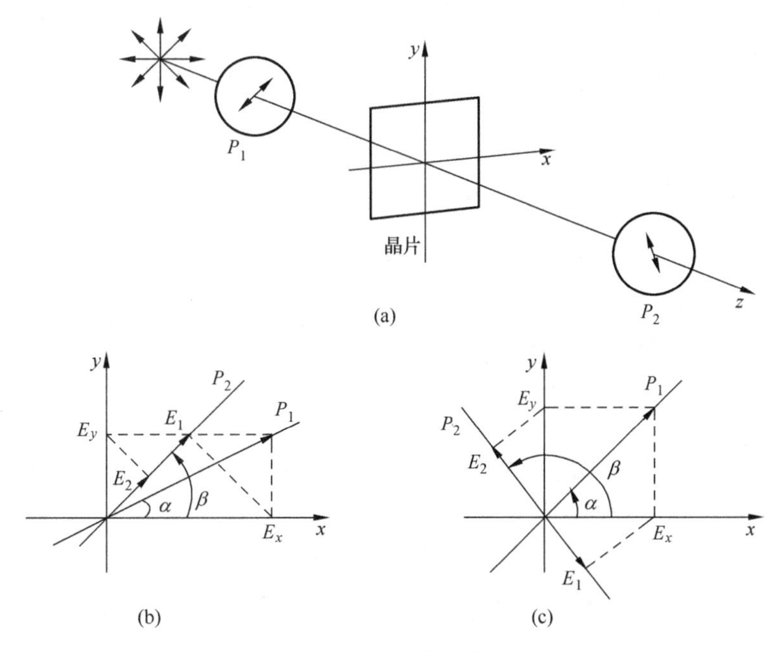

图12.19 平行偏振光干涉

P_1 的线偏振光振幅为 a，则它在晶片的快轴和慢轴投影分别为 $a\cos\alpha$ 和 $a\sin\alpha$，因此该线偏光通过厚度为 d 的晶片后所产生的相位差为

$$\delta = \frac{2\pi}{\lambda}(n_o - n_e)\cdot d \tag{12-26}$$

式中，n_o、n_e为晶体的双折射率。此时，在 x、y 坐标轴的复振幅分别为

$$\widetilde{E}_x = a\cos\alpha \quad \widetilde{E}_y = a\sin\alpha\cdot e^{i\delta}$$

经晶片后叠加所得到的合成光一般为椭圆偏振光，让该合成光再通过检偏器 P_2，则 $\widetilde{E}_x$、$\widetilde{E}_y$在沿 P_2 的透光轴方向的分量分别为

$$\widetilde{E}_1 = \widetilde{E}_x\cos\beta = a\cos\alpha\cos\beta$$

$$\widetilde{E}_2 = \widetilde{E}_y\sin\beta = a\sin\alpha\sin\beta\cdot e^{i\delta}$$

从检偏器 P_2 透射出的 $\widetilde{E}_1$ 和 $\widetilde{E}_2$ 具有相同的振动方向和频率，且相位差 δ 恒定，所以这两束光可以产生干涉，其干涉光强为

$$I = |\widetilde{E}_1 + \widetilde{E}_2|^2$$

$$I = a^2\cos^2(\alpha-\beta) - a^2\sin2\alpha\sin2\beta\sin^2\left[\frac{\pi(n_o - n_e)d}{\lambda}\right] \tag{12-27}$$

上式即为平行偏振光干涉的光强分布公式。式中第一项只取决于 P_1 和 P_2 之间的相对方位，形成干涉场的背景光，而与晶片的性质无关；第二项表明了干涉光强与起偏器 P_1 和检偏器 P_2 相对于晶片快慢轴的方位有关，还取决于晶片的性质。当用单色光照明时，如果晶片的厚度不均匀(晶片做成光楔形状)，一般会出现明暗条纹，条纹平行于楔形晶片的等厚线。而当晶片为平行平板时，相干结果不是条纹而是均匀亮斑。若用白光照明时，由于不同波长的光的透过率不同，透射光呈现彩色条纹。

(1) 当 $\beta=\alpha+\frac{\pi}{2}$时，即起偏器 P_1 和检偏器 P_2 的透光轴互相垂直，由式(12-27)得

$$I = a^2\sin2\alpha\sin2\beta\sin^2\left[\frac{\pi(n_o - n_e)d}{\lambda}\right] = I_0\sin^2 2\alpha\sin^2\frac{\delta}{2} \tag{12-28}$$

式中，$I_0 = a^2$，$\delta = \frac{2\pi}{\lambda}(n_o - n_e)\cdot d$。

① 在 δ 一定时，讨论式(12-28)中 α 对光强的影响：

当 $\alpha=0$，$\frac{\pi}{2}$，$\frac{3\pi}{2}$，…，$\frac{(2m+1)\pi}{2}$(m 为整数)时，由于 $\sin2\alpha=0$，可得 $I_\perp=0$。即偏振器的透光轴与晶片的快慢轴一致时，透射光强有极小值。当晶片绕坐标轴 z 旋转一周，就可以看到四次光强等于零的位置。

当 $\alpha=\frac{\pi}{4}$，$\frac{3\pi}{4}$，…，$\frac{(2m+1)\pi}{4}$(m 为整数)时，由于 $\sin2\alpha=\pm1$，可得 $I_\perp=I_0\sin^2\frac{\delta}{2}$。即偏振器的透光轴与晶片的快慢轴成 45°夹角时，透射光强有极大值。同样当晶片绕坐标轴 z 旋转一周，就可以看到四次最亮的位置。

② 当 α 一定时，讨论式(12-28)中 δ 对光强的影响：

当 $\delta=0$，2π，4π，…，$2m\pi$(m 为整数)时，由于 $\sin\frac{\delta}{2}=0$，可得 $I_\perp=0$，得到暗纹，此时晶片相当于全波片。

当 $\delta=\pi$，3π，…，$(2m+1)\pi$（m 为整数）时，由于 $\sin\dfrac{\delta}{2}=\pm1$，可得 $I_{\perp}=I_0\sin^2 2\alpha$，得到亮纹，此时晶片相当于半波片。

由上述可知，当 $\delta=(2m+1)\pi$，且 $\alpha=\dfrac{(2m+1)\pi}{4}$时，$I_{\perp}=I_0=a^2$，获得最大的光强。

(2) 当 $\beta=\alpha$ 时，即起偏器 P_1 和检偏器 P_2 的透光轴互相平行，由式(12－27)得

$$I_{/\!/}=I_0\left(1-\sin^2 2\alpha\sin^2\frac{\delta}{2}\right) \tag{12-29}$$

比较式(12－28)和式(12－29)可知，在同一条件下垂直偏振系统和平行偏振系统的光强互补。

(3) 白光的干涉情况。当光源为白光时，干涉光强是各色光干涉强度的非相干叠加。

① 若起偏器 P_1 和检偏器 P_2 的透光轴互相垂直，则有

$$I_{\perp}=\sum_i (I_0)_i\sin^2 2\alpha\sin^2\frac{\delta_i}{2} \tag{12-30}$$

式中，i 代表不同波长的单色光成分，$(I_0)_i$ 表示白光中波长为 λ_i 的成分透过起偏器 P_1 后的线偏振光的光强。由于不同的波长 λ_i，相应的两振动方向互相垂直的线偏振光之间相位差 δ_i 也不相同，因此对总光强的贡献也就不同。

由式(12－30)可知，对于波长满足

$$\lambda_i=\left|\frac{n_o-n_e}{m}\right|\cdot d\quad(m\text{ 为整数}) \tag{12-31}$$

的单色光，干涉光强为零，即在 $I_{\perp}$ 中不包含这种波长成分的单色光。凡是波长为

$$\lambda_i=\left|\frac{2(n_o-n_e)}{2m+1}\right|\cdot d\quad(m\text{ 为整数}) \tag{12-32}$$

的单色光，干涉光强为最大。由于输出光波不含某种波长成分，透射光不再为白光，而是呈现出色泽鲜艳的色彩(干涉色)。

② 若起偏器 P_1 和检偏器 P_2 的透光轴互相平行，则有

$$I_{/\!/}=\sum_i (I_0)_i\left(1-\sin^2 2\alpha\sin^2\frac{\delta_i}{2}\right) \tag{12-33}$$

式中，第一项表示白光的光强；第二项就是式(12－30)，但符号相反。因此，上式可写作

$$I_{/\!/}=I_{0(白)}-I_{\perp} \tag{12-34}$$

上式表明，在 $I_{\perp}$ 中最强的色光，在 $I_{/\!/}$ 中恰被消掉；反之，在 $I_{\perp}$ 中消失的色光，在 $I_{/\!/}$ 中恰巧是最强。通常将式(12－30)和式(12－33)决定的色光称为互补色光，也就是说，若将这两种色光叠加在一起，即得到白光，把这种干涉现象称作色偏振。由于干涉色与一定的光程差或相位差相对应，对于单轴晶体，则与晶片的双折射率(n_o-n_e)和晶片厚度 d 有关。因此，可以通过干涉色来求解光程差(或双折射率或晶片厚度)。利用色偏振可以很灵敏地检验出双折射，被广泛应用于光测弹性学和内应力分析。

例 12.2 厚度为 0.025mm 的方解石晶片，其表面平行于光轴，置于正交偏振器之间，晶体主截面与它们成 45°角，试问：

(1) 在可见光范围内，哪些波长的光不能通过？

(2) 若转动第二个偏振器，使其透光轴方向与第一个偏振器相平行，哪些波长的光不能通过？

解　由题意可知，这属于偏振干涉的显色问题，由于(n_o-n_e)随波长变化很小，可以忽略对色散的影响。

对于方解石晶体，(钠黄光)主折射率$n_o=1.6548$，$n_e=1.4864$，相应该晶片的o、e光的光程差为

$$\Delta=(n_o-n_e)d=(1.6548-1.4864)\times 0.025\mu\text{m}=4.2988\mu\text{m}$$

(1) 当$\alpha=45^\circ$，且两偏振器透光轴正交。由式(12－31)可得

$$\lambda_i=\left|\frac{n_o-n_e}{m}\right|\cdot d=\frac{4.2988}{m}$$

由此得到满足上述条件的可见光波长为

$$\lambda_{11}=0.3908\mu\text{m}\quad \lambda_{10}=0.4299\mu\text{m}\quad \lambda_9=0.4776\mu\text{m}$$
$$\lambda_8=0.5373\mu\text{m}\quad \lambda_7=0.6141\mu\text{m}\quad \lambda_6=0.7165\mu\text{m}$$

(2) 当$\alpha=45^\circ$，且两偏振器透光轴平行。由于在两偏振器透光轴正交和平行时色光互补，由式(12－32)可得

$$\lambda_i=\left|\frac{2(n_o-n_e)}{2m+1}\right|\cdot d=\frac{4.2988}{m+0.5}$$

所以，在可见光范围内，下列波长的光不能通过

$$\lambda_{10}=0.4094\mu\text{m}\quad \lambda_9=0.4525\mu\text{m}\quad \lambda_8=0.5057\mu\text{m}$$
$$\lambda_7=0.5732\mu\text{m}\quad \lambda_6=0.6613\mu\text{m}\quad \lambda_5=0.7816\mu\text{m}$$

12.4.2　会聚偏振光干涉

上面讨论的是平行光的偏振光干涉现象，实际上经常遇到的是会聚光(或发散光)的情况。当一束会聚光(或发散光)通过起偏器射到晶片上时，入射光线的方向就不是单一的了，不同的入射光线有不同的入射角，甚至还有不同的入射面。因此，会聚光(或发散光)的偏振光干涉现象比较复杂。在此，仅讨论单轴晶片的光轴与表面垂直且起偏器和检偏器的透光轴相互正交的最基本情况。

会聚偏振光干涉装置如图12.20所示，P_1、P_2为起偏器和检偏器，K是晶片，L_1、L_2、L_3是聚光镜，观察屏放在E面上。

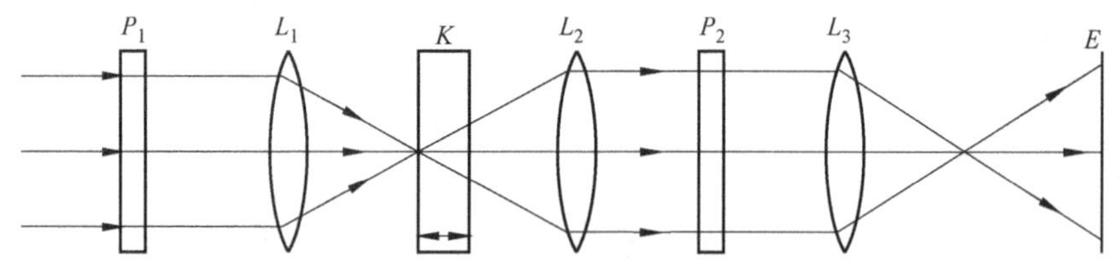

图12.20　会聚偏振光干涉装置

当会聚光照射到晶片上时，除了沿光轴方向传播的光束不发生双折射外，其余光束均会产生双折射。这些光束通过厚度为d的晶片时，两束出射光束之间的相位差用下式表示

$$\delta=\frac{2\pi}{\lambda}(n_o-n_e')\frac{d}{\cos\varphi}\tag{12-35}$$

式中，n_o、n_e'分别是与折射角φ的波法线相对应的o、e光的折射率；φ是o、e光相应的折射角的平均值；$\frac{d}{\cos\varphi}$表示该折射光线在晶体内走过的几何路程。在起偏器和检偏器的透光

轴相互正交情况下，偏振光干涉的光强分布为

$$I_{\perp} = I_0 \sin^2 2\alpha \sin^2 \frac{\pi(n_o - n_e')d}{\lambda \cos\varphi} \tag{12-36}$$

由上式可知，干涉强度与入射角方向有关，入射角相同的光线在晶体中经过的距离相同，光程差相等，形成同一干涉色的圆条纹，且光程差随倾角非线性增大，呈现出内疏外密的同心干涉圆环(等色线)；干涉强度同时还与入射面相对于正交偏振器透光轴的方位 α 有关。由于同一圆周上，由光线和光轴构成的主平面的方位是逐点改变的，如图 12.21(a)所示。由于任何一条入射光的折射光波法线都在入射面内，且晶体光轴方向就是表面法线方向，因而每一对折射光线所在的入射面就是主截面。在图 12.21(b)中，OS 平面表示圆条纹上任意一点 S 所对应的入射面即主截面。因此，参与干涉的 o、e 光在检偏器透光轴上的投影振幅随着主截面相对于起偏器 P_1 的方位 α 而改变。由光强分布公式(12-36)可知，当 $\alpha=\pm45°$时可得到最鲜明的干涉条纹；而当 $\alpha \to 0$ 或$\frac{\pi}{2}$时，光强等于零，干涉图样如图 12.22 所示。

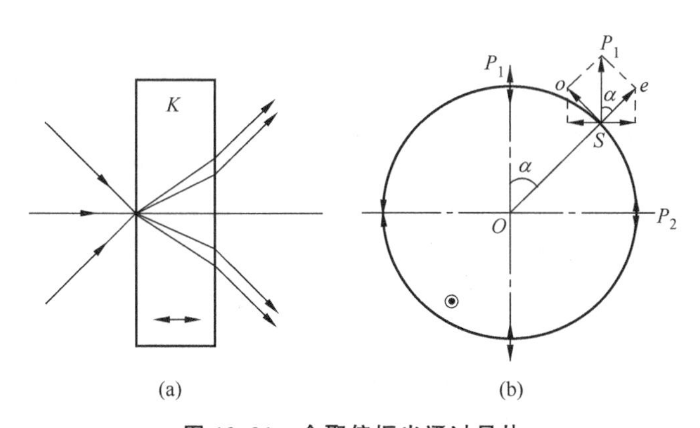

图 12.21 会聚偏振光通过晶片

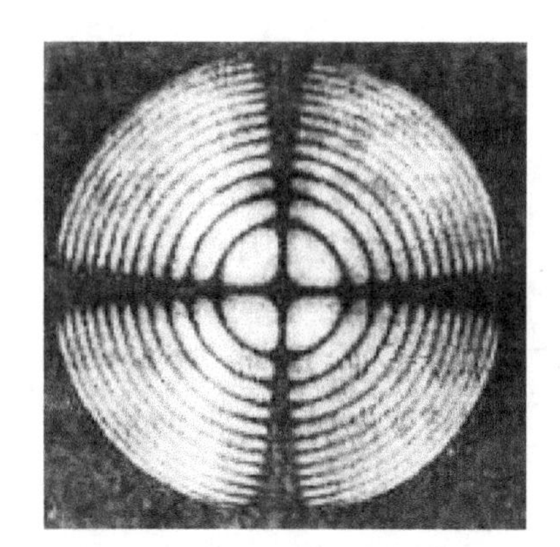

图 12.22 会聚偏振光干涉图样(单轴晶体垂直光轴切割)

当起偏器和检偏器的透光轴相互平行时，上图中的暗十字变为亮十字，两种情况正好互补。在白光干涉时，各圆环的干涉色变为互补色。

若晶片光轴与表面不垂直，随着晶片的旋转，十字中心也会随之打转，且偏离透镜光轴，据此可判断晶体光轴是否与表面垂直、测定光轴倾斜的方位和角度。

12.4.3 偏振光的应用

【偏振光干涉】

1. 光测弹性仪

双折射是各向异性介质中的普遍现象，在各向同性介质如玻璃或塑料中是不存在的。但是如果玻璃或塑料在制造过程中存在残存内应力，或者制成后外加一定大小的外力，那么由于应力总是各向异性的，因而这种玻璃或塑料也会出现各向异性而产生双折射现象。利用偏振光干涉现象可以很容易观察到这种双折射，从而检测材料中的应力分布，这种仪器称为光测弹性仪(简称光弹仪)，光弹仪结构示意图如图 12.23 所示。

外力引起的形变，实质上就是使得在施力方向上的物质的原子间距变小，而垂直于施

力方向上的原子间距变大，所以该材料表现出各向异性，类似于“单轴晶体”。科学实验证明，该材料的 o 光与 e 光的主折射率之差(n_o-n_e)正比于材料的内应力 F，即

$$n_o - n_e = KF \tag{12-37}$$

式中，K 为材料系数。

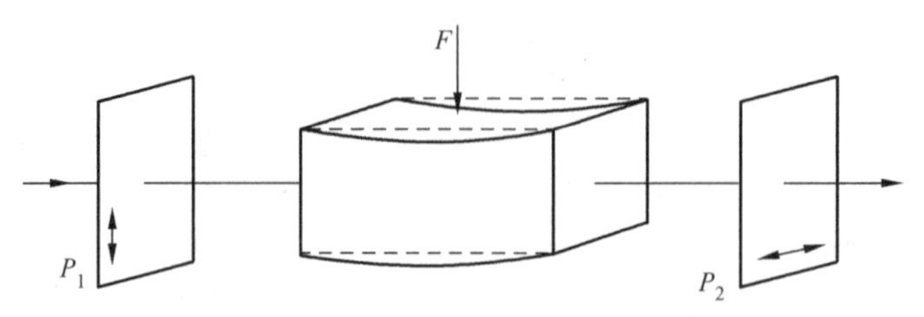

图 12.23　光弹效应实验装置示意图

若材料内部的应力分布均匀，则通过它不同部分的 o 光与 e 光均有相同的位相差 δ

$$\delta = \frac{2\pi}{\lambda}(n_o - n_e)L = \frac{2\pi}{\lambda}LKF \tag{12-38}$$

式中，L 为试件长度。

在观察屏上将有均匀的视场；当材料内部的应力分布不均匀时，在观察屏上将有干涉条纹分布。而采用白光做光源时，将观察到由于色偏振而得到的彩色干涉条纹。

让一束单色光入射到两个透光轴方向相互垂直的偏振片，把待测试件放在两个偏振片之间，在待测试件上施加外力，观察由试件内应力所产生的干涉条纹。这种仪器常用来检测光学玻璃材料的退火是否完善，因为若退火不完善，就会有剩余应力，因而会出现干涉条纹，条纹越密表示应力越大。此外，如果把一种质量很好退过火的玻璃或塑料做成某种形状(如轮轴或横梁等)的试件，并放在光测弹性仪的两偏振片中，然后从一定方向施加压力，于是可以看到在该试件中产生应力的分布情况。根据这种对应力分布的观察，可以对改进轮轴或横梁等的设计提供可靠的实验依据。

2. 克尔效应

事实上，除了上述外力可引起物质的各向异性以外，电场也可以引起某些物质的各向异性，从而产生双折射。

在有些材料(如硝基苯、硝基甲苯、磷酸二氢铵)中，外加强电场(10^4 V/cm)所产生的 o 光与 e 光的相位差与电场强度 E^2 成正比，这种现象称为克尔(Kerr)效应(或称电光效应)。科学实验证明，在克尔效应中，当光轴方向与外电场方向一致时，o 光与 e 光的主折射率之差(n_o-n_e)与电场强度 E^2 成正比，则 o 光与 e 光的位相差 δ 为

$$\delta = \frac{2\pi}{\lambda}(n_o - n_e)L = BLE^2 \tag{12-39}$$

式中，L 为试件长度；B 为克尔常数。在各种液体中，硝基苯的克尔常数最大。

把克尔效应比较明显的材料装在两头透明的可加电场的盒子中间，称为克尔盒。把克尔盒放在两偏振片之间，在克尔盒上加控制电压，就可以用电压的大小来控制 o 光与 e 光的相位差，如图 12.24 所示。从而控制透射光的偏振态，这就是电光调制器。由于硝基苯的克尔效应响应速度极快，约为 10^{-9} s，因而还可以用作高速的光开关，在高速摄影、激光测距、超短脉冲等方面有十分广泛的应用。

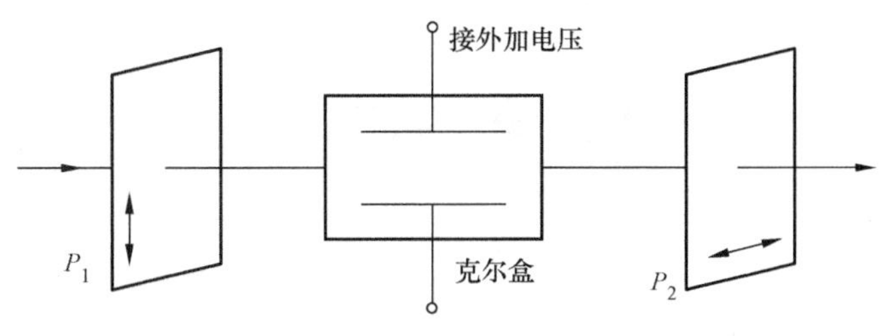

图 12.24　克尔盒

在现代激光通信和电视图像传输装置中常常利用克尔效应对通信激光进行调制，从而把声音或图像信号加到激光上去。实现过程为首先把声音或图像信号变成电信号，把它加到克尔盒的电容器上；然后让激光通过偏振片与克尔盒，由于通过克尔盒后 o 光与 e 光的相位差由克尔盒的电场强度所决定，所以最后从装置出射的激光的强度(或振幅)是随着加在克尔盒上的电压信号的变化而变化的，这样就使这束激光的振幅受到了调制，从而实现对声音或图像的调制。

有些晶体本身虽有双折射，但加电场后的双折射情况发生改变，产生附加的相位差，这种相位差与电场 E 成正比，称为晶体的线性电光效应，即泡克耳斯效应。这种晶体也可用作光调制器或光开关。例如，KDP 晶体(KH_2PO_4)，其优点是所需电压比较低，且为固体，携带、使用都比液体更方便。

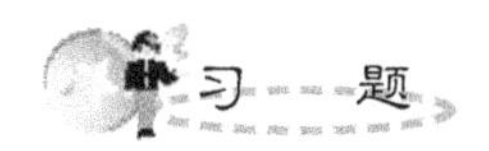

12-1　一束自然光入射到玻璃空气界面，入射角为30°，玻璃折射率为1.54，试计算(1)反射光的偏振度；(2)玻璃空气界面的布儒斯特角；(3)以布儒斯特角入射时透射光的偏振度。

12-2　选用折射率为2.38的硫化锌和折射率为1.38的氟化镁作镀膜材料，制作用于氦氖激光(波长为632.8nm)的偏振分光镜。试问(1)分光棱镜的折射率应为多少？(2)膜层的厚度应为多少？

12-3　自然光以布儒斯特角入射到由10片玻璃片叠成的玻片堆上，试计算透射光的偏振度。

12-4　现有一方解石晶片的厚度为0.013mm，晶片的光轴与表面成60°角，当波长为632.8nm的氦氖激光器垂直入射表面晶片时，求(1)晶片内 o 光和 e 光的夹角；(2)画图说明 o 光和 e 光的振动方向；(3)o 光和 e 光通过晶片后的相位差是多少？

12-5　将巴俾涅补偿器放在两正交线偏振器之间，并使补偿器光轴与线偏振器透光轴成45°角，让钠黄光C波长589.3nm通过这一系统，问(1)将看到怎样的干涉条纹？(2)若补偿器两光楔楔角为2°，条纹间距是多少？

12-6　设计一个产生椭圆偏振光的装置，使椭圆的长轴方向在竖直方向，且长短轴之比为2∶1，详细说明各元件的位置与方位。

12-7　在两个正交偏振器之间插入一块 $\lambda/2$ 波片，强度为 I_0 的单色光通过这一系统。如果将波片绕光的传播方向旋转一周，试问(1)将看到几个光强的极大和极小值？相应的波片方位及光强数值；(2)用 $\lambda/4$ 波片和全波片替代 $\lambda/2$ 波片时，又将如何？

参考答案

第1章

1-1至1-8　略

1-9　1.532

1-10　$\sqrt{n_1^2-n_2^2}$

1-11　102°32′42″

第2章

2-1至2-3　略

2-4　−4.16；3.47

2-5　$n=2$

2-6　(1)玻璃球后150mm处；(2) $Q_1=\frac{1}{300}$，$Q_2=-\frac{1}{100}$；(3)玻璃球后150mm处(即$r/2$处)

2-7　透镜的后表面上($l'_1=300$mm)；物方∞；299.332mm；−0.668mm，该值说明实际光线经球面折射后不交于近轴光像点，所以一个物点得到的像是一个弥散圆。

2-8　(1)$\frac{5}{8}r$；(2)$\frac{3}{8}r$

2-9　0.1m；0.2121m

2-10　空气中：右边观察时距离为200mm，左边观察时距离为120mm；水中：右边观察时距离为125mm，左边观察时距离为107.143mm。

第3章

3-1至3-3　略

3-4　0.5625mm；0.7031mm；0.9375mm；1.4063mm；2.8125mm

3-5　成像在L_2右方10cm处，像高10mm，成倒立放大的实像

3-6　$f'=600$mm

3-7　第三个透镜右方60cm处，像高1cm，成正立等大的实像

3-8　$f'=100$mm

3-9　$f'_1=450$mm，$f'_2=-240$mm

3-10　$f'=-1440$mm，$f=1440$mm，$\varphi=-0.69\text{m}^{-1}$，$l_F=1360$mm，$l'_F=-1560$mm，$l'_H=-120$mm，$l_H=-80$mm

3－11　$f'=\infty$

3－12　$n=1.5$，$r_2=-240\text{mm}$

3－13　略

第 4 章

4－1　60°

4－2　35°

4－3　0.001rad，0.01mm

4－4　$f'=100\text{mm}$，位于物与平面镜中间

4－5　890mm

4－6、4－7　略

4－8　1.59

4－9　$\delta_{\min}=38°3'3''$，$\Delta\delta=52'50''$

4－10　略

4－11　1°1′57″

第 5 章

5－1 至 5－10　略

5－11　17.86mm，46.8°

5－12　F14.3，F13.6

5－13　$D_{孔}=5.625\text{mm}$，$l_z=20\text{mm}$

5－14　两位置时孔径光阑均为 ϕ30mm 的光孔

5－15　$f'=111.1\text{mm}$；入瞳在第一透镜右边 22.22mm 处，其直径为 44.44mm；出瞳在第二透镜左边 22.22mm 处，其直径为 44.44mm；$D/f'=1/2.5$；$K_D=1$ 时，$2\omega=38.58°$；$K_D=0.5$ 时，$2\omega=80.72°$；$K_D=0$ 时，$2\omega=106.94°$。

5－16　(1) 眼瞳是孔径光阑、出瞳，而入瞳在放大镜右边 40mm 处，其直径为 8mm；

(2) 反射棱镜第一面为视场光阑，也是入窗；

(3) 物面离开反射棱镜第一面距离为 20mm；

(4) 线视场 $2y=37.5\text{mm}$。

第 6 章

6－1　$r_1=-20\text{mm}$，$r_2=-13.2570\text{mm}$，$L'_2=-33.3586\text{mm}$

6－2 至 6－9　略

第 7 章

7-1　略

7-2　0.5D，-200mm

7-3　ΔL=4m

7-4至7-8　略

7-9　$3.5^{\times}$，28.57mm，-35.7mm；$5^{\times}$，20mm，-50mm

7-10　$250^{\times}$，0.5

7-11　$-24^{\times}$，2.4×10^{-4}mm，$NA\geqslant0.3$

7-12　16.67mm，-51.4mm，128.6mm，36.7mm，$-37.5^{\times}$，-6.67mm

7-13　(1) 30.21mm，2.5mm；(2) 12mm，19.33mm

7-14　25mm，175mm；-25mm，125mm

7-15　(1) $-30^{\times}$；(2) 450mm，15mm；(3) 60mm；(4) 55.28°；(5) 18.23mm；(6) ±1.125mm

7-16　1100mm，2100mm；40mm，80mm

第 8 章

8-1至8-6　略

8-7　103.69°，$9000\times9000\text{mm}^2$

8-8　72 l_P/mm，495 l_P/mm

8-9　F11

8-10　F14.3，F13.6

8-11　(1)-10mm，(2)2.88°，0°

8-12　略

8-13　165.56mm

8-14　8.55m，26.04mm

8-15　$-50^{\times}$：38.45mm，-39.22mm，1960.78mm，14.82°；
　　　$-100^{\times}$：19.61mm，-19.80mm，1980.20mm，14.53°；

8-16　$-1.25^{\times}$，$-0.8^{\times}$

第 9 章

9-1　$-l$=1m 时，w_0'=16.0μm，l'=50.97mm；
　　　$-l$=0.2m 时，w_0'=20.0μm，l'=50.24mm；
　　　$-l$=0 时，w_0'=20.1μm，l'=49.92mm。

9-2 (1)临界条件下，三角形 AOB 中满足 $\frac{\sin\theta_c}{R}=\frac{\sin(u'+90°)}{R+D/2}=\frac{\cos u'}{R+D/2}$，可得 $\cos u'=(1+D/2R)\sin\theta_c$，因此 $\sin u'=\sqrt{1-\cos^2 u'}=\sqrt{1-(1+D/2R)^2\sin^2\theta_c}$

由全反射条件知：$\sin\theta_c=n_2/n_1$，所以最大孔径角 $\sin u=n_1\sin u'=\sqrt{n_1^2-n_2^2(1+D/2R)^2}$

(2) $2u=66°28'$

9-3 $f'=85.9\text{mm}$，$D/f'=0.7$

第10章

10-1 略

10-2 1.24×10^{-4}mm，0.66μm

10-3 0.75×10^{-4}mm

10-4 8000，7994

10-5 14.43，1.079mm

10-6 5.5mm，0.55mm

10-7 200，122

10-8 1.0002925

第11章

11-1 3.7×10^{-4}，2.3，420

11-2 10，±14.3，±24.6

11-3 0.21，0.05，0.81，0.4，0.09，0.968，0.874，0.738

11-4 982

11-5 $15°5'$

11-6 10^6，35.8

11-7 10^4，10^{-2}，2×10^5

第12章

12-1 94%，33°，9%

12-2 1.69，77(229)

12-3 94.8%

12-4 $5°42'$，$\approx2\pi$

12-5 0.049

12-6 略

参考文献

[1] 郁道银，谈恒英．工程光学 [M]．北京：机械工业出版社，2006.
[2] 李湘宁．工程光学 [M]．北京：科学出版社，2005.
[3] 李晓彤，岑兆丰．几何光学·像差·光学设计 [M]．杭州：浙江大学出版社，2003.
[4] 毛文炜．光学工程基础 [M]．北京：清华大学出版社，2006.
[5] 胡玉禧，安连生．应用光学 [M]．合肥：中国科技大学出版社，2002.
[6] 徐家骅．工程光学基础 [M]．北京：机械工业出版社，1988.
[7] 徐家骅．计量工程光学 [M]．北京：机械工业出版社，1981.
[8] 李林，黄一帆．应用光学概念、题解与自测 [M]．北京：北京理工大学出版社，2006.
[9] 顾培森．应用光学例题与习题集 [M]．北京：机械工业出版社，1985.
[10] 张以谟．应用光学 [M]．北京：机械工业出版社，1988.
[11] 李庆祥，王东生，李玉和．现代精密仪器设计 [M]．北京：清华大学出版社，2004 .
[12] 郭永康，鲍培谛．光学教程 [M]．成都：四川大学出版社，1992.
[13] 叶玉堂，饶建珍，肖俊．光学教程 [M]．北京：清华大学出版社，2005.
[14] 宣桂鑫．光学 [M]．上海：华东师范大学出版社，2006.
[15] 蔡履中，王成彦，周玉芳．光学 [M]．济南：山东大学出版社，2002.
[16] 周炳琨，高以智，陈倜嵘．激光原理 [M]．5 版．北京：国防工业出版社，2004 .
[17] 赵秀丽．红外光学系统设计 [M]．北京：机械工业出版社，1986.
[18] 李正直．红外光学系统 [M]．北京：国防工业出版社，1986.
[19] 梁铨廷．物理光学 [M]．3 版．北京：电子工业出版社，2008.
[20] 廖延彪．光学原理与应用 [M]．北京：电子工业出版社，2006.
[21] 王秋萍，曹祖植．制版工程光学 [M]．上海：上海交通大学出版社，1992.
[22] 石顺祥．物理光学与应用光学 [M]．2 版．西安：西安电子科技大学出版社，2008.
[23] 梁铨廷．物理光学理论与习题 [M]．北京：机械工业出版社，2005.
[24] 章志鸣．光学 [M]．2 版．北京：高等教育出版社，2000.
[25] 谢建平．光学技术基础 [M]．北京：科学出版社，1996.
[26] 高文琦．光学 [M]．南京：南京大学出版社，1994.
[27] 王红敏，谭保华，吴清收等．工程光学学习指导与习题详解[M]．北京：北京大学出版社，2011.
[28] http://www.cnphotos.net
[29] http://www.yesky.com
[30] http://www.xinhuanet.com
[31] http://www.chinavisual.com
[32] http://www.xitek.com
[33] http://www.yzwb.net
[34] http://spe.sysu.edu.cn
[35] http://tianwen.lamost.org
[36] http://www.rednet.cn
[37] http://www.yesccky.cn
[38] http://jpkc.zju.edu.cn